La razón estrangulada

La razón estrangulada

La crisis de la ciencia en la sociedad contemporánea

CARLOS ELÍAS

DEBATE

Segunda edición: noviembre de 2015

Printed in Spain – Impreso en España

ISBN: 978-84-8306-780-2
Depósito legal: B-22.501-2008

Compuesto en Fotocomposición 2000, S. A.
Impreso en Ulzama Digital, S. L.
Huarte (Navarra)

C 8 4 7 8 0 2

Penguin
Random House
Grupo Editorial

A los hombres y mujeres de ciencias puras:
porque tienen el deber moral de evitar que nuestra sociedad
regrese a las tinieblas del pensamiento mágico e irracional

Índice

Agradecimientos

Escribir este libro (y, en general, todo el proyecto) ha sido una de las aventuras más gratificantes de mi vida. Si ha llegado a su fin ha sido gracias a muchas personas que, de una u otra forma, me han respaldado. Sin embargo, el principal artífice ha sido Martin W. Bauer, profesor de la London School of Economics (LSE), coordinador del grupo de investigación Science, Technology and the Public Sphere (STEPS) y codirector del seminario permanente de debate Public Understanding of Science (PUS). Sin conocerme de nada, sólo por mi currículo y por un ensayo sobre mi proyecto, defendió mi candidatura para la plaza de *visiting fellow* que ofertaba el Instituto de Psicología Social de la LSE para el curso 2005-2006. También me facilitó elementos más mundanos pero importantes para un investigador, como conseguirme despacho propio —tan difícil en la LSE—, incluirme en proyectos de investigación que ya tenían en marcha o brindarme la oportunidad de dar clases en el máster que él dirige. Obviamente, agradezco el respaldo del director del Instituto, Patrick Humphreys, y de todos los que me apoyaron en la reunión que hubo para decidir mi incorporación. También agradezco a Daniel Linehan, secretario del departamento, su extraordinaria disposición para facilitarme todo mi trabajo.

Bauer me abrió las puertas de la LSE —e incluso las de su casa y familia—, pero, además, ejerció de auténtico tutor intelectual, rebatiendo y analizando constantemente mis ideas y recomendándome lecturas y seminarios útiles para llevar a cabo el desafío. Aunque nuestras visiones sean muy distintas, le debo mucho y es justo reconocerlo. Debo agradecer también los comentarios de Jane Gregory, del University College de Londres, y, en general, de todos los ponentes e integrantes del PUS, así como a los asistentes a mis dos exposiciones públicas sobre las causas del declive de la ciencia y su relación con la cultura mediática. Agradezco a Simona Valeriani y a Jon Adams, del Departamento de Historia Económica de la LSE, su invitación a participar como ponente en el seminario «How Well Do "Facts" Travel?».

Aunque mi interés era analizar las causas del declive de la ciencia en Occidente, estoy en deuda con Satoshi Kawanishi, profesor de matemáticas en el Departamento de Economía de la universidad japonesa Sophia (Tokio). Kawanishi estaba también de *visiting fellow* en la LSE —en econometría— y, gracias a las conversaciones que mantuvimos, pude comprobar que el declive de la ciencia no sólo era algo de Occidente, sino que el fenómeno se extendía a sociedades occidentalizadas como Japón. Agradezco a su mujer, Mayumi, que me mostrara lo maravillosa que es la comida japonesa casera.

A María Pilar Diezhandino, catedrática de periodismo de la Universidad Carlos III de Madrid, le agradezco que, como directora de mi departamento, avalara ante el MEC mi solicitud de beca para la estancia de un año en Gran Bretaña. También a Miguel A. Delgado, catedrático de economía de la Carlos III, su ayuda para conseguir alojamiento en Londres, así como las interesantes conversaciones que mantuvimos en la LSE.

A Lourdes Heredia, excelente periodista de la BBC y mejor amiga, le estaré siempre agradecido por su gran generosidad. Desde el primer día en que nos conocimos, puso a mi disposición todo lo que tenía, incluido lo más valioso: su fantástico grupo de amigos, algunos de los cuales —Ramón Abarca, Ainhoa Paredes, Diana Zileri, Thomas Catan, Begoña Cortina, etc. (casualmente todos periodistas)— ahora están entre mis mejores amistades. Las excursiones dominicales por el *countryside* inglés o sus cenas mexicanas serán inolvidables. Sin Lourdes, Londres hubiese sido gris.

Y, sobre todo, doy las gracias a mi familia. Sin su apoyo y su aliento constante ni siquiera podría haber empezado nada, y mucho menos este libro. Me gustaría dedicárselo especialmente a Sofía, mi primera sobrina, que nació en Tenerife cuando yo lo escribía en Londres: con la esperanza de que nada ni nadie estrangule su razón.

Introducción

El asunto pasa inadvertido para el gran público e, incluso, para la linterna mediática, pero centra en este momento el debate intelectual —y la preocupación principal— de científicos, profesores de universidad y de secundaria en todo el mundo: por qué la gente joven no se interesa por la ciencia en los países occidentales y occidentalizados. Lo que comenzó siendo un tema de conversación ha traspasado esa frontera para penetrar en las agendas políticas de todo Occidente. Entre otros motivos, porque puede tener importantes efectos económicos. Pero, sobre todo, puede ser el inicio del declive de su hegemonía cultural.

Este libro es el resultado de intentar responder a esa pregunta de «por qué no hay interés por la ciencia en Occidente» de una forma más profunda que un simple cambio de impresiones en la cafetería de una facultad. Pese a ser un tema que despierta tanta inquietud, apenas ha sido abordado de una forma global. Es más, desde algunos ámbitos académicos se niega que esa preocupación tenga una base real y la definen como una «obsesión subjetiva de los licenciados en ciencias». Como creo que los científicos no están en disposición de poder dejar sus laboratorios, ni los profesores de ciencias sus clases en los institutos, he tomado modestamente la iniciativa.

Mi propuesta consiste en documentar que en dos países paradigmáticos de la cultura occidental y, a la vez, con tradiciones científicas tan diferentes como España y Gran Bretaña, el fenómeno de la falta de vocaciones existe y es similar. A partir de ahí, y con algunas cifras de otros países, se concluye que la queja tiene fundamento. Y, al tiempo, examina otro dato curioso: mientras que los alumnos de ciencias disminuyen, los de periodismo y cine aumentan.

La razón estrangulada es un título metafórico. La razón es la ciencia y el pensamiento racional y en el libro se intenta descubrir, cual detective, todos los posibles actores que están estrangulándola e impidiendo que se nutra de la verdadera sangre de la ciencia, la que le aporta oxígeno para sobrevivir: aquella que brota de los jóvenes brillantes con ilusión por entender el mundo.

El libro propone la hipótesis de que lo único que comparten todos esos países occidentales y occidentalizados es una cultura dominada por los medios de comunicación y plantea un recorrido por todos los campos —posibles responsables de ese estrangulamiento— que conecten ciencia y medios de comunicación. Desde la imagen de la ciencia y los científicos que ofrecen el cine, la televisión y la prensa, hasta cómo la cultura mediática influye en las propias revistas científicas, que también son medios de comunicación, y en la forma de producir ciencia. Tampoco olvida otros canales comunicativos no tan masivos, pero muy influyentes mediáticamente, como la literatura y el arte, al tiempo que se pregunta por qué en estos momentos el pensamiento irracional está avanzando tanto en la sociedad.

¿Por qué el cine prefiere el arquetipo de científico loco y frío? ¿Por qué la televisión brinda más espacio a un hechicero que a un físico? ¿Por qué un periódico hace más caso a un deportista o un actor que a un investigador? ¿Por qué un licenciado con un máster en empresas gana más que un doctor en ciencias? ¿Por qué la revista *Nature* publica estudios como que la mayoría nos giramos a la derecha para besar? ¿Por qué hay gente que odia tanto las ciencias? ¿Por qué en la serie *Expediente X* la versión esotérica triunfa sobre la científica? ¿Por qué los alumnos de derecho no estudian genética o los de cine matemáticas?

Las respuestas a estas preguntas aparecerán en las páginas siguientes y, además, he intentado relacionarlas con la crisis de vocaciones científicas. He optado por escribir esta investigación en forma de ensayo divulgativo porque creo que el asunto es lo suficientemente importante como para que, simplemente, se quede en el cajón de algún dirigente educativo o un evaluador universitario. Desde mi punto de vista, el primer paso para resolver el problema es que cada vez más gente tenga consciencia de él.

Este libro no puede lograr que los científicos lideren la sociedad y no sólo la ciencia. No puede conseguir que las facultades científicas se vuelvan a llenar y que los jóvenes prefieran estudiar ciencias en lugar de periodismo o cine. Pero puede intentar ofrecer una explicación de por qué ocurre esa tendencia y adónde puede llevar a la civilización actual. Puede calmar la ansiedad de los científicos al ofrecerles, al menos, una explicación de por qué pasan las cosas, que es la base de la ciencia.

La ciencia y la explicación racional de los hechos es el viaje más fascinante que ha podido hacer la especie humana. Pero, como afirman los grandes y experimentados aventureros, en los auténticos viajes, la planificación y el trayecto pueden ser incluso más interesantes que el propio destino. Empieza aquí el viaje para desentrañar las causas que expliquen el porqué del declive de la ciencia en Occidente.

1

Preparando el viaje

«La paradoja que define el mundo actual es que cada día dependemos más de la ciencia y la tecnología, cada día la ciencia sabe más cosas y nos explica mejor el mundo, pero también cada día la gente siente menos aprecio por ella. Cualquier chaval se sabe todos los jugadores de la liga inglesa de fútbol. Leen y releen sus biografías. Los medios de comunicación occidentales los ponderan como héroes. Pero ningún adolescente conoce algo de algún científico. Los desprecian: piensan que sus vidas son aburridas y decepcionantes en comparación con las de cantantes o futbolistas. Las vocaciones científicas se pierden alarmantemente en Occidente. El diferencial entre lo que la ciencia sabe y lo que la gente «culta» sabe de ciencia se incrementa hasta tal punto, que la población considera que es imposible seguir su progreso y, literalmente, le da la espalda. Hay gente en puestos altísimos de la sociedad actual que aún piensa que es el Sol el que gira alrededor de la Tierra o que los dinosaurios y el hombre vivieron en la misma época. Este desprecio por las ciencias es un fenómeno relativamente nuevo e imparable en el mundo occidental, que no sabemos hacia dónde nos puede llevar. Pero en cualquier caso debemos encontrar urgentemente las causas.»

Este entrecomillado es, en realidad, un resumen de dos preocupaciones muy parecidas que me mostraron, durante mi época de periodista, dos personajes bastante diferentes: sir Martin Rees y David Filkin. Ambos tenían un nexo común: su pasión por la ciencia.[1] Por razones de espacio y de actualidad periodística, esas reflexiones sobre el declive de la ciencia no las pude publicar en su momento. Periodísticamente tal vez eran irrelevantes, pero el asunto me pareció de una gran trascendencia para la cultura de Occidente y merecedor, al menos, de una investigación en profundidad.

Sir Martin Rees es uno de los científicos contemporáneos más eminentes. Astrónomo real, caballero del Imperio británico y catedrático emérito de astrofísica de la Universidad de Cambridge, ha sugerido la posibilidad de una teoría tan interesante como la de los «universos paralelos». Rees es, además, un magnífico divulgador científico y en 2005 fue elegido presidente de la Royal Society.

David Filkin fue director de los programas científicos de la BBC durante cuarenta años. Está considerado como una de las máximas figuras en la divulgación de la ciencia en los medios de comunicación. Sus programas revolucionaron la forma de transmitir la ciencia y lograron audiencias millonarias.

Cuando en 2001 y 2002 hablé con ellos, ambos tenían un gran recorrido a sus espaldas y ambos mostraban esa preocupación por el incremento del desprecio hacia las ciencias. Reconozco que me extrañó. Yo pensaba que ese desprecio era exclusivo de los países latinos. Países como España, que históricamente ha dado la espalda a la ciencia. No en vano, España no formó parte de la revolución científica de los siglos XVII, XVIII y XIX, lo cual tendría que pesar aún como una losa sobre nosotros. Pero que esta reflexión viniera de dos británicos como Rees y Filkin no dejaba de ser preocupante. Ambos pertenecían al país, Reino Unido, que más ha contribuido a la historia de la ciencia. Al país donde comenzó la revolución industrial basada en elementos tecnológicos. Al país sede de la sociedad que durante siglos ha sido la institución científica más prestigiosa del mundo: la Royal Society, presidida, entre otros, por Isaac Newton. ¿Cómo podía suceder este fenómeno de desprecio hacia la ciencia también en Gran Bretaña?

No lo entendía, porque en Gran Bretaña, al contrario que en España, todo lo que había tenido que ver con la ciencia y su divulgación se había hecho bien. No dejaba de pensar en la Royal Society. La Royal Society había sido el motor que había convertido lo que no era más que un pasatiempo de caballeros —la ciencia— en una profesión que cambiaría el mundo. Se fundó en Londres en 1662, aunque desde 1645 ya había reuniones de un grupo de personas interesados en las ciencias.

Uno de los éxitos de la Royal Society fue que introdujo una costumbre que revolucionaría la ciencia: la publicación de revistas periódicas para comunicar a todos los resultados científicos. Éstas fueron las precursoras de las actuales «revistas de impacto» de las que hablaré más adelante. Pero con estos antecedentes no es casualidad que la revista científica (generalista) de mayor impacto sea la británica *Nature*, que también analizaré en este libro. La Royal Society favoreció asimismo las conferencias sobre un determinado asunto —lo que hoy se llamarían congresos—, así como las conferencias y los libros divulgativos. Si en el país de la Royal Society, la ciencia estaba perdiendo prestigio, ¿cómo sería entonces en el resto?

Para que el lector entienda el contraste con España, mencionaré que aquí no se creó una sociedad científica similar, una Real Academia de Ciencias, hasta bien avanzado el siglo XIX, en concreto hasta 1847, durante el reinado de Isabel II. Fueron dos siglos de retraso que resultaron fundamentales en la historia de la ciencia.

Cuando en Inglaterra se menciona la Royal Society, todo el mundo entiende que se está hablando de ciencia; por contraste, cuando en España se menciona a su equivalente, la Real Academia, todo el mundo entiende lo contrario: que se habla de letras. En España hay que puntualizar Real Academia de Ciencias, porque la Real Academia, sin más complementos, en España se refiere a la Real Academia de la Lengua. Por ello, tal vez, el español sólo es un idioma de letras y el inglés de letras y ciencia. Y por eso, tal vez, el inglés sea más importante que el español. En cualquier caso, las diferencias entre ambos países, en cuanto a las ciencias, son obvias.

Debe matizarse que durante los siglos XVII, XVIII y comienzos del XIX fue la corona la que en España se opuso a la creación de una academia de ciencias, aunque no a las de humanidades.[2] Se constituyeron así las reales academias nacionales de la Lengua, la Historia o las Bellas Artes. Pero no la de Ciencias. El historiador de la ciencia José Manuel Sánchez Ron subraya: «También aquí, las letras y las artes vencieron a las ciencias».[3] Pueden mencionarse numerosos ejemplos que demuestran este triunfo de las letras y las artes sobre las ciencias naturales en España. Uno de los más simbólicos nos recuerda que el actual edificio del Museo del Prado se diseñó, en realidad, para albergar la Academia de Ciencias. Finalmente, la corona decidió que era más conveniente usarlo para alojar algo «menos revolucionario» para el pueblo y para la monarquía, y se ubicó en él la colección de pinturas de los reyes.

Sánchez Ron recuerda que la ciencia newtoniana adulta, desarrollada y altamente matematizada, despojada ya de su oscuro ropaje matemático inicial, tuvo que entrar en España de la mano de marinos militares y no de la de un científico o un filósofo natural empeñado en comprender, en última instancia, simplemente por qué la naturaleza funciona de la manera en la que lo hace. Y añade que «no fue la mejor manera, pero fue una manera».

En mi opinión, el hecho de que los avances científicos sólo fueran conocidos en España a través de los militares despojaría a la sociedad civil de un saber que, con posterioridad, se traduciría en el poco aprecio hacia las disciplinas científicas.

Lamentablemente, la influencia cultural que tuvo España durante los siglos XVI, XVII, XVIII y XIX en América propiciaría que en aquellos países de ese continente en los que España ejerció más su poder político y cultural, la actividad científica y el aprecio por las ciencias fueran también muy débiles, condicionando el actual retraso tecnológico y económico.

Gran parte de los padres de la ciencia moderna son británicos, no sólo genios como Newton o Darwin, sino científicos más modestos pero imprescindibles (de los que se enseñan en secundaria) como Faraday, Dalton o Hooke, entre muchos otros.

Otra forma de ver claramente las diferencias entre España y Gran Bretaña es en función del número de premios Nobel. España —en 2006— no tenía ningún premio Nobel en ciencias básicas (Física y Química). Sin embargo, Gran Bretaña tiene 23 en Física y 24 en Química. En una ciencia aplicada como la medicina, España tiene sólo un premio Nobel, Ramón y Cajal, del que en 2006 se cumplió el centenario de su concesión (1906). Severo Ochoa lo consiguió en 1959, pero tenía la nacionalidad estadounidense y trabajaba allí con recursos norteamericanos, por lo que computa por aquel país. Gran Bretaña tiene 27 Nobel en Medicina. Como he mencionado, esta tendencia de odio-amor a la ciencia no sólo es intrínsecamente española o británica respectivamente, sino que ambos países la exportaron a sus extensiones coloniales.

Así que, al margen de Estados Unidos —antigua colonia británica con más de 200 premios Nobel científicos—, resulta revelador que otras antiguas colonias británicas de países relativamente pequeños como Australia —20 millones de habitantes— tenga 9 premios Nobel científicos. En el lado hispano, México (antigua colonia española y, por tanto, receptora de su cultura anticientífica) tiene 100 millones de habitantes y sólo un premio Nobel de ciencia, que, por cierto, trabajaba en Estados Unidos, aunque, a diferencia de Severo Ochoa, éste sí computa por México.

La eterna pregunta que se hacen la antiguas colonias españolas, y que en España no nos atrevemos a formular, siempre ha sido la misma: si Hispanoamérica hubiese sido conquistada por Gran Bretaña y, por tanto, por su cultura de amor e interés por las ciencias naturales, ¿acaso los países hispanoamericanos serían ahora tan ricos e influyentes como sus vecinos Estados Unidos y Canadá? Si Filipinas hubiese sido conquistada por Gran Bretaña en lugar de por España, ¿su nivel de vida sería ahora similar al de Nueva Zelanda? Las respuestas son complejas y no son objeto de este libro (aunque sí de otro que estoy escribiendo). Sin embargo, los anglosajones tienen muy claro que el éxito de su cultura a partir del siglo XVIII tiene mucho que ver con su visión de que la ciencia es muy importante en su preparación intelectual. Piensan que la caída del Imperio español, y de la cultura latina a nivel global, se debió en buena medida a la falta de aprecio y de conocimiento de sus clases dirigentes —tanto políticas como económicas o intelectuales— por las ciencias naturales.

Lo que yo no comprendía, tras las conversaciones con Rees y Filkin, era que, según ellos, en estos momentos también en los países anglosajones hubiese un fenómeno de desinterés —e incluso de cierto desprecio— hacia las ciencias naturales. Si partíamos de condiciones culturales respecto a la ciencia totalmente diferentes, ¿por qué se había llegado a una situación similar en ambos países? ¿Podía ser una tendencia extensible a todo Occidente?

La ciencia y la tecnología con varita mágica

Tal vez por mi deformación profesional de periodista, llegué a la conclusión de que el único producto «cultural» que unía a países latinos y anglosajones era la existencia de algo que se llamaba «medios de comunicación», junto con otro elemento relacionado con ellos que era su influencia en todas las sociedades.

Entre la conversación con Rees y la de Filkin, le comenté esta idea a quien durante muchos años fuera presidente de la Real Academia de Ciencias de España, Ángel Martín Municio, quien, debo reconocerlo, me animó a profundizar en este asunto. Yo admiraba que Municio fuera capaz de dar una conferencia sobre Felipe II o sobre bioquímica o genética con la misma pasión y profundidad. «Todo forma parte de la misma cultura», me respondía. En mi época de periodista, tuve que acudir a él como fuente en numerosas ocasiones, y eso generó, al menos desde mi perspectiva, un sentimiento de admiración y cariño. Escribir su obituario en el periódico fue un duro momento en mi carrera de periodista.

Sin embargo, yo no estaba seguro de tal hipótesis: la pérdida del impacto cultural de la ciencia en Occidente en los últimos años se debe a los medios de comunicación. Fue la lectura de un artículo de Umberto Eco lo que me convenció. Umberto Eco, italiano, profundo conocedor de la Edad Media pero también de la cultura occidental en su conjunto y, sobre todo, bastante cosmopolita, sostenía que, curiosamente, la magia está cada día más presente en los medios de comunicación: «Podría parecer extraño que esta mentalidad mágica sobreviva en nuestra era, pero si miramos a nuestro alrededor, ésta aparece triunfante en todas partes. Hoy asistimos al renacimiento de sectas satánicas, de ritos sincretistas que antes los antropólogos culturales íbamos a estudiar a las favelas brasileñas».[4]

Según Eco, en el siglo XXI la varita mágica se ha transformado en los botones de los aparatos. La tecnología ha sustituido a la magia, porque la gente no entiende ni se preocupa de cómo funciona, por ejemplo, una fotocopiadora. Sólo sabe que le aprieta al botón y se produce el milagro —o el hecho mágico— de la aparición instantánea de una reproducción exacta del original fotocopiado.

> ¿Qué es la magia, qué ha sido durante siglos y qué es, como veremos, todavía hoy? La presunción de que se podía pasar de golpe de una causa a un efecto por cortocircuito, sin completar los pasos intermedios. Clavo un alfiler en una estatuilla que representa al enemigo y éste muere, pronuncio una fórmula y transformo el hierro en oro, convoco a los ángeles y envío a través de ellos un mensaje. La magia ignora la larga cadena de las causas y los efectos y, sobre todo, no se preocupa de establecer probando y volviendo a probar si hay una relación entre la causa y el efecto. La confianza, la esperanza en la magia, no se ha desvanecido en absoluto con la llegada de la ciencia experimental. El deseo de la simultaneidad entre causa y efecto se ha transferido a la tecnología.[5]

El pensamiento racional, del que los griegos fueron sus máximos precursores, nos llevaba a preguntarnos por la relación entre la causa y el efecto. El Renacimiento retomó esta actitud de los clásicos y la Ilustración la consagró. Pero hoy pocos saben cómo funciona el dispositivo que permite enviar mensajes electrónicos desde España a Australia en un segundo. Tampoco cómo se reproduce la música de un CD o por qué enfría el aire acondicionado. Acariciamos la nueva varita mágica —apretamos el botón—, invocamos a no se sabe qué o quién para que no pase nada raro, y ya está: a esperar rápidamente el milagro. Hay quien sostiene que esta mentalidad también se traslada a otras esferas como la política o la economía, y que por eso nadie se interesa por el trasfondo de las noticias.

Sea como fuere, lo cierto es que los medios de comunicación no están por la labor de explicar las causas y los efectos:

> Es inútil pedir a los medios de comunicación que abandonen la mentalidad mágica: están condenados a ello no sólo por razones que hoy llamaríamos de audiencia, sino porque de tipo mágico es también la naturaleza de la relación que están obligados a poner diariamente entre causa y efecto.[6]

Umberto Eco sostiene que la tecnología y el desinterés por las causas y los efectos han provocado que la sociedad no tenga aprecio por la ciencia. «Es difícil comunicar al público que la investigación está hecha de hipótesis, de experimentos de control, de pruebas de falsificación.» Es cierto, el periodista busca la sustancia que cure el cáncer y no un paso intermedio, porque sabe que ese «intermediato» no le interesa a la sociedad actual. Alguien con formación en periodismo jamás se sentirá fascinado por el método por el que la ciencia ha llegado al resultado. Sólo se interesa —y eso con suerte— por el resultado. Pero para un científico, el método es tan importante como el resultado. O incluso más. Igual que para un viajero —y no un vulgar turista— el trayecto puede ser más atractivo que el destino.

Por otra parte, los propios modelos sociales en Occidente nos han aislado del mundo natural. Es cierto que la ciencia entiende mejor hoy día —más que en ningún otro momento de la historia— cómo funciona la naturaleza, pero también lo es que el hombre común nunca ha sabido menos de ella. Cualquier niño de tribus perdidas en el Amazonas sabe muchísimo más de cómo funciona la naturaleza que un chaval escolarizado en un magnífico colegio occidental.

La mayor parte de la población occidental nacida hasta justo después de la Segunda Guerra Mundial aún tuvo la posibilidad de practicar la agricultura, la pesca o ganadería tradicional. Ello implicaba la necesidad de comprender la naturaleza para sobrevivir. Pero ese requisito ya ha desaparecido. No es que defienda aquel tipo de vida: las condiciones vitales de mis abuelos en la posguerra española serían muy naturales, pero eran terribles. No obstante, creo que podría conjugarse desarrollo científico y tecnológico con un mayor contacto con la naturaleza.

Por ejemplo, los que nacimos a finales de los sesenta (como es mi caso) aún tuvimos la suerte de tener abuelos que mantenían en su casa los animales de los que se alimentaban. La vivienda tenía todas las comodidades del siglo XX, pero también espacio suficiente para tener huerta con cultivos y con animales. Eso sucedía incluso en las ciudades: en las azoteas de las casas de la ciudad había jaulas con gallinas o conejos. Hoy eso está poco menos que prohibido por ley para la mayoría de la población.

Una gran parte de mi generación —que tenemos, por ejemplo, un pleno dominio de todas las nuevas tecnologías— también pudimos disfrutar con nuestros abuelos cuando, recuerdo, esperábamos impacientes que los polluelos rompieran la cáscara del huevo para salir; de observar cómo, tras matar un pollo para comerlo, había que desplumarlo y teníamos la oportunidad de comprobar cómo las plumas se insertaban en la piel o cómo se disponían las vísceras en el interior, cómo eran los músculos o dónde se acomodaba la grasa.

En diciembre de 2004, justo cuando preparaba los informes para poder investigar este asunto del declive científico, la revista *Nature* publicó el genoma del pollo. Poco después solicité a mis alumnos de periodismo —que han nacido a mediados de los ochenta— que redactaran una noticia a partir del comunicado de prensa enviado por *Nature*. La mayoría lo hizo rápidamente. Pregunté cuántos habían visto nacer un polluelo en directo. Sólo dos de sesenta y tres alumnos. ¿Cuántos habían observado cómo se disponían las distintas vísceras o los músculos en un pollo? Ninguno había asistido siquiera a la muerte de un animal del que, según confesaron, comían su carne con frecuencia. ¿Cómo podían comprender, entonces, lo que significaba el genoma del pollo y escribir sobre él para un periódico?

La comunicación pública de la ciencia trasciende, obviamente, al periodismo. De hecho, la principal vía de comunicación que tienen los científicos sigue siendo las «revistas científicas». Aquí también abordaré cómo han evolucionado desde aquellas primeras de la Royal Society. Y, sobre todo, analizaré cómo ha influido el periodismo en ellas. Al final del libro, asumo el reto que plantea Rees y Filkin: ¿dónde nos puede llevar esta falta de aprecio por las ciencias?

Ciencia objetiva y periodismo subjetivo

Kant, en su *Crítica de la razón pura*, sostiene que el conocimiento que tenemos de las cosas no refleja la verdadera realidad, sino una realidad subjetiva tamizada por las facultades cognitivas humanas (sensibilidad, entendimiento y razón). Aunque no estoy totalmente de acuerdo con esa percepción de Kant si se aplica a las ciencias naturales, en periodismo sí hemos adaptado esa idea a un lema que afirma, rotundamente, que «la objetividad no existe». Porque todos los periodistas somos personas con una vida previa que condiciona la forma de ver el mundo. A diferencia de las ciencias naturales que aspiran —y, en mi opinión, normalmente lo consiguen— a ser objetivas, el periodista es un sujeto —no un ordenador o una ecuación— y sólo debe aspirar a ser «honestamente subjetivo». Por eso desde las facultades de Periodismo se insiste en que hay que conocer al sujeto para entender lo que escribe.

En este libro intentaré ser «objetivo», entendiendo esa objetividad como la suma de muchas subjetividades que provienen de distintas direcciones. Mi vida profesional me ha llevado por esas direcciones, en principio muy alejadas, pero que creo que pueden sumarse en lugar de restarse. En primer lugar, mi peripecia vital me llevó a estudiar la licenciatura de químicas y a desarrollar investigación en esa disciplina. Finalicé un programa de doctorado en química inorgánica avanzada y publiqué los resultados de mi investigación en varias revistas de impacto, entre ellas en una editada por la Royal Society of Chemistry. Fui profesor de física y química en secundaria y pude comprobar en carne propia la crisis de vocaciones. Pero también estudié la licenciatura de periodismo y cursé un programa de doctorado en ciencias sociales.

Es curioso: tanto en la licenciatura de periodismo como en el doctorado jamás me convalidaron materias de química, lo que da una idea de lo alejadas que están ambas disciplinas en la universidad española. Finalmente defendí una tesis que unió ambas áreas y que abordaba el uso de los científicos como elementos de manipulación política. Me dieron el premio extraordinario en ciencias sociales. Sin embargo, y aunque el tema se refería a las ciencias naturales, no pude presentarlo en el área de experimentales.

Dejé la investigación en química, solicité una excedencia como profesor de física y química y me dediqué en cuerpo y alma al periodismo. Científicos y periodistas son dos profesiones que, aunque en apariencia sean muy distintas, se parecen mucho: ambas son absolutas, maravillosas, absorbentes, necesarias para la sociedad y muy ingratas. Ambas, además, persiguen en teoría lo mismo: buscar la verdad y hacerla pública. Si comparten el mismo objetivo, cómo pueden ser tan distintas, me preguntaba. En mi carrera de periodista he pasado por todas las fases: fui becario y colaborador de varios medios (*ABC*, *Idea-Press*, *Canarias7*) y, finalmente, conseguí una plaza de redactor de la Agencia EFE, cubriendo noticias de ámbito político y local.

Llegó un momento en que eché de menos la ciencia —el periodismo político me parecía insustancial— y el periódico *El Mundo* me dio la oportunidad de cubrir las noticias de ciencia para su sección de «Sociedad». Profesionalmente, ésa fue una etapa muy interesante: pude comprobar la diferencia entre el periodismo científico y otras especialidades que yo había cubierto, pero, sobre todo, me dio la ocasión de conocer de primera mano a grandes investigadores e importantes instalaciones científicas.

También verifiqué cómo funcionan las revistas y los gabinetes de prensa científicos. No obstante, el mundo periodístico es, con diferencia, mucho más duro que el universitario. Y con mi doctorado bajo el brazo me presenté a una plaza de profesor titular de periodismo: con ella penetré en serio —durante la tesis había pasado de puntillas— en un mundo extraño: la vida de un Departamento de Ciencias Sociales, tan alejado del de química inorgánica en el que había empezado. Era una oportunidad fantástica, porque no es fácil que un científico natural pueda trabajar en un Departamento de Ciencias Sociales y describir las diferencias entre ambas formas de conocimiento de primera mano.

Debo señalar que tanto en mi departamento —el de Periodismo y Comunicación Audiovisual— como en mi propia universidad —la Carlos III de Madrid— me he sentido algunas veces rechazado por tener la doble titulación ciencias-letras. En lugar de estar en el campo de todos, he experimentado la impresión de «no pertenecer al campo de nadie». También me hubiese sentido igual —o tal vez peor— si me hubiera incorporado a un Departamento de Química y hubiese aportado investigación en metodología, redacción periodística o telebasura. Obviamente, los miembros de mi Departamento de Periodismo no entienden que, además de las publicaciones en ese campo, quiera que valoren mis trabajos en la síntesis química de fluoruros de manganeso (III) con bases orgánicas.

De hecho, he tenido muchos problemas para que me evalúen en dos campos —química y ciencias sociales— y los «evaluadores» han sido reacios a sumar. Como si valiera menos lo que uno hace. Me costaba creer que no hubiese habido nadie más en mis circunstancias. Pero los dos campos están muy alejados y, según mi experiencia, en el fondo desean permanecer así: ésa puede ser una de las causas del desencuentro ciencias-periodismo y, finalmente, del declive de las ciencias.

Aristóteles en ciencias y letras

Mi memoria de estudiante universitario siempre evoca que el único autor que estudié tanto en la licenciatura de química como en la de ciencias de la información fue a Aristóteles. En química, recuerdo, estaba al comienzo de muchas asignaturas: cómo consideró que la naturaleza estaba compuesta de cuatro elementos, cómo hizo la primera clasificación de animales y plantas, cómo se le ocurrió una teoría sobre dónde estaba la Tierra en el universo. Sus ideas fueron erróneas: la materia no está formada por los cuatro elementos que él sugirió; el Sol no es el que gira alrededor de la Tierra como él pensaba, sino al contrario. Y los animales no han sido creados de forma independiente, sino que han evolucionado unos de otros. Pero al contrario que Platón y su «mundo de las ideas», Aristóteles fue el primero en aplicar los sentidos y, sobre todo, en utilizar todo el potencial de la lógica y el pensamiento racional para obtener resultados desde observaciones empíricas.

Cuando se desarrollaron las matemáticas y se perfeccionaron los instrumentos de medida, esta forma de hallar las respuestas a los enigmas que desde siempre han acompañado al hombre no ha tenido rival. Así que no debemos extrañarnos cuando las universidades inglesas de más prestigio —Oxford y Cambridge— insisten una y otra vez en que su éxito radica en que llevan más de seiscientos años estudiando y enseñando la obra de Aristóteles.

Pero aquí me interesa destacar lo avanzado del pensamiento del filósofo griego, que nació hacia el 384 a.C., frente a la jerarquía intelectual occidental actual —sobre todo latina— del siglo XXI. Aristóteles consideraba que era necesario comprender la botánica, la zoología o la física del movimiento para, después, entrar en cuestiones como la metafísica, la lógica, la ética o la política. Esta concepción —de considerar que para ser un buen politólogo hay que saber de botánica o de física— está muy alejada de las premisas actuales, que producen intelectuales superespecializados a los que el filósofo español Ortega y Gasset ya llamó los «sabios ignorantes». Sólo saben una porciúncula del conocimiento, pero se atreven a opinar de todo con la petulancia del experto, como si esa porciúncula de su saber les avalara en el resto. Si los políticos, los abogados, los periodistas y los economistas estudiaran botánica en la universidad, el planeta no se encaminaría hacia el desastre medioambiental. De eso sí puedo estar seguro.

Cuando empecé ciencias de la información, el profesor de relaciones públicas nos dijo: «En la *Retórica* de Aristóteles está todo lo que hace falta saber de periodismo. Lean la *Retórica* de Aristóteles, asúmanla, mastíquenla y no hace falta que aprendan nada más sobre esta profesión en la universidad». Y, obviamente, la leí.

La retórica es el «arte de la persuasión», algo muy útil para un periodista o un relaciones públicas. Efectivamente, en la *Retórica* de Aristóteles está todo y es difícil escribir algo mucho mejor. Están desde las tipologías del miedo hasta los criterios de duración de los discursos, las relaciones gramaticales que debemos incluir o cómo usar la metáfora. Desde los géneros oratorios o las clases de discursos hasta cómo llevar a cabo una refutación. Eso me dio una idea de las diferencias entre ciencias y letras. En física o biología, con los conocimientos de Aristóteles no vamos a ningún sitio, pero en ciencias sociales o en humanidades sí. Son la esencia y el resto son sólo variaciones o interpretaciones de esa esencia.

De hecho, en mi plan de estudios de periodismo se impartían varias materias sobre análisis del mensaje o análisis del discurso y argumentación. Casi siempre había un estudio preliminar sobre la retórica griega y, a veces, su evolución hacia el gran orador romano Cicerón. Recuerdo un sesudo trabajo que tuve que presentar sobre las diferencias entre la retórica de Aristóteles y la de Cicerón y, a la vez, relacionarlo con las diferencias entre Grecia y Roma. El objetivo de la profesora que propuso el trabajo era que fuéramos conscientes de que el estudio de la retórica que ejercían los políticos, los filósofos o, en general, los intelectuales de cada época definía mejor el período de los propios acontecimientos históricos. En Grecia —básicamente en Atenas— había que convencer a todo el pueblo, porque había una democracia. En Roma hubo República e Imperio y, por tanto, había que convecer al Senado —una élite—. De ahí, las diferencias que se aprecian entre las retóricas de Aristóteles y Cicerón.

Lo más curioso es que ese trabajo me lo solicitaron en una asignatura sobre medios audiovisuales. ¡Fascinante! Algo tan moderno como la televisión no podía interpretarse sin Aristóteles. Desde esta perspectiva, la retórica que usa la televisión actual explicaría mejor cómo es nuestra sociedad que el mayor de los estudios sociológicos o estadísticos. La retórica y la oratoria son armas de persuasión tan poderosas, que muchas autoridades educativas —sobre todo de países dictatoriales o con un pasado dictatorial reciente— las han suprimido de los programas académicos. En los países anglosajones, la oratoria y las ligas de debate son muy importantes en sus universidades de élite. En España apenas se enseña, excepto en las universidades jesuitas, en las que incluso existen ligas internas de debate.

No obstante, resulta muy curioso que, sobre todo, se ha suprimido la retórica y la oratoria de las titulaciones de ciencias —incluso en los países anglosajones, aunque ya están revertiendo esta tendencia—, dejando las técnicas de persuasión a la opinión pública en manos tan sólo de licenciados en comunicación y de otras ciencias sociales.

El maestro de Aristóteles, Platón, siempre rechazó la retórica. Pensaba que sólo había una verdad y, si se obtenía, no hacía falta persuadir a nadie, porque la verdad era capaz de persuadir por sí misma. La retórica era un arte que practicaban los sofistas y que daba herramientas para defender una postura. No ganaba la postura verdadera, sino la que fuera defendida con mejores elementos retóricos y consiguiera persuadir mejor. Es lo que hacen hoy día los abogados, los políticos o los periodistas: no gana quien tiene la razón, sino quien persuade mejor al tribunal, al electorado o al lector.

Una de las experiencias más extrañas y contradictorias que he tenido como profesor de periodismo fue la de preparar a un grupo de alumnos para participar en el primer campeonato universitario nacional de debate y oratoria (torneo Pasarela). Como capitán del equipo de mi universidad, tuve que adiestrar a mis alumnos-debatientes en defender tanto una postura como la contraria de cada uno de los temas que había que debatir. «¿Favorece la concentración empresarial a la sociedad en su conjunto?», fue uno de los asuntos que preparamos. Aunque había dos semanas para investigar los temas, la postura —a favor o en contra— se sorteaba justo antes del momento del debate. Ésa es la dinámica habitual en todas las competiciones de debate que se organizan en todo el mundo.

La razón o la verdad eran irrelevantes. Lo importante era ejercitarnos en técnicas de persuasión para que convenciéramos de la postura que nos había tocado en el sorteo que, obviamente, no tenía por qué ser aquella en la que creíamos. Ganamos debates en los que defendíamos una postura y también otros en los que sostuvimos la contraria. El jurado estaba compuesto por cazatalentos de las empresas y despachos de abogados más importantes de España. Buscaban alumnos que supieran convencer —independientemente de lo que pensaran— a un jurado, unos clientes, unos lectores o unos espectadores. Alumnos que supieran convencer de la verdad de la empresa contratante, no de la verdad.

El grupo que yo capitaneaba quedó el octavo de veinticuatro participantes. ¿Era un buen resultado? Aún no sé si participar en estos torneos o adiestrar a los alumnos en retórica y oratoria resulta ético o no. Lo que sí sostengo es que este tipo de técnicas de persuasión —que son la columna vertebral de los estudios de comunicación— otorga mucho poder a los que saben ejercitarlas en una sociedad mediática como en la que vivimos, en la que la forma y el envoltorio tienen más valor que el fondo. Una cultura mediática en la que la emoción prima sobre la razón.

Al finalizar el torneo de debate con mis alumnos, recordé aquella anécdota que describe el efecto que a los romanos les produjo el contacto directo con el pensamiento griego. Una simple anécdota, pero que demuestra la gran superioridad intelectual de los griegos y, sobre todo, el peligro de las técnicas de persuasión con intereses espurios o en las que el pensamiento racional no esté presente.

Corría el año 155 a.C. y Roma ya había conquistado buena parte del mundo conocido, incluida Grecia. Roma tenía más poder militar y de ingeniería que los griegos, pero los romanos continuaban fascinados por el potencial intelectual, sobre todo de los atenienses. Invitaron a Roma a una embajada formada por los directores de algunas escuelas de filosofía para que instruyeran a los jóvenes romanos. Uno de ellos, el escéptico Carnéades, defendió un día la justicia en la actividad política. Al finalizar, todos los oyentes quedaron fascinados con su oratoria y su retórica y, por supuesto, convencidos de que, efectivamente, ser justo es lo más importante para ser buen político.

Al día siguente, los jóvenes romanos acudieron a la segunda charla para reforzar —creían ellos— sus ideas sobre la justicia. Pero Carnéades defendió lo contrario: la importancia de la injusticia en la política. Se refutó a sí mismo de su argumentación del día anterior y fue capaz de convencer al auditorio de la excelencia de una maldad moral —la injusticia— y de la conveniencia de aplicarla en un gobierno. Al censor romano Catón el Viejo le asqueó tanto aquella actitud que pidió que los filósofos griegos fueran expulsados inmediatamente de Roma para que no corrompieran a su juventud. Definió a los griegos como «la raza más maligna y desordenada».[7]

Carnéades había demostrado que con la retórica y la oratoria podía convencer de lo que quisiera —incluso de una perversión moral— a una masa de personas. De hecho, fue enviado a Roma para exhibir sus grandes dotes de elocuencia. Demostró que un buen retórico con dotes de orador podía hacer un guiñapo del cerebro y las creencias de cualquiera, incluso de las élites cultas como era el caso de los jóvenes romanos que componían el auditorio. Cualquier objetivo manipulador, entonces, podía conseguirse a través de la retórica y la oratoria con una masa inculta. Alertaba —sin posiblemente pretenderlo— del peligro que existía si esa masa de personas tenía algún tipo de poder. Pero todo eso —incluida la trampa en la que había caído el auditorio, como herramienta retórica para demostrar una hipótesis— era demasiado sofisticado para los simples romanos, que lo expulsaron de su ciudad.

Carnéades era, además, defensor de una doctrina, el escepticismo, que afirmaba que la verdad no existe y que, por tanto, nada puede conocerse con certeza. Según esa creencia, todo tiene la misma categoría —nada tiene por qué ser mejor verdad que otra— y, por ejemplo, lo justo y lo injusto son a la vez sinónimos de útil y dañoso. La ciencia y la magia, por ejemplo, serían dos formas de verdad.

Esta corriente que establece que la verdad no existe, que todos los enfoques son igualmente válidos o que sostiene a la vez los pros y los contras de las mismas cosas ha sido nuevamente recuperada por los filósofos posmodernos para atacar a la ciencia. Muchos científicos sociales la han defendido, además, como forma de paliar las graves deficiencias estructurales y de metodología de disciplinas como la economía, psicología, sociología, comunicación o pedagogía, entre otras. Áreas que, pese a que han adquirido prestigio social gracias a la buena retórica de sus defensores, no pueden ser comparadas, en cuanto a potencialidades, con la física, química, geología o biología. Y, como veremos más adelante, este escepticismo va a ser muy importante en la formación de los periodistas y cineastas formados en la universidad.

Para los griegos, la corriente opuesta al escepticismo es el dogmatismo. Es decir, lo contrario a un escéptico es un dogmático. Como doctrina filosófica, el dogmatismo considera que existe una única verdad y, lo más importante, que la razón humana puede acceder al conocimiento de esa verdad siguiendo un método y un orden en la investigación a partir de principios evidentes. El paso fundamental del dogmatismo implica poner a prueba el método, haciendo siempre una crítica exhaustiva a la apariencia. Así, por ejemplo, el dogmatismo racionalista del siglo XVIII desemboca en una gran confianza en la razón, obviamente, después de haberla sometido a un examen riguroso.

Por una serie de derivaciones históricas y filosóficas que exceden el contenido de este libro, la Iglesia católica realizó una traducción muy libre del término griego dogma. Para la Iglesia, dogma identifica aquellos postulados que deben ser creídos sólo porque así lo ordena la autoridad eclesiástica. Por tanto, jamás deben ser sometidos a debate, a examen, a demostración empírica o a cualquier variante de pensamiento racional. Dogma, para la Iglesia, es una verdad absoluta revelada por Dios que no es susceptible de ser discutida.

A partir de aquí, el adjetivo dogmático adquiere connotaciones —al menos para la población con escasos conocimientos de filosofía— relacionadas con la superstición, intransigencia, religión, irracionalidad, autoritarismo, religión e, incluso, pedantería. Como antónimos de dogmático o dogmatismo tenemos flexibilidad, escéptico, sencillo e incluso racional o científico. Es decir, que dogmático significa a la vez racional e irracional. Ciencia y religión o superstición.

Esta confusión semántica —que se da en muchas lenguas occidentales como el español o el inglés, entre otras— ha sido hábilmente usada por muchos críticos de las ciencias naturales para tachar a los científicos de dogmáticos y, por extensión, de intransigentes, autoritarios, poco receptivos con otras creencias —como suelen ser las autoridades religiosas— o pedantes. Señalan estos críticos que la ciencia es sólo otra forma de religión, bastante excluyente de otras interpretaciones alternativas, y que no tiene otro valor que el que le quieran dar sus sumos sacerdotes —los científicos—. Todo esto lo veremos con mayor profunidad en los capítulos siguientes.

Platón y Aristóteles —cuyas inteligencias eran muy superiores a la del escéptico Carnéades— eran por supuesto dogmáticos. Y a mucha honra, como diría alguno. Por tanto, ambos sostenían que la verdad existe y que el hombre está capacitado para encontrarla. Aristóteles pensaba, como Platón, que sólo existía una verdad científica —ellos la llamaban filosófica— y no varias verdades. Pero los dos mayores pensadores de la historia occidental se diferenciaban en que mientras Platón creía que esa verdad venía de la reflexión abstracta, Aristóteles veía un elemento fundamental en la observación. Por eso hay un abismo entre el pensamiento de Platón y el de Aristóteles.

Para el objeto de este libro, me interesa destacar otra gran diferencia entre ambos filósofos. Aristóteles era muy consciente, al contrario que Platón, de que la verdad científica obtenida, si no la difundían con elementos de persuasión, nadie la tendría en cuenta. Es decir, mientras que los sofistas, creadores de la retórica, defendían que el mejor discurso de acción es el que triunfa en el debate o a través de la persuasión, razón por la cual Platón consideró que la retórica era uno de los «males» de la civilización —porque daba la posibilidad a un buen retórico de convencer de una falsedad—, Aristóteles tendió puentes y consideró que la verdad no se obtiene del que mejor persuada, sino sólo con los elementos de la lógica, la observación y, en definitiva, de la ciencia. Pero, una vez obtenida ésta, habría que tener en cuenta los elementos de persuasión para difundirla. En realidad, ésa sería la simbiosis perfecta entre periodismo y ciencia.

Aristóteles no sólo reinaba en las asignaturas de retórica, sino también en las de narración audiovisual de ficción de mi plan de estudios de periodismo, en concreto su *Poética*, libro en el que el filósofo griego establecía las bases de la elaboración de un guión de ficción. Los enunciados de la *Poética* de Aristóteles señalan, por ejemplo, que la narración se centra en un suceso principal y que hay que eliminar las partes innecesarias e inverosímiles. O que los dramas no han de empezar o acabar al azar. A veces llega a detalles curiosos como que los personajes de una tragedia han de ser ilustres o nobles y los de la comedia, corrientes.

La *Poética* de Aristóteles es, sin duda, el tratado más importante de la dramaturgia, definida ésta como el conjunto de principios narrativos que buscan establecer un interés creciente del espectador. Por ello, todo profesor de narración audiovisual recomendará leer la *Poética* de Aristóteles: porque en ella está el origen de la denominada «construcción de guión clásica», de enorme influencia en el cine estadounidense y, en general, en el cine comercial. Uno de mis profesores de mensaje audiovisual llegó a afirmar un día: «Hay directores de cine que se creen más inteligentes que Aristóteles. Obviamente, hay que ser estúpido para creerse mejor que Aristóteles. Por tanto, la obra de esos cineastas suele ser una estupidez intelectual. No gasten dinero ni tiempo en verla».

Es curioso que en química mis profesores jamás mencionaran la *Retórica* o la *Poética* de Aristóteles y que en periodismo no aludieran a su lógica y a sus estudios en zoología o en física. Y ahí está el desencuentro: muchos científicos piensan, como Platón, que la verdad no necesita ser divulgada porque es obvia; y los periodistas creen que la verdad no se obtiene de la lógica y la metodología científica, sino del que los convenza mejor, como sostenían los sofistas. Por otra parte, los cineastas consideran que lo importante es que la estructura narrativa mantenga el interés del espectador y, por tanto, la verdad o la ciencia son irrelevantes. La cultura occidental —o al menos la española— ha partido en dos (o en tres) a Aristóteles y, lamentablemente, hay que estudiar dos licenciaturas —una de ciencias y otra de letras— para tener completo el conocimiento —actualizado— de Aristóteles.

Este libro quiere tender un puente entre los dos Aristóteles: para que los científicos persuadan mejor y puedan luchar contra las nuevas ideas de irracionalidad y, sobre todo, para que los periodistas y cineastas comprendan el método científico como forma de llegar a la verdad que ellos deben divulgar. Intentaré ponerme en la piel de unos y otros, porque afortunadamente yo he estado en muchas de ellas. Es la manera que propongo —habrá otras muchas— para analizar las causas de por qué existe una pérdida de prestigio en la ciencia en Occidente, al tiempo que aumenta el interés por la magia y la irracionalidad.

Investigación en Gran Bretaña

Al comienzo de esta introducción hablaba de la sorpresa que para mí supuso que personas como David Filkin y Martin Rees me comentaran con tanta preocupación el problema de la crisis de la ciencia en Gran Bretaña. El hecho era muy alarmante porque España y Gran Bretaña representan los dos modelos culturales más importantes de la cultura occidental: la latina y la anglosajona, respectivamente. Ambos países han tenido una fuerte influencia cultural en el resto del mundo y, por tanto, si se encontraban similitudes respecto al declive de la ciencia, éstas podrían extenderse al resto de los países de cultura occidental.

El reto no era fácil porque, aunque yo sabía lo que sucedía en España,[8] necesitaba investigar lo que ocurría en Inglaterra. Palpar esa sociedad y descubrir que allí también le estaban dando la espalda a la ciencia. Por ello comprendí que, aunque yo tuviera bagaje como científico y profesor de ciencias, como periodista y como profesor de periodismo, todo eso no servía de nada si no buscaba las claves en Inglaterra. Por supuesto, el mejor sitio para averiguarlo era Londres:

sede de la Royal Society pero también de una de las revistas científicas más importantes e influyentes del mundo, *Nature*. Desde aquí agradezco el interés que mostraron en esta aventura la jefa del gabinete de prensa, Ruth Francis, y el propio director de la revista, Philip Campbell.

Debo confesar que, al principio, pensé que el mejor lugar era el Imperial College porque desarrolla una ciencia de gran nivel: tiene en su haber catorce premios Nobel de disciplinas científicas, pero sobre todo porque posee un Departamento de Comunicación Científica que pasa por ser uno de los mejores del mundo, junto al del Instituto Tecnológico de Massachusetts en Estados Unidos. El Imperial podría definirse como una de las facultades de Ciencias de la Universidad de Londres.[9]

Su mérito —respecto a la comunicación de la ciencia— consiste en que fue una de las primeras facultades de Ciencias británicas en asumir la sugerencia que la Royal Society lanzó en 1985 —en su ya célebre informe *Public Understanding of Science*—[10] que, entre otros efectos, ha desarrollado esa disciplina en todo el mundo. Ante la mala imagen que estaba teniendo la ciencia en los medios, la Royal Society sugería, en ese informe de 1985, que se impartiera a los científicos nociones sobre comunicación mediática, de forma que éstos pudieran volver a hacerse cargo de la información científica y sustituyeran a los periodistas.

La estrategia implicaba que ese entrenamiento en comunicación de la ciencia debería hacerse con profesionales de los medios, pero supervisado y dirigido por científicos naturales. En España, por ejemplo, se hace al contrario: son las facultades de Periodismo o de Letras —por ejemplo, los filósofos de la ciencia— los que han asumido *motu proprio* la responsabilidad de formar a los comunicadores de la ciencia, lo que demuestra la escasa influencia que aún tienen las ciencias naturales en este país.

No obstante, el Imperial —y su grupo de comunicación— es un lugar donde los periodistas van a aprender ciencia pura o historia de la ciencia —si no son capaces de entender el lenguaje científico— y los científicos a entrenarse en periodismo, técnicas cinematográficas y de televisión. Modestamente, yo creía que esos campos ya los tenía asimilados. Necesitaba un lugar donde conjugar todo eso desde una perspectiva más amplia: cómo afecta el poder y la sociedad actual a la comunicación científica y ésta al declive de la propia ciencia.

Por otra parte, como profundizaré más adelante, a partir de ese informe de la Royal Society, en el que la mayoría de los científicos anglosajones comienzan a concienciarse del grave daño que los medios de comunicación están provocando en las ciencias naturales, los científicos comienzan a buscar culpables directos. Sus iras recaen rápidamente en los denominados «filósofos de la ciencia» con cultura de letras. Un célebre artículo, publicado en la revista *Nature* en 1987, titulado «Where Science Has Gone Wrong» («¿Dónde se ha equivocado la ciencia?»)[11] desata la polémica al identificar claramente a los cuatro culpables del apocalipsis científico: los filósofos posmodernos Kuhn, Popper, Lakatos y Feyerabend.

De los cuatro, tres habían sido profesores o alumnos en un emblemático centro: la London School of Economics and Political Sciences (LSE). Si el Imperial podía considerarse la Facultad de Ciencias de la Universidad de Londres, la LSE podría definirse como su Facultad de Ciencias Sociales. ¿Qué mejor sitio para investigar el mal que yendo a su origen? No es que pensara resolver el problema a partir de la filosofía de la ciencia, pero consideré que era un centro tremendamente influyente en la sociedad actual, sobre todo porque allí se han formado y se forman —y no en el Imperial— muchos de los que la dirigen.

La LSE es importante por su nivel académico: tiene doce premios Nobel de Economía que están, o han estado, en algún momento relacionados con ella y dos de Literatura. Algunos Nobel tan tempranos como Bernard Shaw (1923) o Bertrand Russell (1950) y otros recientes como Amartya Sen (1998), Robert Mundell (1999) o el último George Askerlof (2001). Que hubiese impartido allí clases Bertrand Russell para mí era un factor relevante, porque la lectura de uno de sus libros —del que hablaré más adelante— influyó notablemente en que me matriculara en ciencias al acabar COU.

No obstante, la LSE es sobre todo un enorme laboratorio de ideas en el que gente de todo el mundo aborda los asuntos desde múltiples perspectivas. Es también una de las universidades más cosmopolitas del mundo: en 2006, el 44 por ciento de sus 1.700 profesores procedía de países distintos a Gran Bretaña. De ese 44 por ciento, la mitad eran de la UE y la otra del resto del mundo. Estos porcentajes aumentan cuando hablamos de alumnos: el 64 por ciento de los alumnos de la LSE procedían de fuera de Gran Bretaña, lo que da idea de cómo es una universidad propagadora de ideas. En ella han estado matriculados personajes tan diversos como Cherie Blair, Romano Prodi, John F. Kennedy, Mick Jagger o Monica Lewinsky. Sí, la becaria más famosa del mundo estaba matriculada en mi departamento cuando yo realicé mi estancia.

Por su sala de conferencias han pasado la mayoría de los líderes de opinión e, incluso, dirigentes mundiales como Bill Clinton, Kofi Annan o Nelson Mandela, entre otros muchos. Durante el año que pasé allí pude acudir, por ejemplo, a conferencias de políticos españoles como Artur Mas, líder de CiU, o del entonces ministro de Justicia, Juan Fernando López Aguilar.

No cito estos detalles para deslumbrar al lector con el sitio que había elegido para mi estancia. En un libro de divulgación como éste —destinado al lector hispano que no necesariamente tiene que estar familiarizado con el ambiente universitario anglosajón o con la gestión del conocimiento— me interesa describir también lo que son las grandes universidades de élite anglosajonas, porque en España (o en el ámbito latino) no existe nada mínimamente parecido. No ya en cuanto a los premios Nobel, sino sobre todo a la capacidad de esas instituciones de ser grandes y efectivas difusoras de tendencias intelectuales en la sociedad globalizada actual.

El que quiere ser alguien en el ámbito académico mundial —sobre todo en ciencias sociales, donde un cierto estatus a veces influye más que los resultados empíricos— tiene que estar en su entorno. No sé si esto afecta o no al declive de la ciencia; pero, en cualquier caso, esta gran autoridad de poco más de una decena de universidades en el mundo —prácticamente todas anglosajonas— es un fenómeno que al menos debe mencionarse.

El lema de la LSE, que preside toda la institución desde que se fundara en 1895, también me animó a elegirla como primerísima opción: «Rerum cognoscere causas», es decir, «comprender las causas de las cosas». Tras mi paso por el mundo de la ciencia y el del periodismo, necesitaba un sitio como la LSE para acometer desde todos los puntos de vista el problema del declive de la ciencia y llegar a «comprender las causas». Hablar con gente de distintos países, con profesores de distintas áreas.

En 2004 elegí —y tuve el privilegio de que me aceptaran como *fellow* (colega) durante un año— el Departamento de Psicología Social como base de mi investigación, porque en él se estaban generando trabajos muy interesantes sobre el conocimiento público de la ciencia desde una perspectiva para mí desconocida pero muy interesante para mi propósito: la psicología social, como disciplina que describe los comportamientos de grandes colectivos y de la propia sociedad.

No narraré aquí las vicisitudes que sufrí para poderme ir un año a investigar a Gran Bretaña. Contaré lo bueno: finalmente, mi universidad me apoyó y el Ministerio de Educación me concedió una beca de doce meses. Me incorporé a comienzos de octubre de 2005 y permanecí en el Instituto de Psicología Social hasta finales de septiembre de 2006. Ése es el período en el que aparecerán muchos datos empíricos en este libro, aunque la revisión final se hiciera en 2007 y algunos se actualizaran. Me integré en el grupo de investigación STEPS, siglas en inglés de Ciencia, Tecnología y la Esfera Pública, coordinado por Martin W. Bauer. Esfera pública es un concepto crucial de la moderna filosofía política, definido entre otros por Habermas, y se refiere a esos espacios en los que el proceso político establecido gana o pierde su legitimidad. Esos espacios pueden ser a la vez empíricos y utópicos.[12] Dos profesores del Departamento de Psicología Social de la LSE, Martin W. Bauer y George Gaskell, habían desarrollado un modelo, publicado en 2002, para investigar la esfera pública de la ciencia y la tecnología.[13] Era, por tanto, necesario estar allí, hablar y aprender con ellos.

El grupo llevaba trabajando desde 1995 en estudios que abarcaban desde la representación pública de la ciencia a controversias científicas o construcción de indicadores de «cultura científica». Desde el conocimiento público de la ciencia a los científicos como relaciones públicas. Pero sobre todo tenían series temporales de percepción pública de la ciencia en distintos países desde finales de la Segunda Guerra Mundial hasta los años 2002 o 2003. Series que a mí me podrían servir de guía para datar y explicar el supuesto declive.

La fórmula era enfocar el problema —el declive de la ciencia— desde todos los puntos de vista, teniendo como hilo conductor mi hipótesis: la influencia de los medios de comunicación y, en general, de la cultura mediática en ese declive. La LSE me dio la oportunidad de acudir a clases, seminarios o debates que me permitieron adentrarme en una extensa bibliografía —no en vano tiene una de las bibliotecas de ciencias sociales más grande del mundo— y en las líneas de investigación necesarias para abordar este problema.

Líneas que van desde la influencia del cine hasta la política científica. Desde la lingüística hasta la filosofía de la ciencia, la neurología y la pediatría. Desde la literatura o la bibliometría a la teoría económica y la pintura. También me recomendaron que no prescindiera de mis experiencias vitales y laborales como profesor, como científico y como periodista, interesantes en un asunto como éste. Parecía que, por una vez, era relevante haber estado en varias trincheras. Y, sobre todo, me dieron dos consejos que considero muy valiosos: que releyera con frecuencia a los clásicos y que jamás dejara de abordar cualquier tema que creyera interesante, porque pensara que fuera espinoso o políticamente incorrecto. «La autocensura académica sólo conduce a la demagogia y al error», me alertaron.

Es la forma de trabajar de los enfoques multidisciplinares que tanto gustan a los anglosajones: para conocer las causas de un problema hay que rodearlo por todos sus frentes. Abordar todos los aspectos —aunque sean conflictivos—, porque nunca existe una sola causa que explique un fenómeno complejo. Y porque, muchas veces, la solución se halla allí donde nadie se atreve a mirar, al presentir que no va a gustar lo que se encuentre.

Al final tuve que defender mis conclusiones sobre «las causas del declive de la ciencia en la cultura mediática» en el seminario permanente de debate y análisis «Public Understanding of Science» («Conocimiento Público de la Ciencia»), que organiza conjuntamente el Departamento de Psicología Social de la LSE y el de Estudios de

Ciencia y Tecnología del University College de Londres.[14] Antes, y por consejo de algunos profesores de la LSE, las expuse en el Departamento de Historia Económica de esa institución dentro de su proyecto «The Nature of Evidence: How Well Do "Facts" Travel?».[15] Es justo reconocer que en este libro aparecen numerosas sugerencias que en esos dos foros, y tras horas de intenso —pero fructífero— debate, me propusieron muchos de los asistentes, preocupados porque esta investigación llegara a buen puerto. Algunos se ofrecieron incluso a asesorarme sobre determinados enfoques sin pedir nada a cambio. Una actitud que agradezco profundamente y que da idea del gran nivel académico de las universidades británicas.

Las universidades anglosajonas de élite potencian la idea (entre sus alumnos y profesores) de que sólo puede realizarse una síntesis correcta de un asunto relevante si se tiene como base la erudición. Frente al modelo académico latino (heredado de la enseñanza napoleónica) de universidad para formar a funcionarios memoriones, o el americano (que quiere imponer la Unión Europea) de formar técnicos cualificados según demandan las empresas, el modelo británico (heredado de Oxford y Cambridge) busca la adquisición de conocimientos amplios, profundos y variados como pilar de su sistema académico de élite. Reconozco que me he dejado influenciar. De ahí que pueda sorprender al lector que aquí se aborden cuestiones que pueden parecer, en principio, algo alejadas entre sí.

Condensar la ingente información que he buscado ha sido sumamente difícil. Sobre todo por lo que he tenido que descartar: especialmente, muchas estadísticas reiterativas para no cansar al lector. Intentar narrarla de una forma sugestiva, aunque sin perder el rigor, ha sido complicado, pese a mi oficio periodístico. Había que describir cómo funciona la cultura mediática y cómo lo hace la científica, así como la historia de cada una. Es decir, nada más y nada menos que definir los dos ámbitos que gobiernan el mundo actual. Obviamente, había que profundizar en el choque de esos dos colosos —con sus aspectos diferenciales en España y Gran Bretaña— y en cómo eso afecta a cada uno de ellos por separado. Pero, desde mi punto de vista, en esa interacción podían detectarse y comprenderse muchas claves.

Ojalá con este libro el lector pueda siquiera vislumbrar la extraordinaria riqueza de matices que supone adentrarse en esa colisión de las dos gigantescas aportaciones culturales que Occidente ha donado al mundo: la ciencia moderna y los medios de comunicación. Es decir, adentrarse en la comunicación mediática de la ciencia y profundizar en el hecho de que tal vez ese choque no sea tan suave. Tal vez, uno de los contendientes —la ciencia— perezca tras la confrontación.

2

¿Por qué hay un declive de la ciencia?

Lo primero que me dijeron al llegar a la London School of Economics fue que antes de buscar causas del declive que sugerían Rees y Filkin indagara si tal declive existía en términos numéricos. Es la medida empírica que tiene que avalar cualquier análisis. No obstante, intentaré no abrumar al lector con datos y prometo que sólo serán unos párrafos. Sin embargo, los datos son necesarios porque el fenómeno del declive de la ciencia ofrece muchas perspectivas. ¿Qué significa declive? Que los científicos no se sientan en el Consejo de Ministros, que no salen en los medios, que no manejan dinero, que la sociedad da la espalda a sus teorías. Todas éstas son cuestiones muy difíciles de evaluar. Sin embargo, todas se resumen en una: si hubiese un declive, habría un retroceso en las vocaciones y el interés. Una profesión potente socialmente implica que muchos miembros de la sociedad quieren dedicarse a ella, incluidos los de mejores capacidades económicas e intelectuales. Un conocimiento que la sociedad de una época considere relevante tendrá un gran interés para ella. Este interés sólo puede medirse a través de encuestas, con los problemas metodológicos que ello conlleva. Las vocaciones, sin embargo, permiten medidas reales.

El interés por las ciencias en los medios decrece

¿La gente está ahora más o menos interesada por la ciencia que hace unos años? ¿En las nuevas generaciones ese interés ha decaído o ha aumentado respecto a sus progenitores o hermanos mayores? Este dato —el grado de interés— es lo primero que debemos analizar si queremos contrastar si ese supuesto declive es real o ficticio. La manera más fácil de averiguarlo consistía en comparar las cifras de dos eurobarómetros (la macroencuesta que efectúa cada cierto tiempo la Unión Europea sobre ciertos aspectos sociales). En este caso, sobre el interés de la ciencia en la sociedad, se realizó uno en 1992 y otro en 2005.[1] Si los comparamos, observamos que en ese período de trece años nuestros temores sobre el declive de las ciencias se confirman.

Por ejemplo, los europeos «muy interesados» en información sobre medio ambiente han descendido un alarmante 18 por ciento (pasando del 56 por ciento en 1992 al 38 por ciento en 2005); el declive en interés por nuevos avances médicos es de un 12 por ciento (del 45 por ciento de «muy interesados» en 1992 al 33 por ciento en 2005); del 5 por ciento en nuevos inventos (del 35 al 30 por ciento) y del 8 por ciento (del 38 al 30 por ciento) en nuevos descubrimientos científicos.

Estos datos confirman el descenso entre población «muy interesada» en información científica. Pero la tendencia es similar si valoramos otro parámetro: el de las personas «que no están interesadas en absoluto» en temas científicos. Estos «desinteresados» han aumentado en el período de 1992 a 2005. Este incremento de personas que «no están interesadas en absoluto» en, por ejemplo, información medioambiental fue del 6 por ciento (pasando del 6 por ciento en 1992 al 12 por ciento en 2005); también se produjo un aumento del 6 por ciento (del 10 al 16 por ciento) en el total desinterés en nuevas informaciones médicas. El incremento del desinterés en nuevos inventos fue del 3 por ciento (del 18 al 20 por ciento) y del 4 por ciento en nuevos descubrimientos científicos (del 16 al 20 por ciento).

Este último dato, aun siendo el incremento de desinterés sólo de un aparente 4 por ciento, es relevante porque alcanza al 20 por ciento: es decir, que uno de cada cinco europeos asegura que no tiene «ningún interés en absoluto» en saber algo sobre los avances científicos. Resalto la importancia del dato, pues los propios autores del eurobarómetro señalan que muchos de los entrevistados tienden a responder lo «políticamente correcto» en este tipo de encuestas. Lo que quiere decir que quizá el desinterés sea aún mayor. Ambas respuestas (la disminución de los «muy interesados» y el aumento de los «no interesados en absoluto») pueden ser la prueba de que este fenómeno del declive de la ciencia es algo de toda la Unión Europea.

Cuando se buscan las causas de ese desinterés por la información científica en los medios de comunicación, las razones son también muy preocupantes y, en mi opinión, deberían movilizar a la sociedad. En el eurobarómetro de 2005, una de las respuestas a la falta de interés es «porque no la entiendo [la ciencia]». Entre los encuestados de más de 55 años esta respuesta llegó al 39 por ciento. Circunstancia lógica, porque mucha gente de esa edad no se benefició de los avances en educación que ha habido en Europa en los últimos decenios. Entre los de 25 a 39 años se rebaja al 22 por ciento, lo cual es indicativo de que ha mejorado la enseñanza de la ciencia en la sociedad. Entre los entrevistados de 15 a 24 años, el porcentaje de los que no entienden la ciencia sube al 26 por ciento, aunque eso puedo justificarlo como que en esas edades aún no se han estudiado suficientes conceptos de ciencia y la respuesta obvia es que «no la entiendo».

Sin embargo, me interesa mucho llamar la atención del lector sobre el siguiente dato referido a una de las respuestas que ofrece la encuesta: «[la ciencia] no me importa ese asunto», como justificación para el desinterés mostrado por la información científica que el encuestado había expresado con anterioridad. Lo más preocupante es que ese «no me importa [la ciencia]» es mayor entre el colectivo de estudiantes (37 por ciento) que entre los retirados (30 por ciento), entre las amas/amos de casa (32 por ciento), empleados por cuenta propia (22 por ciento) o trabajadores manuales (35 por ciento).

¿Qué tipo de sociedad tenemos en Europa que le interesa más la ciencia a un albañil que a un estudiante? ¿Cuál es nuestro futuro? ¿Por qué la ciencia tiene esa imagen? Si distribuimos las respuestas por segmentos de edad, el dato nos proporciona otro disgusto y pone de manifiesto, en mi opinión, el drama del declive. Así, el sector de población que en mayor proporción contesta «no me importa [la ciencia]» es el de los jóvenes de 15 a 24 años, con un 38 por ciento. Entre los de edades de 25 a 39 años, esta respuesta desciende al 31 por ciento. De 40 a 54 años, baja al 30 por ciento. Debe matizarse que este sector de población es el que ocupa posiciones de poder en la Unión Europea. Al segmento de población mayor de 55 años «no le importa la ciencia» en un 31 por ciento. La conclusión rápida es obvia: a menor edad, menor interés por la ciencia. Otra conclusión, atendiendo a los datos, es que estos jóvenes europeos entienden mejor los conceptos científicos que los mayores (es decir, no es tanto un problema de educación en los colegios e institutos). Sin embargo, son los jóvenes el colectivo al que menos le importa la ciencia. Debe recordarse que los jóvenes son los más influenciables por la cultura mediática. Todo esto denota que hay un fracaso en la forma de transmitirla en los medios de comunicación y que tal vez los valores de nuestra cultura mediática no propician un interés por los asuntos científicos.

Al comparar las cifras por países (Gran Bretaña y España), detectamos diferencias notables. Así, aunque en ambos países disminuye el interés en proporción similar, en España el porcentaje de los que respondieron en 2005 que no estaban interesados en los nuevos descubrimientos científicos porque «no entendían» la ciencia fue de un 43 por ciento frente al 27 por ciento en Gran Bretaña. Lo que demuestra que los británicos tienen más cultura científica. En España, un 38 por ciento respondió que «no le importa la ciencia» frente a un 15 por ciento de británicos. Pese al declive en ambos países, el sustrato en Gran Bretaña sobre la importancia de la ciencia es aún doblemente mejor que en España.

Y aunque en España este asunto es más grave que en Gran Bretaña, apenas salió en los medios, más interesados en el Estatuto catalán o en Isabel Pantoja. En Gran Bretaña, por el contrario, durante 2005-2006 este tema se convirtió en uno de los que, si bien no marcaron la agenda mediática, sí apareció con frecuencia. Desde distintas perspectivas, fue portada en todos los periódicos relevantes y objeto de reportajes y debates en la BBC, ITV o Channel 4. Los enfoques también fueron muy diversos. En noviembre de 2005, tras la concesión de los Nobel, comenzó un agrio debate social de por qué Gran Bretaña llevaba tres años sin conseguir premios Nobel de ciencias. La sociedad (y los medios) culpaban a los científicos ingleses de «dormirse en sus cátedras» y de no ser competitivos ni brillantes. Por supuesto, los científicos se defendieron y la controversia animó el debate periodístico y académico británico en 2006. Y aquí radica otra gran diferencia de Gran Bretaña con España, donde ese debate y esas exigencias a los científicos sería estratosférico. Casualmente, en 2006 también se habló en España de premios Nobel, pero jamás bajo el enfoque de por qué no hemos tenido ninguno en un siglo, como haría un país anglosajón, sino que en España se conmemoró que hacía un siglo habíamos tenido un Nobel científico. La situación sólo puede calificarse de lamentable.

Los enfoques británicos también abundaban en el descenso de alumnos interesados en ciencias, en cómo esos alumnos cada vez sabían menos (a través de la comparación de exámenes de la selectividad inglesa), una noticia que fue portada en *The Times*, o de cómo el país se hundiría si esa tendencia no revertía. Este asunto también fue tratado por los comentaristas políticos (esto sí que sería imposible en España) y, por supuesto, en todas las sociedades científicas (algo que también ocurrió en España, pero sin suficiente resonancia mediática).

En la universidad tampoco interesa la ciencia

Las encuestas sobre interés por la ciencia de las que he hablado reflejan la posición del total de la población. Aun siendo el panorama preocupante, todavía puede ser peor. Un resultado curiosísimo respecto al desinterés de la ciencia proviene precisamente del colectivo que, en principio, se dedica a producirla. El dato —que confirmaría este declive— surgió de una encuesta que se realizó en mi universidad (la Carlos III de Madrid) en junio-julio de 2003. El estudio formaba parte de una investigación más amplia dirigida por la catedrática de periodismo Pilar Diezhandino, que trataba de descubrir cuáles eran las tendencias de comportamiento de los universitarios (profesores, alumnos y personal de administración y servicios) respecto a los medios de comunicación.[2]

Las respuestas mostraron que las secciones del periódico que más atraen al colectivo universitario de la Carlos III eran política nacional (52 por ciento); internacional (48 por ciento); temas sociales

(31,9 por ciento); cultura (30,1 por ciento); deporte (22,1 por ciento); economía (20,7 por ciento), etc. La sección de ciencia sólo interesaba a un escaso 16,1 por ciento. Sorprende también que en la época del cambio climático, el medio ambiente sólo atrajera al 4,4 por ciento de ese colectivo encuestado, apenas dos décimas por encima de los que se interesan por los horóscopos (4,2 por ciento). ¡Las noticias de sanidad sólo importaban al 3,5 por ciento! Los datos sorprendieron a la propia directora de la investigación: «Baja cuota de lo científico para tratarse de una comunidad universitaria, 16 por ciento; más allá de considerar que disponen de otras lecturas científicas no divulgativas»,[3] señala en el informe.

Desde mi punto de vista, esos datos de desprecio —o desinterés— por la información científica —o de estar voluntariamente desinformados, como sugiere la autora del estudio— son alarmantes para la comunidad de una de las mejores universidades españolas, según algunas clasificaciones.[4] No obstante, no demuestran en sí mismos un declive, porque no existen encuestas comparativas similares de años anteriores o posteriores.

Sin embargo, el declive sí puede detectarse en la letra pequeña de la encuesta. Así, cuando se desglosan los datos por colectivos, observamos que mientras que el profesorado se interesa por la ciencia en un 23,7 por ciento (porcentaje que, en mi opinión, sigue siendo bajo si se compara con el 62,6 por ciento de interés en política nacional) y el personal de administración se interesa en un 21,9 por ciento por la ciencia, entre el alumnado (el colectivo con menor edad) ese porcentaje se derrumba a tan sólo un 9,0 por ciento.

La inexorable catástrofe para la ciencia se hace evidente cuando un 7,7 por ciento de estos estudiantes universitarios de una de las mejores universidades del país declaran sentir interés por los horóscopos. (Curiosamente, ningún profesor confesó este interés.) Si comparamos este 7,7 por ciento seducidos por la información de esoterismo, con el 3,8 por ciento de estudiantes que se interesaban por las noticias sobre medio ambiente o el 2,1 por ciento por la información sobre sanidad, comprenderemos que el futuro de la ciencia no es halagüeño. Sorprende, repito, que el asunto más importante para la supervivencia de la especie, el medio ambiente, sea tan escasamente seguido por los alumnos, un 3,8 por ciento, como hemos mencionado. Pero más descorazonador es que a sus profesores les atraiga aún menos: sólo un 3,1 por ciento de los profesores encuestados se interesan por la información medioambiental. Esto sólo se explica por el secular desprecio de las élites intelectuales españolas (incluidos los profesores universitarios) hacia la naturaleza.

Debe aclararse, no obstante, que en el momento en el que se pasó la encuesta, la Universidad Carlos III de Madrid no impartía estudios de ciencias naturales, sólo de ingeniería, humanidades y ciencias sociales y jurídicas. Esta circunstancia podría explicar algunos datos alarmantes sobre el desinterés por la ciencia de sus profesores, pues, como veremos más adelante, los intelectuales de letras-ciencias sociales sienten un gran desprecio por las ciencias naturales.

Hay que matizar que el estudio de Diezhandino buscaba tendencias generales de lectura (no diferencias entre ciencias y letras) y, por tanto, no desglosa las respuestas en función del origen académico de los encuestados —si proceden de ciencias sociales, humanidades o ingeniería— ni aclara qué porcentaje de encuestados procedía de cada área. Si se admite que las respuestas son proporcionales a la procedencia académica del colectivo total de la Carlos III, los datos supondrían que, en el caso de profesores del área de letras-ciencias sociales, el desinterés por las ciencias es alarmante, pues sumados sus datos a los de los profesores de ingeniería (a los que presupongo el interés) no alcanzan niveles aceptables de gusto por leer ciencia en los medios.

Otro resultado muy relevante del estudio citado —porque confirma una tendencia— es que los estudiantes universitarios mostraban un gran interés por la información de espectáculos (11,1 por ciento), cifra que contrastaba con el 2,3 por ciento de los profesores. Lo mismo sucedía con la sección de programación de televisión: 10,3 por ciento de interés entre estudiantes, frente al 2,3 por ciento de los profesores. Los jóvenes ya pertenecerían a la nueva generación sugestionados por lo espectacular y lo televisivo, como veremos en el último capítulo de este libro. Es terrible, para el futuro de la civilización en Occidente, que a los jóvenes universitarios les interese más la información sobre programación televisiva (10,3 por ciento) que las noticias de ciencia (9,0 por ciento). Los sucesos y el deporte también atraen mucho más a los jóvenes estudiantes que a sus profesores.

El caso español: la matrícula en ciencias baja y en periodismo sube

Uno de los momentos en los que me di cuenta de que el declive de la ciencia era real fue en marzo de 2004. La Facultad de Químicas de la Universidad de La Laguna, donde yo había estudiado, alarmada ante la falta de estudiantes, hacía un llamamiento desesperado en los medios de comunicación para que los alumnos de secundaria visitaran su campus con la esperanza de reclutar a alguno.[5] Reconozco que supuso un shock. ¿Cómo podían haber cambiado tanto las cosas en tan pocos años? Cuando empecé la carrera, en el curso 1985-1986, los alumnos que asistíamos a clase superábamos ampliamente el centenar. En primero y segundo, si llegabas tarde no encontrabas donde sentarte. Había que madrugar para ocupar un sitio en el que se distinguiera bien lo que se escribía en la pizarra y poder tomar los apuntes. Recuerdo turnos en las prácticas de biología, porque no cabíamos en los laboratorios. Y las listas interminables de calificaciones expuestas en los tablones de la facultad. La tasa de abandono siempre fue alta. Al final nos licenciamos unas veinte personas y, de ellas, sólo nueve habíamos aprobado curso por curso.

Veinte años después (en el curso 2005-2006), la cantidad de alumnos de primero se había desplomado: eran, concretamente, dieciocho, según se desprende del Plan de Acción Tutorial, publicado en la web de la facultad.[6] Suponiendo tasas de suspensos y abandonos similares a las que tuvimos los estudiantes de finales de los ochenta, esta cifra implica que cuarto y quinto de carrera pueden verse, literalmente, sin alumnos o, como mucho, con dos o tres por especialidad (hay tres especialidades). A efectos prácticos, esas escasas entradas de primer curso podían interpretarse como que los estudios de química, que acababan de cumplir sus setenta y cinco años, habían desaparecido. ¿Cuántos de esos dieciocho llegarían a leer una tesis?

Cuando me matriculé en el doctorado (curso 1990-1991), existía un programa por departamento (había cinco) con una matrícula media de cinco o seis alumnos en cada uno. En 2006-2007 había un solo programa titulado «Química e ingeniería química», con el objetivo claro de atraer alumnos, incluso, de estudios técnicos.

Sin embargo, también había algún aspecto positivo en esta desbandada de alumnos: frente a las clases masificadas de los primeros cursos que yo viví, ahora existía un plan de tutorización para cada estudiante. Pero la situación era tan dramática que, por ejemplo, en el curso 2005-2006 no es que hubiera un tutor por cada grupo de cinco o seis alumnos, como en las elitistas universidades de Oxford o Cambridge, sino que en la Facultad de Químicas de La Laguna había ¡un tutor por cada alumno! Y, aun así, quedaron bastantes profesores sin tener alumnos a los que tutorizar, según se desprende del citado Plan de Acción Tutorial.

Todo esto contrastaba con lo que en 2004 estaba viviendo como profesor de periodismo: estábamos agobiados con tantos estudiantes. Cada curso las clases eran más numerosas. Las asignaturas de los últimos cursos de carrera, que eran las que yo impartía, tenían casi un centenar de asistentes. Y todo eso a pesar de que la nota media para entrar en periodismo o en comunicación audiovisual superaba el siete, lo cual implicaba una gran cantidad de candidatos que no podían acceder. Entre trescientos y cuatrocientos alumnos se quedaban sin poder entrar en nuestra Facultad de Comunicación cada año.

En sólo cinco cursos (de 2001-2002 a 2006-2007) el área de periodismo y comunicación audiovisual pasó de 11 a 98 profesores. La gran mayoría eran asociados, porque no era fácil conseguir docentes con doctorado en ciencias de la información. Si hasta el curso 2003-2004 los que enseñábamos materias de redacción impartíamos dos asignaturas completas (teoría y prácticas) por curso, a partir de 2006-2007 tuvimos que hacernos cargo de tres asignaturas completas, cumpliendo el máximo legal del horario lectivo, estipulado sólo para casos de «gran necesidad docente». La sensación física al estar con noventa alumnos en la sala de prácticas, y sin ningún profesor que ayudara (al menos en mi caso), era que una marabunta de estudiantes estaba colapsando el sistema universitario. Me parecía inverosímil que, desde el Ministerio de Educación, se afirmara que cada año había menos estudiantes en las universidades españolas, porque yo cada curso experimentaba justo lo contrario: más docencia, más alumnos y más candidatos interesados en acceder a esos estudios.

Hasta ahora he hablado de mi experiencia personal y de encuestas que demuestran que ha decaído el interés. Mi experiencia puede que no sea generalizable, y por tanto sólo sirve como «estudio de caso». Por otra parte, las encuestas, desde mi punto de vista, tienen únicamente un valor relativo, no sólo porque la gente contesta lo políticamente correcto, sino porque la mayoría de los encuestados jamás han reflexionado sobre este tipo de asuntos y, presionados por el encuestador, no pueden meditar bien sus respuestas. También pueden incluir fallos metodológicos imposibles de verificar si no se tiene acceso a la base de datos. En ciencias naturales pueden reproducirse las condiciones del experimento, pero en ciencias sociales es casi imposible. Todo lo dicho no las descalifica enteramente (y por eso he citado estos estudios), pero prefiero sustentar mi hipótesis en datos más reales como, por ejemplo, el número de matriculados en carreras de ciencias o el número de alumnos que eligen esas opciones en bachillerato.

A finales de 2004, la Fundación Española de Ciencia y Tecnología (FECYT) presentó un estudio sobre la elección ciencias-letras en el bachillerato y en la universidad.[7] Una de las conclusiones más reveladoras es que en el período estudiado de diez años (desde el curso 1988-1989 hasta el 2000-2001) hubo una reducción del 6,25 por ciento de matriculados en las opciones de ciencias en el bachillerato. Esto supone que también se produjo ese incremento del 6,25 por ciento en las opciones de letras. No obstante, en el caso de las letras, lo que ha aumentado en realidad son las ciencias sociales, disciplinas que ese estudio incluía, obviamente, en el apartado «letras».

En el curso 2003-2004, sólo un triste 7 por ciento de los estudiantes universitarios españoles estaba matriculado en una carrera de ciencias experimentales. Cifra que contrasta con el 48 por ciento de ciencias sociales, el 24 por ciento de carreras técnicas, el 12 por ciento en humanidades y el 8,7 por ciento en titulaciones sanitarias.[8] En España, los estudiantes de ingenierías han aumentado ligeramente, circunstancia que no sucede en otros países como Gran Bretaña.

Esta tendencia española se repite curiosamente sólo en estados con pasado dictatorial reciente —en la Unión Europea, por ejemplo, se da en España, Grecia y Portugal—, donde los ingenieros han sido muy potenciados por los poderes políticos frente a los científicos.

Un ingeniero nunca será revolucionario —es un ejecutor, no un pensador—, pero un físico o un biólogo sí. Por ello, en las administraciones públicas y en las empresas de países con pasado dictatorial reciente los ingenieros son muy demandados y el propio poder político los dota de mayor relevancia social y administrativa. Así, en España, por ejemplo, un ingeniero de telecomunicaciones o de montes es más apreciado que un físico o un biólogo respectivamente en muchos ámbitos de la administración y la empresa privada. Ello explica que muchos alumnos españoles vean la ingeniería como algo más prestigioso —incluso desde el punto de vista intelectual— que la propia ciencia. En los países de larga tradición democrática, un ingeniero nunca será considerado un intelectual, sino un simple técnico. De ahí los graves problemas que están teniendo las ingenierías españolas para ser homologadas en Europa.

La magnitud de este declive de las ciencias se demuestra si analizamos la tendencia y los datos de los cursos 2001-2002, 2002-2003 y 2003-2004.[9] En ese período (de sólo tres cursos) hubo una reducción del 4,4 por ciento del número de alumnos que entraban en la universidad, debido a la caída de la natalidad española de los años ochenta. Sin embargo, la disminución de los alumnos matriculados en física no fue sólo de un 4,4 por ciento, achacable a la disminución de natalidad, sino de un 12 por ciento. Peor lo tuvo la química, que bajó un 18 por ciento, lo que implica, por ejemplo, que pasó de tener 30.744 alumnos en el curso 2001-2002 a 25.174 en el curso 2003-2004. Es decir, en sólo tres años perdió 5.570 alumnos. El descenso en matemáticas llegó al 20 por ciento en ese mismo intervalo de tiempo. Sin embargo, biología sólo bajó un 7,9 por ciento.

Alguien puede rebatir que sólo son tres cursos, y que la tendencia no es ésa. Lo he hecho deliberadamente para demostrar la intensidad. Si las series fueran más largas, por ejemplo a lo largo de todo el siglo XXI, entonces la tendencia sí es descorazonadora. Según datos comparativos entre el curso 2000-2001 y el 2005-2006, químicas pasó de 34.344 a 20.679; es decir, perdió 13.665 alumnos (un 39 por ciento). Físicas pasó de 14.614 a 9.155; es decir, perdió 5.459 (un 37 por ciento). Biológicas perdió 5.764 alumnos (un 18 por ciento) y matemáticas 5.630 (un 43 por ciento). Estos descensos son superiores a lo que cabría esperar por la disminución de natalidad. Si estos datos no demuestran una crisis de vocaciones, no sé qué puede ser más evidente.

Porque si miramos otras carreras que están relacionadas con este libro sobre la comunicación de la ciencia, la crisis se da en ciencia, no en comunicación. Así, en los cursos 2001-2002, 2002-2003 y 2003-2004 hubo un espectacular aumento del 13 por ciento de matriculados en la licenciatura de comunicación audiovisual, unos estudios que ponen al nivel universitario el oficio de hacer cine o ficción de televisión. En el mundo anglosajón —verdadero paradigma de la producción cinematográfica— estos estudios tampoco son específicamente universitarios. La licenciatura de periodismo también había aumentado en España un 4,4 por ciento en ese período.

Para visualizar más la situación, comparemos datos de otra manera: en España, en el curso 2003-2004 había más matriculados en comunicación audiovisual (11.266) o en periodismo (16.656) que en física (10.923) o en matemáticas (8.898). Si aumentamos el período a todo el siglo XXI, en el curso 2000-2001 había 34.702 alumnos matriculados en ciencias de la información. En 2005-2006 se había pasado a 45.477; es decir, un incremento del 31,6 por ciento en ciencias de la información. En 2005-2006 había más alumnos matriculados en ciencias de la información (45.477) que en química (20.679), física (9.155) y matemáticas (7.216) juntas, pues esas tres carreras sumarían sólo 37.050 alumnos. Teniendo en cuenta que vivimos en una sociedad científico-tecnológica, esto puede considerarse como un auténtico desastre. Y otro pequeño detalle, si la universidad contratara profesores sólo en función del alumnado, se llenaría de cineastas y periodistas y apenas habría físicos, químicos y matemáticos.

Porque ésta es otra vertiente del declive que está por llegar en España. Según los datos del Ministerio de Educación sobre profesores funcionarios (catedráticos y titulares), en 2003 había 1.892 profesores de física, 2.361 de química y 2.146 de matemáticas.[10] Para esa suma, he excluido áreas interdisciplinares que pueden dar clase en ingeniería, ciencias sociales o biología como bioquímica, estadística o edafología y química agrícola, entre otras. La suma de esos profesores de física, química y matemáticas juntos es de 6.399. Sin embargo, en ese mismo año sólo había 171 profesores funcionarios de periodismo y 175 de comunicación audiovisual; es decir, en ciencias de la información había 346 profesores. La proporción es que hay más de 18 profesores de física, química y matemáticas por cada uno de ciencias de la información. Y, aunque los datos son de 2003 —no estaban actualizados en 2007—, no olvidemos que hay más alumnos en ciencias de la información que en las tres licenciaturas juntas de física, química y matemáticas. Asignaturas como química orgánica o química física tenían 632 y 658 profesores repectivamente. En 2003 había más profesores de materias tan específicas de ciencias como física de la materia condensada (214) o geometría y topología (182) que de periodismo o comunicación audiovisual.

Suponiendo las mejores condiciones posibles para la ciencia, que en sus licenciaturas no siga cayendo el alumnado y que en periodismo y comunicación audiovisual no continúe aumentando; y suponiendo, como es lógico y previsible, que el Ministerio de Educación y las universidades promuevan una política de equilibrar el número de profesores con el de alumnos, el resultado es que, aun en las mejores perspectivas para la ciencia —que no continúe su descenso de estudiantes—, en el curso 2005-2006 había dieciocho veces más posibilidades de ser profesor de universidad si un alumno estudiaba periodismo o comunicación audiovisual que si se licenciaba en física, química o matemáticas. Dejo al lector que saque sus propias conclusiones sobre si esta circunstancia es buena para la ciencia, la universidad y el avance de la sociedad.

Alguien puede responder que también vivimos en una sociedad mediática y de ahí el incremento del número de alumnos en comunicación. La opinión de John Worrall, profesor de filosofía de la ciencia de la London School of Economics, es muy pragmática: el alumnado actual va a lo fácil. Mi percepción, que he estudiado ambas carreras —químicas y periodismo—, coincide con la de Worrall, aunque esto se analizará más adelante en este libro.

Es interesante tener en cuenta una reflexión: ¿hace falta que comunicación audiovisual o periodismo sean universitarias, gasten recursos universitarios y compitan con física o química en reclutar alumnos? Si contestamos la pregunta desde el punto de vista corporativo de profesores de esas áreas, la respuesta es afirmativa. Pero los datos no la avalan. Así, por ejemplo, Pedro Almodóvar, el que ha sido considerado como el mejor director español de todos los tiempos —al menos en cuanto al número de Oscars—, nunca necesitó ir a una universidad para aprender cine. Almodóvar ha triunfado por su talento, pero también porque tiene detrás un excelente productor que ha logrado que las películas sean vistas en todo el mundo. El productor es su hermano Agustín y es licenciado en químicas.

En periodismo puede decirse algo similar: no hace falta la titulación para ejercer. De hecho, en 2006 fue nombrado director del principal periódico español, *El País*, un licenciado en químicas, Javier Moreno. El cargo fue propuesto por el dueño de la empresa, Jesús de Polanco (fallecido en 2007), aunque luego fue ratificado por el consejo de redacción. Si el dueño de la empresa propone a un químico es porque piensa que esa persona lo puede hacer mejor que sus competidores para ese puesto, licenciados en periodismo.

Esto no es ni malo ni bueno, pero es obvio que nunca se pondría como jefe del equipo de síntesis química de una multinacional farmacéutica a un licenciado en periodismo. Es más, normalmente se pide que el designado no sólo sea licenciado en ciencia sino también doctor. Y no se trata de corporativismo de los científicos. Estoy seguro de que si el dueño de la empresa farmacéutica pensara que un periodista sin estudiar ciencia podría obtener la vacuna del sida lo contrataría si dudarlo, pero eso jamás pasará. De ahí que haya diferencias abismales entre las titulaciones de periodismo y química. Un licenciado en química sirve lo mismo para buscar una vacuna contra el sida que para ser el productor de cine de mayor éxito en España o para dirigir el periódico de mayor tirada y más influyente del país.

En otros ámbitos que no abarcan este libro, como la política o el deporte, también se demuestra lo útil que es estudiar ciencias para resolver problemas complejos que, en principio, nada tienen que ver con las mismas. Así, las dos personas que en 2006 tenían responsabilidades para solucionar el mayor problema político de España, el terrorismo vasco, no eran licenciados en sociología, en derecho o en ciencias políticas. Eran químicos: Alfredo Pérez Rubalcaba, ministro del Interior, y Josu Jon Imaz, en ese momento presidente del Partido Nacionalista Vasco. España ha liderado la lucha mundial contra el dopaje (sobre todo en el Tour de 2006) cuando un químico, Jaime Lissavetzki, se hizo cargo de la Secretaría de Estado de Deportes. El español que más alto ha llegado en la política mundial, Javier Solana, es físico. Estudiar ciencias naturales dota de una capacidad de análisis que no se da en las carreras de letras o ciencias sociales.

Un licenciado en ciencias (o incluso de ingeniería) posee lo que en políticas de gestión del conocimiento anglosajonas se denomina «educabilidad», definida como la capacidad de una persona para su plasticidad en el mercado de trabajo debido a su entrenamiento educativo. En un mundo global tan cambiante como el actual, cualquier universidad mínimamente solvente optaría por potenciar a esos titulados especializados en A que son capaces de trabajar en el resto del abecedario.

Y sólo por ello, en una política universitaria con sentido común, se potenciaría estudios en ciencias naturales. En cualquier caso, nada avala que no sea una titulación con muchas perspectivas. El problema proviene de su dificultad intrínseca y las universidades ven como salida más idónea para captar alumnos, en lugar de reforzar las enseñanzas duras pero con gran potencial intelectual, ofrecer estudios más fáciles pero con el mismo nivel de grado. A todos los efectos tiene la misma validez una licenciatura en químicas que en comunicación audiovisual. El que esas dos titulaciones sean similares desde el punto de vista académico es una decisión tan disparatada por parte de los gestores universitarios que, en mi opinión, traerá funestas consecuencias a la cultura y al desarrollo de Occidente.

De hecho, las universidades británicas realmente prestigiosas como Oxford o Cambridge se han negado a incluir la titulación en medios de comunicación en sus aulas. Eso no ha sido obstáculo para que, según la clasificación de *The Guardian*, la gran mayoría de los periodistas de mayor impacto en Gran Bretaña sean los llamados *ox-*

bridge, es decir, licenciados en Oxford o Cambridge. Universidades donde enseñan disciplinas duras, que es lo que necesitan los que quieren dedicarse a los medios de comunicación.

El problema en otras universidades de menor prestigio y demanda se produce cuando se derivan recursos y alumnos hacia materias que tal vez no necesiten que se estudien en la universidad. Y como ésta no tiene recursos ilimitados, si opta por unos campos, debe clausurar la enseñanza de otros. Pero ¿dónde puede aprenderse química si no es en la universidad? Si estos estudios, con todas sus potencialidades, decaen frente a otros con menos perspectivas, aunque más fáciles de aprobar, aquí existe una prueba muy clara del declive de la ciencia.

Esto no quiere decir que no vea interesante que los estudios de comunicación estén en la universidad. Ya lo expondré más adelante, porque creo que incluso deben estar hasta en las facultades de Ciencias, como sostiene el informe de la Royal Society ya citado. Pero algo falla en nuestra universidad —y en nuestro sistema cultural— cuando hay más alumnos matriculados en comunicación audiovisual que en física, teniendo en cuenta, por ejemplo, que el mejor director de cine del país no necesitó la universidad para aprender su profesión. Algo falla cuando se considera una herejía hacerse la pregunta de que tal vez la disciplina intelectual que impone estudiar química o física sea muy importante para ser director de periódico o productor de cine. Sobre todo, cuando los hechos dan la razón a esta hipótesis. Sin embargo, me consta que hasta el momento de aparecer este libro el solo planteamiento de la hipótesis era considerado una «irreverencia» y una «incorrección política» en los ambientes académicos españoles.

El caso británico: cuando las facultades de Ciencias se cierran

El caso español puede confirmar una tendencia, pero no es preocupante para el futuro de la ciencia. Si la civilización occidental hubiese esperado las aportaciones españolas para el desarrollo científico, aún estaríamos con las ideas del siglo XVI. Lo verdaderamente alarmante para el futuro de la ciencia en Occidente es que una situación similar pueda darse en un país como Gran Bretaña.

El domingo 12 de marzo de 2006, el periódico británico *The Observer* se hacía eco de una noticia muy dura en la historia de la ciencia: la Universidad de Sussex había decidido cerrar su Departamento de Química ante la falta de alumnos interesados en esa disciplina. Pero el Departamento de Química de Sussex no era uno cualquiera: había dado tres premios Nobel de Química. Más que toda el área latinoamericana junta o, por ejemplo, más que toda España en su historia, que no ha generado ningún premio Nobel de ciencias básicas: ni de Física ni de Química. En España no se podrían cerrar los departamentos científicos porque, de momento, muchos de sus profesores tienen un régimen de funcionariado. Ningún joven con ideas brillantes podrá entrar, pero los viejos podrán esperar tranquilamente a su jubilación. En España se está produciendo una muerte más lenta, aunque más agónica.

La «muerte» del Departamento de Química de Sussex no era la primera en Gran Bretaña. En los últimos cinco años había sucedido lo mismo con los departamentos de Química de las universidades de Exeter, el del King's College de Londres, el del Queen Mary's de Londres, el de la Universidad de Dundee y el de la de Surrey. Toda una sangría que alarmó a la Royal Society.

El comunicado de la Universidad de Sussex señalaba que cerraba el Departamento de Química porque quería concentrarse en aquellos estudios «que los estudiantes demandaban», entre los cuales citaba expresamente filología inglesa, historia y, sobre todo, ciencias de la comunicación. Dejaba como departamento científico el de matemáticas, porque era barato de mantener y, además, había gente interesada en cursar economía, disciplina que incluía las matemáticas.

La decisión fue muy polémica. «¿Puede una universidad considerarse como tal si no tiene un poderoso y prestigioso Departamento de Química?», clamaba en los medios el premio Nobel de Química sir Harry Kroto, que amenazaba con devolver la distinción honorífica que le había concedido la Universidad de Sussex. El Parlamento británico nombró una comisión por la que fueron desfilando desde el director del Departamento de Química de Sussex, Gerry Lawless, que movilizó a los medios de comunicación y a estudiantes de todo el país para que protestaran, hasta el director ejecutivo del Consejo de Educación Superior Británico, Steve Egan.

Sin embargo, las declaraciones más esperadas fueron las del profesor Alasdair Smith, vicerrector de la universidad y responsable de la decisión del cierre. Con un estilo británico muy empírico dijo: «Se cierra porque es muy caro de mantener y no se matricula casi nadie». Así de sincero se despachó con la prensa.

Estas declaraciones —que confirman el declive— vienen avaladas por los preocupantes datos empíricos que lo demuestran. Según la Agencia Estadística de Educación Superior Británica (Higher Education Statistics Agency), entre el curso 1995-1996 y 2001-2002 hubo un aumento del 11 por ciento de estudiantes inscritos en licenciaturas. Es decir, se dio un fenómeno contrario al de España, donde el número total disminuyó. En ese período hubo en Gran Bretaña un aumento del 22 por ciento de matriculados en ciencias biológicas. Sin embargo, hubo una disminución del 8 por ciento en ingenierías y de un alarmante 20 por ciento en ciencias físicas. La caída del número de matriculados en licenciaturas de químicas la calificó la Royal Society como «aterradora»: fue del 31 por ciento. Esta disminución, teniendo en cuenta que en ese período el número de alumnos en las universidades británicas aumentó globalmente, hace que el problema sea en efecto «preocupante». Sir Alistair MacFarline, responsable del comité de educación de la Royal Society, declaró a *The Guardian* (17 de diciembre de 2003): «Esta tendencia a la baja [en el número de estudiantes que eligen ciencias en la universidad] en el caso de que no sea revertida, infligirá un gravísimo daño a Gran Bretaña, afectando de forma muy adversa a la prosperidad y calidad de vida del Reino Unido».

¿Dónde han ido los alumnos británicos? Pues al mismo sitio que en España: a licenciaturas de medios de comunicación. Así, el número de estudiantes británicos registrados en *media studies* (el equivalente español a ciencias de la información, que incluye periodismo, comunicación audiovisual y publicidad) aumentó de

6.888 en el curso 1995-1996 hasta 15.905 en el curso 2001-2002; es decir, un aumento del 43 por ciento. Pero lo más importante es que esta cifra aumentó un 67,8 por ciento en sólo dos años, puesto que en el curso 2004-2005 el número de matriculados llegó a 26.685.

La licenciatura de sólo periodismo (también existe en España) es minoritaria (al igual que en España) en el sistema académico británico. No obstante, entre los cursos 1995-1996 y 2001-2002 aumentó un 29,6 por ciento. El curso 2004-2005 resultaría crucial en Gran Bretaña, pues fue el primero a lo largo de su dilatada y fructífera historia académica en el que los matriculados en *media studies* superaron a cada una de las licenciaturas de ciencias. Así, frente a los 26.685 de ciencias de la información, hubo 26.290 matriculados en biología, 18.520 en química y 14.610 en física. En la licenciatura de sólo periodismo hubo 7.570 matriculados. De seguir esta tendencia, en unos años habrá más alumnos en ciencias de la información que en todas las ciencias naturales juntas. Este problema es especialmente grave en Gran Bretaña, porque, al contrario de lo que sucede en España, los medios de comunicación no quieren que los licenciados en *media studies* trabajen en sus empresas, como veremos más adelante, por considerarlos cínicos, escépticos en el peor sentido de la palabra, y con escaso rigor intelectual.

Para comprender la magnitud del problema en Gran Bretaña (sobre todo, la decadencia de vocaciones en materias como física) podemos señalar que frente a esos 14.610 alumnos matriculados en física en 2004-2005, casi cuarenta años antes, en 1966, había matriculados más del doble de esa cantidad. En concreto, según datos estadísticos de Educación, en 1966 había 31.831 estudiantes de física en las universidades británicas.[11] Pero 1966 era un año en el que la carrera espacial estaba en su apogeo. Observe el lector que los que en 1966 estudiaban física como alumnos, en 2006 rondan los sesenta años; es decir, todos son jefes de equipo, de departamento o de universidades y necesitan mucha gente joven que trabaje para ellos. Por tanto, en estos momentos, podría ser válido para la física el dicho de que habría muchos generales para tan pocos soldados.

Otro dato interesante que muestra este cambio de tendencia en Gran Bretaña es que en 1966, según la fuente mencionada, sólo había 28.149 alumnos matriculados en ciencias sociales en todas las universidades inglesas; es decir, había más alumnos en física que en todas las ciencias sociales juntas (que incluyen economía, sociología, *media studies*, psicología, pedagogía y otras muchas). Sin embargo, cuarenta años después sólo en *media studies* habría 26.685, a los que hay que añadir los 7.570 de sólo periodismo. Al menos en el plano de las vocaciones, parece que las ciencias sociales han triunfado y las naturales están en declive.

Resulta ilustrativo de esta tendencia comprobar cómo en 1966 a las «ciencias sociales» no se las denominaba (al menos en la estadística consultada) como tales, sino, simplemente, «estudios sociales». Una forma, a mi juicio, muy acertada de no confundir lo que se estudia en ellos con la ciencia pura. Conforme han tenido más poder en la universidad, los estudiosos sociales han cambiado su denominación por la de «científicos sociales», una circunstancia no suficientemente denunciada por los científicos naturales (a veces, hasta avalada), lo cual es otro síntoma del declive de la ciencia.

Los alumnos de secundaria no quieren ciencia

¿Cuál es la situación de las ciencias naturales en la secundaria británica? El Institute of Physics, la mayor organización internacional dedicada al estudio y enseñanza de la física con más de 37.000 asociados, realizó un informe sobre la evolución de las ciencias en secundaria. Los datos relativos a Inglaterra, Gales e Irlanda del Norte señalan que entre los años 1991 y 2003 el número de estudiantes de A-level (el curso preparatorio para la universidad equivalente al COU o segundo de bachillerato español) aumentó un 7,4 por ciento. Los alumnos matriculados en biología aumentaron un 11 por ciento. Sin embargo, en esos doce años hubo una disminución del 18,7 por ciento de los matriculados en química, del 25,4 por ciento en matemáticas y de un escandaloso 29,6 por ciento en física. En 1993, las tres ciencias —biología, química y física—, junto con matemáticas, acumulaban el 30 por ciento de todos los inscritos en el curso preuniversitario (A-level) en Gran Bretaña. En 2003 era de un modesto 23,2 por ciento.

La Confederación de la Industria Británica (CBI) tiene series más antiguas y afirma que el número de estudiantes que eligen física en el A-level ha descendido un alarmante 56 por ciento en los últimos veinte años. La caída en química durante el mismo período es del 37 por ciento. Los empresarios miembros de la CBI estiman que en 2014 el Reino Unido necesitará 2,4 millones de trabajadores con preparación científica.

El director general de la CBI, Richard Lambert, declaraba en agosto de 2006 a la BBC que los empresarios británicos «están muy preocupados por este largo período de declive en las vocaciones científicas».[12] Y añadía: «Los empresarios comprueban de primera mano qué tipo de jóvenes buscan empleo al finalizar la universidad. Contrastan currículos con lo que las empresas necesitan y el resultado es que cada día se deciden por buscar licenciados de otros países. China, la India, Brasil y Europa del Este producen cientos de miles de licenciados en ciencias e ingenierías todos los años».

Según Robert J. Samuelson, analista económico de *The Washington Post*, hubo un tiempo en que el poderío económico de una nación podía medirse en función de las toneladas de acero o los megavatios de electricidad que consumía. «Sin embargo, en estos momentos, todas las sociedades avanzadas sin excepción dependen de manera tan absoluta de la tecnología que su poder económico se suele medir generalmente por su número de científicos e ingenieros», señalaba Samuelson en un artículo titulado «It's Not a Science Gap (Yet)».[13]

Si eso fuera así, el poder económico de Estados Unidos habría entrado en decadencia, pues su producción de talento tecnológico cada vez es menor. En estos momentos, son China y la India las que están liderando la producción científica y, sobre todo, de científicos. Estados Unidos puede sobrevivir porque importa mucha mano de obra altamente cualificada de esos países. Según un estudio de la Universidad de Stanford, la emigración cualificada china e india es, de hecho, la que mantiene el gran nivel competitivo del corazón tecnológico estadounidense, Silicon Valley.[14]

Sin embargo otros países occidentales como Alemania no logran esa captación. Un estudio del ZEW (siglas en alemán del Centro de Investigación para la Economía Europea) indicaba que en 2006 se quedaron vacantes en Alemania 73.000 puestos de trabajo para científicos e ingenieros.[15] La economía alemana dejó de ingresar ese año el 0,8 por ciento de su PIB; es decir, 18.000 millones de euros, por la falta de esos profesionales. Mientras tanto, Occidente se va llenando de sociólogos, economistas, abogados y, sobre todo, de expertos en sesudas interpretaciones sobre la influencia del cine alemán en el estadounidense.

Un informe publicado por Richard Freeman indica que en 1975 Estados Unidos generaba más doctores en ciencias y tecnologías que en toda Europa y, sobre todo, que la cifra estadounidense triplicaba el número de doctores en ciencias y tecnología de toda Asia.[16] Pero en 2005 el panorama ya se había invertido y Asia superaba a Estados Unidos.

Según Freeman, en 2005 un solo país como China se había situado casi a la mitad de Estados Unidos y las previsiones indicaban que lo sobrepasaría en 2010. El caso del aumento de los ingenieros chinos es espectacular: según un informe de la Fundación Nacional de Ciencias, en 2001 se licenciaron en China 220.000 ingenieros, frente a los 60.000 de Estados Unidos.

Edad de oro de la ciencia

El profesor que gestionó mi paso por la LSE, Martin W. Bauer, me recordaba constantemente que si hablaba de declive, tenía que empezar antes por establecer una «edad de oro». «Si hay un declive es que en un tiempo fue mejor», puntualizaba. ¿Qué condiciones existían en esa época —si existió— que no se dan ahora? ¿Qué suma de factores desencadenaron el declive?

Al hablar de declive, como he dicho al principio, el lector puede argumentar que un declive en interés o en vocaciones no existe como tal, puesto que en estos momentos la ciencia tiene más recursos y publica más resultados que nunca en su historia. Es cierto, pero todo ese sistema vigente avanza, en realidad, con el impulso que se le dio en los años cincuenta y sesenta y se mantiene e incrementa por la propia inercia. Los científicos que están ahora en el poder —y que están preocupados por este fenómeno— se formaron en esos años. Pero la ciencia necesita sangre nueva, necesita una sociedad ilusionada con ella, no desencantada.

Los recursos económicos son importantes, pero más aún lo son el talento y la ilusión. El talento es la sangre, el oxígeno que alimenta la ciencia. De ahí el metafórico título de este libro, *La razón estrangulada*, que hace referencia a que si hay factores que estrangulan la llegada de esa sangre fresca, la ciencia muere, independientemente de los recursos que dediquemos a ella. La ciencia sólo puede avanzar si es atractiva para los jóvenes más brillantes.

Alguien puede defender que la edad de oro de la ciencia fue el siglo XVII con Newton, o los primeros años del siglo XX, cuando se publicó la teoría de la relatividad. No obstante, éste no es el objeto del presente libro, pues sería un largo debate sobre historia de la ciencia. En mi opinión, ésos fueron momentos gloriosos de la ciencia, pero los científicos como cuerpo de influencia y prestigio social nunca fueron tan fuertes como durante la guerra fría. En esa época los gobernantes necesitaban a los científicos como los reyes en la Edad Media requerían a los caballeros. La opinión pública veía a los científicos como los caballeros del siglo XX. La industria, la economía y la guerra avanzaban con los científicos.

Desde mediados de los años cincuenta y los sesenta, la prosperidad económica de Occidente derivó en que, por primera vez en la historia, la educación superior podía ser una meta para los hijos de la clase trabajadora. Una meta de ascenso social y económico. Pero a la vez coexistía la idea de que el científico era el moderno caballero, por lo que representaba todo un orgullo que un hijo brillante defendiera el país siendo científico, de igual forma que en otras épocas hubiera sido un orgullo que lo defendiera siendo guerrero. La ciencia, además, se consideraba algo duro que requería mucho esfuerzo y sacrificio personal, precisamente los valores que imperaron después de la Segunda Guerra Mundial en Occidente. La literatura, el periodismo o el cine se veían como actividades de diletantes. La ciencia se consideraba algo práctico que podía ayudar a la sociedad, que tanto había sufrido por la guerra, a vivir de forma más cómoda.

La Segunda Guerra Mundial no finalizó con una paz global, sino con dos vencedores que eran feroces enemigos entre sí. El poder político en ambos bloques pensaba que la ciencia era una forma de perpetuar el sistema, de ganar al enemigo. Por ello, los discursos e iniciativas de apoyo a la ciencia en aquella época fueron tan importantes: porque se hacían de verdad. No florecían entre ideas políticamente correctas pero vacías, como sucede hoy día. Tal vez ahora también se necesite a la ciencia para perpetuarse en el poder, pero los políticos, y sobre todo la sociedad, no son conscientes de la misma forma que en aquella época lo eran.

Todos los factores de la época —espíritu de sacrificio, masiva llegada de jóvenes a la universidad, apoyo político y social a la ciencia como forma de sobrevivir— son muy favorables para la ciencia tal y como la conocemos. El dinero y el progresivo aumento de la población universitaria, unido a una política de mejoras del bienestar social, provoca también que las condiciones laborales de todos aquellos científicos no fueran tan competitivas como lo son ahora. Por tanto, puede hablarse de que aquélla fue una edad de oro, en el sentido de máxima capacidad de reclutamiento de talento, de buenas condiciones laborales y de prestigio social para los científicos, de gran interés de la opinión pública y, sobre todo, de apoyo financiero y político.

La guerra fría necesitó, por tanto, de una gran ofensiva política de popularización de la ciencia en Estados Unidos y Europa, entre otros motivos porque hubo una clara rivalidad en tecnología espacial con la Unión Soviética. Los norteamericanos necesitaban mucha financiación —y apoyo de la opinión pública— para sus costosísimos proyectos. Y también necesitaban muchos científicos.

La carrera tecnológica y, por extensión la ciencia, se convirtieron en «señas de identidad» del pueblo estadounidense —y del soviético—, gracias a lo cual pudieron desviarse muchos fondos a estos programas de rivalidad en la carrera espacial que, en realidad, eran programas de propaganda ideológica. El punto de partida de esta estrategia deliberada de popularización de la ciencia comenzó un poco antes, en 1945, con el *Informe al presidente: ciencia, la frontera sin fin*, redactado por Vannevar Bush, que pretendía paliar los efectos negativos que había tenido el bombardeo en Hiroshima y Nagasaki sobre la opinión que la población tenía acerca de la ciencia. No olvidemos que estos bombardeos y la amenaza nuclear también originaron, entre otros motivos, la génesis de un nuevo pensamiento filosófico anticientífico.

El pensamiento de la época equiparaba Occidente con la libertad, ganada tras la Segunda Guerra Mundial. Comenzó un proselitismo científico, no sólo desde los gobiernos sino desde otras instituciones, que relacionaba «ciencia con libertad y democracia». De hecho, en el punto más crítico de la guerra fría, en 1960, Warren Weaver, funcionario de la Fundación Rockefeller y de la Asociación Americana para el Avance de la Ciencia, llegó a decir en su ya famoso texto *A Great Age for Science* (*Una gran era para la ciencia*): «Es un imperativo que los ciudadanos de nuestra democracia tengan un mejor conocimiento de lo que es la ciencia, de cómo trabaja y de las circunstancias que la hacen prosperar».

Pero para mí, el momento cumbre sería otro, y lo descubrí en un interesante seminario sobre oratoria, del que nunca pensé que aprendería tanto. Uno de los elementos que más me asombró en mi estancia en una universidad británica es que consideran la oratoria y la retórica como enseñanza fundamental de cualquier alumno que quiera llamarse universitario. Pero no son pequeños cursos de cómo modular la voz o mirar al público, como si fueran para un vendedor de teletienda. Un universitario debe aspirar a cambiar el mundo, según algunas universidades inglesas. La oratoria no sirve de nada si el discurso —la retórica— que lo sustenta no es bueno. ¿Y qué mejor forma de aprender historia del mundo que de la mano de los grandes discursos pronunciados por los grandes oradores, aprenderlos, e intentar imitarlos?

En este sentido, creo que fue en esas clases cuando encontré uno de los momentos cumbre de la ciencia: el discurso de investidura del presidente estadounidense John F. Kennedy, en 1961. El discurso de Kennedy, que estuvo matriculado como alumno en la LSE, está considerado una pieza maestra de la retórica política. Su final es memorable y es muy conocido en el mundo anglosajón: «Y así, compatriotas míos, no preguntéis lo que vuestro país puede hacer por vosotros; decid más bien lo que vosotros podéis hacer por la patria. Colegas míos, ciudadanos del mundo, no preguntéis qué puede hacer América por vosotros, sino qué podemos hacer juntos por la libertad del hombre».

Unos párrafos antes, Kennedy hablaba de ciencia y, desde mi punto de vista, explicaba muy bien lo que la gente no científica sentía hacia la ciencia: miedo y fascinación. Parecía que era el poder absoluto.

> Finalmente, a esas naciones que se constituyen por propia voluntad en adversarios, a ellas no ofrecemos sino una petición: que ambos bandos puedan empezar de nuevo la búsqueda de la paz, antes de que las oscuras fuerzas de destrucción, desencadenadas por la ciencia, hagan desaparecer a toda la humanidad en una autodestrucción planeada o accidental. [...] Exploremos ambos bandos cuáles son los temas que nos unen, en vez de obsesionarnos con los problemas que nos dividen. Formulemos los de aquí y los de allá, por vez primera, propuestas serias y precisas para la inspección y control de armamentos, y coloquemos ese poder absoluto para destruir a los demás bajo el control total de todas las naciones. Invoquemos ambos lados las maravillas de la ciencia en lugar de sus horrores. Lancémonos juntos a explorar las estrellas, a conquistar los desiertos, a destruir las enfermedades, a aprovechar las profundidades marinas, a alentar las artes y el comercio...[17]

Sólo unos meses después, el 25 de mayo de 1961, Kennedy imploró al Congreso créditos suplementarios para la NASA: «Creo —dijo Kennedy— que nuestra nación debe comprometerse a alcanzar un objetivo antes de que acabe el decenio: el de colocar un hombre en la Luna y devolverlo sano y salvo a la Tierra».

En Gran Bretaña el clima político hacia la ciencia era también muy entusiasta. En octubre de 1963, el líder del Partido Laborista, Harold Wilson, llegó a afirmar en la conferencia anual de su formación política: «Estamos redefiniendo y refundando nuestro socialismo, pero ahora en términos de revolución científica».[18] Al año siguiente, Wilson ganó las elecciones y se convirtió en primer ministro.

Empieza el declive de la ciencia

Básicamente esta política de apoyo directo a la divulgación de la ciencia acabó en 1969 con la llegada del primer hombre a la Luna. La carrera espacial había sido ganada por los estadounidenses. Pero, curiosamente, Kennedy también supuso otro punto de inflexión: el comienzo de la era mediática. La televisión se generalizó, y fue en esa época cuando se midió por primera vez su poder. De hecho, Kennedy ganó a Richard Nixon en las elecciones de 1960 porque supo manejar mejor el lenguaje mediático. Nixon, que era el favorito, despreció el poder de los debates en televisión y Kennedy comprendió que en ellos y en ofrecer esperanzas de guión de cine —su corte de Camelot, según Noam Chomsky—[19] radicaba el futuro de la política.

La televisión crea otros valores. Desde el individualismo hasta la búsqueda del éxito rápido. El esfuerzo se sustituye por la cultura del consumismo y la vida fácil, como aparece en las películas. También extiende ideas anticientíficas. Estas ideas son anteriores y aparecen en el cine, pero con la televisión el cine se hace masivo. No olvidemos que el cine es el maestro de la televisión. Todos los expertos concluyen que a partir de los años setenta el cine es claramente anticientífico, y esto hay que subrayarlo. Por tanto, ése es el punto donde comienza el declive de la ciencia.

La filosofía dominante en Occidente, a comienzos de los sesenta, aún continuaba siendo el positivismo lógico de principios de siglo, que afirmaba que sólo podemos saber que algo es cierto si se puede demostrar de manera lógica o empírica: el pensamiento racional. Los positivistas consideraban las matemáticas y la ciencia como las fuentes supremas de la verdad.

La ciencia, por tanto, continuaba en claro ascenso frente a otras disciplinas y los filósofos —Popper, Kuhn y Feyerabend—, cada uno a su manera y por cuestiones distintas, trataron de hacer frente a esa actitud aduladora hacia la ciencia. Muchos pensaron que con el potencial que estaban teniendo la física y la química en los años cincuenta y sesenta, nadie inteligente querría estudiar cualquier otra disciplina, que las universidades se vaciarían y sólo habría interés por la física. No obstante, algunos defensores de los filósofos citados sostienen que actuaron de buena fe hacia la ciencia y que creyeron que, sembrando dudas en el método científico, reforzarían la ciencia y el avance del conocimiento humano.

Los detractores de estos filósofos (básicamente los científicos) argumentan que sus escritos pretendían, simplemente, bajar de los altares intelectuales y sociales a los científicos porque veían que la filosofía, y las letras en general, estaban perdiendo la batalla por la interpretación del mundo. Lo cierto es que en este siglo XXI los escritos de estos filósofos están sirviendo de argumento para la anticiencia y el avance del pensamiento irracional. El libro de Thomas Kuhn, *La estructura de las revoluciones científicas*, se publicó en 1962 y ha sido, probablemente, el tratado más influyente sobre cómo avanza (o no avanza) la ciencia. Para muchos, el declive empieza con ese libro. Para mí, es sólo otro agente más en estrangular el pensamiento racional.

El libro fue leído con devoción en las facultades de Humanidades y Ciencias Sociales y, por tanto, incorporado en sus programas académicos. A finales de los sesenta ya había hecho algún efecto, y los periodistas anticientíficos tenían más presencia en la prensa al igual que los intelectuales críticos con las ciencias. Se había gastado mucho dinero en ir a la Luna y, además, los intelectuales de ciencias habían adquirido mucho poder —económico y político— en las universidades y en la sociedad. Desde las letras atacaron como pudieron, porque la cultura mediática, y esto debe tenerse muy claro, es una cultura supervisada y creada por la gente de letras. En otras palabras, a comienzos de los setenta empezaron a concurrir varias circunstancias, incubadas desde los sesenta, y que fueron extendiendo su influencia en los ochenta y explotaron en los noventa, generando el actual fenómeno de declive de las vocaciones.

Cuando Snow pronuncia en 1959 su célebre y polémica conferencia (publicada en 1960) sobre *Las dos culturas* su optimismo es patente cuando afirma:

> Los jóvenes científicos se dan cuenta hoy de que son parte de una cultura en ascenso, mientras que la otra [la de letras] se halla en retroceso. Es también, dicho sin paliativos, que los jóvenes científicos no ignoran que con una calificación mediana obtendrán un empleo con-

fortable, en tanto que sus contemporáneos y equivalentes en lengua e historia habrán de contentarse con ganar el 60 por ciento, si tienen suerte. Ningún joven científico de algún talento tendrá la sensación de que no se le necesita o de que su trabajo es ridículo.[20]

No estoy seguro de que un científico pudiera pronunciar un discurso con este enfoque tan optimista para la ciencia y los científicos en este siglo XXI. De hecho, el espíritu favorable a la ciencia de la guerra fría,[21] que duró hasta mediados de los años ochenta, aún es el responsable de que haya gran cantidad de científicos en activo (de entre treinta y cinco y setenta años) que ahora deben competir por menos recursos porque la ciencia no está de verdad —y pese a que digan lo contrario— en la agenda política, como lo estuvo en los años cincuenta y sesenta. Esto provoca que la ciencia también se haya transformado haciéndose competitiva y creando unas condiciones laborales precarias que, además, son aireadas por los medios de comunicación. Todos estos factores, como veremos, se suman para ofrecer una imagen de que la ciencia no es un campo con oportunidades, lo cual explica, en mi opinión, el declive de las vocaciones científicas en los países con cultura mediática occidental.

Edad de oro y declive científico en los medios de comunicación

Esta interpretación del auge y declive de la ciencia que he descrito está, obviamente, fundamentada en datos históricos. Pero... ¿está documentada en la imagen que los medios de comunicación dan de la ciencia?

Era un reto difícil pero necesario contestar a esa pregunta y sobre todo a esta otra: ¿se puede establecer una edad de oro de la ciencia desde el punto de vista mediático? Para contestarla, me fue de mucha ayuda un informe que Bauer y otros colaboradores habían publicado en 1995 en el que cuantificaban, desde 1946 hasta 1990, todas las noticias científicas aparecidas en un prestigioso periódico británico, *The Daily Telegraph*.[22]

El enfoque relativo favorable/desfavorable hacia la ciencia en The Daily Telegraph

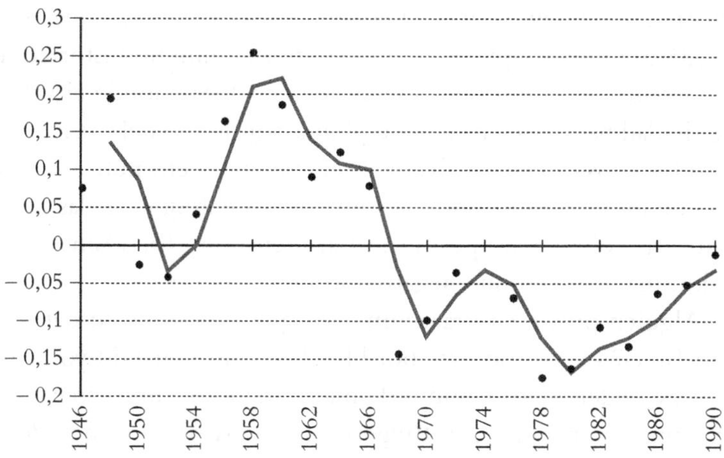

FUENTE: Bauer *et al.* (1995).

Una de las variables que evaluaban era si el enfoque (que en teoría de la comunicación se llama *frame*, como veremos más adelante) de la noticia científica era favorable o desfavorable hacia la ciencia. Sumando los enfoques favorables de cada año y restando los desfavorables, obtenían un parámetro numérico relativo que, si era positivo, implicaba que había más noticias con un enfoque beneficioso que perjudicial. Siempre que se superara el cero, significaba que, en el cómputo final, ganaba el enfoque a favor de la ciencia. Si la suma valía cero, indicaba que el número de noticias con enfoques positivos igualaba al de negativos. Si se obtenían resultados contrarios, implicaba que la imagen que se daba de la ciencia era negativa.

Al contabilizar los datos para todo el período, observaron que había dos etapas claramente diferenciables: una desde 1956 hasta 1966 en la que los medios hablaban bien de la ciencia y el sumatorio, por tanto, siempre era positivo. El máximo de entusiasmo mediático hacia la ciencia se produjo en 1961-1962 (por encima del + 0,20), a partir del cual comienza a bajar. Es curioso que el máximo coincida con el discurso de Kennedy que ya he mencionado. En

1967, la curva alcanzó el cero y continuó con un descenso brusco que tiene su mínimo en 1970, por debajo del −0,1. Comienza a recuperarse lentamente con un pequeño repunte en 1974 que alcanza el −0,025, aunque, rápidamente, desciende al mínimo histórico de la serie estudiada. Este mínimo se alcanza en 1980, donde el valor de negatividad hacia la ciencia se desploma por debajo del −0,15. A partir de los años ochenta volvería a recuperarse, pero nunca más, a lo largo de los años estudiados, la suma de los enfoques de las noticias científicas volvió a ser positiva. O al menos en *The Daily Telegraph* predominaría el enfoque negativo sobre la ciencia.

Alguien puede contraargumentar que esto son sólo datos para Gran Bretaña y no son extrapolables. Pero justo cuando yo llegué a Londres, Bauer estaba a punto de publicar, junto a unos colegas búlgaros, una comparativa con Bulgaria elaborada con una metodología parecida y aplicada al periódico *Rabotnichesko Delo*.[23] Las curvas convergían en muchos puntos, pese a que Bulgaria había vivido bajo el telón de acero y, por tanto, podía intuirse que la representación de la ciencia podría diferir. El año de ruptura en el que el enfoque pasaba a ser negativo se desplazaba en Bulgaria a 1972 y, en general, también a partir de ahí puede afirmarse que la tendencia era negativa.

Obviamente, hay que investigar más periódicos y más países —entre otros, España, pero sobre todo China— antes de establecer conclusiones más generales. Lo que sí podemos hacer es reescribir la historia del auge y caída de la ciencia a la que he hecho referencia unos párrafos más atrás, pero ahora desde el punto de vista del poder de los medios de comunicación.

Básicamente, a partir de estos datos sobre el enfoque que los medios le dan a la ciencia, lo que podemos resumir es que, en efecto, hubo un tratamiento muy positivo desde justo después de la Segunda Guerra Mundial hasta finales de los años sesenta. Jane Gregory, profesora de comunicación pública de la ciencia en el University College de Londres, explica que esto se debió a que en el período de posguerra la opinión pública reconoció el papel crucial que la ciencia había desempeñado en la victoria del bando aliado. Este reconocimiento coincidió con la abolición de las leyes del secretismo sobre el avance científico que dominaron el período de guerra (1939-

1945). Todo ello favoreció que los medios ya no tuvieran problema para divulgar, no sólo los logros que la ciencia había aportado para ganar la guerra sino la promesa de que el conocimiento científico representaba el progreso social y económico.[24]

Me interesa destacar sobre todo el fenómeno de la curiosidad no satisfecha durante las leyes del secretismo científico vigentes durante la Segunda Guerra Mundial, que desembocó en un interés espectacular de la población por saber de ciencia. Es decir, en este extraño campo que es la comunicación pública de la ciencia puede darse la paradoja de que el no divulgar puede potenciar el interés; y la sobreinformación, el desinterés.

En cualquier caso, estas curvas del enfoque mediático de Bauer también manifiestan el declive de finales de los sesenta que, pese a una cierta recuperación desde mediados de los ochenta, no ha llegado a alcanzar aquellos niveles de optimismo científico que se dieron a comienzos de los sesenta. Uno de los guionistas de teleseries de ciencia ficción más famosos de la BBC, Gerry Davis (1930-1991) —creador entre otras, de la serie *Dr. Who*—, describe muy bien lo que sucedió en aquella época:

> A finales de los sesenta, el primitivo optimismo en la cobertura mediática de la ciencia había dado paso a un escepticismo político sobre su capacidad para contribuir a la economía, y a una crítica pública sobre aquella ciencia y tecnología relacionada con lo militar o el impacto medioambiental. Así, mientras muchos periodistas científicos fueron, al principio, entusiastas de la ciencia, el creciente desarrollo del clima de crítica social de los sesenta, favoreció a los periodistas que desafiaban a la ciencia. Las series de televisión también se hicieron eco de este tono crítico hacia lo científico: en 1970, un guionista de televisión declaró que «los días en los que usted y yo nos maravillábamos con los milagros de la ciencia han pasado. Ahora ya hemos crecido —y estamos aterrorizados—. La luna de miel con la ciencia ha terminado».[25]

Estas declaraciones son extraordinarias porque nos trasladan en el tiempo al momento en que los medios de comunicación comenzaron a ofrecer una imagen negativa de la ciencia. Reproducen lo que se discutía en aquellas redacciones y estudios de televisión de finales de los sesenta, a los cuales no tenían acceso los científicos naturales. Creo que este tipo de declaraciones de responsables mediáticos que vivieron aquella época explica más el estado de la cuestión que los propios resultados numéricos de análisis de contenidos que he citado.

Estos resultados, que son muy interesantes, deben siempre matizarse, porque es necesario estudiar más a fondo el significado de «imagen negativa». Por ejemplo, si el enfoque negativo se refiere a críticas hacia el comportamiento humano de los científicos, no implica necesariamente un declive. Incluso al contrario, si esas críticas fueran ciertas, sólo muestran un síntoma de buen periodismo crítico. Los científicos, como cualquier otro colectivo humano, son susceptibles de cometer endogamia, de malversar recursos, de provocar acoso laboral, de someterse a dictados políticos para mejorar una carrera científica mediocre, de contaminar el medio ambiente o de colaborar con los militares para fines poco éticos. Obviamente, todo ello debe ser denunciado en los medios y, además, no sólo es beneficioso para el periodismo, sino para la propia ciencia al depurarla de científicos que, como todo ser humano, pueden ser corruptos.

No obstante, otro parámetro diferente es la crítica a la propia ciencia como método de obtener la verdad o el desprecio del trabajo del científico frente al de otros colectivos. Esto sería lo realmente peligroso, porque representa una puerta de entrada a la irracionalidad y al esoterismo y, en definitiva, una vuelta al pensamiento mágico medieval. Pero los estudios a gran escala que he citado no distinguen estos dos enfoques.

Al margen de esas declaraciones del guionista de la BBC Gerry Davis, que nos ilustran sobre el clima de crítica social dominante a finales de los sesenta y su influencia en el enfoque que los medios ofrecen de la ciencia, aquella época coincidió con otro fenómeno muy importante en la historia del periodismo: la sustitución de los científicos que colaboraban en los periódicos por periodistas profesionales.[26] Hasta mediados de los sesenta, un porcentaje significativo de la cobertura de las noticias de ciencia estaba en manos de científicos en activo o profesores de ciencias de secundaria que buscaban un hueco en su agenda para informar al público sobre el hecho científico. A finales de los sesenta, los periódicos tenían que competir con una televisión cada vez más poderosa y una de las estrategias de supervivencia fue el incremento del número de páginas, aumentando así la cobertura de todo tipo de noticias, entre ellas las científicas. En *The Daily Telegraph* se pasó de 2.000 noticias al año sobre ciencia en 1946 a 6.000 en 1990. Dato que es muy interesante, porque confirma el hecho de que publicar más sobre ciencia no tiene por qué ser positivo en sí mismo e incluso puede ser muy dañino si los enfoques son negativos, inexactos, sensacionalistas o anticientíficos.

El incremento de páginas y de noticias propicia que el colaborador tenga que pasar a tiempo completo. Si el científico no quería dejar la ciencia o la enseñanza de la ciencia, se le sustituía por periodistas profesionales. El periodismo, en general, siempre ha estado peor pagado que la ciencia, sobre todo el periodismo científico. La profesionalización del periodismo científico coincide, al menos en cuanto a fechas, con el incremento de la imagen negativa para la ciencia. A lo largo de este libro profundizaré muchísimo en esta última idea, porque constituye uno de los ejes centrales del declive de la ciencia en Occidente. Demostraré que esto sucede, básicamente, como consecuencia de la formación intelectual y universitaria de los periodistas profesionales, muchos de los cuales se ocuparán de informar sobre ciencia.

El movimiento PUS

Si analizamos el declive científico desde el punto de vista de las vocaciones o el interés en las encuestas, como ya se ha hecho, observamos que la tendencia siempre es negativa y, además, que este rumbo empeora en los años ochenta, noventa y, sobre todo, a principios de este siglo. Esto se contradice con la curva de Bauer que he mencionado, pues según ella, al menos en *The Daily Telegraph*, a partir de los años ochenta se observa un repunte de la imagen de la ciencia, aunque, insisto, el sumatorio de las noticias positivas nunca más ha vuelto a superar a las que dan un enfoque negativo.

Aunque habría que hacer más estudios redundantes, esto podría explicarse de varias maneras. En primer lugar, las vocaciones se deciden en edades tempranas y los jóvenes de los ochenta, noventa y, sobre todo, de principios de este siglo no leen la prensa. Para ellos es más importante el cine o la televisión y, por eso, dedicaré mucho espacio a estos canales en este libro. La imagen de la ciencia y el científico que ofrece el cine y la televisión sí influye notablemente en las vocaciones.

Por otra parte, lo de los estudios redundantes es una necesidad. Aunque valoro enormemente el esfuerzo y el inmenso trabajo de Bauer y sus colaboradores para analizar el enfoque de las noticias científicas aparecidas desde el año 1946 hasta 1990 en *The Daily Telegraph*, no dejo de reconocer que es un solo periódico y que, probablemente, sólo tenga un periodista científico. Basta con que ese periodista haya cambiado para que el enfoque sea distinto.

Si alguien realizara, por ejemplo, un análisis de contenido del enfoque que el periódico *El Mundo* otorgó al Consejo Superior de Investigaciones Científicas (CSIC) o a la endogamia universitaria entre 2000 y 2006, observaría que hay dos períodos claramente diferenciados. Uno desde 2000 hasta finales de 2002, y otro desde esa fecha hasta 2006. El primer período es muy crítico, tanto con el CSIC y su dependencia política como con la endogamia universitaria española. El segundo apenas menciona esos enfoques críticos. ¿Existe una justificación sociológica, mediática o filosófica que interprete este cambio de tendencia? La explicación es simplemente biográfica. En el primer período yo fui el responsable de la información científica del periódico. Previamente había investigado en mi tesis doctoral el uso —y el abuso— que hacen los políticos y los periodistas relaciones públicas de los científicos funcionarios.[27] También tenía muchos amigos científicos que estaban sufriendo los efectos perversos de la endogamia universitaria española. Por tanto, esos temas de política científica a mí me parecían interesantes y los proponía a mis jefes. Quien se encargó de la ciencia a partir de finales de 2002, Pablo Jáuregui, no había tenido esas experiencias y, por tanto, sus enfoques fueron distintos. Todo esto lo menciono porque, cuando la información periodística está en manos de unos pocos periodistas —como sucede con el caso de la ciencia—, la biografía del redactor puede ser fundamental para explicar las tendencias.

No obstante, estoy dispuesto a admitir que el repunte de la imagen de la ciencia en los años ochenta —que describe Bauer para *The Daily Telegraph*— puede ser generalizable para toda la prensa británica. Puede tener sentido aunque, en mi opinión, eso no desacredita mi hipótesis del declive científico en Occidente por culpa de la cultura mediática. ¿Cómo interpretar, en cualquier caso, ese repunte? Como lo hace el propio Bauer: como consecuencia de la influencia del denominado movimiento PUS, siglas en inglés de Public Understanding of Science, que en español podría traducirse como comprensión pública de la ciencia.

El movimiento PUS fue promovido por la Royal Society en 1985, alarmada por la imagen tan negativa que los medios ofrecían de la ciencia. La estrategia se definió en su ya famoso informe *Public Understanding of Science* y se basaba en dos líneas de actuación muy bien diseñadas: sensibilizar a los científicos de que no sólo debían comunicarse con la opinión pública, sino que «debían considerarlo un deber profesional inexcusable» y, al mismo tiempo, inspirar una política proactiva de «infiltración» de los licenciados en ciencias en los ámbitos de la comunicación. En una tesis doctoral sobre este movimiento se señala:

> Los estudiantes de ciencias fueron alentados a formar parte de la infiltración [de los científicos en el campo de los medios de comunicación]: la institucionalización de la comunicación científica como un componente acreditado de la educación formal de los licenciados en ciencias en el Reino Unido comenzó a finales de los ochenta. Los cursos de comunicación científica eran organizados por instituciones científicas más que por instituciones periodísticas y los criterios de admisión eran las calificaciones previas en ciencias.[28]

Esta estrategia de los científicos británicos es interesantísima y constituye una de las diferencias más profundas con el caso español. En España, al contrario que en Gran Bretaña, los científicos han hecho dejación de esas funciones de enseñar comunicación de la ciencia a sus alumnos y han transferido esa enseñanza del periodismo y la divulgación científica a las facultades de Periodismo o de Filosofía de la Ciencia. Ninguna facultad española de ciencias tiene en su programa de estudios formales la asignatura de comunicación de la ciencia y tampoco ninguna ha promovido y, sobre todo, tutelado la formación en periodismo científico como posgrado. El resultado es que en España la comunicación de la ciencia es impartida, con frecuencia, por gente de letras a gente de letras. Por tanto, los que informan de ciencia —y de todo lo demás— son básicamente de letras. El hecho de que en España la formación de la comunicación de la ciencia esté en manos de la gente de letras (periodistas o filósofos de la ciencia) podría explicar la gran cantidad de elementos irracionales en el periodismo español que no aparecen en el anglosajón, como ya describiré en los capítulos siguientes. También favorece que, en el caso español, exista una falta de debate sobre el «hecho científico» y un exceso de «noticia espectáculo» o «noticia entretenimiento».

Esta estrategia de «infiltrar» licenciados en ciencias en los medios para que informaran sobre ella a partir de los años ochenta explicaría el repunte de la curva de Bauer sobre *The Daily Telegraph*. Si extendemos el resultado, podemos afirmar que surtió un detectable efecto en Gran Bretaña y, en cierto modo, mejoró la imagen de la ciencia respecto a los niveles de los setenta. Pero el balance general en los noventa —incluso en la curva de Bauer— seguía siendo desfavorable y la mayoría de las noticias mostraban un enfoque negativo hacia la ciencia.

La explicación es sencilla: aunque en Gran Bretaña fuera cierto que se hubiera conseguido que un porcentaje importante de periodistas científicos fuera licenciado en ciencias, sus jefes no lo eran. Los periodistas científicos son el último eslabón (y el más débil) de la cadena. Los que dominan los medios de comunicación (redactores jefes, subdirectores, directores, etc.) siguen siendo de letras o ciencias sociales. Esto llevó a que la Cámara de los Lores declarara en 2000 que la única solución estaba en que «los científicos se convirtieran en periodistas y proseguir la guerra en el campo enemigo».[29] Los científicos no sólo debían aspirar a informar sobre ciencia, sino que tenían que tener el control de todos los pasos y sectores de la comunicación mediática.

Pero, en mi opinión, esa batalla sí está perdida. Y la guerra también. Profundizaré en ello a lo largo de los siguientes capítulos. Los medios de comunicación son y serán de los de letras. Representan el triunfo del bando de las letras sobre la cultura científica. Mayoritariamente, los licenciados en letras basculan entre la incomprensión, la indiferencia y la animadversión hacia la ciencia. Todo ese abanico es desfavorable para la promoción de la ciencia. La solución estaría en obligar a todos los licenciados en letras y ciencias sociales a estudiar bastantes materias de ciencias naturales, lo cual, en estos momentos, se vislumbra imposible. Los de ciencias podrán estudiar letras sin dificultad. Pero los de letras jamás estudiarán ciencias. Ni siquiera es posible que los de letras interesados en la comunicación científica estudien ciencias. Como mucho, tratan la comunicación de la ciencia como disciplina en sí misma. Mi experiencia como profesor de periodismo científico a los de letras me dice que no sólo no quieren aprender ciencia, sino que piensan que pueden informar sobre ella desde el desconocimiento de la materia. La ignorancia siempre ha sido muy osada, como dijo un sabio. La batalla para que los de letras aprendan ciencia en la universidad, desde mi punto de vista, está ya perdida en Occidente, asunto que abordaré con profundidad en los capítulos siguientes.

Uno de los efectos colaterales del movimiento PUS fue que, al programar numerosos grados y posgrados en comunicación científica, proliferaron los relaciones públicas (periodistas que trabajan para gabinetes de prensa) de las instituciones científicas. La tesis doctoral que he mencionado sobre el movimiento PUS señala:

> La comunicación científica continúa siendo una industria en crecimiento en las universidades británicas. Las tasas de empleo de los graduados en estos programas [de comunicación científica] son altas y sus destinos variados: muchos se unen a la creciente tropa de agencias de relaciones públicas dedicadas a promocionar los intereses científicos y comerciales. Al contrario de lo que sucedía en los días de aislamiento de los académicos en su «torre de marfil», las áreas de mayor crecimiento de relaciones públicas en el Reino Unido han sido las universidades y las ciencias de la salud y biomédicas.[30]

Ésta es la situación en la que nos encontramos en el momento de escribir este libro. En principio, podría parecer que se va por el buen camino. Sin embargo, la comunicación de la ciencia es un área tan compleja y fascinante que ofrece el hecho paradójico de que cuanta más gente se está dedicando a ella (sobre todo como relaciones públicas en gabinetes de prensa), más vocaciones se están perdiendo y mayor desinterés está propiciando en la población. Ya describiré con detalle cómo esto puede deberse a que, al existir mayor competitividad por «vender» a los medios el mensaje desde las fuentes científicas, está primando la caricaturización de la ciencia, la noticia espectáculo o la noticia anécdota. Abordaré también cómo esto no sólo puede estar afectando a las vocaciones futuras, sino incluso a la propia forma de producir ciencia en la actualidad, lo cual puede ser gravísimo.

En el caso británico, la mayoría de los periodistas de estos gabinetes proceden de ciencias —como, por ejemplo, en la revista *Nature*—; sin embargo, su adoctrinamiento en la cultura mediática les ha hecho asumirla en lugar de combatirla. Para el caso español, en el que los miembros de los gabinetes de prensa científicos proceden de letras, la situación para la ciencia puede llegar a ser esperpéntica. Yo mismo puede comprobarlo durante mi estancia de seis meses en el gabinete de prensa del Consejo Superior de Investigaciones Científicas para realizar mi tesis doctoral, donde todos los responsables de aquella época (1998) eran licenciados en periodismo, de letras. No obstante, el proceso no es tan plano como en esta descripción introductoria. Es rico y lleno de matices, y es lo que veremos a partir de ahora.

3

Un sistema económico que estrangula la ciencia

Las causas del declive de la ciencia, como intentaré exponer en este libro, son muchas. Nunca existe una sola y no seré tan endogámico como para pensar que todo se explica desde la influencia de la cultura mediática. ¿O tal vez sí? Habiendo ido a comprender esas causas a la London School of Economics (LSE), el lector me perdonará que, sin tener que asumir que la economía también lo explique todo, sí comience a buscarlas por los aspectos económicos. En el capítulo anterior he mencionado a Richard Freeman, que es profesor de economía de la Universidad de Harvard, experto, entre otros temas, en economía del trabajo. Sin embargo, durante el curso 2005-2006 estuvo como invitado en la LSE, lo que me permitió asistir a alguna de sus conferencias magistrales. A pesar de que es una autoridad mundial en economía, debo reconocer que me sorprendió su estilo campechano, incluso daba las conferencias con sombrero y contaba bromas constantemente. Su forma de enseñar conceptos complejos me resultó sencillamente brillante. Más tarde supe que seguía lo que se llama el «estilo Harvard». Una de sus clases magistrales —«Amar tu trabajo u odiarlo. La economía de la satisfacción en el trabajo»— trató de lo que le cuesta a una empresa y a un país el que la gente no sea feliz en su trabajo. ¿Son los científicos felices en su profesión?

Siguiendo con nuestro asunto de las causas que pueden afectar al declive de las ciencias, Freeman documenta una segunda realidad más preocupante que el hecho de que disminuyan vocaciones: los científicos y los ingenieros norteamericanos no están bien pagados si se tiene en cuenta su cualificación profesional, sobre todo en el caso de los doctores, habida cuenta del tiempo que han necesitado para obtener su título. Según el estudio de Freeman citado en el capítulo anterior, entre los años 1990 y 2000 los ingresos medios de los doctores en ingeniería pasaron de 65.000 a 91.000 dólares (de 52.000 a 74.000 euros aproximadamente); es decir, los ingenieros incrementaron su salario en un 41 por ciento. Otros colectivos de profesionales incrementaron incluso más que los ingenieros. Así, los médicos aumentaron en un 58 por ciento, de 99.000 a 156.000 dólares (de 80.000 a 126.000 euros aproximadamente). Los abogados aumentaron un 49 por ciento, de 77.000 a 115.000 dólares (de 62.000 a 93.000 euros aproximadamente).

Sin embargo, frente al 41 por ciento de los ingenieros o el 59 por ciento de los médicos, este incremento para los doctores en ciencias de la naturaleza fue de sólo un 30 por ciento: de 56.000 a 73.000 dólares (de 45.000 a 59.000 euros aproximadamente). Como su salario es inferior a otros colectivos en términos absolutos y su incremento también inferior en términos porcentuales, la realidad es que están muy mal pagados. Todo ello da idea de que el mercado no valora al doctor en ciencias.

No obstante, hay quien argumenta que esto no es un síntoma de declive de la ciencia, sino de lo contrario: si el mercado no los valora es porque hay muchos y, si hay muchos, es porque no existe declive. Ésta es aproximadamente la tesis central de Richard Monastersky, que en un reportaje periodístico titulado «Is There a Science Crisis? Maybe Not» publicado en *The Chronicle of Higher Education* (7 de julio de 2004), indica que varios parámetros señalan que ha habido un ligerísimo incremento de estudiantes de ciencias en Estados Unidos a partir de 2000, tras el gran bajón cuyo punto mínimo fue 1998.

Sin embargo, algunos de los entrevistados para ese reportaje matizan que tal vez el declive está en que no se necesiten tantos graduados en ciencias e ingeniería como cabría esperar. Otros entrevistados por Monastersky señalan que el caso del leve aumento de alumnos en los bachilleratos de ciencias y en las universidades a partir de 2000 tal vez no iría aparejado al de la calidad (alumnos más brillantes) que optarían por otras licenciaturas donde se gana más, lo cual también sería un síntoma de declive.

En lo que todo el mundo está de acuerdo (incluido obviamente Freeman) es que la mejor opción para los verdaderamente inteligentes es hacer un MBA (Master in Business Administration) en la Universidad de Harvard. Así, los 891 titulados en 2005 recibían, unos meses después de terminar el máster (que dura dos años), un promedio de 100.000 dólares anuales. La media de edad de los que acababan el máster era de veintisiete años.

Sin embargo, si se opta por hacer un doctorado en ciencia, se tardará una media de ocho años en consolidar una posición parecida a la que obtiene el del MBA el segundo año. Y, además, como hemos visto, su nivel total de ingresos es mucho menor, por no hablar de la precariedad laboral.

El declive de las condiciones laborales de la ciencia

Hay quien pueda pensar que, efectivamente, un graduado de máster en MBA por Harvard debe ganar más porque es muy difícil de obtener. Sin embargo, los datos demuestran que estudiar un doctorado en ciencias es incluso mucho más duro que un MBA. Otra investigación dirigida también por Freeman, publicada en la revista *Science* en 2001 y referida al área más dinámica de la ciencia, las biociencias, pone de manifiesto la dureza de la profesión.[1] Y lo que es aún peor, esta dureza se incrementa cada día. Este estudio es, sin duda, uno de los más rigurosos y exhaustivos sobre cómo funciona la carrera científica y, entre otros resultados, demuestra que hay un gran desfase entre las expectativas de los alumnos al iniciar el doctorado y las salidas profesionales reales.

También sugiere una conclusión algo siniestra: los científicos jefes de equipo no son capaces de hablar a sus potenciales alumnos-colaboradores de lo difícil que está la situación laboral porque tienen miedo a no tener becarios, que son realmente los que hacen el trabajo duro de la ciencia.

La teoría del torneo y la evaluación de la ciencia

Confieso que una de las teorías más sugerentes que aprendí en mis clases como oyente de economía de la ciencia en la LSE fue la del «modelo del torneo». Tal vez para el lector sea muy conocido, pero a mí me sorprendió que algo que yo consideraba muy intuitivo como era la gestión de recursos humanos pudiera ser descrito en función de una elaborada teoría. El modelo del torneo (*tournament theory*, en inglés) fue descrito en 1981 por los economistas Lazear y Rosen. Sostiene que el rendimiento de un trabajador (tanto su evaluación como su incentivo) puede responder al modelo de un torneo de tenis. En él sólo existe un premio: o se gana y se tiene todo, o se pierde y no se tiene nada. La gloria es sólo para el primero. Y la mayoría de los expertos anglosajones que analizan el comportamiento de la ciencia considera que este modelo se aplica como un guante a la profesión de científico. ¿Por qué? Porque al igual que todo el mundo conoce a los ganadores del Tour de Francia o de Roland Garros, nadie se acuerda de los segundos. En ciencia quiere decir que el que llega en segundo lugar a un resultado o a una patente, aunque sólo sean unas horas más tarde, no le vale de nada. La gloria la tendrá sólo el primero.

Observe el lector que para llegar en segundo lugar también hay que ser muy bueno, pero posiblemente en el caso de la ciencia actual la diferencia esté en que uno de ellos trabaje más. En este sistema de torneo existe un desproporcionado incentivo para ganar, para ser el primero, que fomenta excesivamente la competitividad y que sustenta que la gente aguante condiciones durísimas por conseguir el «primer premio». Los deportistas son capaces de extenuarse hasta casi la muerte.

En el caso de la ciencia, los investigadores son conscientes de que pequeñas ventajas (tener más becarios, trabajar también los fines de semana o ambas cosas) pueden marcar la diferencia entre el éxito o el fracaso; entre la gloria o la deshonra de no haber llegado, pero haber estado muy cerca. Todo el tiempo empleado en llegar al segundo lugar no vale para nada en este modelo, porque la publicación o la patente son para el primero.

En áreas «calientes», es decir, pujantes científicamente, esta competencia puede ser brutal. Así, según los científicos encuestados en el trabajo publicado en *Science* por Freeman, una de las fórmulas para lograr el éxito no es ser más inteligente o brillante, sino trabajar más horas.

En este sentido, los datos de la Fundación Nacional de Ciencias de Estados Unidos indican que el 33 por ciento de los investigadores en biología molecular (considerada un área «caliente») trabaja una media de sesenta horas semanales, mientras que en el resto de las áreas ese porcentaje se reduce un 24 por ciento. La inmensa mayoría de los científicos biólogos entre treinta y cinco y cuarenta y cuatro años (la edad más productiva) trabajan unas cincuenta horas a la semana.

En estos estudios sobre la carrera *profesional en las biociencias* se señala, asimismo, que estas largas jornadas de trabajo influyen especialmente entre aquellos que, además de una carrera profesional, pretenden tener una familia. En este sentido, destaca el dato de que entre los científicos sin hijos, las mujeres trabajan más horas que los hombres. Sin embargo, si evaluamos las horas de trabajo entre los científicos con hijos, el estudio concluye que las mujeres trabajan muchas menos horas que los hombres. «Esta disminución en las horas trabajadas por las madres daña irremediablemente la progresión de sus carreras en un campo como el de las biociencias que avanza tan rápidamente.»[2] De hecho, en esta área la vida media de las citas científicas es la más corta de todas los campos científicos.[3]

Debe recordarse que el índice de citación es uno de los parámetros más importantes (si no el que más) para evaluar a un científico. Esto explica que sea muy difícil retomar la trayectoria de alto nivel tras una pausa o una reducción puntual del trabajo, pues lleva muchos años alcanzar un índice de citación competitivo a nivel mundial. Si esa permanencia se pierde rápido, como sucede en áreas potentes de la ciencia, la competencia es brutal, favoreciendo así unas terribles condiciones laborales.

Pero es que, además, en las áreas competitivas hay que publicar mucho. Los datos de la Fundación Nacional de Ciencias de Estados Unidos demuestran el estrecho vínculo entre el número de horas trabajadas y el éxito científico. Así, por ejemplo, entre 1990 y 1995 los biocientíficos publicaron una media de 6,7 artículos al año, frente a los 4,7 de otros campos.

En biociencias, según el estudio publicado en *Science* por Freeman, cinco horas de trabajo adicional a la semana se asocia con un artículo más publicado al año. Cada artículo científico implica un aumento del 0,9 por ciento del salario de un investigador. «Los biocientíficos que trabajan más horas publican más y aquellos que publican más ganan más», se señala en el estudio.

Este modelo de torneo es muy eficaz para que los empresarios fomenten la competitividad de sus empleados, si bien es el que ha sido elegido por los científicos. Nadie de fuera se lo ha impuesto. Es más, cuando políticos o intelectuales intentan cuestionarlo, son criticados por los científicos. Sin embargo, el modelo es verdaderamente salvaje, pues como muchos científicos tienen el talento y los equipos para lograr un gran descubrimiento, lo que marca la diferencia son las terribles condiciones laborales. No obstante, todos son conscientes de que el gran premio de ser el primero eclipsará a todos los demás.

Al margen de los efectos negativos que pueda tener este modelo en las frustraciones personales de los que han trabajado mucho pero no logran el objetivo de ser los primeros, o de aquellos que tienen que renunciar a una vida familiar, este método también se está mostrando perverso para la misma ciencia.

El primer efecto negativo es que el sistema de torneo no garantiza el mejor rendimiento absoluto —la mejor ciencia y el mejor científico—, sino el mejor rendimiento relativo: el mejor de entre los que entran en competición; por lo que el reclutamiento de científicos depende de la competencia que haya en cada momento y lugar, siendo susceptible de que se elija a candidatos muy malos si hay muchos puestos y pocos aspirantes, circunstancia que comienza a darse en algunas áreas de países occidentales.

En el caso contrario, pocas plazas y muchos aspirantes, también puede dejar fuera a gente brillante. En este caso, que podría ser beneficioso para la ciencia, lo que impera es el sistema meritocrático, con lo que se suele elegir al que más méritos posee, que no tiene obligatoriamente por qué coincidir con el más brillante. Los méritos se cuantifican en función del número de publicaciones y del impacto de éstas, así como por el índice de citación; todos son aspectos mediáticos no científicos.

Esto podría discriminar a los jóvenes brillantes que están fuera del sistema, que es, como demuestra la historia de la ciencia, el mejor granero de ideas científicas innovadoras. Einstein quizá hubiese sido eliminado porque sus publicaciones de la teoría de la relatividad no fueron en *Nature* o *Science*. Por otra parte, el sistema meritocrático puede subvertirse de tal forma que muchas veces en la ciencia actual se prefiere seleccionar a un mediocre viejo con cien publicaciones mediocres —las cuales ha realizado simplemente porque, por edad, ha tenido tiempo para ello— que alguien joven y brillante con una idea o publicación innovadora. Pero ¿qué necesita la ciencia?: ¿cien publicaciones mediocres o una revolucionaria? Tal vez las dos, pero no puede descartarse al revolucionario. Es más, debe buscarse a toda costa si se quiere tener el liderazgo.

Explicaba nuestro gran Pío Baroja (que además de gran escritor, era licenciado en medicina) en un diálogo entre el doctor Gregorio Marañón y él que «la edad trascendental» para tener estas ideas revolucionarias se sitúa entre los veinticinco y los treinta años:

> En todos los grandes hombres, filósofos, escritores, científicos, la linterna para la observación está formada en plena juventud. La edad no les añade ni más claridad ni más resplandor. [...] Lo que parece evidente es que se puede ser un gran estratega y gran político como Alejandro Magno, Aníbal o Napoleón; músico extraordinario como Mozart; matemático como Pascal; pintor como Rafael, en plena juventud. La filosofía misma, que parece labor de viejo, es también producto de jóvenes y desde Platón a Schopenhauer las obras más importantes de los filósofos se escribieron más bien en la juventud que en la vejez. Ahora que el hombre de talento o de genio sea reconocido por el medio ambiente, pronto o tarde, no quiere decir nada para sus condiciones, que ya están desarrolladas, no en germen, sino maduradas y formadas en esa edad de los veinticinco a los treinta años.[4]

Sin embargo, el procedimiento actual de reclutamiento de científicos favorece que, justo en la edad más creativa, los investigadores estén excesivamente supeditados a sus viejos jefes, sin posibilidad de desarrollar ideas propias y viviendo en condiciones precarias. El sistema, además, premia demasiado la meritocracia de las cien publicaciones mediocres en lugar de una revolucionaria. Este sistema, incorporado en 2007 por el gobierno español como «acreditación» para reclutar a profesores universitarios, beneficia a los viejos oxidados frente a los jóvenes brillantes y, en esas condiciones, resulta difícil que la ciencia avance.

Debido a las carencias obvias del sistema meritocrático, en algunas universidades anglosajonas de prestigio se intenta paliar este procedimiento introduciendo en la selección del científico un apartado en el que los candidatos deben resolver casos difíciles de investigación. Esta idea que en los ámbitos de gestión del conocimiento se considera «innovadora» no es más que una copia de la vieja estrategia griega de «resolución del enigma». A todos los candidatos —a príncipe o a gobernante— se les proponía el mismo enigma —bajo las mismas condiciones— y resultaba vencedor quien lo resolviera adecuadamente.

No obstante, esta práctica de «resolución del enigma» es totalmente minoritaria en la ciencia actual y lo que se suele incentivar es, repito, la competitividad meritocrática, que lleva añadida otro efecto perverso: el de la necesidad de publicar mucho y rápido, con lo que es imposible estar al día de una disciplina medianamente activa. El resultado son muchas publicaciones científicas, pero no mucha ciencia.

De hecho, según el periodista científico John Horgan, del que hablaré detenidamente más adelante, después de los años cincuenta, en que se descubriera la estructura y la función del ADN, no ha habido avances revolucionarios en ciencia, y sin embargo el número de publicaciones científicas no hace sino aumentar en todo el mundo, resultando ya imposible estar al día. Stephen Hawking ofrece el siguiente dato: en 1900 se publicaron durante ese año unos 9.000 artículos; en 1950, unos 90.000, y en 2000, unos 900.000.[5]

Es cierto que, como ya se ha explicado, en 2000 la cantidad de científicos en el mundo era muy superior a la que había en 1950 o en 1900. Pero también lo es que el número de publicaciones exigidas a las nuevas generaciones era cada vez mayor. Si uno compara los artículos que necesitó Blas Cabrera (uno de los mejores físicos de la historia de España) cuando en 1905 sacó su cátedra de electromagnetismo en la Universidad Central de Madrid, observa que es muy reducido.[6] En la actualidad es casi seguro que Cabrera no pasaría de la fase de becario posdoctoral.

Sin embargo, el día tenía las mismas veinticuatro horas en 1905 que en 2005. Las publicaciones de Cabrera son muy relevantes, pero en nada desmerecen a las de los catedráticos de 2005. No obstante, dudo mucho que cualquier catedrático actual de la Complutense (heredera de la Universidad Central) o de cualquier otra universidad española en 2005 tenga dentro de cien años (en 2105) el mismo número de colegios, institutos, libros homenaje y congresos con los que en 2005 ya contaba Blas Cabrera. ¿Es esto síntoma del declive científico?

El sistema meritocrático, cada vez más instalado en España, contrata por lo que el científico ha realizado en el pasado (méritos), no por lo que puede hacer en el futuro, lo cual no ocurre en ninguna otra actividad profesional y, desde mi punto de vista, puede estar desincentivando la ciencia innovadora.

Einstein publicó en 1905 la teoría de la relatividad (especial) en sólo tres artículos científicos (repito, ninguno en *Nature* o *Science*). No le hizo falta publicar doscientos. Y, sin embargo, esos tres artículos son de los más importantes en toda la ciencia del siglo XX.

El problema es que, al igual que sucede en los medios de comunicación de masas, la ciencia, contaminada por ellos, está creando un sistema que valora publicar mucha paja y resultados perfectamente prescindibles. Incluso cuando la investigación es relevante, se genera lo que Richard Smith, director durante trece años de la *British Medical Journal*, ha denominado «efecto salami». En otras palabras, los resultados se trocean una y otra vez para producir más publicaciones. Se producen enfoques distorsionados o incompletos que benefician a las revistas y a las evaluaciones de los científicos, pero perjudican a la ciencia. El diagnóstico de uno de los males de la ciencia actual es similar al que se cumple en los medios de masas: el exceso de información y su descomunal fragmentación (para generar más publicaciones) produce desinformación, desorientación y desinterés.

El otro terrible efecto negativo es que para publicar mucho y rápido —ya sea mediocre o bueno pero fragmentado— se necesitan unas condiciones laborales muy duras. Cuando se trata de áreas competitivas, donde muchos laboratorios trabajan en el mismo campo, las condiciones pueden convertirse en semiesclavitud.

Así lo expresa sin inmutarse un investigador principal (o jefe de grupo) entrevistado en el estudio publicado en *Science*: «Si tengo tres científicos posdoctorales y todos trabajamos todo el tiempo, tengo mayor posibilidad de ser el primero en conseguir unos resultados que si tengo dos científicos posdoctorales y, encima, descansan el fin de semana».

Esto mismo también lo puede afirmar un constructor o un tendero. Pero en el caso de la ciencia, note el lector que no estamos hablando de empleados sin cualificar, que trabajan en condiciones duras porque pertenecen a países en vías de desarrollo o porque son inmigrantes ilegales sin derechos laborales. En ciencia, estamos hablando de gente joven y entusiasta, que es brillante porque ha acabado una carrera de ciencias y que, además, ha obtenido la máxima cualificación posible en el sistema educativo de todo el mundo: el doctorado.

¿Por qué consienten ese sacrificio los científicos jóvenes? Los científicos veteranos que aparecen en la investigación de Freeman reconocen que «sus estudiantes deberían tener más tiempo libre para sus vidas personales, pero que ellos se adaptan a los incentivos de competitividad del modelo del torneo». También admiten las dificultades económicas de los científicos jóvenes (incluidos los que tienen doctorado). Pero, curiosamente, entra dentro del sistema del torneo pagarles poco para que siempre estén compitiendo mucho por alcanzar posiciones en las que el premio sea único (que sea competitivo como las oposiciones con quince candidatos por plaza) y que ese premio sea ganar un poquito más o mejorar las condiciones laborales. Si se les paga mucho al principio (o simplemente suficiente), se deja de ser tan competitivo. Así funciona este modelo.

Resulta muy curioso que muchos científicos consolidados aún se pregunten por las causas del declive de las vocaciones en Occidente. ¿Qué joven brillante quiere esas condiciones? El estudio deja claro que ahora en la ciencia imperan las condiciones que previamente se aplicaron para otras profesiones mal pagadas como camareros, servicio doméstico, jornaleros o incluso prostitución. El esquema tiene un primer paso en el que bajan los estándares de reclutamiento de los nativos para acceder a un trabajo. Ahora no hace falta tener buenas notas ni en bachillerato ni durante la carrera para ser científico porque no hay suficientes. Y, si no los hay, se recurre a la importación de mano de obra extranjera —es lo que ocurre en Estados Unidos— para que ocupe trabajos que los nativos no quieren.

Este estudio publicado en *Science* sobre la carrera en biociencias denuncia también que cada día se necesitan más años para tener una posición consolidada. Los datos entre 1970 y 1990 señalan que ese período puede haber aumentado en unos tres años, como mínimo, siendo muy generosos.

En España no hay datos, pero debido a que en los años setenta se necesitaron muchos profesores universitarios, no era extraño que la gente tuviese un contrato de PNN (profesor no numerario) recién terminada la carrera, con veinticinco años. Hoy día la situación es la contraria: hay muchísima gente con treinta y cinco sin posibilidad de entrar en la universidad. Es decir, la situación, y las diferencias entre las nuevas generaciones y las que están consolidadas, es definida por todos los sectores como «muchísimo más grave en España que en otros países». En España, las generaciones jóvenes no quieren entrar en las facultades de Ciencias Puras y las de edades medias están «exiliadas» en el extranjero ante la falta de perspectivas en España.

Todo esto provoca que el colectivo profesional de los científicos —en todo Occidente— sea el que más tarde empieza a cotizar. «Muchos científicos no empiezan a cotizar hasta tener treinta y cinco años», indica el estudio de *Science* realizado con datos de científicos estadounidenses. Lo cual es una absoluta irresponsabilidad respecto a lo que puedan percibir como pensiones cuando se jubilen.

Con todos estos datos concluimos que los científicos son los trabajadores «ideales» del sistema de torneo para empresarios sin escrúpulos: son jóvenes, muy preparados, muy inteligentes, idealistas, muy competitivos, se conforman con un salario muy bajo, trabajan hasta doce horas diarias, incluidos los fines de semana, sin quejarse y, encima, no tienen ningún derecho laboral. Además, con esas condiciones

—y como todos creen que van a ganar el premio del torneo: la plaza fija o ser el primero en un resultado científico— aplazan sus responsabilidades familiares para dedicar todo su tiempo y su esfuerzo al trabajo.

Como, además, ellos no pueden conseguir dinero por sí mismos para hacer investigación, dependen por completo de sus superiores, por lo que deben ser totalmente dóciles si quieren tener una mínima oportunidad. ¿Qué empresario no querría tener empleados de este tipo? Los científicos veteranos y consolidados están encantados con este sistema. Pero en mi opinión, no se dan cuenta de que están matando a la ciencia.

No obstante, ahora viene la pregunta más dura: ¿qué joven medianamente inteligente quiere esta vida? ¿Cómo pueden reprocharle que prefiera hacer un máster de negocios, de sólo dos años, y ganar a los veintisiete años 100.000 dólares en lugar de llegar a los treinta y cinco pendiente de una beca y tras trabajar doce horas diarias? ¿Cómo alguien, con un mínimo de responsabilidad moral, puede recomendar a un joven brillante este tipo de futuro profesional dedicado a la ciencia?

Y no olvidemos que este sistema tan pernicioso es producto de la locura que hay por publicar y del enorme valor que se le ha dado a la publicación. Y aquí viene la conexión con la cultura mediática. Es decir, la comunicación pública de los resultados científicos, en lugar de ser una consecuencia de ellos, se ha convertido en la causa de por qué se hace ciencia y, lo que es peor, está degenerando en unas condiciones laborales inasumibles en los países desarrollados.

De ahí que sea Asia —y especialmente países no democráticos como China— la que en estos momentos está incrementando más rápidamente su presencia científica. Debo matizar que en países asiáticos democráticos, ricos y occidentalizados (con medios de comunicación libres) como Japón o Corea del Sur, el problema del declive de la ciencia es similar a Occidente. Japón reconoció que tenía una grave falta de vocaciones científicas desde 1980, y en los noventa el gobierno lanzó reiteradas campañas para que los jóvenes se interesaran por la ciencia.[7] En Corea del Sur, sus autoridades están tan preocupadas con este asunto que, en aquel país, si el joven elige una carrera de ciencias, está exento de hacer el servicio militar obligatorio. No obstante, parece que no es suficiente incentivo.[8]

Resulta curioso que el modelo de producción industrial chino no se haya podido imponer en Occidente. Sin embargo, el modelo de producción científica —y la propia ciencia moderna—, que se ha diseñado en Occidente, se ha exportado con gran éxito a China, y ahora lo que hace Estados Unidos es importar mano de obra —científicos becarios— de ese país, para no deslocalizar la producción científica. Pero, repito, todo esto no es culpa de los filósofos ni de los periodistas; los culpables son exclusivamente los científicos.

Los investigadores ocultan a los estudiantes de grado y a los aspirantes a becario estas condiciones laborales. En este sentido, el National Research Council de Estados Unidos recoge en un informe que los científicos deben decir la verdad a sus alumnos sobre cuál es el panorama laboral.[9] También denuncia que en las becas y contratos que se ofrecen pocas veces se hace público el salario y las condiciones laborales. Tampoco queda claro cuál puede ser la carrera profesional de quien consiga la plaza o beca, pues no suele haber compromisos en ese sentido de los departamentos. Señala, asimismo, que eso no sucede en ámbitos como el derecho o los negocios. ¿Es éste el trabajo confortable que puede conseguir un científico con calificaciones medianas, según dijo Snow en su conferencia en 1959 sobre las dos culturas?

¿El fin de la ciencia?

El periodista científico John Horgan, al que ya he mencionado, publicó en 1996 su obra *El fin de la ciencia*.[10] El libro no sólo se convirtió en un éxito de ventas en Estados Unidos y Gran Bretaña, sino que, a mi juicio, su principal mérito ha consistido en reabrir crudos debates en los ambientes académicos anglosajones (y no anglosajones, pues el libro ha sido traducido a trece lenguas). Horgan, tras entrevistar a algunos de los más destacados científicos estadounidenses, concluye que, precisamente, al ser los postulados de la ciencia verdaderos (nadie, por ejemplo, defiende que es el Sol el que gira alrededor de la Tierra o que la órbita de ésta alrededor del Sol sea circular) puede que la era de los descubrimientos científicos esté llegando a su fin. El éxito de la ciencia desencadenaría que se llega a un momento en el que no hace falta investigar más porque ya se sabe casi todo lo importante a lo que puede aplicársele el método científico.

Los científicos entrevistados por Horgan señalan que, efectivamente, desde 1953, en que se descubrió que la estructura del ADN era la responsable de la herencia, no ha habido ningún otro descubrimiento espectacular. El genoma, al que tanto bombo se le ha dado desde los medios de comunicación, no es en realidad sino el desarrollo de la teoría del ADN y su aplicación técnica. Internet sería también un desarrollo tecnológico, pero no ha supuesto una revolución en las teorías científicas, para lo cual se necesitarían informáticos y no físicos. Ya se sabe cómo nació el universo, cómo se fue desarrollando, cómo es la estructura de la materia, cómo fue la evolución de las especies en la Tierra y cómo se transmite la herencia. No se espera que surjan teorías que contradigan estos conocimientos, porque todo indica que son ciertas. Se pueden refutar pequeños detalles, producto de mediciones mal hechas, pero no las grandes ideas. Todo ello propicia que la ciencia sea cada día menos atractiva y más mecánica: la clonación de la oveja Dolly (como veremos más adelante) fue más producto de la repetición de una técnica cientos de veces que de la propia técnica.

Es importante destacar que el incremento de la producción (en número) de artículos científicos no tiene por qué estar necesariamente relacionado con la producción de ciencia o, al menos, la relación no tiene por qué ser directa. Quien considera que ambas cosas son lo mismo (producción de artículos y ciencia) está pensando como un periodista (o empresario periodístico), no como un científico de verdad.

Los científicos entrevistados por Horgan declaran que, en efecto, son pesimistas porque cada día necesitan más recursos para investigar temas perfectamente prescindibles. Añaden que la carrera investigadora de los científicos actuales sólo admite pequeñas contribuciones que apoyan las grandes teorías establecidas hasta mediados del siglo XX. Y eso explicaría un cierto declive de la ciencia: cada día hay que trabajar más y ganar menos para, encima, obtener resultados muy poco relevantes científicamente.

Esta última circunstancia puede explicar lo que comentaba al comienzo de este capítulo: un físico español actual, aunque tenga más currículo que Blas Cabrera (y hay muchos con más y mejores publicaciones según los estándares científicos), no tiene posibilidad de tener el reconocimiento social e histórico de Cabrera. Lo mismo sucede con los neurobiólogos contemporáneos (una disciplina puntera en España) y Ramón y Cajal. Todos saben que jamás obtendrán en el futuro el reconocimiento que ahora se le tributa a Cajal.[11] La sensación actual es la de que las grandes oportunidades de la ciencia son algo del pasado.

Esta falta de perspectivas de grandes descubrimientos podría ser una de las causas por las que poca gente quiera dedicarse ya a las disciplinas científicas. De hecho, algunos investigadores entrevistados por Horgan comparan la física, la química o la biología con la geografía física (a mediados del siglo XX ya no había nada que descubrir en la Tierra y se aceptó que la era de los descubrimientos geográficos había finalizado). Según esta visión, los gobiernos podrían estar considerando una reducción paulatina de los presupuestos destinados a la investigación científica básica, porque desde los años ochenta no es tan rentable. Este tema merece mucha más atención y profundización. No obstante, no estoy seguro de que exista un consenso entre científicos respecto a este supuesto fin de la ciencia porque no haya más que descubrir. Tal vez, desde la perspectiva de la cultura de medios de comunicación, el problema residiría en que la ciencia se está nutriendo básicamente de candidatos de veinte publicaciones mediocres —o mediáticas, como veremos más adelante— en lugar de candidatos con ideas brillantes. Todos estos datos muestran claramente un declive de las ideas científicas nuevas, de las condiciones laborales y económicas de los científicos y de la crisis de vocaciones científicas. Pero ¿tiene todo esto algo que ver con la cultura de Occidente en la que los medios de comunicación tienen un poder hegemónico? ¿Por qué se ha llegado a esta situación? Intentaré responder a estas preguntas en las próximas páginas.

4

El cine y la televisión en el derrumbe de lo científico

En el capítulo anterior hemos visto cómo puede afectar la economía al declive de la ciencia. A pesar de ser un factor importante, no todo se explica en función exclusivamente de la economía. En los términos de precariedad laboral descritos, no puede justificarse, por ejemplo, el espectacular aumento de la demanda de las carreras de periodismo y comunicación audiovisual. Los becarios de ciencias pueden quejarse de que les pagan poco; pero los de periodismo o cine, no es que ganen poco o incluso no les paguen, sino que lo normal es tener que pagar (cursando un máster en el que no se enseña nada nuevo) con el único objeto de tener la oportunidad de trabajar durante los meses que dura el máster. Después, sólo queda el paro o la precariedad laboral sin futuro. Las condiciones laborales de los periodistas o cineastas que empiezan son mucho peores que en ciencia. Y, además, por una serie de intereses que no son objeto de este libro, el trabajo en periodismo, cine y televisión ha empeorado mucho en Occidente en los últimos años.

Por tanto, debe haber otras razones que expliquen por qué los jóvenes prefieren ser periodistas o cineastas antes que científicos. Y, desde mi punto de vista, uno de los elementos que más pueden influir es la imagen tan negativa que el cine y la televisión ofrecen de la ciencia y, sobre todo, de la profesión de científico. El cine debe ser considerado una causa muy importante en este problema, pues como subrayan Rima y Michael Apple:

> En una cultura visualmente orientada como es la nuestra, el cine ofrece percepciones del pasado bajo formas cada vez más accesibles

para el espectador. [...] Las formas de cultura popular, incluyendo el cine y la televisión, desempeñan un papel crucial en la enseñanza de lo que la ciencia ha sido, es y debería ser a amplias capas de la población. Puede que estos medios no reflejen las historias de la ciencia y los científicos de manera grata para los historiadores (popularizan, distorsionan, generan estereotipos y simplifican), pero no cabe duda de que mucha gente aprende tanto o más sobre la historia de la ciencia de, pongamos por caso, el cine que a través de su educación formal.[1]

Alberto Elena considera en su libro *Ciencia, cine e historia* que «en la sociedad contemporánea las imágenes y estereotipos científicos de que se nutre el público lego proceden en buena medida del cine de ficción». Y añade: «Aunque es indudable que estos estereotipos populares no son sencilla o enteramente creados por los medios de comunicación, tampoco cabe duda de que la visión que de la ciencia y la tecnología tiene el hombre de la calle no deriva precisamente de la instrucción formal ni de la lectura de monografías o revistas especializadas».[2]

José Manuel Serrano Cueto también sostiene que «el cine de ficción es un buen medio para transmitir al espectador no docto en ciencias una información científica a la que quizá no se acerque de otra manera».[3] No hay que olvidar que entre el espectador no docto en ciencia que se acerca al cine está el periodista. Serrano Cueto sentencia: «El cine, medio de comunicación de masas, tiene la responsabilidad de la buena o la mala imagen que la calle tiene de la ciencia».

¿Y cuál es la imagen que da de la ciencia y del científico? Pues el estereotipo más consolidado es el de «científico loco». Como sostiene David Robinson: «La imagen más perdurable del científico en las pantallas no es la de madame Curie/Greer Garson mirando vagamente a través de su microscopio o, de forma más decidida a los ojos de Walter Pidgeon, sino la de Peter Seller en *¿Teléfono rojo? Volamos hacia Moscú*, riéndose y cloqueando presa de un maníaco deleite ante la perspectiva del advenimiento del holocausto que él mismo ha planeado, mientras frenéticos espasmos constituyen su reacción automática cuando se pronuncian palabras clave como "matanza"».[4]

En este sentido, Elena señala que «la figura del *científico loco* emerge así por derecho propio como la más carismática y representativa de cuantas imágenes de la ciencia nos haya deparado el cine de ficción».[5]

El clásico trabajo de George Basalla, publicado en 1976, afirma que los arquetipos en las presentaciones de los científicos en la cultura popular se han mantenido inmutables.[6] El cine y la televisión representan a los científicos como «frecuentemente locos, ineptos e incluso villanos». Elena, que realiza un estudio de las películas de temática científica desde los inicios del cine hasta la película *2001: una odisea en el espacio* (1968), matiza que «el cuadro resultante será sin duda mucho más complejo de lo que la gran aceptación del prototipo de *científico loco* cabría pensar». No obstante, aclara que «en efecto, se da una evidente persistencia de fórmulas y clichés a lo largo del tiempo» y que «en una consideración global cabe sin ninguna duda afirmar que la imagen de la ciencia y la tecnología en el cine de ficción ha devenido cada vez más negativa desde la década de los sesenta».

EL FUNDAMENTO CIENTÍFICO DEL CINE Y EL ARQUETIPO DE «CIENTÍFICO LOCO»

En un libro de análisis de la ciencia y sus relaciones con la cultura mediática como éste resulta imprescindible aclarar que el cine existe gracias al pensamiento científico. De hecho, la que unánimemente se considera como primera «historia general del cine», publicada en 1925 por George-Michel Coissac,[7] dedica la mitad de la obra a repasar las películas filmadas desde los inicios del cine hasta 1925. Y la otra mitad de esta primera enciclopedia sobre cine está dedicada íntegramente a evocar, razonar y justificar las múltiples y esenciales ventajas que para la investigación científica y para la enseñanza de las ciencias deberá tener el cine en el siglo XX.

El cine, reitero, existe gracias a la ciencia, aunque se ha convertido en un hijo desagradecido. «El cine apostó por el espectáculo antes que por la ciencia», señala Alberto Elena. Incluso el cine en su nacimiento se consideraba una herramienta científica. Y fueron científicos puros los que desarrollaron sus antecedentes. El primero fue el físico belga Joseph-Antoine Plateau, que se basó en las leyes del efecto estroboscópico para diseñar en 1832 su fenaquistiscopio. Los científicos definieron este efecto estroboscópico como un fenómeno fisiológico denominado «persistencia retiniana» que hace que, por ejemplo, veamos como una línea continua de fuego un tizón ardiente que se mueve en la oscuridad. Por esa época también se desarrollaron las reacciones químicas que dieron lugar a la fotografía. Con todo ello, en 1874 el astrónomo francés Jules Jansen inventó un aparato, que llamó «revólver astronómico», que le permitió registrar el acontecimiento científico de la época: el paso de Venus ante el Sol. A partir de la idea de Jansen, el fisiólogo Étienne-Jules Marey ideó el «fusil fotográfico» con la intención de fotografiar el movimiento de locomoción animal con una velocidad de doce fotos por segundo. Ésas pueden considerarse las películas precursoras del cine, aunque para los historiadores su nacimiento tuvo lugar en 1895, con la presentación en el Café de París del proyector de los hermanos Lumière.

A partir de ese momento, el cine comenzó a producir películas que degradaban la imagen de la ciencia, entre otras causas porque la mayoría de los cineastas procedían del campo de las humanidades, que, como veremos más adelante, a partir del XIX, sobre todo en la escuela filosófica alemana, comenzaron a criticar las ciencias experimentales.

No es casualidad, pues, que la primera película importante que ofrece una imagen negativa del desarrollo científico sea *Metrópolis* (1926), del alemán Fritz Lang, en la que se denuncia claramente los riesgos de la tecnología mostrando el primer robot de la historia del cine. No obstante, hay quien sostiene que la primera película de éxito que ofrece una imagen negativa del quehacer científico es una cinta de 1919 del también alemán Robert Wiene: *El gabinete del doctor Caligari*, en la que se muestra las perversiones de un psiquiatra. En 1936, Charles Chaplin rodó *Tiempos modernos*, que, aunque se centra más en la crítica de los procesos industriales del entonces incipiente capitalismo, su fondo no deja de ser una denuncia a la tecnología. Esta idea subyace en películas muy posteriores como *El amo del mun-*

do (William Witney, 1961) o la conocidísima *Blade Runner* (Ridley Scott, 1982), así como en *Brazil* (Terry William, 1985) y en *A. I. Inteligencia Artificial* (Steven Spielberg, 2001).

Esta imagen negativa de la ciencia y tecnología obviamente se multiplica en las películas de gran éxito como, por ejemplo, las integrantes de toda la saga *Matrix* (A. y L. Wachowsky, 1999). Sin embargo, este fenómeno es extraordinariamente peligroso cuando además de ser grandes éxitos de audiencia, la película va dirigida al público infantil o adolescente, como el caso de *ET* (Steven Spielberg, 1982), película en la que los científicos querían diseccionar al adorable extraterrestre, o *Parque Jurásico* (Steven Spielberg, 1993), cinta en la que un científico loco reproduce a los dinosaurios.

Esto son sólo algunos ejemplos. Pero en todos subyace el prototipo Victor Frankenstein de alguna de las versiones de la novela de Mary Shelley: desde *La novia de Frankenstein* (James Whale, 1935) hasta *Frankenstein de Mary Shelley*, de Kenneth Branagh (1994), pasando por *El extraño caso del Doctor Jekyll* (Victor Fleming, 1941), *El profesor Chiflado* (Jerry Lewis, 1963), *Mary Reilly* (Stephen Frears, 1995).

El arquetipo Frankenstein muestra siempre a un hombre que juega a crear productos que luego no sabe cómo repercutirán en el mundo. No obstante, con el paso del tiempo se le han ido añadiendo más características. Durante las décadas de 1930-1940, los científicos que aparecen en las películas responden al patrón común de hombre blanco ya entrado en edad. Suele, además, ser demente y maléfico. En la década de 1950, Basalla sugiere que bajo la influencia del cómic, el cine le añade al científico un nuevo atributo: quiere gobernar el mundo y ponerlo a sus pies.

En 1978, la revista *Science*, editada por la Asociación Americana para el Avance de la Ciencia (AAAS), la sociedad científica más numerosa del mundo, daba la voz de alarma en un artículo titulado «The Media: The Image of the Scientist is Bad» («Los medios: la imagen de los científicos es mala»).[8] El artículo es un apoyo a lo que se discutió sobre este problema en la reunión anual de la AAAS de ese año.

En general, y salvo excepciones (*El profesor chiflado*, donde el científico es negro), en el cine de las décadas siguientes el científico continúa siendo de raza blanca, pero añade a las anteriores características una nueva: la de un obseso por conseguir al precio que sea el conocimiento que anhela. Amoral más que inmoral, nada lo detiene en su objetivo. Jamás permite que los sentimientos o simpatías humanas se interpongan en su camino. Esta insensibilidad la manifiesta de varias formas. Así, si el científico tiene familia, reniega de ella. Con mucha frecuencia, los científicos son representados como solteros o viudos y, en cualquier caso, rara vez se muestran con compromisos sentimentales o relaciones sexuales. En este sentido, la diferencia con los escritores o profesores de literatura, filosofía o arte es obvia, pues a éstos el cine siempre los representa viviendo grandes pasiones. «La audiencia quiere escuchar a su bella hijita o asistente decir que el científico está casado con los tubos de ensayo y que no tiene tiempo de socializarse», dicen los cineastas en el encuentro de la AAAS.

La ciencia como actualización de viejos temas literarios para el cine

Otro de los temas más recurrentes del cine es la capacidad del científico para la destrucción a gran escala. Susan Sontag realizó un magnífico análisis sobre este asunto en el cine estadounidense desde 1915 hasta finales de los setenta. Y concluyó que la capacidad de destrucción del científico aumentaba conforme pasaban los años.[9] En las películas de terror de los treinta, los científicos sólo demostraban capacidad para destruir a una persona o, como mucho, a una pequeña villa. Pero pronto el cine mostró que los científicos tenían poder para destruir grandes ciudades, países, el planeta entero y, por último, muchos planetas. En realidad, ahora coexisten todas las versiones, desde los arquetipos Frankenstein hasta *Planeta prohibido* (Fred McLeod Wilcox, 1956), película en la que se reflexiona sobre cómo el mal uso de la ciencia destruyó el planeta. Más recientemente, en la película *Núcleo* (Jon Amiel, 2003) la Tierra está a punto de ser destruida por culpa de unos experimentos de científicos militares en el núcleo terrestre. Pero ya desde la serie *Espacio 1999* (1975) se cuenta cómo un científico desarrolla un método de propulsión de naves espaciales gigantescas que, por razones que no quedan claras al espectador, falla y, como consecuencia, destruye varios planetas habitados.

Sontag matiza que, en su opinión, las películas de ciencia ficción no son sobre ciencia, sino sobre desastres. Y puntualiza que el desastre es uno de los más antiguos recursos de inspiración artística. En realidad, los cineastas sólo actualizan los grandes temas que siempre han existido y que estudian una y otra vez, como ejemplos de inspiración, en sus clases de literatura en los campus universitarios de Occidente. Así, el arquetipo de científico loco sólo sería una actualización del personaje de Próspero de *La tempestad*, de William Shakespeare, representada por primera vez en 1611.

En la literatura anterior eran los dioses o los magos los que gozaban de la capacidad de poner en peligro el mundo para defender sus intereses. Pero en el siglo XVII la ciencia moderna ya estaba dando sus primeros pasos, sobre todo en Inglaterra. En *La tempestad*, Próspero es totalmente humano pero aprende los secretos de una ciencia, la alquimia —que fascinaba, entre otros, a Newton— para desencadenar una gran tempestad y vengarse de sus enemigos. Modificar la naturaleza para satisfacer instintos humanos es un viejo anhelo del hombre que hasta el XVII parecía que sólo estaba al alcance de dioses o magos.

La ciencia en este sentido sólo es la anécdota. El cineasta jamás se plantea si daña la imagen del científico o del pensamiento racional, porque esas premisas no entran en su forma de pensar. Él sólo busca lo que siempre ha fascinado, porque eso, actualizado, es garantía de éxito de taquilla. El hombre, en realidad, no ha cambiado tanto, piensan los cineastas actuales. Por ejemplo, personajes (de cómic y, después, en cine) como Spiderman, el hombre araña, no dejan de ser una versión actualizada del deseo primitivo del hombre de tener cualidades de los animales, deseo que nos acompaña desde las culturas ancestrales: desde la egipcia hasta la griega o la amerindia. El cineasta de los años cincuenta usará la energía nuclear para convertir a un hombre normal en Spiderman o en un hombre mosca y, en los noventa, simplemente utilizará la genética para actualizar el guión. Pero para el cine, la ciencia es totalmente irrelevante.

Un hecho interesante es que el cine jamás diferencia el proceso de investigación científica de la aplicación tecnológica o militar. Sontag sostiene que, en realidad, el cine de los cincuenta sólo refleja los miedos de la época: la guerra nuclear, la subversión política, la deshumanización y la pasividad social.

Para el cine, los científicos son siempre los responsables de que reaparezcan monstruos dormidos. En los cincuenta, los monstruos despertaban como consecuencia de ensayos nucleares, lo que puede interpretarse como que la sociedad temía esos ensayos y clamaba por el desarme. A partir de los noventa hasta nuestros días, los monstruos se animan o se crean como efecto de manipulaciones genéticas, lo que podría entenderse como que ése es el miedo actual.

Otro asunto interesante en el que no podemos extendernos en este libro son las relaciones entre los científicos y los alienígenas invasores. El arquetipo más común de extraterrestre es el de un organismo de carácter frío e implacablemente hostil que quiere destruir el mundo con sus platillos volantes y armas de rayos, así como manipular las mentes humanas a través de control remoto. La visión del cine de los cincuenta es que el científico loco siempre ansía establecer contacto con el alienígena invasor, mientras que los militares son los que desprenden sabiduría y comprenden claramente la amenaza, razón por la cual intentan destruir a esas criaturas. Es curioso cómo el cine refleja lo contrario de lo que ocurre en la realidad. Normalmente, son los científicos los que hacen los descubrimientos y luego son los militares, como sucedió con la bomba atómica, los que los usan sin criterio, arriesgándose a destruir el mundo. Los científicos durante la guerra fría se enfrentaron abiertamente a los militares para que éstos no usaran la energía nuclear, sobre todo los que habían colaborado en su desarrollo. El caso más conocido es el de Einstein, pero puede afirmarse que la mayoría de los científicos nucleares se volvieron pacifistas durante la guerra fría. Sin embargo, el cine representó lo contrario: los científicos eran los locos a los que no les importaba destruir el planeta y los militares los que los controlaban y los que salvaban a la humanidad.

Sontag interpreta esta paradoja en el contexto de la guerra fría en el que muchos científicos reales e intelectuales fueron acusados de subversivos. En este sentido, el cine sería un arma de propaganda del poder político y militar que trataría de desprestigiar al científico porque en la vida real no suele ser sumiso. Durante la guerra fría, el papel del científico en la sociedad estaba siendo demasiado importante y los políticos y militares no podían dejar que los intelectuales de ciencia fascinaran tanto a la opinión pública y que, como consecuencia, tuvieran mayor influencia moral en el sistema que políticos o militares.

Albert Einstein y Bertrand Russell crearon desde 1953 el Movimiento Pugwash, al que se unieron numerosos científicos, muchos de los cuales (como el propio Einstein) habían contribuido, en mayor o menor medida, al desarrollo de la ciencia y la tecnología nuclear. El movimiento no sólo denunciaba los peligros de la guerra atómica, sino que también criticaba abiertamente la política de bloques, defendida en la Unión Soviética y Estados Unidos. De ahí la estrategia de los políticos estadounidenses, en connivencia con algunos cineastas que se prestaron a ello, para elaborar guiones en los que se sembrara la duda sobre la honorabilidad del científico, en los que se afirmara que podían ser subversivos, en los que se dejara entrever que acaso el caballero que debía defendernos en la era de la ciencia tuviera otros amos.

Otra visión contraria a la ciencia se da en la película *Una mente maravillosa* (Ron Howard, 2001) en la que se sugiere que tener mucha inclinación hacia las ciencias y las matemáticas puede derivar en comportamientos esquizofrénicos y, finalmente, en la reclusión en un psiquiátrico. La película le valió el Oscar a Russell Crowe y en la publicidad se hizo hincapié en que la historia tenía una base real. Y era cierto: era la historia del matemático John Forbes Nash, que fue un genio de las matemáticas: le concedieron el Nobel de Economía para premiar su extraordinario trabajo sobre ecuaciones diferenciales con derivadas parciales que sería usado, por ejemplo, en la teoría de juegos. Pero su mente se desbarató: un día (según se cuenta en la película basada en un hecho real) Nash entró en la sala de profesores con un ejemplar de *The New York Times* mientras aseguraba que un pequeño artículo contenía un mensaje en clave de una civilización extraterrestre dirigido exclusivamente a él. También se cuenta cómo se fue alejando de sus semejantes y que veía las relaciones humanas como teoremas matemáticos.

Sin embargo, existen miles de matemáticos brillantes, incluso mejores que Nash, que no han tenido ese tipo de problemas. La película parece estar creada por resentidos que en la secundaria no se les dio bien las matemáticas y, por tanto, usan el cine para vengarse de ellas.

El físico Spencer Weart, investigador, entre otros asuntos, del fenómeno del calentamiento global, proponía en la prestigiosa revista *Physics Today* que los científicos debían rebelarse públicamente ante estas presentaciones negativas de su quehacer en los medios de comunicación. Sugería también que se narraran las historias de científicos de carne y hueso «para demostrar su compromiso con la búsqueda del conocimiento en aras de una misión civilizadora y humanitaria».[10]

En la AAAS y en distintos ámbitos científicos por todo el mundo se ha propuesto que los científicos se unan como lo han hecho las minorías (o mayorías) étnicas, religiosas o sexuales para que el cine no los represente como estereotipos. En este sentido, señalan los científicos, estos *lobbies* han conseguido que el cine actual tenga «exquisito cuidado en ser políticamente correcto» y sugieren que se haga lo mismo con el colectivo de científicos.

De hecho, muchas profesiones son muy quisquillosas con su representación en cine y televisión y forman *lobbies* para defenderse. Incluso en España. En enero de 2007 se estrenó la serie televisiva *MIR* (Médico Interno Residente). Tras el primer capítulo, emitido por Telecinco, le faltó tiempo al vocal de la asociación de Médicos Internos Residentes, Asier García, para salir en prensa criticando la serie porque, en su opinión, en el primer capítulo se daba la imagen de que «parece que no tenemos ni idea de nada».[11] Se refería a que en la serie a los médicos que acaban la carrera se les representaba como que saben menos que los veteranos. Asier García se quejaba, a pesar de reconocer que la serie puede servir para plantear mejor sus reivindicaciones en la sociedad, y exigía que los productores contrataran inmediatamente a médicos residentes para asesorarlos. Telecinco respondió que la serie contaba con asesoramiento permanente de tres profesionales de la medicina, «tanto en la realización de los guiones como en el rodaje de los capítulos». Sin embargo, los médicos

MIR no esperaron ni al segundo capítulo para protestar. ¿Cómo se habrían puesto si la serie los hubiera representado como desalmados, inhumanos y que despiertan a los más temibles monstruos, como hace el cine con químicos, físicos o biólogos moleculares? Es obvio que los científicos, tanto en los países latinos como en el resto del mundo, deben tener un papel más activo y beligerante en la defensa de su imagen como colectivo.

Magia, ciencia y cine

La asociación que hace el cine entre tecnología, ciencia y magia también es muy interesante y da lugar a intensos debates entre los estudiosos del cine. Una interpretación señala que se pretende asociar la ciencia al pensamiento mágico y a la hechicería para crearle mala reputación al científico, la misma que tenían los brujos en la Edad Media. No obstante, aquí no existe consenso y me llevaría todo el libro intentar aclarar posturas. Los estudiosos debaten este asunto sin fin. Así, mientras que Nathan Keyfitz considera que la *Guerra de las Galaxias* ofrece una imagen favorable de la ciencia y la tecnología pese a que, según se queja, la tecnología está al servicio de la guerra,[12] Ben Bova pone precisamente a la *Guerra de las Galaxias* como ejemplo de película anticientífica.[13] Según su interpretación, cuando se habla en la película de «la Fuerza» se hace referencia a un campo de energía mística. En la lucha, el héroe prefiere la Fuerza a la tecnología, lo que implica que prefiere la magia al pensamiento racional.

Donde no cabe ninguna duda de que el cine prefiere a la magia por encima de la ciencia es en uno de los fenómenos más interesantes que ilustra esta relación ciencia-magia y cine en la cultura mediática actual, el de Harry Potter. Una ficción sobre las peripecias de unos estudiantes, en especial de su protagonista, Harry Potter, en una escuela de magia. Primero apareció como novela (con varias entregas en distintos años desde la primera en 1997) y, después, cada uno de los libros ha sido llevado al cine, constituyendo ambas versiones un fenómeno mediático sin precedentes.

La relación con la ciencia de esta serie de libros y películas se observa porque esas enseñanzas que los chicos aprenden para ser magos se imparten en una escuela reglada con temarios y asignaturas normalizadas, lo que le da la apariencia de educación científica formal. Ésa es posiblemente una de las claves de su éxito, ya que no existen antecedentes en Occidente de que haya obras literarias o cinematográficas de ficción que traten la magia como una enseñanza reglamentada en un colegio o universidad del mismo modo como se enseña la ciencia. Frente a materias «aburridas» como la química, impartidas en los colegios «normales», Harry Potter y sus amigos estudian la asignatura de «pócimas». Frente a los aburridos experimentos que intentan averiguar racional y científicamente las causas de los hechos, ellos tienen una varita mágica con la que modificar rápidamente la realidad, sin interesarse por los mecanismos de ese cambio. Frente al arquetipo de científico loco que quiere destruir el mundo, el mago Harry Potter y sus amigos magos quieren salvarlo. Ellos y la magia son los héroes.

La autora de la saga es la escritora británica J.K. Rowling. Su nacionalidad podría explicar que la arquitectura del colegio de magia sea el clásico gótico británico, típico de sus *colleges* y universidades más antiguas. Esta circunstancia ha sido criticada porque el decorado de la película copia demasiado a una de las «catedrales» de la ciencia moderna: la Universidad de Cambridge, donde impartió clases Newton, donde las imparte Stephen Hawking o donde se concibieron descubrimientos trascendentales para conocer la estructura del átomo o del ADN.

El primer libro se tituló *Harry Potter y la piedra filosofal* y se publicó en 1997. Los avatares de estos estudiantes en la escuela de magia han sido traducidos a 63 lenguas (incluida el latín) y se han vendido 350 millones de copias. La versión cinematográfica del libro se estrenó en 2001 y fue la tercera película con mayores ganancias en la historia del cine. Recibió, además, tres nominaciones a los Oscar. Un adulto culto puede establecer claramente que se trata de pura ficción, pero... ¿lo hace de igual forma un niño o un adolescente?

Al margen de las coincidencias en el decorado con las grandes universidades británicas (cuya arquitectura es reconocida en todo el mundo) y de lo que suponía de desprestigio para la ciencia y, al tiempo, de prestigio para la magia y la hechicería que las enseñanzas de magia tuvieran tanta similitud con la enseñanza científica tradicional, existía en este primer volumen otro problema: el título mencionaba el término «piedra filosofal».

La palabra «filosofía» significa conocimiento verdadero. De hecho, en inglés al doctorado, independientemente de la materia que sea, se le conoce como PhD (doctor en filosofía). Esto provocó una gran controversia en el mundo anglosajón, porque podría dar la impresión de que la magia lleva al conocimiento verdadero tal y como hace la ciencia.

Y aunque «piedra filosofal» haga referencia a la sustancia que, presuntamente, transmutaría los metales en oro, según los alquimistas, que no eran científicos, en el sentido moderno, sino más parecidos a los magos, también es importante matizar que el saber alquímico es la base de la química moderna. «La investigación realizada por los alquimistas [para obtener la piedra filosofal] condujo a la adquisición de una buena cantidad de genuino conocimiento químico y, desde luego, al establecimiento de la química como ciencia», se afirma en la *Enciclopedia Oxford de Filosofía* editada por Ted Honderich.[14]

Todo esto llevó al editor británico a sugerir a la escritora que modificara el título, circunstancia a la que ella se negó. Sin embargo, ante las críticas en círculos académicos, la edición estadounidense sí cambió el título original por el de *Harry Potter and the Sorcerer's Stone* (*Harry Potter y la piedra del hechicero*), dejando claro que se trataba de magia y hechicería. La película tuvo que estrenarse en Gran Bretaña con el mismo título del libro *Harry Potter and the Philosopher's Stone* (Chris Columbus) (*Harry Potter y la piedra filosofal*). Sin embargo, en Estados Unidos también lo cambiaron por «la piedra del hechicero». Como anécdota cinematográfica, resultó curioso que, durante el rodaje, cada vez que en los diálogos aparecía el término «piedra filosofal» había que filmar dos escenas: una con «piedra filosofal» y otra con «piedra del hechicero» para la versión de Estados Unidos. Ello da idea de hasta qué punto el término «piedra filosofal» resultaba polémico e inaceptable en un libro como ése.

En francés se tituló *Harry Potter à l'école des sorciers* (*Harry Potter en la escuela de hechiceros*). En España, no obstante, se publicó el libro y se estrenó la película sin problema con la versión de «piedra filosofal». Por supuesto, ninguna universidad ni academia protestó, o al menos esa protesta no alcanzó a los medios de comunicación, los cuales, obviamente, tampoco repararon en esta circunstancia.

Harry Potter es un fenómeno mediático que, posiblemente, dejará huella en los chicos de Occidente del siglo XXI. No se ha estudiado aún cómo afectará esa actualizada pasión por los libros de magia en las futuras generaciones de científicos. Muchos de los que leyeron la primera versión del libro (1997) ya están llegando a las universidades, y otros muchos están en edad de elegir entre ciencias y letras.

Esta idea de la magia como disciplina divertida y académica similar, o al mismo nivel, que una científica se ha seguido reforzando a través del tiempo desde 1997 hasta 2007, tanto con las diferentes versiones literarias como sobre todo, por su mayor impacto, en las versiones cinematográficas también difundidas por televisión. La segunda película (correspondiente al segundo libro, publicado en 1998) se estrenó en 2002 con el título *Harry Potter y la cámara secreta* (Chris Columbus). En 2004 se estrenó la versión del tercer libro (publicado en 1999): *Harry Potter y el prisionero de Azkaban* (Alfonso Cuaron). En 2005 se estrenó *Harry Potter y el cáliz de fuego* (Mike Newell), la versión del libro publicado en 2000. Y en 2007 se estrenó *Harry Potter y la orden del Fénix*, versión publicada en 2003 como libro. Mientras, Rowling sigue escribiendo más libros con sus protagonistas.

Este fenómeno del éxito entre los chavales del siglo XXI de Harry Potter y, por extensión, de la autora de la serie, J. K. Rowling, no deja de ser significativo si lo comparamos con otras épocas y otros autores también británicos de gran éxito entre los adolescentes y cuyos libros también han sido llevados al cine y televisión con gran éxito entre los años cincuenta y setenta. La comparación nos llevaría a que, efectivamente, el método científico y racional está en declive, y la magia y hechicería en auge. Así, por ejemplo, Rowling sería equivalente en muchos aspectos a otras autoras británicas para adolescentes como Enid Blyton (1897-1968), que escribió series similares a la de J. K. Rowling como *Los cinco* (serie de veintiún libros, publicados desde 1942 hasta 1963) o *Los siete secretos* (quince novelas, publicadas desde 1949 hasta 1963). Sin embargo, en todos los libros de Blyton se alaba la racionalidad y el método científico-deductivo. Lo mismo sucede con la otra gran escritora británica para adolescentes, Agatha Christie (1890-1976), con sus detectives Miss Marple o Hercule Poirot. Muchos críticos literarios han señalado que Rowling se inspira en Christie. Yo les matizo que salvando la abismal distancia que va entre el uso del método científico y el uso de la magia para explicar la realidad. Otro británico, aunque escocés, fue sir Conan Doyle (1858-1930), que moldeó el personaje del detective más famoso de todos los tiempos: Sherlock Holmes. Su respuesta «Elemental, querido Watson» era el colofón a una deducción lógica, tras aplicar el método científico para resolver los más variados enigmas. La primera vez que se publicó la novela de Sherlock Holmes fue en 1892 y, sin duda, supuso un gran paso para que los jóvenes intuyeran toda la cadena de acontecimientos que van desde un hecho a su consecuencia, aplicando, insisto, el método científico. Holmes es el arquetipo de personaje que practica a la vez el método racional-lógico y el escepticismo frente a la religión.

La autora de Harry Potter (cuya fortuna estimó la BBC en 2003 superior a la de la reina de Inglaterra) nació en 1965. Desde mi punto de vista, su generación ya ha convivido mucho con el cine anticientífico. Las nuevas lo harán también con la magia, celebrando más la Edad Media de la corte del rey Arturo y el mago Merlín (inspiración clara de Rowling) que los siglos XVII al XX en los que se produjo el espectacular desarrollo de la ciencia británica y mundial. Una ciencia, cuyos hallazgos y métodos fueron inspiración de los mejores y más exitosos escritores británicos para adolescentes desde el siglo XIX hasta mediados del XX. Esta modificación de la temática en la literatura juvenil desde la racionalidad a la magia también es sintomático de un cierto declive de la ciencia.

¿Existe cine a favor de la ciencia?

Unas páginas más atrás, he reproducido una cita de David Robinson que afirmaba que la imagen más perdurable del científico en las pantallas no es la de madame Curie/Greer Garson mirando vagamente a través de su microscopio, sino la de Peter Seller en *¿Teléfono rojo? Volamos hacia Moscú*, riéndose y cloqueando presa de un maníaco deleite ante la perspectiva del advenimiento del holocausto que él mismo ha planeado. A pesar de ser esto cierto, quisiera al menos mencionar alguna de esas películas que, según los estudiosos del cine, sí dan una imagen positiva de la ciencia, si bien, desde mi punto de vista, ni siquiera ofrecen una imagen real y adecuada.

Empezaré por la que menciona Robinson: *Madame Curie* (Mervyn LeRoy, 1943). En primer lugar, debo comentar que, en este caso, si Hollywood hizo esta película no fue por su interés en divulgar la vida de un científico o de la ciencia. Madame Curie se había convertido en una figura pública (que traspasaba los ámbitos científicos) tras la publicación, en 1937, de su biografía escrita por su hija. Pero antes, en 1921, Curie había hecho también un periplo americano y había salido en los periódicos, sobre todo, porque era mujer y premio Nobel. Todo esto es relevante porque, pese a ser una científica notable, su contribución a la historia de la ciencia no ha sido tan importante como el número de libros y películas que se han hecho sobre ella. Por ejemplo, se han filmado menos películas sobre Newton que sobre madame Curie, siendo Newton, a todas luces, un científico inmensamente más importante que madame Curie, ejemplo que traigo a colación para reflejar que el criterio científico no es el mismo que el cinematográfico o el periodístico.

Madame Curie era en vida lo que hoy llamaríamos un personaje mediático. Además de científica, se implicó en la sociedad: durante la Primera Guerra Mundial fue con una ambulancia haciendo radiografías a los heridos. Después participó en la recién creada Sociedad de Naciones. Fue coetánea de otros científicos famosos como Rutherford, Plank o Bohr, pero ella salía más en los medios, básicamente por una de las propiedades de las noticias: la rareza. Efectivamente, resultaba extraño una mujer científica. Tampoco hay que restarle mérito, sobre todo teniendo en cuenta que literalmente dio su vida por la ciencia: murió de leucemia producida por la radiactividad que estudiaba sin saber que era peligrosa y, de hecho, sus cuadernos de laboratorio son todavía tan radiactivos que se conservan en una cámara de plomo. También tiene mérito porque trabajó en condiciones muy duras: tuvo que investigar en un frío invernadero porque, según las normas de la época, una mujer no podía trabajar con los demás científicos —todos hombres— porque éstos «se distraían».

Todo es importante, pero también muy novelesco, literario, y por tanto un buen referente tanto para el cine como para el periodismo. Sin embargo, para la ciencia esas circunstancias son irrelevantes, aunque a veces ésta se contamina: de hecho, historiadores de la ciencia como Gribbin aún no dejan de preguntarse cómo es posible que se le otorgara dos veces el premio Nobel —el de Física en 1903 y el de Química en 1911— por prácticamente el mismo trabajo.

Un hecho que da idea de su proyección mediática (no científica) fue toda la repercusión en la prensa de la época que tuvo su «supuesto» romance con el gran físico francés Paul Langevin. Madame Curie estaba viuda —su marido había muerto en 1906—, pero Langevin estaba casado y con hijos. La esposa de Langevin interceptó las cartas de su marido que le había enviado una enamorada madame Curie, en las que le sugería que se divorciara de su mujer. Otra de las cartas decía: «Mi querido Paul, ayer pasé la tarde y la noche pensando en ti, en las horas que habíamos pasado juntos, de las cuales he guardado un recuerdo delicioso. Todavía veo tus buenos y tiernos ojos, tu encantadora sonrisa, y sólo pienso en el momento en el que encontraré de nuevo la dulzura de tu presencia».[15]

Ni corta ni perezosa, Emma Jeanne Desfosses, la esposa de Langevin, mandó las cartas al periódico y fueron publicadas en *Le Journal*, uno de los diarios de mayor tirada de París. La noticia apareció en primera página con una fotografía de madame Curie y el siguiente titular: «Una historia de amor: madame Curie y el profesor Langevin». De subtítulo eligieron: «Los fuegos del radio». El cuerpo de la noticia comenzaba de la siguiente manera: «Acaban de encender un fuego en el corazón de uno de los científicos que estudian tan devotamente su acción; y la esposa e hijos de este científico están llorando». El escándalo saltó el 4 de noviembre de 1911, justo un día después de una reunión científica muy importante y famosa —el Congreso Solvay— que se celebraba en Bruselas y en la que estaban Curie y Langevin, junto con los mejores científicos del momento.

Sin embargo, al día siguiente de estallar el escándalo, otro diario de París, *Le Petit*, en lugar de contrastar por qué Curie y Langevin no estaban en sus domicilios respectivos, lo cual hubiese sido muy fácil porque el Congreso Solvay alcanzó relieve mediático, prefirió que «la realidad no le estropeara una buena noticia» y tras titular «Un romance en un laboratorio», y subtitular: «El affair de Mme. Curie y M. Langevin», comenzaba la noticia: «Sabíamos de él hace varios meses.[16] Habríamos continuado manteniéndolo en secreto si el rumor no se hubiese propagado ayer, cuando los dos actores de este relato habían huido, uno abandonando su casa, su esposa y sus hijos, la otra renunciando a sus libros, su laboratorio y su gloria». En fin... hubo hasta un duelo de pistolas entre el director del periódico (que era hermano de Emma Jeanne) y su cuñado Langevin. El escándalo de la científica, viuda de una gloria nacional como era Pierre Curie, liada con un hombre más joven que ella,[17] casado, con hijos y que había sido becario de su marido fue de tal calibre que madame Curie estuvo a punto de tener que abandonar Francia.

No cuento estos detalles por morbo, sino porque creo que fueron suficientemente importantes para incorporarlos en la vida de una persona. Y, desde luego, son cinematográficos. Sin embargo, Hollywood se negó a incluirlos. Querían el arquetipo Juana de Arco, una mujer asexuada, concentrada sólo en la ciencia y que no vive pasiones como otro ser humano. Entre otros motivos, porque la creencia desde las ciencias sociales es que el público normal puede entender que un escritor o un pintor tenga una vida apasionada y apasionante, pero no lo concibe en un científico, lo cual también es una mala imagen para la ciencia, porque obviamente la ciencia es una actividad humana, no divina o robótica. Y un científico puede ser tan o más apasionado en sus sentimientos que un escritor. De hecho, la historia Curie-Langevin tuvo su continuación: la hija mayor de madame Curie, Irène, se casó con el becario predilecto de Langevin, Frédéric Joliot, que, además, era muy apuesto, según las crónicas de la época. En otras palabras, que en los laboratorios, como en cualquier otro lugar donde haya humanos, también pueden encenderse las más ricas pasiones.

Pero eso no se concibe. El arquetipo más extendido es el de científicos asexuados y excesivamente concentrados en su trabajo.

Esto se sugiere, por ejemplo, en la serie de televisión CSI. Y no deja de resultar curioso que si uno compara la vida de los personajes de dos series de ficción actuales y de éxito mundial: *Urgencias*, que retrata a los médicos, y *Ally McBeal*, que va de abogados, los guionistas les dan una vida más intensa a los abogados que a los médicos, que se pasan todo el capítulo gritando y estresados. La casa y la vida del racional y brillante doctor House, en la serie que lleva su nombre, es un verdadero desastre. Los personajes de la serie de abogados visten mejor, tienen casas más bonitas, van a restaurantes caros y, además, viven intensas pasiones. Es como si ser de letras implicara glamour y ser de ciencias, perderlo.

Por tanto, la película *Madame Curie* retrata un arquetipo falso de la ciencia. Incluso, en mi opinión, es falso el papel de la mujer en la ciencia que representa la película, porque normalmente la mujer en la carrera científica es brillante, pero no tiene el éxito de madame Curie. De hecho, si quisiera filmar una película que retratara el modelo de la mujer en la ciencia, elegiría la vida de Rosalind Franklin. Hoy día es una científica casi desconocida, pero como madame Curie, Franklin también murió por la ciencia: a causa de cáncer producido por su exposición a los rayos X. Sus estudios tienen más importancia que los de Curie, porque Franklin fue la primera en obtener la estructura del ADN, la molécula que explica la vida.

La historia de la ciencia ya es unánime en considerar la trascendental y pionera aportación que supuso la investigación de Franklin en el descubrimiento de la estructura del ADN, Pero fueron dos hombres, Francis y Crick, quienes le «robaron» sus resultados y, además, se llevaron el Nobel, aunque debe matizarse que Rosalind ya había muerto cuando se concedió ese Nobel. No obstante, el ambiente machista que rodeaba a la ciencia en la época de Rosalind, y que tanto la hizo sufrir por ser mujer, representaría un retrato más real de la ciencia. Pero los guiones centrados en los perdedores tampoco interesan.

El cine tiene también algún otro arquetipo para representar al científico. Uno de ellos es el del científico como mago que puede verse en la película rusa *Michurin* (Alexander Dovjenko, 1948).[18] También está el científico como artista, en *El hombre vestido de blanco* (Alexander

Mackendrich, 1951).[19] No obstante, estos arquetipos y sus interpretaciones son minoritarios y no merece la pena detenerse en ellos.

El cine y el pensamiento científico como «otra idea más»

Si *Madame Curie* es una película donde, según los expertos en cine, se reproduce una imagen relativamente positiva de la ciencia, la otra cinta cinematográfica importante sobre el papel de la ciencia es *La herencia del viento* (Stanley Kramer, 1960), que narra algo tan interesante como la importancia del pensamiento científico frente al fanatismo religioso. Los estudiosos del cine científico también la ponen como ejemplo de cine a favor de la ciencia, aunque yo tampoco estoy de acuerdo. Como sucede con *Madame Curie*, en *La herencia del viento* confluyen asimismo el periodismo y la ciencia. Y es que la película está basada en un hecho real: un juicio, llamado «juicio del mono», que se celebró en el estado de Tennessee en 1925. En el proceso se juzgaba a un joven profesor que fue despedido de su trabajo por enseñar las doctrinas evolucionistas de Darwin. Si madame Curie era mediática porque tenía un elemento periodístico bueno: la rareza de ser mujer y científica, en el juicio del mono había otro mucho más importante: el conflicto.

La lucha entre la religión y la ciencia siempre será más interesante, desde el punto de vista periodístico, que la propia teoría científica en sí. Porque el conflicto provoca filias y fobias, y eso vende periódicos, mientras que la teoría científica por sí misma no genera audiencia mediática. Este juicio del mono, que fue denominado por la prensa de la época «el juicio del siglo», levantó tantas pasiones que en Dayton, la pequeña ciudad donde se celebró, hubo que habilitar una pista de aterrizaje para las avionetas que llegaban y salían con las imágenes filmadas del proceso, que era transmitido en las salas de cine (la televisión aún no existía).

El juicio no sólo fue seguido por la prensa estadounidense, sino también por la europea. La compañía telefónica Western Union tuvo que instalar diez nuevas líneas de teléfono. La agencia de noticias Associated Press cubrió la información con dos líneas especiales durante veinticuatro horas al día. Y el juicio oral se transmitió en directo por la radio, vía Chicago.

Existen numerosos estudios sobre este juicio, cuyas actas se reprodujeron y se guardan en todas las facultades de Derecho de Estados Unidos. También se han publicado análisis interesantes que comparan las declaraciones reales con las que luego aparecieron en la película y especulan sobre el porqué de los cambios.

Pero, desde el punto de vista de la cultura mediática, la ciencia y el declive de ésta, me interesa matizar que casi todos los expertos en este juicio coinciden en señalar que fue un «proceso casi inventado». Se cumple la máxima del mayor periodista sensacionalista de todos los tiempos, William Hearst, que hizo famosa la frase: «No dejes que la realidad te estropee una buena noticia: inventa la realidad para que se convierta en noticia». Conociendo la historia, también aprenderemos cómo son las relaciones ciencia-medios de comunicación.

Dayton era una pequeña ciudad con dos calles principales, un tribunal y varias iglesias protestantes. Su modo de vida era la agricultura. Y tanto los evolucionistas como los antievolucionistas vieron en el juicio un desarrollo para la ciudad, porque sería conocida en todo el país. En realidad, la ciencia era lo de menos. Lo relevante es que se trataba de un tema que podría captar la atención mediática porque Darwin levantaba pasiones, entonces y ahora.[20] Si se compara este juicio con el proceso de retractación de Galileo —dos hechos en sí con cierta similitud—, puede ser un buen método para comprobar cómo ha cambiado la civilización en unos pocos cientos de años.

No obstante, me interesa que el lector reflexione sobre el hecho de que si bien es cierto que la ciencia sólo fue una excusa para llamar la atención, lo importante es que gracias a ella y al sensacionalismo de los medios de esa época —como también en el caso del *affaire* Curie-Langevin— el público en general tiene acceso a un conocimiento, el científico, que de otra forma le pasaría inadvertido. Todo ello es muy interesante y demuestra que el fenómeno de la divulgación de la ciencia, y sus relaciones con el periodismo y la cultura, no puede analizarse con un solo matiz. ¿Estas controversias mediáticas son beneficiosas o dañinas para la ciencia? La respuesta no es fácil. Sólo advierto al lector de que las relaciones ciencia-medios de comunicación describen un fenómeno tan rico y con tantos contrapesos que, desde mi punto de vista, constituye una de las áreas de estudio más fascinantes en este siglo XXI.

Pero volvamos a la película. Basada en una obra de teatro, está interpretada, entre otros, por Spencer Tracy y Gene Kelly. Un análisis de contenido de la cinta sugiere que el guión es favorable a los científicos. Pero más que porque Darwin, o el método científico, tengan razón, el guionista aboga por la postura de que, efectivamente, debe favorecerse que el maestro enseñe a Darwin en la escuela porque «hay que defender el derecho a ser diferente», en palabras de Spencer Tracy, que interpreta al abogado defensor.

La película se decanta más por una posición de justificación de la ciencia «como libertad de expresión» de una versión más que como defensa de la ciencia como «la verdad». De hecho, al final hay una escena en la que Tracy, que supuestamente defiende la ciencia, abandona el tribunal con un ejemplar de *El origen de las especies* en un brazo y la Biblia en el otro. No soy especialista en este tipo de interpretaciones, aunque, en mi opinión, esa escena sugiere que «las dos versiones son igualmente válidas», lo cual es anticientífico.

No obstante, en la película se apunta una frase que causó cierto escándalo. Así, en una de las secuencias centrales, Spencer Tracy afirma de manera contundente: «Una idea es un monumento más grande que una catedral. Y el progreso del saber humano es un milagro más grande que una vara convertida en culebra o la separación de las aguas».

Los científicos como asesores cinematográficos

Hasta ahora hemos visto cómo no hay manera de que el cine trate bien a la ciencia, incluso cuando se lo propone. Muchos consideran que este problema se acabaría si el cine aceptara asesores científicos. Yo tengo mis prevenciones, porque el problema radica en que la cultura mediática es anticientífica y sus formas son contrarias a la ciencia. Los ejemplos de asesoramiento nunca han funcionado. Las relaciones entre científicos y cineastas siempre han sido bastante conflictivas, sobre todo por la escasa cultura periodística o cinematográfica de los científicos, pero también porque a los directores de cine no les interesa la ciencia más que como pretexto para un argumento. No creen en ella más de lo que creen en lo que cuenta un guión de ficción. La verdad científica no es necesaria para que una película tenga éxito. La situación, por tanto, es la siguiente: los cineastas no saben de ciencia y los científicos no saben de cine, porque ambos son mundos antagónicos.

Para ilustrar que los científicos apenas comprenden cómo se elabora el cine, elegiremos una película desconocida del gran público: *¿Principio o fin?* (Norman Taurog, 1947). Esta cinta pretendía narrar las peripecias científicas del Proyecto Manhattan, que desencadenaría en la obtención de la bomba atómica. Alberto Elena sostiene que esta película «constituye uno de los más ricos y complejos casos de interacción entre ciencia y cine a lo largo de toda la historia». Y la interacción fue tan mala que la película resultó un desastre en todos los sentidos. «Los científicos sabían tan poco de lo que era hacer una película como nosotros de física nuclear», señalaría el productor de la película, Samuel Marx,[21] para justificar el sonado fracaso, fruto, en su opinión, de querer contar con el criterio y la aquiescencia de los científicos para el guión. Y resulta curioso que, según Marx, «tuvieron muchos menos problemas con los militares o los políticos que con los científicos». En su opinión, los científicos no estaban interesados en el rigor histórico, sino en que sus personalidades salieran bien paradas. Recuerdo al lector que el Proyecto Manhattan concluyó con el lanzamiento de las bombas atómicas sobre las ciudades japonesas de Hiroshima y Nagasaki. En este proyecto trabajaron científicos de la talla de Albert Einstein, Robert Oppenheimer o Niels Bohr (famoso entre los escolares de todo el mundo por su modelo atómico). Bohr llegó a contratar hasta un equipo de abogados encargados de que el guión de la película respetara no la verdad, sino «estrictamente la visión de su cliente». Parece ser que Hollywood acabó harto de los científicos.[22]

El segundo problema que puede presentarse en la relación científicos-cineastas puede comprobarse en un reciente trabajo de David

A. Kirby donde se demuestra la influencia que tiene para la propia ciencia el que los científicos trabajen como asesores de Hollywood, siendo éste un modo no sólo de obtener recursos, sino también de promocionar sus propias teorías que no siempre son las científicamente correctas.[23]

Kirby explica que en 1998 los científicos que investigaban los llamados NEO (objetos cercanos a la Tierra que pueden impactar contra ella) recibieron muchos más fondos de investigación gracias a dos películas: *Deep Impact* (1997) y *Armageddon* (1998), en las que se relataba qué pasaría tras un impacto de un asteroide-cometa. De hecho, aprovechando el éxito de la película, la propia NASA lanzó en 1999 su misión *Deep Impact* en la que una sonda espacial impactaría en el cometa Tempel 1 para averiguar su composición.[24]

El trabajo de Kirby demuestra cómo tanto en el Congreso de Estados Unidos como en el Parlamento británico los políticos interrogaron a los científicos sobre si esa posibilidad que se describe en las películas era real, al tiempo que les propusieron que presentaran proyectos de investigación para que fueran financiados. Los científicos de un área marginal de la astronomía estaban encantados con el cine. Pero ¿es bueno para la ciencia?

Las dos películas reforzaban la idea de destinar muchos recursos para investigar el fenómeno de los asteroides como medida preventiva para evitar la catástrofe. El argumento del guión se centraba en que si se conocía con suficiente antelación que iban a impactar se podía intentar destruir los asteroides con armas nucleares antes de que alcanzaran nuestro planeta. Esta opinión es muy discutida en la comunidad científica. No obstante, era el punto de vista de los científicos que actuaron como consultores. Carolyn y Eugene Shoemaker, pioneros en astrogeología y descubridores del cometa Shoemaker-Levi, asesoraron en *Deep Impact*, y Joseph Allen e Ivan Bekey, asesores del gobierno federal, trabajaron para *Armageddon*.

Se cumplió aquí la interesante conclusión de Jane Gregory y Steve Miller, reputados investigadores en comunicación social de la ciencia, quienes tras investigar todos los trabajos sobre popularización de la ciencia que se han realizado concluyeron que «la popularización es esencialmente un acto de persuasión».[25]

No obstante, el caso más claro de uso del cine como herramienta de propagación de una hipótesis científica, que aún no contaba con suficientes evidencias empíricas, es el de *Parque jurásico* y sus dos secuelas *El mundo perdido* (Steven Spielberg, 1997) y *Parque jurásico III* (Joe Johnston, 2001). El asesor científico de estas películas fue el científico Jack Horner, un conocido defensor de una hipótesis, muy criticada por algunos paleontólogos, que sugiere que las aves proceden de los dinosaurios y no de otras ramas de reptiles. En el guión de la película *Parque jurásico* el personaje Alan Grant (el paleontólogo) reproduce exactamente las teorías de Horner. Describiré la escena porque creo que es todo un tratado de persuasión. En el primer plano de la escena, Grant comienza su explicación mientras en la pantalla del ordenador se visualiza un fósil completo de un *Velociraptor*, aunque él y su ayudante también están en plano. El guión dice:

> Grant: Mirad los huesos de esta articulación con forma de media luna. No hay duda de que estos chicos [los *Velociraptor*] sabían cómo volar. (*El investigador ayudante se ríe cómplice.*) Es cierto. Quizá los dinosaurios tengan más relación con las aves actuales que con los reptiles. (*En este momento la cámara focaliza como plano la imagen del* Velociraptor *que aparece en el ordenador.*) Mirad cómo se transforma el hueso púbico, justo como pasa en las aves. Observad las vértebras llenas de bolsas de aire y huecas, como también sucede en las aves. Incluso la propia palabra *raptor* significa «ave de rapiña» [traducción propia del guión en inglés].

Al espectador le queda clara que ésa es la teoría verdadera y la otra —con más evidencias científicas en aquel momento— es falsa. Con la ayuda del paleontólogo Horner, el equipo de animación de la película convierte un dinosaurio en un ave. No obstante, por si fuera poco, otras muchas escenas refuerzan la teoría. En una donde una manada de dinosaurios *Gallimimus* huye de un *Tyrannosaurus rex*, el personaje Grant exclama asombrado: «Mirad: se mueven con cambios uniformes en la dirección, tal y como hacen las bandadas de aves cuando huyen de un depredador». En la película también se contempla, además, la controvertida hipótesis de Horner de que los dinosaurios eran animales de sangre caliente, sin dar otras versiones. Todo ello hizo que la comunidad científica reaccionara. Imagine lo que pensaron los científicos críticos de Horner que no fueron llamados por Hollywood. El famoso paleontólogo de la Universidad de Harvard Stephen Jay Gould criticó la película en *The New York Times Review of Books*.[26] Gould reconoció, no obstante, que las interpretaciones que aparecen no eran una «metedura de pata científica», pero, precisó, «sí son teorías científicas que compiten con otras y aún la ciencia no tiene suficientes pruebas para determinar cuál es la verdadera. Dar una sola es anticientífico».

Desde mi punto de vista, este problema de los científicos como asesores cinematográficos puede contemplarse como el vaso medio lleno o medio vacío. Por un lado, potencia muchos puntos negativos, pues de proseguir esta práctica los científicos estadounidenses podrán extender mejor sus hipótesis dada la supremacía del cine norteamericano. Por otro, el papel de elegir qué teorías se difunden al gran público no está en los científicos, sino que pasa a los directores y productores de cine, que eligen la versión que mejor se adapte al registro dramático del guión, no la que más pruebas científicas tenga. Y esto no es saludable para la ciencia.

También estará en manos de los directores de cine la capacidad de seleccionar líneas de investigación que sean «cinematográficamente» viables, lo que puede traducirse en un aumento de la financiación de esas investigaciones a costa de otras que tal vez son más científicas, aunque sus resultados y métodos no son tan cinematográficos. El que puedan producirse estas circunstancias es, desde mi punto de vista, otro síntoma de declive de la ciencia y auge de la cultura mediática.

No obstante, muchos cineastas tienen una versión más suavizada del problema. Sugieren que gracias al cine la ciencia puede llegar a un público que tal vez no se interesaría por ella. Y, aunque en *Parque jurásico* aparezcan unos científicos locos que resucitan dinosaurios desde el ADN de los mosquitos que chuparon su sangre (y que están atrapados en ámbar), tal vez a algún chaval le dé por interesarse por la ciencia a partir de la película. El problema es que no existen datos empíricos que demuestren dicha hipótesis.

La ciencia en las series de ficción de televisión

Hasta ahora he hablado de cine, pero todo lo que se ha descrito puede aplicarse también a la televisión, ya que la mayoría del cine se ve por televisión y que ésta tiene mucha más audiencia. Precisamente por esta mayor audiencia resulta tan preocupante que las series de ficción televisivas estén dando un paso más que el cine en su batalla por enterrar la ciencia y promover el pensamiento irracional. Uno de los casos más claros es *Expediente X* (estrenada en 1993 y que cuenta con nueve temporadas), una teleserie de distribución mundial, donde se representa la ciencia como un «corsé intelectual» con la función de oprimir las interpretaciones verdaderas que, no lo olvidemos, se relacionan en esta serie televisiva con la irracionalidad como las experiencias extraterrestres o los más antiguos mitos. Por supuesto que no es la primera serie o película que trata sobre asuntos esotéricos o paranormales. Ya he descrito el caso de Harry Potter, que equipara el sistema de enseñanza de la magia y de la ciencia. No obstante, en *Expediente X* la degradación de la ciencia y el pensamiento racional da un paso mucho más siniestro: es la primera serie, de tanto éxito y alcance, que expone como competitivas y en situación de igualdad la teoría científica y la versión esotérica.

La serie reproduce la idea de la pareja —literaria y cinematográfica— de Holmes y Watson, pero en versión moderna de detectives del FBI. Si a finales del siglo XIX Arthur Conan Doyle reproduce en Sherlock Holmes la potencialidad de la ciencia para resolver los enigmas, a finales del XX la idea en *Expediente X* es la contraria. En la serie, Fox Mulder es un crédulo parapsicólogo y Dana Scully, una médica escéptica con formación en física. Los casos que le llegan proceden de los archivos del FBI donde los clasifican con una «X» de inexplicados pues están, según aseguran en el guión de la serie, «al borde de la realidad». Los episodios tratan desde abducciones extraterrestres a mutaciones genéticas o fenómenos extrasensoriales. Cuando al final del capítulo la «X» de inexplicado queda resuelta, la argumentación anticientífica es la que gana. Numerosos científicos han puesto el grito en el cielo. Uno de los más famosos, Richard Dawkins, ha denunciado esta serie como «el último ejemplo de programa televisivo en el que continúa el escarnio a la ciencia al propagar la idea de que ésta es incapaz de ofrecer explicaciones satisfactorias a fenómenos extraordinarios, así como otro ejemplo del continuo esfuerzo de las televisiones por subordinar el pensamiento científico y racional a las especulaciones místicas».[27]

Si a estas alturas del libro el lector no está convencido de que los científicos están en un lado y los periodistas y cineastas en el contrario, aclaro que esta serie, pese a las numerosas cartas de científicos para que la retiren, ha recibido durante sus nueve años de emisión diecisiete premios Emmy, concedidos desde 1949 por la Academia Americana de las Artes y las Ciencias de la Televisión. Lo más doloroso es que muchos de los Emmy han sido a «la mejor serie dramática de la temporada». *Expediente X* también ha recibido cinco Globos de Oro (tres de ellos a la mejor serie del año), que son los premios que otorga desde 1944 la prensa extranjera acreditada en Hollywood. No obstante, reitero, lo peligroso es que pongan en un plano de igualdad la ciencia con la magia y la superstición.

La televisión también ha reproducido los parámetros del cine respecto al arquetipo de científico sin sentimientos. En la serie de éxito y distribución mundial *Star Trek*, que inició su primera temporada en 1966, Leonard Nimoy interpretaba al oficial científico del *Enterprise*, el doctor Spock. Pues bien, el doctor Spock procedía en la serie del planeta Vulcano, en el que, según el guión, sus habitantes se caracterizaban por no tener emociones. Para muchos estudiosos, el doctor Spock era el arquetipo perfecto de científico: racional y sin corazón. *Star Trek* (en español, «viaje estelar») se tituló en España *La conquista del espacio*. Se han hecho seis series y diez películas basadas en *Star Trek*, siendo la saga de ciencia ficción más larga que ha existido nunca en la historia del cine y la televisión.

Los brujos y hechiceros son el modelo a seguir para la televisión

Resulta curioso que desde el Siglo de las Luces, en especial durante el siglo XIX y hasta mediados del XX, la ciencia se viera como la mejor manera de explicar la realidad y de luchar contra las supersticiones y la magia que tanto habían perjudicado a la humanidad. Ahora con la cultura mediática se empieza a recorrer el camino inverso.

Porque mientras que cine y televisión representan al científico como un desalmado sin corazón, y como alguien que pone en peligro a las personas y al planeta entero con tal de satisfacer sus necesidades personales, a los brujos y magos los representa de la forma contraria. Al margen de Harry Potter, del que ya he hablado y que pertenece al cine, el ejemplo más claro en televisión lo encontraríamos en la serie (también estadounidense pero de distribución mundial) *Embrujadas* en la que tres hermanas brujas intentan salvar al mundo, no sólo de otros brujos sino también de los humanos. El mensaje es que la humanidad puede estar a salvo no gracias a la ciencia sino a conjuros de hechicería de siglos de antigüedad. La serie en inglés se titula *Charmed*, que en español podría traducirse por «encantadas», aunque en inglés (y también en español) la palabra, además de encantamiento, hace un guiño al adjetivo «encantador», en su acepción de alguien agradable, buena persona y que se hace querer.

Otro dato revelador es que mientras los actores que representan a los científicos muy pocas veces son atractivos e incluso pueden ser físicamente desagradables (véase *Regreso al futuro*, *El profesor chiflado* o el propio doctor Spock), los hechiceros que interpretan *Embrujadas* son extraordinariamente atractivos: tanto las tres hermanas brujas protagonistas como los hechiceros que las acompañan en cada capítulo. En la web de presentación de esta serie, creada por la productora de Aaron Speelling, una de las más importantes de todos los tiempos, puede leerse lo siguiente:

> *Embrujadas* describe los conflictos y los amores de tres hermanas [las Halliwell] que, aunque muy diferentes entre sí, tienen la misión de luchar juntas contra un antiguo hechizo. [...] Unidas por lazos de sangre y de destino, estas veinteañeras no podían ser más diferentes. [...] Después de siete años [cuando consulté la página en 2006 presentaban la octava temporada] de proteger a los inocentes, de luchar contra los espíritus malvados y de librar al mundo del demonio, las hermanas

Halliwell han empezado a buscar un destino diferente: vivir como personas normales libres de su lucha contra los maléficos demonios. Al final de la última temporada pudimos ver cómo las hermanas se sacrificaron a sí mismas con tal de librar al mundo del maléfico Zankou.

En otras palabras, que para la cultura mediática mientras los científicos tratan de despertar a monstruos o al mal, los hechiceros intentan librarnos de ellos; mientras, según la cultura mediática, los científicos intentan separarse de la sociedad y ser personas diferentes y aisladas, los hechiceros quieren llevar una vida normal; mientras los científicos no tienen inconveniente en hacer peligrar el planeta por saciar su sed de conocimiento o poder, los magos y hechiceros son capaces de sacrificarse y morir por salvar al mundo de los peligros. Con estos antecedentes, cómo alguien se pregunta aún por las causas de por qué las facultades de Ciencias se vacían. Sin embargo, en 2006 se colapsó el sitio web de *Embrujadas*, que tiene muchos clubes de fans, cuando se rumoreó que la serie abordaba su última temporada.

Tal vez debería profundizarse más en este nuevo concepto del siglo XXI: la magia y la superstición como algo con un alcance superior a la ciencia, incluso respecto a cómo se explica el mundo físico. La serie *CSI* le da un papel más positivo, pero relacionado con los crímenes: retrata los avatares de la policía científica estadounidense. En realidad, no son científicos, sino técnicos.

En España, la serie *El comisario*, que incorpora el personaje del científico que trabaja en el laboratorio aclarando las circunstancias de los crímenes, también ofrece una visión distorsionada del científico policial. Mientras que al resto de los personajes de la serie, desde el comisario hasta los inspectores de policía, los propios policías o los administrativos, se les representa con una vida familiar y amorosa, a la científica sólo se la ve como alguien que siempre está muy ocupada en su laboratorio resolviendo pruebas periciales. Los guionistas no dan al personaje una perspectiva más humana y no se distingue técnica de ciencia.

En la serie española *Aída*, una de las de mayor éxito de audiencia, emitida en *prime time* en Telecinco y que en 2007 ya iba por su cuarta temporada, el arquetipo de científico confirma la hipótesis de «loco incomprendido». La serie *Aída* lideraba el *share* de su franja horaria, con una media de cuatro millones de telespectadores. Uno de los protagonistas de la serie es Fidel, un chaval al que le gusta la ciencia, que es descrito como aislado de sus otros compañeros, y al que habitualmente pegan los macarras de la clase.

Para que el lector comprenda cómo trata la serie la ciencia, en uno de los capítulos,[28] Fidel intenta martirizar a un ratón con descargas eléctricas para averiguar si le puede modificar su conducta. En una escena posterior intentará ampliar el alcance de ese experimento, de forma que pueda aplicarse a las personas para poder manipularlas a su antojo, así que intenta reproducir el experimento con su amigo.

Por si fuera poco esta visión negativa, los guionistas españoles anticientíficos de esta serie han caracterizado al personaje al que le gusta la ciencia con una clara tendencia (al menos en gestos y formas de comportarse) homosexual. De hecho, la propia página web oficial de la serie define a Fidel como: «Afeminado y pequeño cerebrito. [...] El gran misterio del barrio es confirmar si es gay». En la adolescencia, una edad de incertidumbre sexual, cierto grado de homofobia y crueldad entre compañeros de clase, equiparar el gusto por las ciencias con tendencias homosexuales representa, desde mi punto de vista, uno de los ataques más sofisticados contra el pensamiento racional. Es muy posible que este personaje haya desviado muchas vocaciones científicas en secundaria. Cientos de horas de documentales y programas científicos no pueden paliar el daño que esta serie está haciendo en las futuras vocaciones científicas españolas.

En el capítulo que comentamos también se dijeron dos o tres bromas pesadas sobre un personaje que representaba a un enano: «Los enanos no son de fiar». «¡Si parece un repuesto del futbolín!» o «¿Cómo va a ser mi hijo si yo soy normal?», fueron algunas de las frases. Inmediatamente se desató la polémica y unas semanas más tarde la Fundación Alpe Acondroplastia (el tipo más común de enanismo) interpuso una denuncia ante el juzgado «por las graves violaciones de la dignidad, el honor y la propia imagen de las personas de talla baja». Ese mismo día Telecinco pidió disculpas al colectivo afectado. Todos los periódicos publicaron la denuncia.[29] Un portavoz de la cadena señaló a la Agencia Europa Press: «Lamentamos haber emitido el capítulo tal y como llegó a nosotros y tomaremos medidas para que no se vuelva a repetir». Fuentes de la productora Globomedia —responsable de la serie— matizaron que los comentarios fueron puestos por los guionistas en boca de Mauri, «el personaje más xenófobo e indeseable de la serie», con lo que «querían dejar claro lo equivocado de sus comentarios, atribuyéndoselos al personaje más miserable de la serie». Y añadían: «Al que dejaban mal y desacreditaban es a Mauri y no al afectado por la dolencia». Si bien la productora admitió que «algo han debido de hacer mal cuando no se ha entendido así». Globomedia lamentó públicamente el daño que se podía haber causado a la imagen de las personas que sufren enanismo y se puso «a disposición de los afectados para impulsar cualquier medida conjunta para compensarlo». Entre esas medidas estaba un debate de una hora sobre discapacidad y medios de comunicación. La coordinadora de la Fundación Alpe, Carmen Alonso, se quejaba de que se transmitiera en la serie el arquetipo de enano «como bufón».

Pero la pregunta clave es: ¿por qué el colectivo de científicos que, en mi opinión, salía peor parado con el experimento de Fidel no hizo lo mismo? ¿Por qué ninguna sociedad científica, departamento universitario o colegio profesional interpuso una denuncia en el juzgado en contra de la serie como hizo —de forma muy correcta— la Fundación Alpe? En esa falta de activismo se percibe también un claro declive de la ciencia.

Por supuesto, la serie *Aída* ha obtenido el reconocimiento del sector de la comunicación audiovisual española: en 2006 se le otorgó el Premio Ondas, uno de los más prestigiosos en España y concedido por la Cadena SER. En el resto de las series españolas no suele aparecer un personaje que se dedique a la ciencia. Hay muchos médicos, abogados y periodistas. Incluso series completas que tratan estas dos profesiones. En la serie española de más éxito de las últimas temporadas (2003, 2004, 2005) *Aquí no hay quien viva* (Antena 3), los vecinos tienen diversas profesiones: periodista, abogado, maestro, modelo, empresario, arquitecto, jubilado, pero no hay científicos.

La ciencia en los informativos de televisión

Las encuestas señalan que la mayoría de los ciudadanos se enteran de los avances científicos por la televisión. El 60,3 por ciento de los europeos declaraban en 2001 usar la televisión como medio prioritario para informarse sobre ciencia.[30] Ya he examinado la imagen de la ciencia en la ficción televisiva, pero ¿cómo es en los informativos, que, en principio, abordan la realidad? En primer lugar, como ya he mencionado, debe tenerse en cuenta que la televisión procede del cine y que los usos y maneras que tiene el cine para crear obras de ficción han entrado en la televisión. Por tanto, el lenguaje televisivo (tanto para una película como para un informativo) está basado en la imagen.

Imagine el lector que tiene dos noticias: el asesinato de una joven tras ser agredida brutalmente y la aprobación de una nueva ley de control de emisiones contaminantes del medio ambiente. ¿Con cuál abriría el informativo? Desde todos los puntos de vista, la segunda noticia tiene mayor trascendencia científica relevante: están implicados desde el proceso de la fotosíntesis —uno de los mayores hallazgos científicos de todos los tiempos— hasta la desaparición de especies que llevan en el planeta millones de años. Pero, ojo, también posee mayor trascendencia periodística: afecta a más personas y forma parte del futuro de un país y hasta del planeta.

Sin embargo, los criterios y el lenguaje usados en los informativos de televisión no coinciden con los periodísticos y mucho menos con los de los científicos. Los criterios de los informativos de televisión, que son los cinematográficos, priman la imagen, una buena historia (y la de las buenas víctimas y horribles verdugos lo son) y la emoción o los sentimientos. La razón no tiene imagen; por tanto, no interesa en televisión.

En el mejor de los casos, la cadena de televisión concederá a ambas noticias (el asesinato y la ley de regulación de contaminantes) aproximadamente la misma cantidad de tiempo: noventa segundos. Sin embargo, mientras la ley de control de contaminantes implica una complejidad conceptual importante, el suceso del asesinato sólo requiere apelar a la emotividad. No importa. En televisión demasiada complejidad implica que el espectador cambia de cadena. Y eso no se puede permitir. Así funciona la televisión comercial.

Los índices de audiencias de las televisiones se miden en segundos, con lo cual el presentador del informativo sabe en tiempo real cuándo la audiencia decide usar el mando a distancia y cambiar de canal, un hecho que pude comprobar yo mismo. Por una serie de circunstancias que no vienen al caso, tuve acceso a los gráficos sobre los índices de audiencias del informativo de Pedro Piqueras en Telecinco. En uno en el que coincidía la noticia de la muerte de la folclórica Rocío Jurado con información sobre la tregua de la banda terrorista ETA, se podía comprobar cómo cuando el presentador daba paso a la información política la audiencia prácticamente desaparecía.

Para entender cómo funciona la televisión, es ilustrativa la anécdota que cuenta John Langer[31] en su libro *La televisión sensacionalista*, aunque, tal y como aclara Langer, es citada desde 1975, año en que apareció en el libro de Edwin Diamond *The Tin Kazoo: Televisión, Politics, and the News.*[32]

La anécdota es como sigue. Un veterano del periodismo televisivo le aconsejaba a un novato reportero lo siguiente sobre su profesión:

> Te voy a contar una historia y, después de contártela, sabrás todo lo que hay que saber respecto a las noticias televisivas. Una noche, los ejecutivos de la cadena (en Nueva York) estaban viendo los tres noticiarios al mismo tiempo. Se había producido un incendio en el orfanato católico en Staten Island. Uno de los ejecutivos se lamentaba de que la cadena rival tuviera una mejor cobertura de las imágenes. «Sus llamas son más altas que las nuestras», dijo. Pero otro ejecutivo replicó: «Sí, pero nuestra monja llora más fuerte que las otras».

Langer recoge, de muchos investigadores sobre televisión, las características que todos ellos consideran que poseen las noticias televisivas. Y, desgraciadamente, tienen una serie de rasgos comunes que no las hace periodísticas. Por extensión, tampoco son apropiadas para tratar temas científicos. Las noticias de televisión:

1. Son principalmente un producto mercantil regulado por encargados de marketing que en esta competición dejan de lado las responsabilidades periodísticas y la integridad. (Esto implica que la ciencia seria y rigurosa no tiene cabida.)
2. En el negocio del entretenimiento, las noticias televisivas, como cualquier otro producto de la televisión, tratan de hacer aumentar la audiencia por razones comerciales, no periodísticas. (La ciencia, además, es compleja, por lo que constituye un producto que no es fácilmente asimilable por audiencias masivas.)
3. Las noticias televisivas han rechazado los valores del periodismo profesional para poderse presentarse como un espectáculo gratuito.
4. Las noticias televisivas dependen básicamente de imágenes filmadas, lo que hace que el contenido de la información sea sesgado y superficial. (Es obvio que esto es incompatible con la información científica.)
5. Las noticias televisivas trafican con trivialidades y asuntos de una sospechosa sensiblería. (Es evidente que también esta característica choca con las premisas de la ciencia que sobrepone el criterio racional al emocional.)
6. Las noticias televisivas son explotadoras.

Otro investigador de la televisión, Ian Clements, subraya también que «desafortunadamente las historias más importantes del día, principalmente políticas o económicas, reciben el mismo breve tratamiento que el último robo». Añade que esto favorece que estemos «adormecidos por los valores del entretenimiento que suelen reemplazar a los de las noticias», y «estamos satisfactoriamente confundidos».[33]

En este sentido, la ciencia en los informativos de televisión suele aparecer como el «final feliz» del telediario que impone todo guión cinematográfico. Carolina Moreno, profesora de periodismo de la Universidad de Valencia, realizó un interesante estudio sobre la ciencia en los informativos de la televisión española, llegando a la siguiente conclusión: «Se demuestra que algunas informaciones que tratan sobre hechos científicos suelen ser tratadas como "noticia espectáculo", "noticia adorno", "noticia controversia" o "noticia curiosa", en relación con el resto de los contenidos del informativo».[34]

Moreno también obtiene un resultado inquietante respecto al tipo de noticias científicas que emite la televisión, sobre todo porque, desde mi punto de vista, pueden reducir drásticamente las vocaciones científicas:

> Tal y como nos demuestran los datos recogidos en este estudio, los flujos informativos que se emiten alternan temas serios y rigurosos con noticias frívolas y desconcertantes. [...] Se produce, pues, un debilitamiento del concepto de espacio informativo y se construye un escenario sin cohesión en el que se conjugan la realidad con la imaginación; es decir, las noticias de actualidad [no ficción] con las de ficción. El problema es que no hay otro formato televisivo, o por el momento no contamos con otro tipo de espacio que pueda albergar la noticia objetiva, veraz y contrastada que se corresponda con la información periodística.[35]

La ciencia en los documentales

Un formato televisivo que, en mi opinión, se salvaría (quizá por ello lo programan cuando la audiencia está dormida) es el documental científico.[36] Muchos integrantes de la comunidad científica reprochan, sin embargo, que la mayoría de las ideas científicas no tienen imágenes y, lo más importante, la ciencia es experimentación, no es disertación. Por tanto, la experiencia de primera mano jamás podrá sustituirla un documental en televisión. Otra crítica considera que los documentales pueden favorecer unas ramas de la ciencia más susceptibles de tener imágenes (como la zoología) frente a otras. No obstante, esto no está comprobado, y no creo que haya más zoólogos que bioquímicos en las facultades.

También pueden ofrecer imágenes distorsionadas en modelos creados en el ordenador por los productores del documental (sin ayuda de científicos) con el objeto de obtener una imagen. Pero, sobre todo, algunos científicos acusan a los documentales de estimular la creación de consumidores de ciencia, en lugar de productores de ciencia. Esta última premisa se basa en que la ciencia necesita de reflexión, de releer varias veces y, sobre todo, de promover la experimentación. La ciencia es activa, nunca pasiva, como otras formas de la cultura y como se derivaría de un conocimiento científico adquirido en documentales.

La crítica más dura hacia esos documentales hace referencia al hecho de la simplificación que exige, para que sea seguido por grandes audiencias, así como su obligada adaptación al lenguaje audiovisual que implica «narrar una historia». En otras palabras, estos documentales pueden transmitir una imagen de que la ciencia es «un cuento de hadas» más y no la verdad. Este tipo de críticas se le hicieron sobre todo al documental *Cosmos*, de Carl Sagan, que se emitió en la televisión de los ochenta. Una visión —la de que la ciencia es un cuento de hadas y no la verdad— que, como veremos más adelante, puede aclarar una de las claves que expliquen el declive de vocaciones.

En otros documentales se ofrece una versión científicamente distorsionada. Un ejemplo claro son los que abordan la vida animal, en los que los responsables del documental se inventan una violencia gratuita (que siempre genera audiencia). En este sentido, el zoólogo holandés Pieter Kat acusa en su libro sobre los leones del delta del Okavango, en Botsuana, que muchos documentales, incluidos los de la sociedad científica National Geographic, «carecen de rigor y se inventan presuntas guerras».[37] Pieter acusa a uno de los mejores directores de documentales del mundo, Derek Joubert, de inventarse una guerra entre leones y hienas en su documental *Leones y hienas. Enemigos eternos*. Una filmación que, por cierto, ya es un clásico en la programación de las tardes de La 2 de TVE. Según el zoólogo Pieter, «estas luchas no son ciertas desde el punto de vista científico». Por tanto, sólo constituyen una ficción para captar audiencia a través de la violencia (en este caso a través de animales). Una técnica que parece darle resultado a Joubert, pues también usa esta violencia gratuita entre animales para captar la atención de la audiencia en documentales como *Cazando gigantes* (*Preying on Giants*), sobre los enfrentamientos entre leones y elefantes, o *Enemigos incansables* (*Ralentless Enemies*), que aborda las luchas entre búfalos y leones.

La clave está en que la audiencia, envenenada por la telebasura que supura violencia, rechaza hace años el documental con rigor científico, aunque lento de acción, cuyo prototipo son los filmados por Jacques Cousteau. Esta tendencia se incrementó en los años noventa y en la primera década de 2000 con la proliferación de canales documentales ávidos de audiencias. Las cadenas apuestan por el espectáculo a costa del rigor científico. Un ejemplo sería Discovery Channel, una de las cadenas más rentables del mundo que destaca por la dramatización de hechos científicos.

Una dramatización que, en la mayoría de los casos, no guarda relación con la realidad, y es aquí donde reside el gran peligro. Por ejemplo, en el documental *Anatomía de un mordisco de tiburón* se repite en dos horas 313 veces una misma secuencia en la que un tiburón ataca a un miembro del equipo de filmación. Sin necesidad de recordar la pésima saga de películas *Tiburón*, la imagen que obtiene el espectador de un documental que se ceba en un fortuito ataque a un humano concluye que estos escualos son animales terroríficos. La diferencia estriba en que en la serie de películas *Tiburón* el espectador va prevenido de que lo que sale en la pantalla es ficción. Pero esto no ocurre en los documentales, porque gran parte de la audiencia considera que estos reportajes son serios y reflejan la verdad científica.

No obstante, y aunque comprendo estas críticas de los investigadores, creo que el tratamiento de la ciencia en los documentales científicos suele ser, de momento, positivo e incluso puede ayudar a las vocaciones. La narración de una historia, si no se eliminan los elementos del lenguaje científico y si las dramatizaciones tienen base científica, no tiene por qué potenciar una repercusión tan negativa. Es más, puede contribuir a humanizar la ciencia.

El problema con los documentales científicos radica en que su influencia es absolutamente irrelevante en la cultura mediática, cuando se compara con otros formatos como la ficción o la ciencia en los informativos. La mayoría de las cadenas de televisión comerciales en abierto ni siquiera los programan (o lo hacen en horarios de madrugada cuando prácticamente nadie está ante el televisor). Teniendo en cuenta la influencia que tienen los audímetros en la programación de televisión, esta circunstancia sólo demuestra que la ciencia carece de interés en estos momentos. La televisión es un negocio. Si la gente siguiera los documentales, estoy seguro de que se programarían. Esta estadística de los audímetros es más fiable que las respuestas, políticamente correctas, de cualquier encuesta en la que todos afirman ver documentales y nadie *Gran Hermano*.

La influencia del documental científico es incluso irrelevante si se compara con la que pueden llegar a ejercer otros géneros como los *reality shows* o los *talk shows*, que no abordan directamente la ciencia, pero que pueden tratar el asunto (de la ciencia o la anticiencia) de forma colateral. Debido a la gran audiencia que sí tienen estos otros formatos en la actualidad, pueden desencadenar un peor y mayor impacto en el declive de vocaciones. Hay *reality shows* que muestran a magos y videntes como si fueran académicos e incluso, como veremos más adelante, en formatos tipo *talk shows*, supuestamente serios, sitúan al mismo nivel a un farsante que asegura haber pasado unos meses en Venus «aprendiendo la cultura de ese planeta» que a un doctor en astrofísica que explica razonadamente que nadie ha estado en Venus, porque la atmósfera es de ácido sulfúrico. Si el farsante es más gracioso, más telegénico, le darán más minutos porque la audiencia lo preferirá, y si grita más que el científico, también le concederán más tiempo.

La conclusión general es que la televisión representa un factor fundamental en el declive de la ciencia. En un interesante estudio sobre los efectos de los medios de comunicación en la percepción pública de la ciencia, Nisbet y sus colaboradores concluyeron que «la imagen negativa de la ciencia en televisión compite con la idea de la ciencia como progreso».[38] Sus resultados indican diferencias sustanciales de cómo se percibe la ciencia en función del nivel educativo. Así, los que tienen más estudios son más proclives a leer periódicos —que, en general, ofrecen una mejor imagen de la ciencia—, así como a usar los medios de comunicación especializados en ciencia. Esta población con mejor nivel educativo es menos proclive a ver la televisión, «de forma que cuanto más nivel educativo tenga una sociedad es menos susceptible de tener reservas ante la ciencia y más proclive a creer en la ciencia como progreso». Y añaden:

> A pesar de que estas características demográficas son importantes en la comprensión pública de la ciencia, nuestros resultados demuestran que por encima y por debajo de estas influencias demográficas los medios de comunicación sí ejercen su influjo. En nuestro estudio podemos confirmar el miedo de los científicos en el sentido de que algunos contenidos mediáticos podrían producir un gran daño a la percepción pública de la ciencia.[39]

Jon Franklin, periodista científico y premio Pulitzer, recuerda que ya en los años setenta un grupo de investigación de Pensilvania estudió el aumento de las actitudes anticientíficas. Observaron que las personas que veían mucha televisión solían mostrarse en contra de la ciencia. Decidieron centrar el estudio en el seguimiento de los índices de mortalidad de los diversos grupos profesionales representados en programas de televisión. El resultado fue que los científicos presentaban el índice de mortalidad más alto de todos los personajes, con más del 10 por ciento de muertes, antes de que apareciesen sobreimpresionados los títulos de crédito. Por regla general, señala Franklin, «en televisión, el malo tiene que morder el polvo antes de que caiga el telón. El mensaje estaba claro: la ciencia, como el crimen, no sale a cuenta».[40] ¿Por qué este anticientifismo en los actores de la cultura mediática? En el capítulo siguiente analizaré la influencia que puede tener en esta postura las enseñanzas que reciben en universidades y academias.

5

Filosofía posmoderna, universidad y poder a favor de la irracionalidad

Hemos visto cómo el cine y la televisión —por tanto, una gran parte de la cultura mediática— describe a los científicos y al pensamiento racional. En este capítulo intentaré abordar cómo son en realidad esos científicos y sobre todo qué idea tienen de ellos los humanistas y científicos sociales en cuyas manos —salvo escasas excepciones— descansa toda la cultura mediática. La hipótesis de este capítulo es que la imagen mediática del científico aislado y loco quizá venga avalada por lo que humanistas y científicos sociales estudian sobre la esencia de las ciencias naturales en sus facultades. ¿Qué parte de culpa tienen los principales centros de transmisión del conocimiento en Occidente —la universidad— en todo este problema?

Abordar cómo son en realidad los científicos no es fácil, porque es un colectivo muy complejo y no puede caerse en generalizaciones. Me centraré, en primer lugar, en cómo son sus relaciones con los medios de comunicación. En este sentido, debe señalarse que existe una gran diferencia entre el científico estadounidense y británico, y los del resto de la Unión Europea.Y eso condiciona al periodismo científico, que es diferente en los países anglosajones y en los europeos o americanos con cultura latina. Como las fuentes —los científicos— poseen idiosincrasias distintas, su contacto con los medios también contiene matices diferentes. Esto es relevante porque muchas veces algunas experiencias de los países anglosajones no son extrapolables a los latinos. Los científicos anglosajones, sobre todo los estadounidenses, son excesivamente competitivos y eso derivará, como analizaré más adelante, en un conjunto de problemas concretos que también afectan a los del resto del mundo, porque la forma de hacer ciencia en Estados Unidos se ha estandarizado.

En los países latinos, los problemas de la competitividad estadounidense se dan hasta que el científico se hace funcionario. En la Unión Europea, la gran mayoría de los científicos son funcionarios, sobre todo en los países con tradición latina (España, Francia, Italia, Grecia, Portugal y, por extensión cultural, Latinoamérica), donde las empresas dedican pocos recursos a la investigación y menos a contratar científicos. En otras palabras, en los países latinos la mayoría de los científicos tienen un empleo seguro con independencia de lo que investiguen o de lo que divulguen, lo cual, obviamente, condiciona su acceso a los medios, porque como fuentes, si son serios, en general piensan que no ganan nada hablando con periodistas o cineastas y prefieren dedicarse a su investigación.

Por tanto, en general, y salvo excepciones, no se interesan por el mundo de los medios de comunicación. Su contacto con los medios nunca lo considerarán una obligación profesional como lo es para un político, un deportista, un escritor o un artista. Es más, en muchos casos está mal visto académicamente aparecer en los medios.

En Estados Unidos, la cuestión es algo diferente. Allí hay más interés en los medios, aunque el problema radica en que prácticamente no tienen tiempo para atenderlos porque la competencia es brutal. Los científicos en el mundo anglosajón son evaluados durante toda su vida académica,[1] y para mantener un sistema de evaluación «objetivo» y muy competitivo se ha primado en exceso el índice de impacto de las revistas. Publicar en ellas es difícil y exige mucha dedicación académica, y eso, repito, resta tiempo para estar con periodistas. Como veremos más adelante, este sistema estadounidense es susceptible de tener trampas y producir ciencia falsa, pero hasta para producir ciencia falsa hace falta tiempo.

Todas estas diferencias son importantes porque, aunque el resultado final es el mismo, o sea que los científicos se interesan poco y apenas tienen contacto frecuente con los medios, en unos casos —Europa y, sobre todo, España en el caso de los científicos funcionarios— el problema está en que pudiera estar mal visto en la comunidad científica y en Estados Unidos la causa es la falta real de tiempo y pérdida de competitividad. Allí sólo dedican tiempo a los medios si el científico obtiene algún beneficio directo, pero no como parte esencial de su trabajo.

Sean cuales sean las causas, lo habitual es que los científicos y profesores universitarios vivan en su mundo y no entiendan, en principio, la necesidad de hablar con los medios de comunicación, a los que consideran muy ajenos y hostiles y que pueden volverse en su contra. Y si hay algo que los científicos tienen en gran consideración por encima de todo (tanto en Estados Unidos como en Europa, en China, en Australia o en Japón) es la valoración que hacen de ellos sus colegas. Y la divulgación o la atención a los medios no está entre los valores de los científicos salvo en un único caso: que los medios sean utilizados para conseguir recursos, lo cual es éticamente inaceptable.

Esto último puede suceder en Estados Unidos, donde existe una fuerte financiación privada de la investigación y hasta una relativa esponsorización. Normalmente, los investigadores —como el resto de las personas— contemplan sus acciones en función de beneficios y perjuicios. ¿Qué riesgos y beneficios consideran los científicos que tienen al hablar con los medios?

En primer lugar, respecto a los riesgos el mayor que tienen es la sensación de que su cometido es el de producir ciencia y que si se dedican a divulgarla o a participar en controversias están restándole tiempo a su trabajo. La ciencia en general perderá, según la particular óptica de los científicos, porque habrá menos horas dedicadas a la producción. Esta situación la explica magníficamente Sharon Dunwoody, profesora de redacción periodística de temas científicos en la Universidad de Wisconsin:

> Un profesor universitario de química obtuvo una beca para producir una serie de televisión sobre el papel y las relaciones entre la química y la sociedad actual. La serie de televisión fue un éxito. Pero los colegas de este profesor repartidos por todo el país lo criticaron por «malgastar» su tiempo en eso en lugar de investigar. Para ellos implicaba que si hubiera sido un «buen» científico —esto es, un investigador productivo— no tendría por qué divulgar la ciencia para obtener el favor del público.[2]

Kuhn y su científico aislado de la sociedad

Para el científico el respeto de sus colegas es casi tan importante como el aire que respira. Eso no significa que se aísle o que no le importe lo que de él piense el resto de la sociedad. Sólo que el prestigio en ciencia es lo que avala que se dedique tanto esfuerzo a una actividad que, prácticamente, sólo otorga eso. No obstante, esta circunstancia ha sido malinterpretada. El historiador y filósofo de la ciencia Thomas Kuhn, fallecido en 1996, y que fue durante décadas el autor más citado en términos absolutos en la disciplina de ciencia, tecnología y sociedad denuncia este interés por el honor científico y considera que es causa de su aislamiento social. Kuhn confunde prestigio con aislamiento en una de sus obras más estudiadas y que más ha influido en filósofos, sociólogos y, por extensión, en la formación de los periodistas y otros titulados en áreas de la comunicación. En esta obra, *La estructura de las revoluciones científicas*, publicada por primera vez en 1962, Kuhn escribe:

> No hay otras comunidades profesionales en las que el trabajo creador individual esté tan exclusivamente dirigido a otros miembros de la profesión, o sea evaluado por éstos. El más esotérico de los poetas o el más abstracto de los teólogos se preocupa mucho más que el científico por los profanos, aun cuando puede estar todavía menos interesado en la aprobación general. Esta diferencia resulta importante. Debido a que trabaja sólo para una audiencia de colegas que comparten sus propios valores y sus creencias, el científico puede dar por sentado un conjunto único de normas. No necesita preocuparse de lo que pueda pensar otro grupo o escuela y puede, por consiguiente, resolver un problema y pasar al siguiente con mayor rapidez que la de los que trabajan para un grupo más heterodoxo. Lo que es todavía más importante, el aislamiento de la comunidad científica con respecto a la sociedad permite que el científico individual concentre su atención en problemas sobre los que tiene buenas razones para creer que es capaz de resolver.[3]

La figura de Kuhn es casi venerada por filósofos y sociólogos de la ciencia, sobre todo por aquellos que nunca han practicado la ciencia real. Sin embargo, desde el plano de los científicos, éstos consideran a Kuhn tan descabellado que han optado por ignorarlo totalmente en lugar de rebatirlo. Pero si cito a Kuhn en este capítulo es por la extraordinaria influencia que ha tenido en profesores que luego formarán a periodistas, comunicadores y a humanistas.

Puede afirmarse que a partir de Kuhn la ciencia ha empezado a tener mala fama. Por eso es importante, al menos, conocer su obra. Porque las relaciones entre científicos y periodistas se basan en el sustrato ideológico que este filósofo creó. Y no basta con ignorarlo, como sostienen algunos científicos, sino que hay que estudiarlo en todas las áreas de la ciencia para formar científicos que puedan rebatirlo. De hecho, desde mi experiencia profesional, la mayoría de los científicos naturales ni siquiera han oído hablar nunca de este filósofo.

Según sostiene Kuhn, el científico natural no respeta el juicio social, ni le interesa mostrar que sus problemas son importantes o prácticos, y en caso de hacerlo será circunstancialmente, para obtener financiación, llegando incluso a mentir o abultar la dudosa utilidad de su investigación. Para Kuhn, al científico sólo le interesa el juicio de sus colegas y los problemas con los que se atreve son los que cree que pueden ser resueltos. Esta característica, en su opinión, es necesaria para potenciar la alta productividad científica.

¿Considera Kuhn que la sociedad medieval del mago Merlín es mejor que la actual? ¿No están abordando los científicos los mayores problemas que tiene la sociedad como el cambio climático o la búsqueda de nuevos medicamentos eficaces contra las enfermedades? ¿Qué pretenden los seguidores de Kuhn? ¿Que la ciencia se dedique a estudiar el sexo de los ángeles? Es más: cuando la sociedad tiene un problema, por ejemplo la obtención de vacunas contra el sida, acude a los científicos y no a los poetas o a los filósofos.

Resulta, no obstante, muy curioso que en las facultades de Ciencia, Medicina o Ingenierías, al menos en España, jamás se estudie a Kuhn. Sin embargo, en cuanto uno se adentra en las humanidades o ciencias sociales, le atiborran con él. En mi caso concreto, mientras que en los cinco años en los que cursé la licenciatura de química jamás se le mencionó, desde que comencé a estudiar periodismo, me lo explicaron, entre otras asignaturas, en opinión pública, en teoría de la comunicación y hasta en deontología y ética periodística. Si eso no es venerarlo, no sé qué puede ser. Creo que los científicos naturales no son conscientes de cuánta anticiencia se enseña en las facultades de Humanidades y Ciencias Sociales, porque, en general, no suelen acudir a ellas ni como alumnos —tanto de licenciatura como doctorado—, ni como profesores o investigadores.

Sigamos con Kuhn porque, según su opinión, las fuentes de autoridad que para el científico son sus propios colegas son las que permiten que el investigador se aísle de todos los demás problemas que no sean los que admite su comunidad.

> Los efectos del aislamiento respecto a la sociedad más amplia se intensifican mucho por otra característica de la comunidad científica profesional, la naturaleza de su iniciación educativa. En la música, en las artes gráficas y en la literatura, el profesional obtiene su instrucción mediante la observación de los trabajos de otros artistas, principalmente artistas anteriores. Los libros de texto [...] sólo tienen un papel secundario. En la historia, la filosofía y las ciencias sociales, los libros de texto tienen una importancia mucho mayor. Pero incluso en esos campos, los cursos elementales de los colegios emplean lecturas paralelas de fuentes originales, algunas de ellas clásicos del campo, otras de los informes de investigación contemporánea que los profesionales escriben unos para otros. Como resultado de ello, el estudiante de cualquiera de esas disciplinas está constantemente al tanto de la inmensa variedad de problemas que los miembros de su futuro grupo han tratado de resolver en el transcurso del tiempo.[4]

Pero, según Kuhn, esto no sucede en las carreras de ciencias, denigrando en este sentido la magnitud de esos estudios. Para él, en las carreras de ciencias el alumno depende exclusivamente de los libros de texto al menos hasta que comienza sus propias investigaciones, caso en el que ya empieza a familiarizarse con la literatura viva. «Los libros de texto sustituyen sistemáticamente a la literatura científica creadora que los hace posibles», indica Kuhn. Es decir, que los libros de texto de los estudiantes de química, física, biología o geología lo que hacen, siempre en opinión de Kuhn, es aislar problemas, señalar otros y reclutar a los futuros científicos separándolos del conjunto de la sociedad. Esta estrategia, que puede parecer en un primer momento como una locura desde el punto de vista didáctico es, según Kuhn, el secreto de la efectividad de la ciencia.

Un científico que lea estas líneas me podría rebatir que lo que menciona Kuhn es tan estúpido y carente de sentido que no merece la pena que nos detengamos en él, pero se equivoca. Kuhn es venerado por los que jamás han entrado en un laboratorio de investigación. Como ya he mencionado, para una mayoría considerable de los filósofos actuales (que básicamente trabajan enseñando esta y otras disciplinas en institutos y universidades) Kuhn ha sido, sin duda, el filósofo de mayor influencia en la concepción de la ciencia en la segunda mitad del siglo XX. Sus ideas, según estos filósofos de los siglos XX y XXI, han transformado la filosofía, la historia y la sociología de la ciencia. Es más, consideran que Kuhn ha establecido lazos permanentes entre estas tres disciplinas que se ocupan de la ciencia como fenómeno histórico. Observe el lector que estas descripciones que Kuhn hace de los científicos se corresponden casi como una imagen especular con la representación que los medios, propagan, en especial el cine.

Desde mi punto de vista, otra gran equivocación de Kuhn que ha tenido gran repercusión en el declive de la ciencia, en la mala imagen mediática de ésta y en el auge de la irracionalidad se produce cuando señala que el avance de la ciencia no es sino el resultado de una suma de «revoluciones» en las que los científicos se ponen de acuerdo entre sí, estableciendo lo que él denominó «paradigma», un consenso dominante, para concluir que ésa es la verdad científica. Con el tiempo, según Kuhn, se «reunirán» para cambiar de paradigma.

Esta creencia kuhneana es aceptada en la actualidad por algunos historiadores, sociólogos, filósofos o periodistas de relieve académico, pero que carecen de formación o experiencia investigadora en el ámbito de las ciencias naturales para haber experimentado que Kuhn no tiene razón. No obstante, estos académicos se muestran de acuerdo con Kuhn y suelen concluir que la «verdad científica» no es más verdad que la «verdad artística», hipótesis que está muy difundida en las titulaciones de ciencias de la información.

Sin embargo, la idea de paradigma y de que la ciencia avanza por consenso y modas es falsa. Como muy bien sostiene el historiador de la ciencia John Gribbin, aceptar los planteamientos de Kuhn supone que «la teoría de la relatividad de Einstein podría pasarse de moda igual que la pintura de los artistas victorianos se pasó de moda con el tiempo».[5] Pero Einstein, Newton, Darwin o Dalton nunca pasarán de moda. Esas tendencias a las «modas intelectuales» suceden en el arte, la historia o las ciencias sociales, como la pedagogía, la psicología, la sociología o la comunicación, pero no en las ciencias naturales.

Y no ocurre porque, por ejemplo, cualquier descripción del universo que supere el alcance de la teoría de Einstein debe, por una parte, ir más allá de las limitaciones de esa teoría y, además, incluir en sí misma todos los aciertos de la propia teoría general de Einstein; del mismo modo que Einstein incluye en su teoría todos los aciertos de la teoría de la gravitación universal de Newton. Newton, que enunció su teoría en el XVII, no está pasado de moda: de hecho, las leyes de Newton son estudiadas por todos los colegiales del mundo. Al igual que tampoco ha pasado de moda Galileo o Copérnico. Ésa es la gran potencialidad de las ciencias naturales: que su descripción del mundo que investigan es básicamente verdadera y no está sujeta a las modas, como en las ciencias sociales.

Y aunque existen, como en todos los campos, científicos impostores, la impostura intelectual en las ciencias naturales, al contrario que en las ciencias sociales o las humanidades, es muy fácil de detectar, porque, entre otros motivos, debe resistir la prueba de la experimentación.

De hecho, a mi juicio, esta tendencia a sentir que la ciencia natural es una verdad absoluta constituye la verdadera razón por la que algunos científicos se aíslan. Pero no, como sostiene Kuhn, porque los científicos ignoren el juicio social, desprecien al resto del mundo o sólo vivan para sus colegas, sino justo al contrario: como sienten —y yo lo he experimentado cuando investigaba en el laboratorio de química inorgánica— que están en el camino de algo verdadero y eterno, para qué preocuparse por la política o la gestión universitaria si eso sólo quita tiempo para investigar en lo que verdaderamente importa.

Los científicos conocen muchos ejemplos en la historia de la ciencia de investigadores que podrían haber logrado más contribuciones de no haber «perdido el tiempo» en otros menesteres. Desde Mendel, que abandonó sus experimentos con los guisantes en los que estableció las leyes de la herencia cuando fue elegido abad de su monasterio, hasta Hooke, que pudo haber eclipsado algo a Newton si no hubiera dedicado tiempo a la gestión de la Royal Society. El propio Newton invirtió mucho tiempo en menesteres sociales: fue director de la Casa de la Moneda, presidente de la Royal Society o miembro del Parlamento británico. ¿Cuánto hubiera adelantado la ciencia y la humanidad si en vez de «perder el tiempo» en el Parlamento o la Royal Society se hubiese dedicado más a la investigación?

Pues quizá no mucho más. Y aquí es donde probablemente se equivocan muchos científicos. La mayor parte de la obra de Newton la formuló de joven, como le sucedió a Einstein y a muchos otros grandes científicos. De hecho, la célebre medalla Fields (el máximo galardón mundial en matemáticas) sólo se concede a científicos menores de cuarenta años. Se supone que después de esa edad pocas ideas pueden tenerse radicalmente innovadoras. Por tanto, desde mi punto de vista, Newton actuó bien al implicarse en la sociedad. Por ejemplo, bajo su presidencia la Royal Society se convirtió en la institución científica más importante del mundo. Aún hoy conserva un prestigio difícil de igualar. Sin conocer exactamente el papel de Newton en el Parlamento, el simple hecho de que en el siglo XVII hubiese un científico en él dice mucho de un país como Gran Bretaña. Un científico debe saber que la sociedad se beneficia mucho de su ciencia y que la ciencia no es algo que dependa de una sola persona, por lo que debe tener la obligación moral de dedicarse también a otros asuntos, además de la ciencia.

Los científicos deben resistir esa gran tentación de aislarse para buscar la verdad científica, porque excepto que se haya dedicado profesionalmente a la ciencia, el entorno jamás entenderá esa sensación, lo cual puede redundar en perjuicio de la propia ciencia y de su imagen. El científico debe aspirar a todas las esferas de poder real para, desde ahí, paliar el declive de la ciencia.

El mundo gobernado por los de letras

Esto lo tienen muy claro los científicos sociales: pedagogos, economistas, investigadores en derecho, periodismo, sociología... Excepto que sean muy engreídos, jamás tienen la percepción de que sus contribuciones vayan a ser relevantes. Sin embargo, no perderán la oportunidad de conseguir el poder para poner en la práctica sus «hipótesis sociales». Por tanto, es raro que a un catedrático de economía, de derecho, periodismo o sociología le parezca que ser diputado o ministro sea una pérdida de tiempo. Al contrario, creen que hacen bien. Y por eso el mundo del siglo XX o del XXI está gobernado, en general, por este tipo de profesionales y no por científicos. Los científicos se han encerrado en sus laboratorios evaluando el impacto de sus publicaciones y no se han dado cuenta de que el verdadero impacto se alcanza desde el poder económico, político y mediático.

Desde esas esferas de poder, los científicos naturales sí podrían extender la idea de que las ciencias sociales —y no las naturales— son el ejemplo perfecto de la noción de paradigma de Kuhn. De cómo sus metodologías son endebles y sus resultados susceptibles de manipularse, porque pocas veces alguien se molesta en hacer investigación redundante. Sus hipótesis y sus conclusiones sí cambian con las modas.

De hecho, en una ciencia social, en principio tan aséptica como la economía, no resulta extraño que todo un premio Nobel de Economía como Wassily Leontieff diga que «la tecnología siempre genera paro» y, al mismo tiempo, escuchar a otro Nobel de Economía, Gérard Debreu, afirmar que «no existe ninguna relación entre paro e innovación tecnológica».

Furio Colombo sostiene en su libro *Últimas noticias sobre periodismo*, un libro de cabecera en las facultades de Comunicación, que «el problema de la noticia científica se hace especialmente grave cuando se entra en el campo de las ciencias sociales, estando este campo más expuesto que nunca a las influencias del pensamiento político, de modo que presenciamos virajes dramáticos en las definiciones, en los análisis y en las propuestas».[6] Pero esta reflexión pocas veces aparece en los medios, que otorgan la misma credibilidad a los estudios de ciencias sociales que a los de ciencias naturales.

Colombo recoge en su libro un ejemplo también curioso de una ciencia social supuestamente seria, la sociología, en una universidad presuntamente importante, Princeton, y de una investigadora aparentemente competente, Sarah McLanahan. Pues bien, resulta que esta investigadora publicó un estudio en 1983 que aseguraba que «para la felicidad de los niños es indiferente la presencia de uno o dos padres». Y añadía: «Mejor un solo padre bueno que dos padres malos o enfrentados. Lo importante es el amor». Es relevante matizar que en esa época existía una sensación generalizada de reconocimiento del valor, e incluso del heroísmo, de las madres que sacaban adelante a sus hijos solas. El estudio se publicó en todos los medios y tuvo citas en las mejores revistas de ciencias sociales.

Diez años más tarde, los vientos conservadores ya arrasaban en Estados Unidos. La misma socióloga, que aún estaba en la misma prestigiosa universidad, publicó una nueva investigación: «Cuanto más estudio los casos de chicas y chicos que tienen un solo padre, más me convenzo de que no hay nada peor que una familia incompleta», afirmó en los medios.

Los datos del nuevo estudio señalaban que los niños con un solo progenitor «tienen doble probabilidad de abandonar la escuela antes de tiempo. Si son chicas, quedan embarazadas más pronto. Y si son chicos, se entregan a la violencia».

El problema estaba en la metodología. En la primera investigación utilizó 100.000 niños de clases acomodadas y en el segundo caso el sistema de estudio fueron los reformatorios. Furio Colombo usa este ejemplo para advertir a los periodistas de que las verdades científicas no son absolutas, si bien se olvida de matizar de que lo que no son absolutas son las verdades en ciencias sociales.

Este ejemplo también sirve para seguir profundizando en el asunto de las diferencias entre las ciencias sociales y las naturales. Es imposible que McLanahan no advirtiera su fallo metodológico. La diferencia con un físico está en que ella es consciente de que ni su primera investigación ni la última son verdades absolutas, porque en sociología no existen esas verdades del tipo: «La Tierra es la que gira alrededor del Sol y no al contrario». Por tanto, ella en realidad jamás le otorgará a su investigación la misma importancia que le daría un físico que investiga la teoría de la supercuerda.

McLanahan sabe que jamás pasará a la posteridad y que en cincuenta años todos sus estudios quedarán desfasados. Por eso en ciencias sociales los investigadores «no se dejan la piel» como en ciencias naturales. Por eso también son muy susceptibles de que sus resultados estén de acuerdo con la moda. Y por eso no supone para ellos un trauma dejar de investigar y dedicarse a la política o a escribir en los medios de comunicación.

La diferencia entre McLanahan y Galileo, salvando todas las distancias, radica en que a Galileo casi le cuesta la vida su resultado de que es la Tierra la que gira alrededor del Sol y no lo contrario. Porque lo que estaba «a la moda» en aquel entonces afirmaba que era el Sol el que giraba alrededor de la Tierra. Pero Galileo estaba seguro de su resultado y de su método. Y no lo defendió porque quisiera cambiar de paradigma o de moda, sino porque sabía que su método —observación más matemáticas— llevaba a la verdad absoluta. Y que ésa era la verdad. Y ahí sigue todavía: las naves espaciales no hacen sino corroborar lo que él demostró con su humilde catalejo.

Eso mismo no puede decirse que sucede en ciencias sociales. McLanahan usó su posición en la universidad para sacar un dinero extra acudiendo de experta a los medios o asesorando a políticos que estaban de acuerdo con su resultado. Es cierto que también hay científicos naturales que adaptan sus metodologías para obtener resultados que satisfagan a los políticos. De hecho, yo estudié este fenómeno en mi tesis doctoral.[7] Pero esos resultados tipo «la industrialización no interviene en el cambio climático» no pueden considerarse ciencia, aunque algunos políticos los hagan pasar por ella. Las asociaciones científicas serias, como la Academia Americana para el Avance de las Ciencias o la Royal Society, desacreditan constante y públicamente a los científicos que se pliegan a los intereses políticos.

Otra de las grandes diferencias con las ciencias sociales es que las ciencias naturales permiten concebir predicciones sobre cómo evolucionará en el futuro un sistema determinado. Esas predicciones se confirman al construir cohetes que alcanzan perfectamente su destino, fármacos que actúan como se esperaba de ellos o materiales que se comportan como en teoría predecimos. Eso no sucede en las ciencias sociales, ni siquiera en la economía que, al menos, usa un visible aparato matemático. Desde mi perspectiva, me resultan injustas las comparaciones y la mezcla de la palabra «ciencias» como si todo fuera lo mismo, y sobre todo me parece peligroso que desde la cultura mediática se considere que todas las disciplinas académicas tienen el mismo valor.

Esto no significa que haya que descartar las ciencias sociales de la vida académica. Sin embargo, los periodistas y cineastas deben saber que los resultados en ciencias naturales suelen expresar verdades, mientras que los de ciencias sociales, puntos de vista. Ni los medios de comunicación ni los poderes públicos deben considerar como verdades lo que no son sino puntos de vista; ni lo contrario: considerar como puntos de vista lo que son verdades demostradas.

Científicos contra Kuhn y los filósofos posmodernos

Ya en la reseña publicada en la revista *Science* sobre el libro de Kuhn *La estructura de las revoluciones científicas*, el propio reseñista advertía: «Desde que Kuhn no permite que la verdad sea un criterio que avale una teoría científica, presumiblemente él no pretenderá que su propia teoría sea verdadera».[8] No obstante, los episodios de científicos que gasten tiempo en atacar las ciencias sociales y la filosofía posmoderna son escasos. Sin embargo, creo que es fundamental que los científicos utilicen parte de su tiempo en combatir a los filósofos y científicos sociales desde los medios de comunicación y las tribunas académicas. En caso contrario, el actual declive de la ciencia será inexorable en la cultura mediática. Uno de los episodios más relevantes en esta lucha de los científicos contra los filósofos posmodernos sucedió en 1987 cuando dos físicos británicos, T. Theocharis y M. Psimopoulos, publicaron en la revista *Nature* un ensayo titulado «Where Science Has Gone Wrong» («¿Dónde se ha equivocado la ciencia?»).[9]

El artículo culpaba a cuatro filósofos de que la sociedad actual no respaldara la verdad científica; lo que implícitamente quería decir que desde la filosofía, o al menos desde una parte de ella, se prefiere que el mundo vaya por el camino de la irracionalidad. El ensayo se ilustraba con las fotografías de los cuatro «traidores de la verdad»: el ya citado aquí Thomas Kuhn, seguido también de Karl Popper, Imre Lakatos y Paul Feyerabend. El artículo argumentaba que estos cuatro filósofos eran unos «impostores intelectuales», básicamente porque sus ideas escépticas sobre verdad científica «son flagrantemente autorrefutadoras, es decir, que se niegan y se destruyen a sí mismas».

Los dos físicos, y los científicos en general, culpaban a esos cuatro filósofos de la ciencia, en primer lugar, de no haberla practicado nunca. Como consecuencia de desconocer cómo funciona pero querer definirla, las conclusiones de estos filósofos estarían impregnadas de un resentimiento —muy habitual entre los intelectuales de letras hacia las ciencias— proveniente de asumir que no tienen capacidad para comprender algo que otros humanos sí pueden hacer.

No obstante, tres de ellos —Kuhn, Popper y Lakatos— la habían estudiado en la universidad —física y matemáticas—, aunque jamás la ejercieron. De ahí puede provenir otro tipo de resentimiento. Al no poder dedicarse a lo que inicialmente querían, optan por la radicalidad del converso. «Si no tengo aptitudes para la ciencia, la critico a ella y a los que la practican», debieron de pensar. Una actitud que, como veremos más adelante, puede darse en algunos científicos desencantados y que optan por la comunicación.

Lo que sí puede afirmarse es que las teorías de Kuhn, Popper, Lakatos o Feyerabend son comprendidas e interpretadas de forma totalmente diferente por quienes han estudiado la ciencia en la universidad y por los que proceden de letras. De ahí que Kuhn se quejara, al final de sus días, de que lo habían malinterpretado. Y de ahí también procede el peligro de enseñar a estos autores en las licenciaturas de periodismo o comunicación audiovisual si, a la vez, no se imparte previamente una buena base de física, química o matemáticas. Si esas teorías son enseñadas por profesores de letras, las usan para denigrar la ciencia, quedándose los incautos alumnos sin suficientes argumentos para defenderse.

Theocharis y Psimopoulos culpaban a estos filósofos de la ciencia del declive que, según ellos, ya sufría la ciencia británica a finales de los ochenta. En el artículo de *Nature* se indignaban con el documental de la BBC —emitido el 17 y 22 de febrero de 1986— en la serie *Horizon*. Su título: *Science... Fiction?*, era revelador sobre lo que el guionista del documental pensaba de la ciencia. El documental tomaba como algo serio —un hecho que fue lo que indignó a los científicos— las ideas de Kuhn, Popper, Lakatos o Feyerabend de que la ciencia no era objetiva ni verdadera. Que eso se dijera en una Facultad de Letras no tendría importancia, debieron de pensar los científicos, pero que se afirmara en un medio de comunicación representaba una gran irresponsabilidad.

Los físicos también arremetían en *Nature* contra un artículo publicado en la revista *The Listener* sobre televisión que describía dicho reportaje. Bajo el título de «La falacia de la objetividad científica», el artículo de *The Listener* concluía que «el gradual reconocimiento de esos argumentos [se refiere a los de los filósofos de la ciencia] puede afectar a la práctica, la función y las instituciones de la ciencia».

Theocharis y Psimopoulos denunciaban cómo los medios de comunicación británicos eran culpables de difundir las teorías de los filósofos de la ciencia y, como consecuencia, propagar la desconfianza de la sociedad ante ella. En el artículo publicado en *Nature*, los autores denunciaban que hubiera gente medianamente inteligente que se creyera la teoría de falsabilidad de Popper y explicaran de la siguiente manera cuál era el fundamento de las teorías de ese filósofo de la ciencia.

> En 1919, sir Karl Popper tuvo un gran disgusto y encontronazo con las teorías de Marx, Freud y Alder, cuyos defensores aún mantienen que eran científicos. Pero el problema estuvo en que Popper no encontró nada objetivo para refutarlos de forma concluyente. Así, cuando tuvo noticia de que las teorías de Einstein hacían predicciones falsables (o eso le pareció entender a él), Popper resolvió todas sus dificultades declarando alegremente: «La irrefutabilidad no es una virtud en una teoría científica (como la gente normalmente piensa), sino un vicio... El criterio para que una teoría tenga el estatus de científico es su falsabilidad».[10] Por ejemplo, que la Tierra es (aproximadamente) una esfera no es una declaración científica porque no es falsable. Pero si dijéramos que la Tierra es un disco plano, esta afirmación es científica por sí misma, según Popper.[11]

De esta forma, Popper pudo realizar afirmaciones como que «la gran mayoría de las teorías científicas resultan ser falsas, incluyendo los trabajos de Newton». Por otro lado, la historia de Adán y Eva podría ser una verdad absoluta, pero si lo es, no es una verdad científica, sino otra clase de verdad.

Popper también pensaba que las propias observaciones experimentales están cargadas de teoría y subjetividad, a lo que Theocharis y Psimopoulos respondieron: «Si Popper considera que las observaciones y mediciones son subjetivas, eso significa que las observaciones son simples teorías, ¿cómo puede entonces demostrarse la falsabilidad (o la verificación) de una teoría?».

Theocharis y Psimopoulos criticaban que Popper no fuera capaz de resolver esta obvia contradicción. El filósofo Imre Lakatos fue quien solucionó el problema, considerando que una teoría podía ser científica tanto si era no verificable como no falsable. De acuerdo con Lakatos, «si una teoría es refutada, no quiere decir que sea necesariamente falsa».[12] Así, si afirmamos que la Tierra es esférica o que la Tierra es plana, ambas proposiciones son totalmente científicas. Todo dependerá, como establece Kuhn, del acuerdo que establezcan los científicos. Porque, no lo olvidemos, para los filósofos seguidores de Popper la medida es irrelevante y está llena de subjetividad. Por lo que, de acuerdo con Kuhn, si el estamento científico decreta que existen las hadas, éstas existen.

Como ya se ha mencionado, esta idea de que la ciencia no es la verdad, sino que las teorías científicas son sólo una sucesión de modas pasajeras está muy extendida en los estudios de humanidades y ciencias sociales. De lo que los científicos no fueron muy concientes hasta 1987 es de que esas facultades son el granero que alimenta a los protagonistas de la cultura mediática. De ahí que los físicos se asombraran tanto en el artículo que escribieron en *Nature*: «Ahora el término "verdad" es un tabú que ha sido reemplazado por "gran popularidad" y "moda imperante"», se quejaban Theocharis y Psimopoulos.

En esa carrera por convertir la irracionalidad en ciencia, liderada desde las propias universidades por muchos filósofos de la ciencia, los físicos británicos se preguntaban: «Si de acuerdo con Kuhn una proposición es científica si los investigadores se ponen de acuerdo para que así sea, ¿qué características debe tener para que algo sea considerado por el estamento investigador como "científico"?».

Theocharis y Psimopoulos señalaban que este nudo gordiano fue desatado por el que sin duda es considerado como el mayor enemigo de la ciencia de todos los tiempos, Paul Feyerabend. Para este filósofo de la ciencia, que prefirió estudiar arte dramático y ópera en lugar de ciencias, «cualquier proposición es científica». Y añade: «Sólo hay un principio que puede ser defendido bajo todas las circunstancias y todas las etapas del desarrollo humano. Este principio es: todo vale».[13]

Paul Feyerabend tuvo mucha influencia en los años setenta y ochenta (e incluso en la actualidad) en todas las ciencias sociales. «Sus clases estaban llenas de gente. Los alumnos lo adoraban. Era un ídolo para casi todos. Tenía unas dotes de argumentación fabulosas», recuerda Martín W. Bauer, el profesor de la London School of Economics que gestionó mi paso por allí y que asistió a conferencias de Feyerabend.

En realidad, Feyerabend tenía buenas dotes de persuasión y oratoria —para eso había estudiado arte dramático—, pero los físicos británicos Theocharis y Psimopoulos se quejaban de que en la universidad de finales del siglo XX, y de acuerdo con Feyerabend, pudieran afirmarse sin rubor frases del tipo: «Hay un millón de hadas en Gran Bretaña es tan científico como decir que la molécula de agua tiene dos átomos de hidrógeno y uno de oxígeno».

Feyerabend es escéptico —en el sentido filosófico— y agnóstico. Pero la fascinación que sienten por él los intelectuales de letras que odian la ciencia es tal, que incluso alguien en teoría tan alejado del agnosticismo como el teólogo católico Joseph Ratzinger (en la actualidad papa Benedicto XVI), para argumentar sus tesis sobre «La crisis de la fe en la ciencia»,[14] se apoyó en la siguiente afirmación de Feyerabend: «La Iglesia de la época de Galileo se atuvo más a la razón que el propio Galileo, y tomó en consideración también las consecuencias éticas y sociales de la doctrina galileana. Su juicio contra Galileo fue racional y justo, y sólo se puede justificar su revisión por motivos de oportunidad política».[15]

Para que el lector observe hasta qué niveles llega este odio visceral a las ciencias, pero sobre todo la influencia de este tipo de filósofos anticientíficos, el propio Ratzinger, que en el momento de escribir el texto citado (1989) era prefecto para la Doctrina de la Fe (católica), cuenta su experiencia personal con los periodistas:

> Con gran sorpresa de mi parte, en una reciente entrevista sobre el caso Galileo, no me ha sido formulada una pregunta del tipo: «¿Por qué la Iglesia ha pretendido obstaculizar el conocimiento de las ciencias naturales?», sino exactamente la contraria: «¿Por qué no ha tomado una posición más clara contra los desastres que habían de resultar cuando Galileo abrió la caja de Pandora?».[16]

En 1979, la revista *Science* (que edita la Asociación Americana para el Avance de la Ciencia) publicaba un artículo de fondo de cuatro páginas sobre Feyerabend en el que lo definía como «el Salvador Dalí de la filosofía».[17] En ese artículo Feyerabend declara: «La ciencia oficial es un cuento de hadas». Y añade que «Debe dedicarse igual atención a formas de conocimiento alternativas como la astrología, la acupuntura o la hechicería». Extrañamente, en esa entrevista omitía la religión, aunque previamente pusiera a la ciencia a la misma altura que «la religión, la prostitución o lo que sea».[18]

Los científicos británicos afirman en *Nature* que todas esas ideas han tenido un efecto en Gran Bretaña de recorte de los presupuestos destinados a la ciencia. ¿Para qué financiar un «cuento de hadas» tan caro?, se preguntarán los políticos sin formación universitaria en ciencia pero con estudios en humanidades o ciencias sociales. «Pero en Estados Unidos el impacto de estas tesis anticientíficas ha sido el alarmante incremento del fundamentalismo religioso», señalan Theocharis y Psimopoulos. Y añaden: «Es un deber de todos aquellos que quieren salvar la ciencia rebatir todas estas ideas [de los filósofos]».

En el terreno académico, la extensión de la idea de que las ciencias naturales no reflejan la verdad, sino sólo un tipo más de conocimiento, puede propiciar la caída de alumnos interesados en ellas. Debe tenerse en cuenta que la adolescencia es una edad en la que las ideas no están maduras y los alumnos se dejan llevar fácilmente por muchos profesores. Y no debe olvidarse que todos los alumnos a lo largo de su vida académica en secundaria y bachillerato tienen bastante contacto con profesores de letras o de filosofía. Más de una vez tuve yo que calmar a mis alumnos de física y química de bachillerato tras las clases impartidas por el profesor de filosofía. En Gran Bretaña, por ejemplo, han eliminado de su bachillerato la asignatura de filosofía impartida por profesores de letras. Sin embargo, la filosofía británica —y la capacidad crítica y analítica de sus ciudadanos— es mucho más potente que la española. Y es que, cuando un profesor de filosofía español dice a sus alumnos que no hay forma de llegar a la verdad o que «hay un millón de hadas en Gran Bretaña es tan científico como decir que la molécula de agua tiene dos átomos de hidrógeno y uno de oxígeno», el impulso intelectual, crítico y analítico de los jóvenes queda tocado.

Otros pueden usar esos argumentos anticientíficos para convencer a sus padres. A fin de cuentas, para qué estudiar la dura física, si ni siquiera es verdad, pueden rebatirle a sus progenitores cuando les anuncian que quieren estudiar cine o periodismo. Para hacer física, argumentarán los jóvenes, elijo la lectura de tarot que es más fácil y, en el siglo XXI, mucho más lucrativa económicamente.

En el ámbito de la vuelta a la irracionalidad, un asunto que se debatirá en capítulos posteriores, las ideas de los filósofos de la ciencia se están imponiendo en los medios de comunicación. Para mi libro *Telebasura y periodismo*[19] entrevisté a Miguel Ángel Sabadell,[20] astrofísico del Centro de Astrobiología del CSIC y que había participado como científico en programas como *Ésta es mi historia*, de Televisión Española, *Otra dimensión*, de Antena 3, y en *Cien por cien vascos*, de ETB2. Cuando contaba su experiencia en televisión comentaba lo siguiente:

> Sólo quieren que haya polémica y que seas muy vehemente. No obstante, lo que más me irrita es que los presentadores nos pongan a todos en un mismo nivel ante el público. Fui a un programa sobre vida extraterrestre. Un tipo dijo que él había vivido en Venus. Yo expliqué que la atmósfera de Venus es de ácido sulfúrico y que allí no puede vivir nadie. El otro respondió que él sí había estado y como gritaba y hacía más gracia que yo, le dieron más tiempo. Para yo decir mi afirmación he estudiado cinco años de física, cuatro de doctorado y otros

> de investigación. No nos pueden poner en el mismo nivel y los presentadores sí lo hacen. El resultado es que la población se queda con una versión distorsionada de la realidad, porque creen que las dos posturas son igualmente válidas, correctas o posibles, cuando no lo son. Pero es la polémica la que vende.[21]

El problema es que el científico que va a esos programas pierde credibilidad entre sus colegas y, por ello, están dejando de acudir. «Yo ya he dejado de ir a muchos. Mis compañeros de trabajo se burlan cuando me ven en televisión y, yo, la verdad, no sé qué gano con ir», indicaba Sabadell. No obstante, matizaba: «Pero a veces pienso que si no voy yo, no irá nadie, y el resultado será peor porque la versión que se ofrece a la sociedad es una mentira sin nadie que la descubra o, al menos, la rebata».

Sabadell tiene toda la razón. Si los científicos no van, si no protestan enérgicamente, se corre el riesgo de que la divulgación de cualquier contenido en televisión sea asumida por licenciados en comunicación que, básicamente, no sólo es que carezcan de formación científica en la universidad (por lo que son analfabetos en este aspecto), sino que la que han tenido es anticientífica.

Un licenciado en periodismo por la Universidad de Navarra, Juan José Benítez (conocido como J. J. Benítez), presentó y dirigió en 2003 una serie documental de trece episodios para la televisión pública española titulada *El planeta encantado*. El guión era el mayor conjunto de disparates científicos e históricos jamás emitidos en una televisión pública en formato de documental informativo: desde que el hombre convivió con los dinosaurios hasta que las pirámides de Egipto habían sido construidas por seres de otro planeta. Los responsables de RTVE llegaron a afirmar, no obstante, que el programa era «una nueva apuesta por emitir documentales de calidad». En otras palabras, no lo calificaban de ficción. En uno de los capítulos, «El mirlo rojo», se llegó a afirmar que la NASA encontró ruinas en la Luna que ponían de relieve la existencia de civilizaciones extraterrestres, pero que procedió a su destrucción para ocultar al gran público un hallazgo tan sensacional.

Aunque hubo algunas cartas y foros de internet en contra del programa, el declive de la ciencia se demostró cuando los científicos de universidades, el CSIC o la Real Academia de Ciencias prefirieron la comodidad de sus laboratorios antes de realizar una sentada multitudinaria en todo el país o suspender las clases de ciencias en institutos y universidades como protesta. «Es obvio que la gente sabe que todo es mentira», me comentó un científico amigo. «No es tan obvio cuando el gobierno (a través de la televisión pública) concede al programa una financiación —que algunas fuentes estimaron en ocho millones de euros— mientras que cientos de científicos en España se quedan sin becas o sin financiar sus proyectos», le contesté.

Otro licenciado en periodismo (en este caso por la Complutense), Iker Jiménez, también triunfa en la cultura mediática española con programas de propagación de las más chabacanas teorías irracionales y anticientíficas. En radio, su programa *Milenium* (630.000 oyentes) emitido por la Cadena SER fue premiado en 2004 con la Antena de Oro, concedida por la Federación de Asociaciones de Radio y Televisión. En 2006, Iker Jiménez fue elegido «personaje televisivo del año» por su adaptación del programa de radio al formato televisivo, emitido por Cuatro con el título *Cuarto milenio* (1,5 millones de audiencia, una de las más altas de la cadena).

Tanto Cuatro como la SER pertenecen al grupo PRISA, editor del diario *El País*, uno de los periódicos que, en mi opinión, mejor aborda la ciencia. Pero, sobre todo, *El País* es importante por una decisión histórica y valiente: fue el primero —y prácticamente el único— periódico español que se negó a publicar el horóscopo. Si el periodismo sólo publica información veraz y contrastada, el horóscopo no tiene cabida, consideraron con mucho juicio sus fundadores.

Aquella decisión se tomó a mediados de los años setenta. En 2007 podía apreciarse otro claro declive de la ciencia cuando en las páginas de la programación de televisión de *El País* casi siempre destacaba (con foto de Iker Jiménez) el programa *Cuarto milenio*. Otro paso importante en este declive se puso de manifiesto en diciembre de 2007 cuando su revista dominical anunció que en 2008 *El País* entregaría una colección de DVD-libros «con lo mejor de *Cuarto milenio*».[22] En otras palabras, la irracionalidad y la cultura mediática habían podido con la premisa de un periódico que se negaba a publicar horóscopos y que, además, estaba en ese momento dirigido por un químico. Obviamente, los licenciados en marketing y publicidad, que mandan más que el director del periódico, tampoco habían estudiado ciencias en la universidad.

La irracionalidad proviene de la universidad

En una cena con científicos y periodistas, José María Riol, profesor titular de bioquímica de la Universidad de La Laguna y director de un interesantísimo curso, «Ciencias y pseudociencias», preguntó si creíamos que universitarios como Iker Jiménez o J. J. Benítez son, en realidad, muy conscientes de que sus contenidos son fraudulentos, pero que no lo desvelan porque se les estropea un negocio de engaño con beneficios económicos millonarios. Yo contesté que no lo veía tan claro. Estoy seguro de que en su interior creen que su versión también merece la pena. Ambos son licenciados en periodismo, y sé de lo que hablo porque estoy rodeado de ellos. Les doy clases y los tengo como compañeros. Un licenciado en periodismo no sabe termodinámica o bioquímica. Jamás ha estudiado ciencia en la universidad y, por tanto, su pensamiento científico-racional es muy limitado. Para ellos, la versión científica no es más verdad que otra. Su bagaje intelectual en esos aspectos es tan escaso, que no son conscientes de su ignorancia. Pero el problema no es de ellos, aclaré en la cena, sino de la universidad, que ha reemplazado el conocimiento y el lenguaje científico por los intelectuales anticientíficos.

Si Theocharis y Psimopoulos se quejaban de este fenómeno de divulgación de la anticiencia en la BBC de finales de los ochenta, imagine el lector lo que puede suceder en una televisión como la española de mucho peor nivel que la BBC. Los físicos británicos denuncian la paradoja que supone que las teorías anticientíficas estén floreciendo justo cuando la ciencia ha demostrado una capacidad sin precedentes para avanzar no sólo en conocimiento científico, sino en sus aplicaciones a la tecnología y medicina.

Pero los presentadores y productores de televisión no creen que la verdad de un científico sea mayor o mejor verdad que la de un vidente. «Sólo son distintas formas de conocimiento», piensan, de acuerdo con cómo se les ha enseñado en las facultades de Ciencias de la Información, al estudiar las teorías de Kuhn, Popper o Feyerabend, pero jamás las leyes de la termodinámica o la mecánica cuántica. Para los alumnos de letras o ciencias sociales que hayan estudiado en España, la mecánica cuántica es tan esotérica como la quiromancia, siendo para ellos ambas igual de ininteligibles. La última porque no tiene sentido y la primera porque el alumno carece del aparato matemático y de las habilidades necesarias para aprenderlo.

Algunos científicos con los que he discutido sobre estas cuestiones me han negado que se enseñe a Kuhn, Popper o Feyerabend en las facultades. «¡Es imposible que en una universidad seria se enseñe esa basura!», me responden. Yo siempre les propongo que se matriculen en una carrera de ciencias sociales o en filosofía de la ciencia. O, simplemente, que consulten algún libro sobre metodología en ciencias sociales. El primer capítulo estará dedicado a ellos. Profesores pertenecientes a mi Departamento de Periodismo y Comunicación Audiovisual de la Universidad Carlos III de Madrid publicaron en 2005 un tratado de metodología de investigación en ciencias sociales,[23] en el cual Kuhn o Popper aparecen desde el primer capítulo. Me sentí decepcionado cuando lo leí.

Theocharis y Psimopoulos se quejan amargamente de que se enseñen a estos autores en las universidades y describen el efecto que causa entre los estudiantes:

> El infeliz estudiante se ve inevitablemente forzado a echar mano de sus propios recursos para recoger al azar y por casualidad, de aquí o de allá, fragmentos desorganizados del método científico, así como fragmentos de métodos no científicos. Y cuando el estudiante se convierta en un investigador profesional, como no posee la educación y la instrucción necesarias, caminará torpemente en la oscuridad, siguiendo caminos costosos y cerrados y echando mano de cosas tan desconfiables como adivinanzas al azar, conjeturas arbitrarias, corazonadas subjetivas, intuición accidental, suerte pura, accidentes afortunados, pruebas no planteadas e invariablemente erróneas. ¿Puede ser ésta una metodología adecuada para hacer nuevos descubrimientos y lograr aplicaciones beneficiosas? Desde luego que no, pero es toda la meto-

dología que los exponentes de las antitesis [Kuhn, Lakatos, Popper y Feyerabend] recomiendan a los investigadores profesionales.[24]

El problema no se produce tanto en las ciencias naturales en sí mismas —excepto, como hemos visto y continuaré comentando, en su divulgación mediática— porque, repito, los científicos y los estudios de ciencias hacen caso omiso de estos filósofos; la gran tragedia se genera en las propias ciencias sociales que creen que las ciencias naturales funcionan, no como realmente lo hacen, sino como les han dicho estos filósofos que lo hacen. Por tanto, diseñan todo un aparato «científico» de ciencias sociales basado en lo que creen que son las ciencias que sí han avanzado realmente, pero sin saber cómo funcionan de verdad. La consecuencia son resultados pseudocientíficos en áreas como pedagogía, sociología, teoría de la comunicación, economía o psicología, entre otras muchas.

Y lo que es peor, alguno de esos resultados son aplicados a la sociedad en forma de leyes (por ejemplo, de educación) avaladas, según dicen los políticos, por «estudios científicos». Esto explicaría que cada vez haya más pedagogos y proyectos de investigación de pedagogía y, sin embargo, cada día los escolares saben menos. En otras palabras, sus resultados hacen retroceder el mismo campo donde se aplican, al contrario de lo que sucede en las ciencias naturales.

En la mayoría de los casos lo que ocurre es que los «investigadores» que ejercen estas disciplinas de ciencias sociales jamás han estudiado una ciencia seria como lo es la física, la química o la biología. Jamás han sido capaces de abordarla desde fuentes primarias y experiencias directas. Por tanto, ¿qué garantías tienen sus conclusiones? En el siglo XXI numerosas normativas no se basan en el sentido común o en la tradición —que para mí sí serían elementos interesantes a tener en cuenta—, sino que se considera que es mejor legislar con el aval de este tipo de resultados de muchas ciencias sociales. El que eso suceda y nadie proteste también revela un síntoma de declive de la ciencia seria.

Para algunos científicos sociales, de acuerdo con Feyerabend, el esoterismo o la superchería tienen tanta relevancia como la ciencia. En marzo de 2007, el doctor David Voas, profesor de la Facultad de Ciencias Sociales de la Universidad de Manchester, apareció en toda la prensa mundial con su estudio que demostraba que en la relación de pareja no intervienen los condicionantes de los distintos signos del horóscopo.[25] Esto es una obviedad, pues los horóscopos son una auténtica falsedad, aunque muy propagados por los medios de comunicación. Tan difundidos que el doctor Voas consideró que tal vez había algo de cierto en ellos. Obviamente, Voas jamás ha entendido la ley de la gravitación universal de su paisano Newton. ¿O tal vez la consideró, como sostiene Kuhn, un simple acuerdo entre científicos que ya es hora de ser revocado en beneficio de los magos y astrólogos?

Para realizar su estudio, el profesor Voas localizó en el censo británico a ¡veinte millones de maridos y esposas! Y determinó que no existe relación entre la durabilidad de las parejas y la premonición de los magos. Así, frente a las especulaciones astrológicas de que la mujer virgo no puede formar pareja con un hombre aries, Voas demostró que existía el mismo número de estas uniones felices como de piscis y sagitario (también proscrita por la astrología) o cáncer y tauro (que sí están bendecidas por los astrólogos).

Alguien puede defender que precisamente este tipo de investigación desmonta las creencias falsas como la astrología. Pero mi pregunta es la siguiente: ¿merece la pena gastar un dinero en demostrar eso? ¿Es que Voas pensó, por algún momento, que el horóscopo era algo serio que merecía la mínima credibilidad? ¿Cómo alguien financió esa investigación? ¿Cómo una universidad le concedió tiempo para estudiar semejante patraña? ¿Puede ser que Voas, que se licenció en ciencias sociales, estudiara más en su licenciatura a Kuhn o a Feyerabend que a Newton o De Broglie?

Si Voas continúa por este camino, su próximo paso será investigar si la Tierra es plana o si la materia está formada por fuego, aire, agua y tierra. ¿Hasta qué punto los científicos verdaderos (físicos, químicos, biólogos) de la Universidad de Manchester han perdido prestigio y credibilidad por la decisión de esa universidad de imponer que las ciencias sociales tengan el mismo nivel académico que las ciencias naturales? De hecho, el *Daily Mail* tituló: «Love Isn't the Stars say Scientists» («El amor no está en las estrellas, señalan los científicos»). Los periodistas otorgaron a Voas el título de «científico».

¿Hasta qué punto la existencia del profesor Voas, como miembro del claustro de la Universidad de Manchester, no es una prueba del declive de la ciencia?

El creacionismo o diseño inteligente

Sin embargo, existen más pistas que nos confirman tal declive. Toda esta filosofía que afirma que la ciencia es sólo una versión más de las muchas posibles está siendo usada por otro peligroso colectivo: el que afirma que tanta validez tiene la teoría de la evolución de Darwin, que analizaré más adelante, como la teoría del diseño inteligente, que sostiene que un ser superior —que sus teóricos no definen, pero que muchos asocian con Dios— ha sido el que ha creado los diferentes animales y plantas, y, por tanto, éstos no son producto de la evolución. Resulta muy revelador que estos colectivos estén basando sus argumentos, no en los resultados de experimentos, sino en la, según ellos, debilidad del método científico imperante tal y como defienden Popper, Feyerabend y Kuhn.

Cuando los científicos serios se echan las manos a la cabeza y preguntan por las pruebas del diseño inteligente, sus defensores sostienen que, según Popper, su teoría es tan científica como la de Darwin y, por tanto, deben enseñarse ambas en las escuelas. Los creacionistas han citado a los filósofos de la ciencia en los tribunales estadounidenses como pruebas de que tan válida es la teoría de la evolución de Darwin como la del diseño inteligente. «La propia universidad oficial sostiene que la ciencia es sólo otro tipo más de explicación de la realidad y que esa explicación es sólo el consenso de la jerarquía científica. Consensos que son modas pasajeras», argumentan los abogados estadounidenses en los tribunales. Es decir, que basándose en los filósofos de la ciencia —el más citado en los tribunales ha sido Popper— y en lo que ellos consideran como «relativismo» científico, se está abriendo una puerta para enseñar una mentira —como es el creacionismo— como si fuera ciencia.

Por si el lector no está familiarizado con la teoría del diseño inteligente —también llamada creacionismo—, puedo avanzarle algunos postulados para que compruebe que dicha teoría sí que es un cuento de hadas. La teoría sostiene que Noé trasladó a los dinosaurios en su arca. Que el planeta Tierra sólo tiene 6.010 años de antigüedad —edad que se obtiene de calcular hacia atrás las edades de los protagonistas del Antiguo Testamento— y que todos los animales que vivían en el Jardín del Edén eran herbívoros. Mantienen que los dientes tan afilados de los cocodrilos son «para que pudieran partir una sandía». No obstante, como toda teoría también tiene sus incertidumbres. Por ejemplo, sus defensores no tienen muy claro si Noé, para ganar espacio en su arca, eligió, en lugar de dinosaurios adultos, crías o sólo huevos fecundados.

Pero cómo diseñar un experimento para comprobar que un ser supremo diseñó las plantas y los animales. No hay forma de comprobar que las estupideces de la teoría del diseño inteligente son verdaderas, ni tampoco que son falsas, por tanto, incluso desde el punto de vista popperiano, la teoría del diseño inteligente no deja de ser una patraña.

Sin embargo, esta patraña, que hasta el propio Vaticano ha calificado como tal, está ganando adeptos en Estados Unidos, país en el que la mitad de la población se declara «creacionista estricta» y donde, según una encuesta de la empresa de estudios demoscópicos Zogby, «el 78 por ciento de los estadounidenses quiere que los profesores de biología enseñen en clase la teoría de la evolución de Darwin, aunque también los argumentos científicos en su contra». Pero ¿cuáles son los argumentos científicos en su contra, si hasta la propia biología molecular respalda a Darwin?

Lo peor es que la idea va cuajando entre los propios estudiantes de ciencias. Una encuesta publicada por el diario británico *The Guardian* en 2006 señalaba que uno de cada seis estudiantes de biología de los colleges de Londres estaría a favor de esta teoría.[26] Consciente y alarmada por este problema, la Royal Society organizó un concurso con el lema: «¿Por qué el creacionismo está equivocado?». El ganador fue el genetista Steve Jones, profesor del University College de Londres. Sus declaraciones a *The Guardian* son concluyentes respecto al declive de la ciencia y lo que eso significaría: «Este problema [el del creacionismo] es muy insidioso y está creciendo. Es un paso atrás. Un paso hacia la irracionalidad. Los creacionistas no tienen un problema con la ciencia. Tienen un problema con los argumentos».

Durante mi estancia en Londres pude comprobar cómo desde la Royal Society y otras instituciones científicas se están promoviendo muchas iniciativas para potenciar el pensamiento racional y científico. Desde conferencias hasta «café científicos» en los que los investigadores charlan con chavales. Los científicos denuncian que desde la filosofía y los medios de comunicación se está mirando hacia otro lado, porque no les interesa una supremacía cultural de la ciencia y del pensamiento racional.

Un porcentaje importante de científicos está descolocado y sorprendido en pleno siglo XXI de que de repente cualquier cosa se considere ahora ciencia, incluido el diseño inteligente. No se explican por qué un país como Estados Unidos —que tiene 55 premios Nobel de Química; 41 de Física y 74 de Medicina— ponga al mismo nivel la teoría de la evolución —que puede desarrollar experimentos para refutarla, aunque normalmente sale más que airosa— y la del creacionismo. Mi hipótesis es que la culpa es de estos filósofos y su extraordinaria influencia en las universidades donde se forman los responsables de la cultura mediática imperante.

De los cuatro jinetes del Apocalipsis de la ciencia citados por Theocharis y Psimopoulos, tres —Popper, Feyerabend y Lakatos—, estuvieron en la London School of Economics and Political Sciences (LSE), considerado, como ya he mencionado, no sólo uno de los centros más prestigiosos del mundo, sino sobre todo uno, si no el que más, de los más influyentes en el pensamiento político y económico. A pesar de que Bertrand Russell fue el primer profesor de filosofía de la institución en 1896, fue Popper quien fundó su Departamento de Filosofía en 1946, y fue profesor de la LSE durante veintitrés años. Feyerabend fue discípulo de Popper en los años cincuenta y Lakatos consiguió su plaza de profesor de filosofía de la LSE en 1960, donde permaneció hasta que murió en 1974.

El profesor John Worrall estaba considerado, cuando yo llegué a la LSE, como el discípulo vivo de Lakatos. De hecho, es el editor de sus obras completas y fue desde 1974 hasta 1983 el editor de *The*

British Journal of Philosophy of Science, sin duda la más prestigiosa dentro de esa área.

En mi conversación con él para este libro, lo encontré desolado. «Es una vergüenza que utilicen a Popper o a Lakatos para justificar la teoría del diseño inteligente —me dijo—. Lakatos estaba encantado con la ciencia y decía que era emocionante poder dedicarse a ella.» De hecho, buena parte de la obra de Lakatos trata de diferenciar la ciencia de la pseudociencia y propone que una de las formas de demarcar la ciencia de la superchería, de marcar fronteras claras, se da cuando los científicos son capaces de confirmar las predicciones.

En otras palabras, que cuando la ciencia predice que el cometa Halley o un eclipse de Sol va a producirse un día determinado, y se produce, eso es síntoma de que es una gran teoría científica y no una teoría degenerada. Es la diferencia entre la gran ciencia y la pseudociencia y la charlatanería, categoría dentro de la cual entraría el diseño inteligente. Worrall también defendió a Popper: «Los creacionistas no pueden invocar a Popper para apoyarse. Porque Popper decía que había que desarrollar experimentos que demostraran que una teoría podía ser falsa».

Si eso es así, a qué se debe la furiosa actitud de los científicos contra los filósofos de la ciencia. Pues, en general, sostiene Worrall, «porque se les han malinterpretado y, sobre todo, se les ha malinterpretado en los titulares superficiales de los medios de comunicación». «¿Esa mala interpretación de los periodistas puede venir de que se les enseñe mal en las universidades?», le pregunto. «Dependerá de la universidad, del profesor y de la titulación. Eso es un problema complejo porque... qué estudian los periodistas. ¿Usted lo sabe?», contesta.

Visto desde el punto de vista de Worrall, los filósofos de la ciencia sostendrían que lo que Popper sugería era no el crear teorías falsas como si fueran verdaderas, sino el deseo de los científicos de que sus teorías fueran probadas como falsas para demostrar que son verdaderas. Popper también sería un entusiasta de la ciencia que sostenía que el verdadero estado mental de un gran científico era el de estar abierto a la posibilidad de estar equivocado, siendo ese estado el que llevará hacia el progreso de la verdad.

Desde este punto de vista, Popper defiende a los científicos y su trabajo. Pues afirma que el científico, en lugar de conformarse y asumir lo que se propone o impone, lo que hace, al diseñar experimentos que comprueben sus teorías, es crear las condiciones bajo las cuales su teoría pueda ser demostrada como falsa. Sólo cuando una teoría supera un número suficiente de tales comprobaciones, la comunidad científica comienza a tomarla en serio y luego a considerarla como plausible.

Por ejemplo, cuando Einstein presentó su teoría de la relatividad en 1905, lanzó una predicción concreta —otra de las características de las ciencias naturales frente a las sociales: las naturales pueden hacer predicciones— y dijo que si su teoría fuera cierta un determinado planeta se encontraría en un lugar concreto, que él describió, aun cuando nadie lo había observado. Si resultaba que el planeta no se encontraba allí, su teoría hubiese sido refutada. En 1919, el planeta fue localizado exactamente donde Einstein había dicho. Su teoría había sobrevivido a la comprobación.

Sin embargo, en esta interpretación de Popper la posibilidad de fallar, el deseo de exponer la teoría a su refutación, es lo que convierte una teoría en algo científico. No obstante, mi experiencia como científico, así como una lectura de la historia de los experimentos científicos, me sugiere que la actitud intelectual del científico cuando diseña su experimento es confirmar su teoría, no refutarla. ¿Cómo puede pensar Popper lo contrario si nunca pisó un laboratorio, ni diseñó un experimento científico? No obstante, admitiendo que Popper tuviera razón: ¿qué experimento puede diseñar quien piensa que los dinosaurios estaban en el arca de Noé, cuando ni siquiera puede diseñarse un experimento para demostrar que es falso? Por tanto, Popper, aunque se esté en total desacuerdo con él, no puede usarse para avalar el creacionismo ni la pseudociencia.

La personalidad de Worrall me fascinó. Es una eminencia mundial en su campo, la filosofía de la ciencia, y sin embargo fue de lo más amable, agradable y, sobre todo, paciente con alguien como yo que, sin tener ni idea de filosofía, iba a criticarle su disciplina. Su actitud puso de manifiesto su grandeza y brillantez intelectual. Quedé para almorzar con él en el comedor de profesores de la LSE. «Prefiero que vayamos a por un bocadillo y un zumo al Pret a Manger. No suelo ir a ese comedor. Así paseamos y hablamos mientras vamos y venimos. Nos traemos la comida al despacho y hablamos tranquilamente», me contestó en una respuesta que yo creí entender como que él no estaba muy de acuerdo con las jerarquías y estructuras académicas actuales.

El nivel de la conversación fue duro. Alguien de su nivel en España —no sé si hay alguien de su nivel en España— me hubiese ignorado completamente. Pero los argumentos de Worrall fueron brillantes a favor de la filosofía de la ciencia como elemento clave para separar la ciencia de la pseudociencia. El problema que percibí es que no todo el mundo —y menos los periodistas y cineastas— tienen la brillantez intelectual y la capacidad de análisis de teorías filosóficas que posee Worrall.

«Y si los filósofos de la ciencia no son los culpables, ¿por qué esa mala imagen? ¿Por qué no salen a la palestra a defender la ciencia y, sobre todo, a criticar ideas anticientíficas como el diseño inteligente, que ha sido más criticado por el Vaticano que por los propios filósofos?», le pregunté.

«Los filósofos de la ciencia sí hemos salido a defender la ciencia. Pero no somos tan importantes. No nos hacen tanto caso los medios de comunicación como usted supone», respondió Worrall. Yo le insistí que quizá no saldrían en los medios, pero sí influyen en los que estudian para trabajar y controlar los medios. Le sugerí que tal vez el problema podría residir en que enseñan una filosofía demasiado superficial y, además, poca ciencia pura. Me volvió a responder que él desconocía lo que se enseñaba en las facultades de Ciencias de la Información.

Las universidades optan por estudios «blandos» y divertidos

Como observé que por ahí no llegábamos a ningún lado, quise que me diera su perspectiva de este problema. «Si los filósofos no son los responsables del declive, como sostienen los científicos, ¿quiénes son?

¿Por qué, entonces, el declive de las vocaciones en ciencia?», le pregunté a Worrall. «Los filósofos de la ciencia no tienen nada que ver en eso. Es la sociedad y la universidad actual», respondió. Y, rápidamente, me dio un ejemplo: «Mi hija tiene unos amigos que son hermanos gemelos. Uno estudia física en la Universidad de Manchester y otro estudios americanos en la de Sussex. Ambos le cuentan lo que hacen. El de físicas está todo el día estudiando. Dice que no tiene tiempo ni para comer y que se toma el café en el laboratorio. El de estudios americanos está todo el día en la cafetería. Al final, los dos son graduados de igual nivel. ¿Por qué alguien va a querer complicarse la vida estudiando física en lugar de esperar en la cafetería a que le den un título?», señaló.

Esta idea de Worrall de por qué un alumno va a querer estudiar en lugar de esperar en la cafetería a que le den el título es muy interesante, pues sugiere que el declive de las vocaciones no está tanto en la imagen de la ciencia que dan los medios de comunicación, sino que el problema puede centrarse en que la universidad de finales del XX y comienzos del XXI está diseñando estudios fáciles para atraer a los alumnos. Y estos nuevos títulos aparecidos a partir de los setenta, pero sobre todo de los ochenta y noventa, están compitiendo con los difíciles como física. Con los estudios serios de toda la vida. «No le quepa duda. Ése es el verdadero problema. Más que los medios de comunicación, el problema está en que las universidades prefieren estudios sobre medios de comunicación, que cada día tiene más adeptos, porque son fáciles y divertidos de estudiar. La sociedad y la cultura podrían salir perjudicadas.»

Tras hablar con Worrall reflexioné sobre las dos licenciaturas que yo había estudiado. Era verdad lo que él decía: en ambas recibí el mismo título oficial de color amarillo que, en nombre del «rey de España» me declaraba licenciado. Realicé un cálculo rápido y aproximado del esfuerzo (en tiempo de estudio) que ambas me habían llevado y resultó que, pese a que yo había estudiado un bachillerato y COU de ciencias puras con nota media de matrícula de honor en COU, la licenciatura de químicas me costó 23,6 veces más esfuerzo que los 232 créditos de mi licenciatura en ciencias de la información. Ambas licenciaturas tenían veinticinco asignaturas[27] y ambas las estudié en la misma universidad: la de La Laguna, por lo que podían ser perfectamente comparables a la hora de verificar diferencias.

El lector puede considerar que ese 23,6 es una apreciación subjetiva. Puede ser: el esfuerzo es difícil de medir. Pero los datos objetivos son los siguientes: para ser licenciado en químicas necesité cinco años. Nunca suspendí ninguna asignatura, pero mi nota media es un simple notable (7,25). Mientras estudiaba químicas, nunca trabajé en otra cosa: clases por la mañana y laboratorio por la tarde no me dejaban tiempo para nada más.

Sin embargo, la licenciatura de periodismo (1994-1997) la empecé como hobby cuando ya había aprobado las oposiciones a profesor de secundaria. Las veinticinco asignaturas (232 créditos) las hice en tres años en los que compaginé los estudios de periodismo con mi trabajo a tiempo completo como profesor de física y química de instituto. Además, en esos años tuve que realizar mi servicio social sustitutorio, colaboraba con el periódico *ABC* y terminaba mi tesis de química, cuyos resultados publiqué en 1997 y 1998.

A pesar de todas estas tareas, que me quitaban tiempo, mi media de periodismo fue de un 8,26, un punto más que mi media en química. Uno de los años en los que todavía estudiaba periodismo, mi destino como profesor de instituto fue en Gran Canaria, una isla distinta adonde estaba la universidad (Tenerife), por lo que, obviamente, apenas fui a clase. En mi licenciatura de química, pese a estudiar bastante y tener algunos sobresalientes, no saqué ninguna matrícula de honor. La mayoría son notables y algún aprobado. En periodismo sólo saqué dos aprobados (curiosamente en tecnología de la información). El resto de las notas en las veinticinco asignaturas fueron notables, pero sobre todo sobresalientes. Tuve matrícula de honor en asignaturas como «opinión pública», «teoría de la comunicación» o «empresa informativa». Y sobresaliente en materias «hueso» como «estructuras económicas», «relaciones internacionales», «lengua y literatura española» o «historia de la comunicación».

Un crítico a esta argumentación podría rebatirme que quizá químicas en La Laguna es muy buena y periodismo es muy malo y se enseña poco. De ahí el diferencial en el contenido y en las horas de esfuerzo y estudio. Estaría en parte de acuerdo pero no para La Laguna, sino a nivel nacional: química es el área de conocimiento en la que España sale mejor parada si se la compara en clasificaciones serias internacionales. Pero periodismo o comunicación audiovisual —que ni siquiera resisten la mínima comparación internacional— son unos estudios igual de débiles e insustanciales en toda España. No es cuestión de universidades, es cuestión de no tener entidad para ser estudiados en la universidad como carrera completa, por tanto hay mucho tiempo para estar en la cafetería.

Mi formación exclusiva de periodismo en La Laguna fue excelente si la comparo con otras facultades españolas. De hecho, el mismo año en que finalicé mi licenciatura me presenté a los exámenes en Madrid para la beca Agencia EFE-CSIC, la más competitiva de periodismo que existía en España: unas cuatrocientas solicitudes de licenciados en ciencias de la información de todo el país con nota mínima de notable competíamos para sólo dos plazas. Con mi formación de periodismo en La Laguna, quedé el número uno en la convocatoria de 1997. Es decir, mi formación fue mejor o, al menos, igual que la del resto de España, lo que concluye que en toda España los estudios de ciencias de la información son muy fáciles de aprobar y divertidos de estudiar.

Desde otro sector crítico se me podría argumentar que me costó mucho menos estudiar periodismo que química porque yo era más maduro, tenía otra licenciatura y, por eso, me resultó más fácil. Pero no es cierto. Con el tiempo se pierde capacidad de estudio, no se gana. Además, mi actual trabajo como profesor universitario de periodismo me ha brindado la oportunidad de comprobarlo nuevamente. En los últimos años, en el final de curso, se me junta la corrección de exámenes de tercero de periodismo (periodismo local) con los de las pruebas de química de acceso a la universidad de los alumnos de bachillerato. Comparo ambos exámenes —química de bachillerato y tercero de periodismo— y siempre concluyo que es mucho más complejo el examen de química.

En periodismo había asignaturas algo duras —lengua, derecho, historia, economía—, aunque jamás tenían la dificultad conceptual de las de la licenciatura de química. No obstante, las que eran propiamente de periodismo tenían una característica común: eran muy divertidas. Desde «publicidad», en la que comentábamos los anuncios de la televisión, hasta «lenguaje audiovisual», en la que analizábamos, por ejemplo, cómo se tuvieron que instalar las cámaras de televisión en la boda de la infanta Elena para paliar que el grosor de las columnas de la catedral de Sevilla estropeara los planos.

Una y otra vez veíamos la grabación de la boda de la infanta discutiendo enfoques, planos y realización. Viniendo de químicas, el que eso fuera una clase universitaria me parecía alucinante. De todas las materias, las más fáciles y divertidas, tengo que admitirlo, eran las de comunicación audiovisual: se veían películas de cine y había un debate. ¡Y eso era una clase! Escribíamos guiones y programas de radio y los locutábamos. Sacábamos fotografías y las comentábamos en clase.

Debo admitir que aprendí cosas, pero sin esfuerzo. No obstante, hay que matizar que, aunque fuera divertido, se cultivaban todas las claves que definen la cultura mediática actual. Aprendías cómo redactar una noticia, pero también cómo manipularla o detectar esa manipulación. Las clases te ayudaban, por ejemplo, a comprender el lenguaje audiovisual y a usar su potencialidad para defender tus intereses y tus ideas.

Ahora, con el paso del tiempo, comprendo perfectamente que comunicación audiovisual sea una de las carreras más solicitadas en toda Europa. Yo siempre elegía como optativas todo lo que tuviera que ver con lo audiovisual porque era más fácil de aprobar. Las asignaturas de prensa eran algo más duras —escribir siempre es duro—, excepto cuando diseñábamos maquetas de revistas o dibujábamos infografías. En conjunto, recuerdo la carrera de periodismo como una diversión, en la que estudié un poquito, aprendí algo y me sorprendí mucho cuando comprobé que el diploma de licenciado era exactamente igual al de químicas.

Me pareció injusto que valieran lo mismo, porque estudiar la carrera de química nunca fue diversión: fue trabajo y muy duro. Materias como química analítica, química orgánica avanzada, termodinámica, mecánica cuántica o electricidad y óptica las recuerdo como disciplinas muy complejas. Cientos de horas de duro estudio. Revisión (sobre todo en el caso de las asignaturas de física) de todas las matemáticas aprendidas en cursos anteriores. Repaso, en general, de todos los cursos anteriores antes de comenzar a preparar una nueva materia. Prácticas eternas (cuatro horas de pie en el laboratorio). Ansiedad por no saber si me iban a salir los productos químicos que el profesor me pedía y, sobre todo, recuerdo unos exámenes de cinco o seis horas, en los que cuando leías los problemas nunca sabías si ibas a poder resolverlos. En química estudiar mucho no suponía aprobar. Tenías que ser intelectualmente brillante para poder resolver aquellos exámenes. En periodismo, si estudiabas un día antes, aprobabas. Es la pura verdad, aunque quizá sea políticamente incorrecto afirmarlo. Pero en química los exámenes se planificaban con períodos de dos semanas de estudio intenso. Algunas materias necesitaban meses.

Transcurrido el tiempo, la única ventaja que le veo a haber estudiado ciencias es la seguridad intelectual que te otorga saber que si apruebas mecánica cuántica o resuelves las reacciones de química orgánica avanzada, no hay nada —dentro del espectro de saberes humanos— que no seas capaz de comprender. El problema más complejo de sociología, derecho o periodismo no es nada comparado con lo que tuve que pasar para resolver aquellos exámenes. Eso te forma la mente y potencia el talento, aunque reconozco que es muy difícil de explicar y argumentar a un chaval del siglo XXI.

Resulta muy difícil convencerlos porque ese desarrollo intelectual que se adquiere estudiando ciencias es muy complejo de medir. Por otra parte, las salidas profesionales no se garantizan en ningún caso: ni en periodismo ni en química.

En 2003, la Universidad Carlos III aprobó el plan de estudios de la licenciatura de comunicación audiovisual.[28] Los nombres de algunas asignaturas son los siguientes: «puesta en escena audiovisual y dirección de actores»; «músicas fílmicas y cultura audiovisual contemporánea»; «teoría y técnica de la programación televisiva»; «cine de autor» o «taller de realización de formas audiovisuales no narrativas». Si estudiando esto, te dan un título universitario, para qué elegir mecánica cuántica, bioquímica, literatura del Siglo de Oro o latín.

Sin embargo, en este punto estoy de acuerdo con Worrall. La responsabilidad no es de los chavales que optan por carreras divertidas, sino de las universidades que avalan por igual todas las carreras. Quieren que todos los estudios sean exactamente iguales, cuando todos sabemos que no lo son. Pero si ésa es la política (avalada por la Unión Europea), no pueden culpar al chaval que prefiere titularse mientras se divierte estudiando televisión o cine. Según los cálculos que antes he mencionado, te esfuerzas veintitrés veces menos que para estudiar química. ¿Por qué malgastar el tiempo y el cerebro?

Este asunto es muy importante, pues creo que explica (al menos en parte) el actual descenso de alumnos en ciencias naturales y el incremento en periodismo y comunicación audiovisual. En Gran Bretaña (y también en España) se anuncian muchas academias de formación profesional enseñando cursos de cine, de televisión o de periodismo «que te permiten ejercer la profesión», señalan. No ocurre lo mismo con física, derecho o medicina. Por tanto, si una universidad prestigiosa avala con su prestigio este tipo de estudios que también dan las academias de FP, será un éxito seguro de matrícula, pues se une la diversión, unos estudios poco complejos y, a la vez, la posibilidad de avalar esa formación por una universidad que tiene el prestigio adquirido en otras áreas y carreras. Un título así es la excusa perfecta para aquellos estudiantes que no se interesan por nada serio, pero quieren tener un título universitario, porque sus padres se lo exigen. Es decir, este factor explicaría los datos del capítulo 1 que detallan una caída de las ciencias puras y un gran incremento de los estudios de periodismo y comunicación audiovisual.

Pero cuando planteé esta cuestión, al exponer mis conclusiones en el seminario «Public Understanding of Science» organizado por la London School of Economics y el University College, gran parte de la audiencia me respondió que, al menos en Gran Bretaña, eso no era así. Jane Gregory,[29] profesora de comunicación científica del University College, me lo resumió de la siguiente manera:

> Periodismo y, en general, los *media studies* [en español sería ciencias de la información] tienen muy mala fama en este país [Gran Bretaña] porque provenían de las antiguas universidades politécnicas que nunca tuvieron el estatus de universidades de verdad. Los medios de comunicación no quieren aquí a nadie que haya estudiado ciencias de la

> información. Es más, en algunos casos es la única carrera que no quieren.[30] En Gran Bretaña un profesor que enseñe cine en la universidad nunca será igual que uno de física. Si alguien quiere dedicarse al periodismo en Gran Bretaña, lo último que debe hacer es estudiar ciencias de la información. Puedo entender que los alumnos brillantes prefieran estudiar economía o derecho, porque ganan mucho dinero, antes que física o química, que son muy difíciles y no ganan acorde con la dificultad de los estudios. Pero no creo que elijan estudios de periodismo o cine.

La apreciación de Gregory no se ajusta a España —donde todos los estudios confirman que la mayoría de los periodistas proceden de la titulación de ciencias de la información—, aunque sí era completamente cierta para Gran Bretaña. No obstante, no desmiente la hipótesis de Worrall. La gente no estudia comunicación porque quiera dedicarse a ella. Puede hacerlo, simplemente, porque considere que son estudios fáciles y divertidos y una forma de acceso a poder trabajar en ellos. La profesión periodística, al menos en Gran Bretaña, parece que exige otro tipo de estudios. Así, un informe elaborado por Peter Lampl's Sutton Trust[31] demostraba que la lista de cien periodistas británicos considerados como de mayor influencia en 2006 estaba claramente dominada por los *oxbridge*, alumnos procedentes de las universidades de Oxford y Cambridge, justo las dos instituciones que, debido a la gran demanda de estudiantes que quieren acudir a ellas, no se han visto forzadas a ofertar estudios de licenciatura de cine o periodismo para llenar sus aulas. Resaltaba Oxford, pues dos de cada cinco directores de medios británicos procedía de esa universidad. Otro dato interesante es que 54 de ellos habían estudiado en colegios de pago, frente a los 49 hacía veinte años.

El director de la London School of Economics, Howard Davies, escribió un artículo en *The Independent*,[32] en el que no criticaba que despreciaran la titulación de *media studies*, sino en el que decía que esas cifras significaban que los medios se nutrían de jóvenes periodistas procedentes de las clases altas, «los únicos que pueden permitirse trabajar sin cobrar durante uno o dos años tras licenciarse, como exigen la mayoría de los medios de comunicación».

Por motivos que no vienen al caso aquí, aproveché mi estancia en Londres para hacer algunas investigaciones sobre la BBC. En la cadena de televisión británica prefieren siempre alguien que haya estudiado en una buena universidad —Oxford, Cambridge, University College, London School of Economics (que tiene su campus frente a la BBC), Imperial College— que de una mala. El título, a los británicos, les da exactamente lo mismo. Para ellos el aval lo otorga más la universidad que el título en sí mismo. «Alguien que hubiese estudiado latín, física, economía, literatura o filosofía en Oxford, por ejemplo, tiene muy buenas papeletas para entrar a trabajar en la BBC. Luego en la BBC le enseñan todo lo que tienen que saber sobre periodismo y televisión. A fin de cuentas... ¿Dónde mejor se puede aprender periodismo o televisión que en la BBC?[33] ¿En una universidad donde los profesores no están en los medios?», me explicaban periodistas de *BBC Mundo*, como Lourdes Heredia, Diana Zileri o Belinda Soto.

El pelotazo académico y el declive científico

Alguien puede argumentar que la universidad lo que se propone al incluir los estudios de cine o periodismo en sus aulas es mejorar la enseñanza de estas disciplinas. Personalmente, creo que estas disciplinas deberían ser materia universitaria. Que deberían enseñarse en todas las carreras, porque vivimos en una cultura mediática. Sin embargo, tengo mis dudas sobre si la universidad puede enseñar la profesión de cineasta o periodista, así como si la universidad está para enseñar profesiones o, por el contrario, debe especializarse en impartir ciencia y cultura humanística, dejando las profesiones para los profesionales.

Por ejemplo, volviendo al caso del cine, los dos mejores directores españoles, Almodóvar y Amenábar, nunca podrían enseñar en una universidad porque no son licenciados o doctores. Sin embargo, sí podrían enseñar en una academia privada. Su aval para trabajar, y para permanecer en la historia del cine, son sus obras y sus Oscars. La historia del cine jamás incorpora a profesores de universidad en sus enciclopedias. Como mucho, las escriben, pero nunca estarán en ellas. Almodóvar y Amenábar tendrán un lugar destacado en las enciclopedias de cine, pero jamás podrán enseñar en la universidad, a no ser que ésta se convierta en una escuela profesional, circunstancia que degradaría a la universidad y a la ciencia.

Sin embargo, la historia de la ciencia está casi exclusivamente formada por profesores. La universidad está diseñada para el progreso científico. De ahí la importancia del doctorado o de que la licenciatura esté impartida por doctores, porque a la universidad se va a aprender cómo se investiga, no cómo se rueda una película o cómo se presenta un telediario.

El efecto es aún más perverso de lo que parece. Como en cualquier universidad deben imperar —de momento— unos parámetros mínimos académicos, se preferirá, para dar clases de cine, a un profesor que jamás haya rodado, pero que haya publicado, por ejemplo, un estudio sobre si la gente que acude a los multicines de la periferia es diferente que la que va a los cines del centro de las ciudades.[34] ¿Es eso bueno para el cine? ¿Ese profesor es imprescindible para alguien que quiere dedicarse al cine? ¿No es mejor estudiar filosofía, historia, física o biología, formarse intelectualmente y, después, pasar un tiempo como ayudante de Almodóvar? ¿No resulta más conveniente que las materias de cine y periodismo, enfocadas desde la perspectiva de su impacto social, estén en todas las carreras como asignaturas obligatorias en lugar de competir como estudios propios? La universidad y sus gestores son los responsables de que compitan estudios relativamente fáciles y, sobre todo, con impacto mediático, con otros muy difíciles. El mercado y la sociedad en España no valoran lo difícil y, bajo esta perspectiva, es la propia universidad la que está generando que estudios duros como los científicos o los humanísticos se queden sin alumnos. No pueden reprocharles a los estudiantes esta tendencia. Ellos sólo son más listos que los rectores.

Los sueldos de los profesores universitarios en los países anglosajones también son distintos dependiendo de las áreas. Un profesor de economía cobra, en general, más que uno de sociología, y éste más que uno de periodismo. Un profesor de ciencias también cobra más, sobre todo si es capaz de publicar mucho y obtener dinero para la universidad a través de proyectos.

Pero eso no ocurre en España, donde un catedrático de cine o programación televisiva cobra lo mismo que uno de física nuclear, de derecho penal o de bioquímica, aunque la carrera de obstáculos para llegar a los distintos destinos sea muy diferente. Todo ello distorsiona la universidad española. Esto tiene el mismo efecto que en los países comunistas donde todos cobran lo mismo, con independencia del trabajo que efectúen. Evidentemente, como se ha demostrado, ese sistema no favorece ni la competitividad, ni la excelencia, ni la dedicación a lo que supone un esfuerzo añadido que no es recompensado.

En España, además, se dio aún un proceso más grave que fue un escándalo o, como se conoce en los ambientes universitarios, un «pelotazo académico», que pretendía convertir a profesionales que no se habían licenciado en titulados superiores. Y es que muchos profesores de periodismo y comunicación audiovisual aún en activo también provenían —al igual que en Gran Bretaña— de las antiguas escuelas de periodismo o del Instituto de Radiotelevisión Española, con categoría académica muy limitada.

Muchos, no obstante, conscientes de las carencias culturales de las escuelas de periodismo o cine y televisión, estudiaron otras carreras (historia, física, filología, filosofía, etc.), pues veían las escuelas como lo que eran: centros de capacitación profesional, no cultural. Sin embargo, muchos —una mayoría suficiente— no consideraron necesario ese sobreesfuerzo. El gobierno español recompensó precisamente a estos últimos. Así, en los años setenta y ochenta (e incluso en los noventa) unos procedimientos poco ortodoxos reconvirtieron los antiguos títulos de esas escuelas en licenciaturas. Esta situación de pelotazo académico fue un escándalo y habría aparecido en los medios si no se hubiese tratado de periodistas que cumplían la máxima de «perro no come perro».

Uno de los responsables de este despropósito académico fue el periodista Emilio Romero, designado en 1945 jefe de la sección de Prensa Nacional en la Dirección General de Prensa del franquismo. Unos meses más tarde asumió la jefatura de Orientación Política de la Prensa Española. Romero había nacido en 1917 y se había graduado en magisterio, en una época en que si se tenía finalizado todo el bachillerato, prácticamente convalidaban esa titulación. Comenzó derecho, pero no lo terminó. Acomplejado por no haber finalizado una licenciatura de las de toda la vida, pero con contactos en el régimen franquista, se hizo cargo en 1969 de la dirección de la Escuela Oficial de Periodismo de Madrid. Desde ese puesto pondría en marcha una licenciatura con un título pomposo, en una época en que la ciencia aún gozaba de prestigio. Así, los antiguos graduados en la Escuela de Periodismo se convirtieron de repente en licenciados en ciencias de la información. En la universidad española se criticó en aquel momento que esa licenciatura no se había creado para formar mejores periodistas o cineastas, sino para darle el título de licenciado a Emilio Romero. De hecho, nada avala que los licenciados en ciencias de la información sean mejores periodistas o cineastas que los que no lo son. En los últimos planes de estudios ya se ha eliminado la palabra «ciencia» y ahora sólo son licenciados en periodismo o comunicación audiovisual, síntoma de que la palabra ciencia ya no atrae alumnos

Todavía en 1997, cuando mi promoción de ciencias de la información se licenció, se le «regaló» el título —que nosotros habíamos tenido que estudiar— a numerosos periodistas —nacidos en los años cuarenta y cincuenta— que, según palabras del decano de la época, «no eran licenciados, pero habían acreditado haber trabajado en medios de comunicación». Hasta ese momento, yo había pensado que lo que acreditaba la universidad no era competencia profesional —para eso está la FP—, sino sobre todo capacidad intelectual e investigadora. Muchos protestamos. Si se descubriera que un abogado o un médico ha desempeñado su trabajo sin haber estudiado la carrera se le penalizaría, no se le regalaría el título. Las escuelas de periodismo o cine tenían un nivel de diplomatura; es decir, para enseñar en ellas no hacía falta ser doctor, ni siquiera licenciado. Fue como si a los aparejadores con años de experiencia los convirtieran en arquitectos, a los enfermeros en médicos o a los ingenieros técnicos en superiores.

Muchos de los que se encargaron de la docencia de ciencias de la información en España eran licenciados por decreto, no por vocación ni formación. Algunos tuvieron que pasar lo que llamaban una tesina. Un breve vistazo al contenido de las mismas —muchas están aún depositadas en la Complutense— nos ilustra cuál es el nivel de capacitación científica de los que accedieron por este método: bastante bajo, salvo muy contadas excepciones. Y ésa puede ser también otra de las causas que explique por qué los periodistas españoles, que han sido enseñados por ese tipo de profesores licenciados por decreto, traten tan mal la ciencia; que explique por qué el periodismo, el cine y la televisión españolas tienen tan baja calidad y que, además, ésta disminuya conforme más licenciados en esas áreas salen al mercado. Ni ellos, ni muchos de sus profesores saben muy bien lo que es y lo que significa el conocimiento científico real. Desconocen lo que es y el potencial del método científico riguroso con que operan las ciencias naturales.

Pero el problema que se plantea es otro. Es una sensación de que lo que impera en España es la cultura del pelotazo, ya sea económico o académico; de que el esfuerzo no sólo no vale, sino que en general quienes ejercen el poder se ríen de alguien que lucha y trabaja duro. Entonces, ¿por qué esforzarse estudiando física nuclear si con algo tan divertido como el cine llego al mismo lugar? ¿Por qué publicar en revistas internacionales de prestigio cuando en otras áreas no lo hacen y cobran lo mismo? Esa sensación de que el esfuerzo es baladí se transmite en las facultades actuales de Periodismo y Comunicación Audiovisual y, de ahí a la sociedad a través de los medios de comunicación.

6

Las dos culturas: ¿hegemonía literaria frente a decadencia científica?

En el libro ya citado *El fin de la ciencia*, del periodista científico John Horgan, se matiza también que, en su opinión, no es cierta la queja de los científicos sobre el supuesto poder de estos cuatro filósofos en las actitudes anticientíficas: «El escepticismo de unos cuantos profesores de filosofía nunca ha representado una amenaza realmente seria para la burocracia sólida y bien subvencionada de la ciencia».[1]

Puede que no para la ciencia, pero sí para su divulgación, porque los periodistas científicos, sobre todo de los países latinos, proceden del área de las humanidades donde sólo se enseña a estos autores. Y lo que es peor: al enseñarlos en facultades de Comunicación y no de Filosofía, se estudiarían de manera muy elemental, lo cual genera la idea de que, según la filosofía de la ciencia, cualquier teoría —incluida que la reina de Inglaterra es una extraterrestre—[2] es científica o, como mínimo, merece el mismo respeto intelectual o mediático.

El desfase no viene de que en ciencias de la información (periodismo y comunicación audiovisual) se enseñe el supuesto relativismo sobre lo que es ciencia, que algunos creen interpretar en los escritos de los cuatro filósofos de la ciencia citados; el problema está en que, al menos a los periodistas y a los cineastas, deben enseñarles cómo funciona de verdad la ciencia (lo que implica el uso de un aparato matemático mínimo). En caso contrario, se quedarán exclusivamente con la idea de que ésta funciona según la interpretación de los «cuatros jinetes del apocalipsis científico». Y sus ideas, muy interesantes, no dejan de ser ideas fácilmente refutables por alguien que de verdad haya estudiado ciencia.

De hecho, el libro de Horgan dedica un capítulo a entrevistas que el periodista científico norteamericano realiza a tres de los cuatro filósofos (Lakatos había fallecido cuando él comenzó las entrevistas). De las declaraciones de los otros tres (Kuhn, Popper y Feyerabend), se trasluce que no están exactamente seguros de sus razonamientos. Vamos, que no se dejarían matar por sus teorías como sí han hecho algunos científicos con las suyas.

No obstante, en este capítulo voy a tratar de extender las causas del declive de la ciencia en Occidente, no sólo a la filosofía sino a toda la cultura imperante de letras. Es decir, trataré que descubrir cómo afecta el fenómeno de las dos culturas enunciado por Snow al declive de las ciencias.

La primera vez que apareció la idea de «las dos culturas» fue en 1956 como título de un artículo que sir Charles Percy Snow publicó en *The New Statesman*. Este artículo sería el germen de una conferencia en la Universidad de Cambridge en 1959 titulada «Las dos culturas y la revolución científica». De ahí saldría el polémico libro *Las dos culturas*, publicado por Cambridge University Press en 1960.[3] En 1961, ya estaba por la séptima edición. El argumento del libro es bien conocido: existen dos culturas, una de letras y otra de ciencias, y ambas no sólo están separadas, sino lo que es peor: no están interesadas en encontrarse.

Snow enfocó el problema desde su propia experiencia personal, ya que era a la vez físico y novelista y, por tanto, frecuentaba ambos mundos. Como físico no sólo trabajó en la universidad, sino que también fue reclutado por el gobierno británico durante la Segunda Guerra Mundial para participar en programas militares. Sin embargo, él amaba la literatura y, de hecho, abandonó su carrera científica para dedicarse íntegramente a la escritura. No obstante, según los expertos sus novelas no pasarán a la historia de la literatura, pese a que alguna tuviera buenas críticas.

Snow describe en su libro sobre las dos culturas anécdotas que ilustran el desencuentro ciencias-letras. En este sentido, contrasta cómo en las fiestas de las universidades o de las embajadas la gente de letras solía juntarse con los de letras y los de ciencias con los de ciencias. También describe su experiencia en la Universidad de Cambridge, «donde científicos y no científicos se reúnen todas las noches a cenar».[4]

De la lectura del libro, parece que sólo él iba de un grupo a otro. Criticó a ambos colectivos. De los intelectuales de letras que conocía, denunció su «espantosa ignorancia de conceptos científicos tan rudimentarios como la masa o la aceleración».[5] De los científicos, criticó su desconocimiento de las novelas de Charles Dickens, «como si Dickens fuese un escritor sumamente esotérico, intrincado y de dudoso interés, algo por el estilo a Rainer Maria Rilke».[6] No obstante, Snow aclara: «Pero leerle a él [Dickens] o a cualquier otro escritor a quien nosotros valoramos no es más que un saludo de cortesía a la cultura tradicional».[7]

Sin embargo, Snow considera la cultura científica muy superior a la de letras:

> Ellos [los científicos] tienen su propia cultura, intensiva, rigurosa y constantemente en acción. Esta cultura es rica en contenido teórico, generalmente mucho más riguroso, y casi siempre de un nivel conceptual más alto que las teorías de los intelectuales de letras. Y aunque los científicos emplean alegremente las palabras en sentidos que los de letras no conocen, estos sentidos son exactos. [...] Se trata de hombres [los científicos] inteligentes, no se olvide.[8]

Snow define a los intelectuales de letras como «luditas por naturaleza»,[9] calificativo que hace referencia al ludismo, movimiento nacido en Gran Bretaña en 1811 y que se caracterizó porque sus seguidores tenían como misión destruir las máquinas de la incipiente revolución industrial. No les gustaba el futuro que vislumbraban con la tecnología y elogiaban el pasado agrícola y pastoril. Los luditas atribuían todos los males de la civilización a las máquinas, la tecnología y la ciencia. El movimiento adquirió tal importancia que el Parlamento británico promulgó una ley que castigaba con «pena de muerte» a quien destruyera maquinaria industrial. La estrechez de miras del ludismo no veía culpabilidad en el propietario de la máquina o en el político o monarca que amparaba la maquinaria, sino en la propia máquina. A pesar de todo, el movimiento se extendió en

Gran Bretaña y literatos de la talla de lord Byron ensalzaron el ludismo.

Curiosamente, a partir de los años setenta comienza un movimiento denominado neoludismo, muy propagado a través de áreas de conocimiento como ciencia, tecnología y sociedad, dominadas por filósofos de letras. Los neoluditas también achacan males como el calentamiento global o la proliferación nuclear a la tecnociencia y, por supuesto, culpan a los científicos e ingenieros. Hecho que también pone de manifiesto su estrechez de miras, pues un simple vistazo demuestra que los culpables de tales decisiones son licenciados en historia del arte, en filosofía, derecho, economía o ciencias políticas, que son los profesionales que están en los parlamentos y en los consejos de dirección de los países y empresas que hacen un mal uso de las tecnologías, precisamente por no poder comprender su funcionamiento. ¿O es que alguien piensa que la composición de los miembros del Congreso de Estados Unidos que aprobaron el uso de la bomba atómica en la Segunda Guerra Mundial era fundamentalmente de físicos, químicos y biólogos? ¿Alguien puede sostener que los presidentes de gobiernos como el español, que están apostando por energías fósiles, han sido alguna vez licenciados en ciencias? Sadam Husein usó armamento químico para aniquilar a los kurdos. Pero ¿la culpa de quién fue, de los químicos que investigaron las sustancias o de Sadam Husein, que era licenciado en historia antigua? Las decisiones de usar la ciencia contra la naturaleza provienen casi siempre de gente licenciada en letras o en ciencias sociales.

Frente a este ludismo de los de letras, Snow definía a los de ciencias como personas que «tenían el futuro en la masa de su sangre».[10] Por ello, escribirá: «al tener los científicos el futuro en la masa de su sangre, la cultura tradicional de letras responde con el deseo de que el futuro no exista. Y esta cultura tradicional es la que dirige el mundo».[11] Ésta, no obstante, puede ser otras de las explicaciones de por qué en sus obras tanto los cineastas como los escritores atribuyen a la ciencia un papel tan negativo. Un ejemplo de ese deseo sería la apocalíptica novela de George Orwell *1984*, que tiene «el más vehemente deseo posible de que el futuro no exista», matiza Snow.

Como cabía esperar, las críticas al libro de Snow fueron mucho más feroces del lado de las letras que de las ciencias. Un crítico literario, F. R. Levais, publicó su ataque en *The Spectator*:

> Resulta ridículo —escribió Levais— concederle a Snow alguna capacidad de reflexión seria sobre los problemas en los que él se ofrece a dar consejos al mundo. Hablemos de Snow ¿el novelista? Snow es, por supuesto, un —no, no puedo decir eso—, él no lo es: Snow piensa de sí mismo que es un novelista, pero de hecho su incapacidad como novelista es... total. Como novelista él no existe; ni siquiera ha empezado a existir. No puede haber dicho que conoce lo que es una novela. No tiene el menor indicio de saber qué es la literatura creativa. Snow no sólo no es un genio; es tan mediocre desde el punto de vista intelectual como sea posible serlo.[12]

Por supuesto, después de esta crítica, hubo muchas cartas de apoyo a Snow y de repulsa a Levais. No obstante, desde mi punto de vista, Levais tiene razón en algo: el camino no es despreciar a ambos colectivos, sino intentar ver qué tienen ambas culturas de positivo y procurar integrarlas.

Snow relata en su libro que cuando él acude al «partido de los de letras» nadie (excepto él) puede explicar qué establece el segundo principio de la termodinámica. Y luego denuncia que desconocer esa ley es equivalente a reconocer no haber leído nunca una obra de Shakespeare. Pero aún es más duro con los de letras:

> Ahora creo que si hubiera hecho una pregunta todavía más simple —como: qué entienden ustedes por masa, o por aceleración, que es el equivalente científico del ¿sabe usted leer?— no más del uno por ciento de los supercultivados habrían percibido que estaba hablando en el mismo idioma de todos. Así, el magno edificio de la física moderna va levantándose, y la mayoría de los más cultos e inteligentes del mundo occidental no lo conocen mucho mejor de lo que podrían haberlo conocido sus antepasados neolíticos.[13]

Levais le replica furioso que «la segunda ley de la termodinámica es una muestra de conocimiento especializado, útil o irrelevante en función del trabajo a realizar; pero la obra de Shakespeare proporciona una ventana al alma de lo humano. Leer sus obras equivale a conocerse a uno mismo. Snow parece ciego a esta distinción».

Esta respuesta de Levais es la típica de alguien de letras. Sin embargo, nadie está defendiendo que Shakespeare no sea imprescindible o que sus obras no sean una mirada al alma humana. La idea es que, además de Shakespeare, también es necesario conocer la segunda ley de la termodinámica porque nos describe cómo es el mundo en el que vivimos.

Peter Atkins, catedrático de química en Oxford y magnífico divulgador, sugiere en su libro *El dedo de Galileo* que precisamente la segunda ley de la termodinámica es una de las diez ideas revolucionarias que ha tenido el hombre y que han cambiado el mundo. En un lenguaje técnico (aunque prescindiendo de matemáticas), este segundo principio de la termodinámica puede enunciarse como que en todo sistema aislado (sin intercambio de materia o energía) la entropía (es decir, el desorden molecular) o aumenta o se mantiene, pero nunca disminuye. Atkins la define de manera más literaria: «Todo cambio es consecuencia de la caída sin finalidad de la energía y de la materia en el desorden». Y luego, tras citar el elogio de Snow a esta ley, nos introduce en lo que significa:

> Una pregunta que cualquiera podría olvidarse de plantear es por qué pasan las cosas. A menudo las preguntas profundas suelen considerarse, erróneamente, preguntas ingenuas. Sin embargo, los interrogantes profundos y en apariencia ingenuos pueden desvelar el meollo del universo si se investigan de manera adecuada. Esto es cierto en el caso de esta pregunta en particular, pues veremos que al buscar la respuesta llegamos a una fuerza motriz de todo cambio. Entenderemos los sucesos simples de la vida diaria, tales como el enfriamiento de un café caliente, y como mínimo atisbaremos la explicación de los sucesos más complejos de la vida cotidiana, como el nacimiento, el crecimiento y la muerte. La respuesta a nuestra pregunta sobre el origen del cambio reside en un campo científico conocido como termodinámica, el estudio de las transformaciones de la energía, en concreto del calor en trabajo.[14]

Es decir, mientras que Shakespeare nos habla de sentimientos humanos como el amor, la venganza, la lealtad o relaciones de familia (sentimientos, por otra parte, que no sabemos si son exclusivos de los humanos o si también los pueden tener los animales), la segunda ley de la termodinámica sí contiene algo verdaderamente humano: la capacidad para preguntarnos y respondernos por qué pasan las cosas y, con esas respuestas, transformar el mundo. Ésa es la verdadera capacidad que ha propiciado que el *Homo sapiens* sea la especie triunfante del planeta. La obtención de la segunda ley de la termodinámica transformó totalmente nuestro mundo, pues es el origen de la máquina de vapor y, por tanto, de la revolución industrial.

La crítica de Levais, que, como no la entiende, concluye que es un conocimiento especializado para quitarle importancia, es sencillamente aterradora. El problema actual en la cultura occidental es que, normalmente, un profesor de termodinámica puede entender a Shakespeare, pero tal vez un profesor de literatura no sea capaz de comprender el alcance de la segunda ley de la termodinámica. Sin embargo, ambos profesores son considerados al mismo nivel por la academia. Y eso es un síntoma del declive de la ciencia: que se considere que una persona puede ser culta, o asumir responsabilidades de interpretación del mundo, sin saber ciencia, sin estudiarla al menos a nivel universitario.

Por ello, asignaturas sobre biología, física, química o geología son tan fundamentales para un periodista o un cineasta como el derecho o la economía. Y también lo contrario: un biólogo debe poder estudiar historia medieval o literatura. Aunque la diferencia está en que las disciplinas de letras pueden, si se tiene interés, ser estudiadas por uno mismo en cualquier etapa de la vida, pero no es fácil improvisar un laboratorio en el domicilio particular. En los países latinos, las licenciaturas de letras abominan las ciencias aunque las necesiten. Un ejemplo que conozco de primera mano son los estudios de comunicación audiovisual. Al querer diseñarlos como «blandos» para atraer al alumnado con sesiones sobre cine o sobre cómo hacer un guión de una telenovela, evitan materias duras pero fundamentales en esos estudios, como la óptica o la acústica y, por supuesto, su aparato matemático y físico asociado. Las matemáticas son también fundamentales para el diseño de los efectos especiales de animación por ordenador. Pero introducir matemáticas, aunque sean muy necesarias y formativas, alejaría a los alumnos de estos estudios.

Desde mi punto de vista, la ausencia de materias de física o matemáticas favorece que los futuros cineastas o guionistas de televisión tengan una visión muy deformada de lo científico. Manejan unos instrumentos, pero desconocen el fundamento técnico y, sobre todo, científico, y eso los lleva a considerar, como dice Umberto Eco, la tecnología como magia, extendiendo ese pensamiento a través de su trabajo en cine o televisión.

Snow se queja de la división de culturas. Pero él habla de la visión anglosajona. En los países de tradición cultural latina, esta división no es que sea mayor, es infinita. En este sentido, una de las circunstancias que demuestra, sin pretenderlo, el libro de Horgan es la gran diferencia entre lo que los anglosajones entienden por cultura. Ellos se quejan de que la ciencia no está suficientemente representada en la cultura de letras. Si conocieran el caso latino, sí que quedarían espantados. Para demostrar esta diferencia, examinemos el currículo de Horgan, que fue periodista científico de la revista *Scientific American*, *New Scientist* o *The New York Times Book Review*, tal y como lo describe él mismo en su libro:

> Aunque yo estudiaba letras [en la universidad], seguía por lo menos un curso de ciencias o matemáticas cada semestre. Trabajar en un problema de cálculo o de física representaba para mí un agradable cambio de ritmo respecto a los embrollados trabajos de humanidades: recuerdo sentir una gran satisfacción cuando hallaba la respuesta exacta a un problema concreto. Cuanto más frustrado me sentía con la concepción irónica de la literatura y de la crítica literaria, más positivamente iba apreciando el enfoque fresco y sólido de la ciencia. Los científicos tienen la capacidad para plantear preguntas y resolverlas de una manera que les resulta desconocida a los críticos, los filósofos y los historiadores. Las teorías se comprueban experimentalmente, se cotejan con la realidad, y se rechazan las que no dan la talla. El poderío de la ciencia es algo que nadie puede negar: ésta nos ha dado ordenadores y supersónicos, vacunas y bombas termonucleares, tecnologías que, para bien o para mal, han cambiado el curso de la historia. Más que cualquier otro modo de conoci-

> miento —crítica literaria, filosofía, arte o religión—, la ciencia nos permite realizar investigaciones duraderas sobre la naturaleza de las cosas.[15]

¡Fascinante! ¡Estudiaba a la vez literatura y cálculo en la universidad! Al menos en España es prácticamente imposible que alguien que cursa una licenciatura de letras puras estudie o pueda estudiar de manera simultánea un curso de ciencias. En la Universidad Carlos III de Madrid, por ejemplo, los alumnos de ingenierías realizan cursos de humanidades —algo elogiable—, pero nadie de las carreras de humanidades —derecho, periodismo o sociología— sigue un curso de física de partículas o cálculo diferencial.

¿Y SI EN LUGAR DE DOS CULTURAS HUBIESE DOS INTELIGENCIAS?

Ha habido, no obstante, dos intentos de enseñar ciencia a los de letras en mi universidad. Ninguno ha tenido mucho éxito. El primero se debe al catedrático de física Roberto González Amado, quien en 1995 diseñó un curso titulado «Física para juristas, economistas y demás gente curiosa». En su ánimo por divulgar la ciencia, escribió incluso un libro en el que se podía seguir el curso.[16] Pero, según me confesó González Amado mientras supervisábamos juntos una selectividad, la propuesta no ha tenido éxito.

El segundo intento lo realicé yo mismo cuando tuve que diseñar el programa de la asignatura de periodismo científico de cuarto curso de periodismo. Introduje un módulo de temas científicos de actualidad: genética, astrofísica, ciencias de los alimentos, etc. Por razones por las que no merece la pena extenderse aquí, no pude hacerme cargo de la asignatura, pero, en previsión de que lo hicieran compañeros licenciados en periodismo con formación de letras, también escribí un libro para que los alumnos pudieran seguir los temas científicos. Tampoco tuvo mucho éxito, ni entre los alumnos ni entre los profesores que imparten la asignatura.[17]

Ambos libros no fueron escritos como obras de divulgación para ser leídos en el tiempo libre, sino como manuales universitarios.

Sin embargo, lo más curioso es que en ambos se prescinde del lenguaje matemático, físico o químico. Es como si los autores hubiésemos dado por sentado que la mente de alguien de letras español (aunque esté en la universidad) no tiene la capacidad de entenderlo. Y esta experiencia me da pie a hacer varias reflexiones que pueden ser polémicas, pero que, siguiendo el criterio anglosajón, no deben dejarse sin formular. ¿Nos consideraremos los de ciencias superiores a los de letras porque podemos entender las letras pero también las ciencias, esta última capacidad vetada para los de letras? ¿Estarán los de letras resentidos porque en lo más hondo de su alma saben que por muy licenciado, intelectual o profesor que sea no son capaces de entender un conocimiento elaborado por gente que se sienta a su lado y de la que incluso pueda ser su jefe jerárquico (aunque no intelectual)? Y si esta gente de letras tiene responsabilidades políticas o académicas, ¿afectará ese resentimiento hacia decisiones que tienen que ver con las ciencias? ¿Puede esto perjudicar al futuro de la ciencia o ser consecuencia de su declive? Y aún otra elucubración más delicada: ¿habrá, en lugar de dos culturas como plantea Snow, dos tipos de inteligencias humanas, una capaz de entender las ciencias y las letras sin problema y otra que sólo entiende las letras? ¿Estará el pensamiento científico-racional y la capacidad de entender el lenguaje de las ciencias naturales sólo al alcance de unos pocos? ¿Habrá determinadas carencias en algunos cerebros que les impiden acceder al pensamiento racional y al lenguaje científico?

Soy consciente de que esta última pregunta es cruel, pero comencé a pensar en ello durante mi etapa como profesor de física y química de secundaria. Ahí descubrí que había alumnos a los que por mucho que pusieran de su parte y nosotros de la nuestra (incluso con profesores particulares) les era imposible comprender la ciencia. Eso jamás me ha sucedido como profesor de periodismo, donde he impartido desde asignaturas teóricas como «estructura de la comunicación social», hasta otras de creación literaria como «técnicas de reporterismo», «la noticia periodística» o «periodismo local». Hay alumnos de periodismo mejores que otros. Como en la Universidad Carlos III de Madrid existe también la titulación de periodismo como segundo ciclo, he tenido alumnos provenientes tanto de carreras de letras (la inmensa mayoría) como de ciencias (muy pocos, por lo que no he podido realizar un estudio estadístico). En cualquier caso, no he notado diferencias sustanciales en cuanto a sus aptitudes para la redacción periodística. Y, lo más importante, nunca he tenido que aprobar a nadie que no tuviera un mínimo de dominio de la materia.

Pero eso no me sucedió en mi etapa de profesor de instituto. Muchas veces aprobábamos a alumnos sin prácticamente conocimientos científicos ni capacidad de razonamiento científica porque sabíamos que iban a letras. La inmensa mayoría de los que iban a letras eran malos en ciencias. Recuerdo uno de ellos que había aprobado con magníficas calificaciones todas las materias de COU de letras. Sin embargo, tenía pendientes las matemáticas y la física y química de segundo de BUP. Lo suspendimos en junio. Nunca olvidaré aquella mirada de odio que nos lanzó al profesor de matemáticas y a mí mientras desayunábamos en la cafetería. El alumno, pese a no alcanzar el dos en los exámenes, no comprendía que lo hubiésemos suspendido si él era de «letras puras» y, presa del resentimiento, nos dijo que los científicos éramos «unos fascistas». Era mi primer año como profesor, y en ese momento comprendí que hay un sector importante de la población que odia las ciencias y a los científicos, porque, al no comprenderlas, se siente discriminado frente a otros compañeros.

El examen de septiembre de ambas materias fue también un desastre —seguía sin alcanzar el dos—, pero el profesor de matemáticas y yo decidimos regalarle el aprobado, porque el problema no era que no hubiese estudiado, la dificultad estaba en que no tenía capacidad de razonamiento científico. Nunca podría aprobar. Si lo suspendíamos, se le invalidaba todo su COU de letras y nos sentimos presionados. El alumno nos agradeció nuestro «regalo» y nos dijo que no nos arrepentiríamos. Aprobó selectividad, porque no tuvo que examinarse de ciencias.

Bastantes años más tarde me lo encontré en el aeropuerto. El alumno me reconoció y me saludó. Le faltó tiempo para decirme que iba camino de Barcelona para prepararse como juez, porque acababa de aprobar las oposiciones. Tendría veintiséis ó veintisiete años. El alumno más brillante de su promoción de instituto (tanto en letras como en ciencias) estudió astrofísica. Con esa edad aún estaría de becario. Y en ese momento me arrepentí un poco: ¿es posible que alguien pueda ser buen juez —o buen pedagogo o periodista— sin capacidad de razonamiento científico? Seguro que no.

Los de letras asumen esa incapacidad para las ciencias y no quieren que materias científicas puras estén en sus currículos. Ni siquiera en el bachillerato, pero eso es un gran error. Tienen que ser conscientes de que su actitud les resta potencial a los titulados en sólo letras y se lo otorga a los titulados en ciencias (siempre que estudien varias asignaturas y cursos de humanidades). Los titulados exclusivamente en letras no sólo se ven privados de muchos e importantes capítulos esenciales de la cultura de todos los tiempos, sino lo que aún es peor: desconocen cómo funciona la forma de plantear problemas que ha definido el siglo XX. Por ello, aunque la irracional y atrasadísima administración pública española sí los acepte, muchas empresas no quieren a gente de letras, porque no saben usar el método científico para encontrar soluciones. Horgan, que considera la formación en letras muy importante para un científico y un periodista, explica, sin embargo, cómo sólo con esa formación en letras no se va a ninguna parte:

> Recuerdo haber pasado en la universidad una fase en la que la crítica literaria me había parecido el más apasionante de los empeños intelectuales. Sin embargo, una noche, después de demasiados cafés, de demasiadas horas intentando descifrar una nueva interpretación del *Ulises*, de James Joyce, tuve una crisis de fe. Sabía de personas muy inteligentes que habían pasado décadas enteras devanándose los sesos para captar el verdadero significado de *Ulises*. Pero uno de los mensajes de la crítica moderna, y de la literatura moderna en general, es que todos los textos son «irónicos»: tienen múltiples significados, ninguno de ellos definitivo.[18] *Edipo Rey*, *El Infierno* y hasta la misma Biblia no hacen en cierto sentido más que «bromear», por lo que no deben tomarse demasiado al pie de la letra. Los argumentos sobre el verdadero significado nunca pueden ser resolutorios, puesto que el único verdadero significado de un texto es el texto propiamente tal. Por supuesto, este mensaje se aplicaba también a los críticos. Uno se topaba cons-

> tantemente con un sinfín de interpretaciones, sin que ninguna de ellas constituyera la última palabra. Y, sin embargo, todo el mundo seguía discutiendo... ¿Para qué? ¿Para que cada crítico pareciera más listo, más interesante, que los demás? Todo aquello empezó a parecerme una verdadera pérdida de tiempo.[19]

Yo creo que no es una pérdida de tiempo. La pérdida de tiempo se produce si sólo se estudia ese tipo de contenido sin añadirle otros más científicos. Al igual que la pérdida de tiempo también se genera si sólo se estudian contenidos prácticos y no se reflexiona sobre la crítica literaria. Los de letras no son capaces de entender el lenguaje científico y se conforman con sucedáneos de la ciencia como son la divulgación (literaria o periodística). Pero eso no es ciencia.

Ante la magnitud del analfabetismo científico de las clases dirigentes españolas que sólo han estudiado letras, el gobierno intentó paliarla aprobando en 2007 una asignatura, «ciencias en el mundo contemporáneo», que se impartiría también en los bachilleratos de letras. Pero el error es el mismo: se prohíbe el lenguaje científico puro, porque el gobierno es consciente de que una parte de la población (que, a veces, se considera culta) no tiene capacidad intelectual suficiente para entender ese lenguaje y, por tanto, de usarlo con rigor, jamás aprobaría la materia, ni siquiera en el bachillerato. A esta población se le ofrece un sucedáneo de ciencia; una historieta en forma de divulgación, despojada de lo sustancial de la ciencia: su riguroso lenguaje.

Al menos esa fórmula es mejor que nada, me comentaba un amigo profesor de ciencias de secundaria, si bien yo no estoy tan seguro de ello. En el contenido conceptual aprobado por el gobierno sobre esa asignatura existe cierto enfoque negativo de «lo científico». De hecho, en los contenidos comunes del tema I aparece lo siguiente: «Reconocimiento de las limitaciones y errores de la ciencia y la tecnología, de algunas aplicaciones perversas y de su dependencia del contexto social y económico, a partir de hechos actuales y de casos relevantes en la historia de la ciencia y la tecnología».[20]

Imagine el lector que, en lugar de esas «aplicaciones perversas», se hubiesen introducido enfoques del tipo «aplicaciones perversas de la filosofía», o de la historia, la economía, y no digamos ya de la religión. Hubiese habido un escándalo. Pero en el caso científico, no sucedió nada. No obstante, gracias al esfuerzo de muchos, se consiguió que esta materia la impartieran profesores de ciencias. En algunos foros y algunas autoridades del ministerio se había planteado que la dieran profesores de filosofía y letras, lo cual, a mi juicio, hubiese provocado un retroceso cultural de España al siglo XIX. Con el ánimo de al menos luchar contra esas concepciones e impulsar un enfoque positivo de la ciencia, me hice cargo de la coordinación de los libros y materiales educativos de esa asignatura para la editorial McGraw-Hill.

La degradación ambiental, que también aparece en esta nueva asignatura, por ejemplo, no es culpa de la ciencia, sino del sistema económico. La ciencia es la única que lucha contra políticos de cultura de letras (abogados, economistas, periodistas), que son la mayoría que gobierna el mundo. La ciencia es la única que busca soluciones a los desastres que estos políticos de letras perpetran. Por ello, estos políticos jamás considerarán necesario incorporar en el currículo de alumnos de secundaria temas como «el peligro de la economía», «el peligro del cine y la televisión», «el peligro del político» o «el peligro de los filósofos que no saben de ciencia».

La asignatura nació coja, porque se pretendía un lenguaje divulgativo en lugar del lenguaje científico. El hecho de que el sistema educativo admita que todos los alumnos pueden estudiar contenidos de letras, pero que sólo unos pocos privilegiados están capacitados para comprender el lenguaje científico y, por tanto, este lenguaje no puede hacerse obligatorio en el bachillerato o la universidad para los de letras, crea un resentimiento entre ambos grupos que bien podría estar contribuyendo al declive de la ciencia.

En España son muy sonados los casos de catedráticos de filosofía de la ciencia, de historia de la ciencia o de didáctica y pedagogía de la ciencia que se han matriculado en primero de física o primero de química y no han aprobado ninguna asignatura. Suelen ser un secreto a voces, porque a esos «expertos en ciencia» les da vergüenza reconocer que no pueden acceder al lenguaje en el que se expresa el conocimiento que pretenden estudiar y del que se dicen «expertos».

Los casos contrarios sí existen y están documentados: aquellos físicos, químicos o biólogos que se convierten en profesores de historia, filosofía, pedagogía y hasta de periodismo, estudiando sin dificultad las correspondientes licenciaturas. Es famosa la anécdota histórica sobre Newton que cuenta que, siendo director de la Casa de la Moneda de Inglaterra, como quería tomar medidas enérgicas contra los falsificadores, se hizo magistrado «para tener la ley de su parte». Puede argumentarse que en la época de Newton los estudios de las materias eran más simples, pero muchos años más tarde, su compatriota Margaret Thatcher, que era química, también se hizo abogada cuando decidió que quería dedicarse más a la política. En España, catedráticos de historia como Ricardo de la Cierva, se licenció primero en químicas. Y el catedrático de literatura Sebastián de la Nuez, uno de los máximos expertos en Galdós, estudió primero farmacia. El principal catedrático en España de periodismo especializado, Javier Fernández del Moral, es también químico. Jorge Lozano, catedrático de semiótica, estudió antes física. Se puede discrepar de sus conclusiones o enfoques —porque la historia, la literatura o el periodismo no son ciencias—, pero no del dominio que todos ellos poseen de sus respectivas materias.

¿Alguien se imagina el caso contrario? Un abogado, un historiador, un filósofo, un filólogo o un periodista que comience una licenciatura de ciencias, repito, es muy inusual. Que la termine es prácticamente imposible —no digamos ya convertirse en un catedrático reputado—, sobre todo en las generaciones que en España han estudiado a partir de la ley del setenta que, al igual que las posteriores, reducen sensiblemente las horas dedicadas al estudio de las ciencias entre los alumnos de letras, tanto de secundaria como de universidades.

«Las ciencias son un idioma como otro cualquiera. O se aprende de pequeño y se practica mucho de joven o ya no se adquiere jamás. Sin embargo, el derecho, la historia o el periodismo son disciplinas que se expresan en el idioma en el que todos hablamos. Por eso siempre y en cualquier momento podemos acceder a ellas —nos explicaban nuestros profesores de ciencias en el instituto para que eligiéramos el bachillerato científico en lugar del de humanidades—.[21]

Siempre hay tiempo para estudiar letras, pero sólo la juventud es la etapa de las ciencias porque son muy exigentes», añadían. Mi profesora de ciencias naturales en el bachillerato, Ángeles Mata, estudió biología y, después, como pasatiempo, derecho. Lo mismo hizo mi profesora de física y química, Edelia Díaz. Tras licenciarse y doctorarse en química, también se licenció en derecho «para matar el tiempo» cuando acababa sus clases en el instituto. Edelia Díaz fue quien me convenció (tras mis numerosas dudas) para que yo estudiara química en lugar de latín (la asignatura que más me gustó de toda mi etapa de estudiante) o historia, que era lo que yo quería. «Alguien con tan buenas notas en física y matemáticas no puede malograr su futuro estudiando latín», me aconsejó sabiamente también Arminda Fumero, mi magnífica profesora de latín.

El que estos comentarios se den no sólo entre los científicos de universidades y empresas, sino sobre todo entre los profesores de instituto podría explicar parte del complejo de inferioridad de muchos titulados de letras, que luego tienen responsabilidades en la imagen de la ciencia. En este sentido, actuarían como revancha ante unos profesores que los despreciaron. En mi época de profesor de secundaria, cuando tocaba elegir grupo, siempre me resultó revelador que los profesores de letras prefirieran enseñar lengua, inglés, filosofía o historia a los bachilleres de ciencias que a los de letras, porque consideraban al alumnado de letras como «más torpe hasta para las letras que los de ciencias». Los grupos de ciencias puras eran siempre los más codiciados por los más veteranos profesores de filosofía, lengua o historia.

El Ministerio de Educación español me negó en 2007 los datos para comparar resultados de selectividad de lengua, filosofía, historia e inglés entre alumnos de letras y ciencias (todos hacen el mismo examen). Temían que se evidenciara que los de letras son peores hasta para las letras. Lo que yo quería demostrar era lo contrario: que estudiar ciencias es muy beneficioso para comprender las letras, de forma que se potenciara el estudio del lenguaje científico en el bachillerato y carreras de letras.

Quería eliminar también esa sensación muy extendida de que ser de letras en España es sinónimo de un disminuido intelectual, al que el gobierno le ha diseñado un bachillerato especial que excluye todo lo que tenga que ver con el lenguaje científico puro con el objeto de que pueda terminar algún estudio universitario. En mi opinión, debe finalizar esta discriminación hacia los de letras, proporcionándoles la posibilidad de estudiar, en todas las fases de sus currículos, materias de ciencias puras. No basta con adaptarle los contenidos científicos a un lenguaje literario o divulgativo.

Ser de ciencias, por el contrario, implica que en su bachillerato se imparten conjuntamente materias de ciencias y de letras, que estas últimas se aprueban sin problema y que el alumno está capacitado para hacer igualmente una carrera de ciencias, ingeniería, ciencias sociales o humanidades. De hecho, repito, en las pruebas de selectividad los exámenes de filosofía, lengua, historia o inglés son idénticos para ciencias y letras.

Resulta curioso que a los alumnos del bachillerato de ciencias sociales haya que diseñarles un programa de matemáticas «de bajo perfil conceptual» —matemáticas II— para que puedan superarlo. Esto ha provocado, por ejemplo, que muchos profesores de las facultades de Económicas españolas hayan recomendado reiteradamente que los alumnos que quieran dedicarse a la economía elijan en su bachillerato ciencias puras en lugar de ciencias sociales. Se asume, pero no se dice, que el alumnado de letras tiene menor potencial intelectual. Los alumnos del bachillerato de ciencias sociales tienen peores calificaciones en ciencias sociales como economía que los de ciencias puras.[22] De ahí nace el gran resentimiento que la gente de letras siente hacia las ciencias. Y un gran desprecio (intelectual) de los de ciencias hacia los de letras.

Esta «mala» disposición influye muchísimo en la imagen mediática de la ciencia y, aunque en el fondo existan esos resentimientos, deben superarse si se quiere obtener una comunicación pública adecuada de la ciencia, porque los periodistas (en España y en el resto del mundo) suelen proceder mayoritariamente del bachillerato de letras.

Todo esto deriva en que los científicos creen que los periodistas no sólo no les entienden, sino que jamás podrán entenderlos, por mucho que ambos lo intenten. Desde el periodismo sucede algo parecido. Uno de los investigadores más relevantes de España, Ginés Morata, del Consejo Superior de Investigaciones Científicas, en el prólogo que escribió para un libro[23] de uno de los periodistas del diario *El País*, Javier Sampedro, hacía el siguiente comentario: «En el panorama periodístico español es difícil imaginar alguien más preparado para explicar los hechos antiguos y recientes de la biología que Javier Sampedro. Él fue un científico brillante (seguramente es el único periodista del mundo que ha publicado un artículo en *Nature*) y conoce perfectamente el lenguaje y las reglas de los científicos».

No me cabe la menor duda de que Sampedro es muy buen periodista y, también, muy buen periodista científico. De hecho, hay una tesis doctoral sobre su obra periodística que lo confirma.[24] Pero cuando trabaja como periodista, sus referentes son —o tienen que ser— distintos a los de un científico. Por ello, el Sampedro periodista hubiese preferido que le elogiaran sus exclusivas, sus primeras páginas, sus noticias trabajadas en contra de las fuentes, sus informaciones que tuvieron repercusión más allá de su medio, sus contactos con las mejores fuentes. ¡Pero sus publicaciones en *Nature*! El problema reside en que muchos científicos no tienen claro cómo funciona el periodismo y valoran al periodista con el mismo criterio que usarían para un científico.

Ginés Morata cuenta en el mismo prólogo una anécdota que pone de manifiesto que, debido a la idea de las dos culturas, para un científico el buen periodista científico es el que sólo sabe ciencia, no el que sabe periodismo; es decir, los referentes son distintos:

> Estaba yo con Ed Lewis en un mitin en Suiza en el año 1995 cuando se le anunció la concesión del premio Nobel de Medicina y Fisiología en 1995. Como la amistad obliga, persuadí a Ed para que le concediera una entrevista telefónica a Javier, que ya entonces trabajaba para *El País*. La entrevista se celebró, y más tarde me encontré con Ed, que todavía, asombrado, me dijo: «¿Quién es ese periodista español que me ha entrevistado? Nunca en mi vida he conocido a uno que supiera tanto de estos temas. ¡Hasta me preguntó por el efecto de transvección!». No hace falta que les explique aquí qué es el efecto de transvección. Bastará que les diga que es para nota: uno de los más oscuros y difíciles temas de la genética de los Hox, los genes descubiertos por el propio Lewis.[25]

¿Es importante que un periodista sepa tanto como un experto? La respuesta no está muy clara. Por un lado, puede ser desaconsejable, pues corre el peligro de actuar como experto y no como periodista. Y ése, el de creerse que sabe más que un experto, es uno de los mayores defectos que puede adquirir un periodista. En la anécdota descrita por Morata, Sampedro se manifiesta sin duda como buen periodista porque es capaz de obtener una entrevista noticiosa el día en que la fuente es noticia (cuando le conceden el premio Nobel). Ése es su éxito y no conocer qué significa el «efecto transvección», como piensa el científico Morata. No obstante, el conocimiento de lo que significa ese «efecto» sería valorable, desde el punto de vista periodístico, si le sirve como método para conseguir la entrevista.

Pero en este caso lo importante para obtener la entrevista fue su relación con Morata. Y eso también es una cualidad periodística muy importante: una buena agenda de fuentes relevantes. Característica que también posee Sampedro. Y a veces, debo reconocer, para lograr esa «buena relación», en el caso de la ciencia, puede ser muy conveniente mostrar un gran conocimiento científico.

Lo que me interesa destacar en este caso es la necesidad de conocer ambos lenguajes y referentes, así como poner de manifiesto lo complejísimo que resulta el estudio de la comunicación pública de la ciencia. El investigador, no obstante, debe aprender a valorar el trabajo de un periodista, no por el hecho de cuánta ciencia sabe, sino por ser buen periodista y saber usar con habilidad las herramientas de la cultura mediática. Sólo con saber mucha ciencia no llegamos a ningún lado si queremos evitar su declive.

La ciencia es eterna y universal

Este choque cultural entre ciencias y letras no sólo tiene que ver con los conocimientos en sí, sino que se despliega en toda una filosofía de vida y de visión del mundo totalmente diferente. Desde esa distinta perspectiva, los de letras suelen plantear las siguientes preguntas para descalificar a la ciencia y los científicos: ¿cuántos científicos están en el gobierno? ¿Cuántos están en órganos de responsabilidad?

¿Cuántos están entre los más poderosos del mundo? ¿Cuántos entre los más queridos por la población? En otras palabras: ¿hace falta algún conocimiento científico para alcanzar la cumbre profesional, social o económica en nuestra sociedad basada en la ciencia y la tecnología?

La respuesta, aunque duela, es negativa y es un síntoma del declive de la ciencia. No hace falta saber mecánica cuántica o química orgánica para ser rector, ministro o presidente de gobierno. Sin embargo, sí es necesario saber algo de derecho, economía, un poco de sociología, algo de historia, un toque de historia del pensamiento y unos conocimientos de periodismo, publicidad y comunicación audiovisual como elementos de persuasión.

Es decir, y en esto llevan algo de razón los de letras: el conocimiento científico es necesario para comprender el mundo, pero parece que en estos momentos es marginal para la dirección de los sectores importantes de la sociedad. Ya veremos más adelante que esto es un error y que es precisamente la falta de cultura científica y la excesiva cultura humanista y economicista de muchos dirigentes lo que está llevando a esta sociedad, y al planeta en general, a un futuro incierto. Pero en el presente, para un periodista o un abogado, saber ciencia es, salvando las distancias, como la albañilería, la fontanería o la electricidad. Son necesarios, incluso muy necesarios para sobrevivir en la sociedad actual. Sin embargo, a nadie se le ocurre que esos profesionales ocupen nichos importantes y decisivos en los entramados de poder y decisión. Cambiar esta percepción debe ser la gran batalla de los científicos del siglo XXI. Pero, de momento, el científico está muy alejado de cualquier tipo de poder real.

¿Por qué el científico se aleja de ese poder real? Observe el lector que alejarse del poder político, económico o mediático no significa que al científico no le interese la sociedad, como señala Kuhn. Aunque ya he mencionado antes este fenómeno cuando hablaba del efecto de la filosofía posmoderna en la ciencia, ahora lo describiré desde el enfoque de la lucha ciencias-letras, porque me parece un asunto esencial. El científico se aleja del poder político, económico o mediático porque cree que trabaja en algo que es una verdad absoluta, como ya he dicho antes. Sin embargo, esta verdad tiene otras dos características que la hacen muy atractiva: es imperecedera y universal. El científico no pierde su tiempo en algo simple, perecedero y superficial como el periodista, el político o el economista. ¿Quién era el hombre más rico en la época de Pitágoras? ¿Y el más poderoso? ¿Y el deportista más admirado? ¿El músico más renombrado? El único que consiguió la inmortalidad fue el matemático Pitágoras, quien tal vez apenas tenía para sobrevivir.

Ilustraré esta idea con una anécdota. Cuando yo estudiaba COU, en la asignatura de química se analizaba la hipótesis de De Broglie para comprender la estructura atómica. La mayoría de mis compañeros de clase, después del COU, estudiaron económicas, empresariales, sociología, ingeniería, medicina o derecho. Pero todos, a los diecisiete años, tuvimos que aprendernos la hipótesis de De Broglie sobre la dualidad onda-corpúsculo de la luz. Y lo más importante: igual que nosotros, el resto de los bachilleres del mundo.

Sin embargo, la historia de De Broglie (1892-1987) es curiosa y ejemplifica lo que piensa un científico. De Broglie estudió un bachillerato muy polivalente que le permitió estudiar casi a la vez física, historia y filosofía en La Sorbona. Pero no empezó a ejercer la física hasta los treinta años. Procedía de una familia aristocrática francesa que estaba empeñada en que su hijo triunfara. Y juzgó que era mejor triunfo ser diplomático que físico. Afortunadamente, De Broglie, a los treinta años, consideró que la diplomacia no le gustaba y que carecía de sentido, sobre todo si la comparaba con la física. Y se decantó por esta última. Ahora su nombre y su idea se estudian en todos los institutos de secundaria del mundo: desde España a China, desde Australia a Estados Unidos, y desde Francia a Argentina.

Sin embargo, un periodista trabaja con una perspectiva muy mundana y a corto plazo. Y, por ello, para el periodista tipo, un diplomático o el jefe de la diplomacia de un país serán siempre más importantes que un físico. No obstante, si se piensa a largo plazo y a nivel global, como hace un científico, se demuestra que nadie se preocupa de quiénes son o han sido los diplomáticos franceses del siglo XX. Puede que tal vez en alguna Facultad de Ciencias Políticas, pero por supuesto no se conocen en ningún instituto de secundaria. «La verdadera gloria es que tu nombre, tu vida y tu obra se estudien en la primaria de todos los colegios del mundo, o al menos en la secundaria —sentenciaba uno de mis profesores de física en el instituto. Y añadía—: En los institutos chinos no se estudia a Napoleón o a los Reyes Católicos. Puede que ni siquiera incluyan a Velázquez o a Lope de Vega. Pero sí estudian a Newton o a Mendel. Han aprendido nuestra grafía no para entender a Cervantes, Shakespeare o Platón, sino para aprenderse la tabla periódica de Mendeleiev y la formulación química que usa una grafía latina.» La ciencia es universal, mientras que la cultura de letras es muy local. Lo único que le interesa a Oriente de Occidente, al menos en los niveles académicos medios, es la ciencia.

No hay que culpar a los chinos por no saber quién fue Napoleón. Tampoco un occidental sabe quién fue Zhu Yuangzhang (el monje budista fundador de la dinastía Ming) o quién era Chiag-Kai-shek. Occidente sólo se interesa por los adelantos científicos y tecnológicos de Oriente, no por su cultura. De hecho, la prestigiosa revista británica *Prospect* denunciaba en su portada de febrero de 2006: «¿Por qué los filósofos occidentales ignoran a los orientales?». Como mucho en Occidente nos suena el gran pensador Confucio (siglo VI a.C. y fundador de la religión mayoritaria de China). Pero aun siendo tan importante, puedo asegurar al lector que, al menos en España, la vida y obra de Confucio no entran en las pruebas de acceso a la universidad, como sí lo hace la hipótesis de De Broglie.

Dentro de trescientos años se seguirá estudiando la hipótesis de De Broglie y ya casi nadie se acordará del general De Gaulle. Nadie recordará la Segunda Guerra Mundial, pero se seguirá estudiando a De Broglie, igual que ahora todos los escolares del mundo aprenden los planos inclinados de Galileo o las leyes de Newton y pocos saben qué ministros reyes, papas o príncipes vivieron en sus épocas.

Los niños de diez años de todo el mundo estudian el teorema de Pitágoras o el principio de Arquímedes, incluidos los niños chinos y japoneses. ¡Eso sí es triunfar! Pero nadie a esa edad sabe quién gobernaba la Grecia de Pitágoras, ni le suena el historiador griego Heródoto. Tal vez la literatura alcance ese estatus universal, pero no para sectores tan amplios de la población. Ni por asomo, por ejemplo, los adolescentes chinos, japoneses o indios estudian el *Quijote* o a Flaubert, como lo hacen con Newton o Mendel. Tampoco estudian al filósofo Sartre y aún menos a nuestro Ortega y Gasset (coetáneos ambos de De Broglie). Sin embargo, para obtener un puesto en una universidad japonesa (y española o australiana) hay que saberse (o al menos estudiar) la hipótesis de De Broglie.

La eternidad está al alcance de cualquier científico

Alguien puede discutir que ese estatus lo alcanzan muy pocos. Es cierto, pero el camino siempre será la ciencia, no la historia, la filología o la sociología. Tal vez no se alcanzarán cotas tan amplias de fama como De Broglie, pero al menos podrás ser conocido en todo el mundo dentro de tu área. Mi director de tesis de química, Pedro Núñez, es conocido en uno de los centros más prestigiosos del mundo: el Instituto Tecnológico de Massachusetts, donde, además, realizó una estancia de un año. Gente de su equipo ha publicado en la revista más importante del mundo, *Nature*. Y él mismo ha logrado premios internacionales. Y todo desde un pequeño departamento de una pequeña universidad de una isla ultraperiférica como es Tenerife. Una compañera mía de promoción de química, Alicia Regueiro-Ren, tenía en 2003, apenas cumplidos los treinta y cinco años, más de once patentes de fármacos susceptibles de curar el cáncer originado por virus. Había obtenido el premio liderazgo de la multinacional farmacéutica Bristol-Myers Squibb y era revisora de una de las mejores revistas científicas del mundo, *Journal of Organic Chemistry*. Trabajaba en Estados Unidos.

Eso se consigue con trabajo duro y talento, si bien esas dos capacidades en un profesor de humanidades o ciencias sociales difícilmente le llevarán al prestigio internacional del que gozan, por ejemplo, algunos físicos, químicos o biólogos españoles. Resulta muy difícil traspasar el ámbito de la cultura, en este caso latina, porque el conocimiento de letras es muy local y muy temporal. Esto favorece que los buenos científicos apenas quieran ser rectores, ministros o presidentes de gobierno, circunstancia que no ocurre en el ámbito de letras o ciencias sociales. En mi opinión, esa tendencia debe cambiar si no se quiere que el declive de la ciencia sea aún mucho mayor.

Aunque reconozco que es difícil. La idea de ser universal y eterno es muy sugerente y... ¿por qué no intentarlo?, se preguntará un buen científico. El arte también puede ser universal, pero... ¿permanece tanto tiempo? ¿Durarán (si no es con la ayuda de la ciencia) las pinturas de Velázquez 3.000 años? ¿Y el *Guernica* de Picasso? El teorema de Pitágoras o el principio de Arquímedes, sí. Y esto, repito, lo tienen muy asumido los científicos.

Un ejemplo que ilustra muy bien que esta idea de eternidad y universalidad está al alcance de cualquiera que se dedique a la ciencia fue lo que sucedió en la reunión mundial de matemáticos que se celebró en Madrid en agosto de 2006. Uno de los galardonados con la medalla Fields (considerada el Nobel de las Matemáticas) era el ruso Grigori Perelman. El joven matemático (nacido en 1966) había entrado en la historia al resolver la llamada conjetura (después de él, sería teorema) de Poincaré, enunciada en 1904. Se trataba de responder a una pregunta muy compleja que abordaba la geometría de los espacios multidimensionales y resultaba clave en un área como la topología, una ciencia con aplicaciones muy teóricas pero también otras muy prácticas, que van desde el diseño de ordenadores a los aeropuertos. Si su solución es cierta, todos los matemáticos, físicos e ingenieros del mundo la estudiarán y lo harán, además, hasta el final de los tiempos de la civilización.

Perelman, que obtuvo sobresalientes en todas las asignaturas de su bachillerato (tanto en ciencias como en letras), excepto en educación física, decidió licenciarse y, después, doctorarse en matemáticas y física en la Universidad de San Petersburgo. Tras ocho años de intenso y callado trabajo, publicó discretamente su resolución del problema, a la espera de que otros colegas la confirmaran o desmintieran. Se vio que en realidad había desentrañado el enigma de la conjetura de la geometrización de Thurston, del que la conjetura de Poincaré es un caso especial. Su éxito trascendía las matemáticas y alcanzaba la física. Porque de ser cierta su solución, tal y como han confirmado todos los matemáticos del mundo hasta el momento, Perelman había dado con la respuesta de cómo es realmente la forma del universo.

Sin embargo, es cierto que, paradójicamente, el matemático no hubiese pasado de ser conocido en un reducido grupo de no ser porque se convirtió en estrella mediática al rechazar todos los galardones, incluida la medalla Fields y, según anunció, tampoco cobraría el millón de dólares que el Instituto Clay ofrecía por resolver el enigma. Perelman no era rico: apenas subsistía con los setenta y cuatro dólares mensuales que cobraba de una pensión compartida con su anciana madre. Pero no había trabajado en algo tan sublime como las matemáticas para obtener algo tan mundano como el millón de dólares de recompensa, como si fuera un sheriff del lejano oeste. Él sólo quería saber la verdad. Y si ésa era la verdad, sería universal y eterna, como lo es el teorema de Pitágoras. ¡Qué mayor recompensa que haber resuelto la forma que tiene el universo y ser de los pocos mortales que pueden comprenderlo! Qué mayor recompensa que dentro de 1.000 años, o de 3.000 años, si la civilización humana todavía existe, haya jóvenes en las facultades aprendiendo lo que Perelman resolvió. Por eso sólo un científico puede comprender sus declaraciones: «Cualquiera puede entender que si la solución es correcta no se necesita ningún otro reconocimiento», afirmó Perelman a *The New Yorker*.

Un editorial del diario *El Mundo* añadía: «La fría lógica de sus palabras es tan cierta como increíble. No sólo por la grandeza ética que conlleva —la certeza como único premio de un titánico esfuerzo— sino por el mero hecho de que aún existan verdades absolutas en un mundo atravesado de cabo a rabo por el relativismo».[26]

Pero la cultura de letras y, sobre todo la mediática, no entiende de posiciones tan sublimes. Los medios vieron en él a un nuevo friki, como si se tratara de un personaje de telebasura. Recordaba al caso *Nash* y a la película *Una mente maravillosa* que ya se han mencionado. Era carnaza nueva y había que destriparla. Que si estaba loco. Que si era un barbudo, como si nuestro Santiago Segura no tuviera más barba que él. Que no se afeitaba porque todo el día estaba concentrado en las matemáticas. Que su único pasatiempo era recoger setas. Los medios no fueron capaces de entender que tal vez se trataba de un comportamiento moralmente elevado. ¿Es eso reprochable? O tal vez era locura. ¿Y qué? Todos, incluidos los científicos, tienen derecho a exponer sus comportamientos o a sufrir sus enfermedades con dignidad. «Por favor: no quiero que se fijen en mí. Los periódicos deberían ser más exigentes. Deberían tener más gusto. No hay nada que yo pueda ofrecer a sus lectores», declaraba el matemático ruso acorralado por los medios. Lo trataban como a un mono de feria. «El hombre más sabio del mundo vive en la indigencia y no quiere un millón de dólares», tituló un periódico sensacionalista británico.

Hubo más matemáticos que recibieron la medalla Fields en 2006, pero eran medianamente atractivos, tenían familia y estaban socialmente integrados, lo cual no es noticia, porque no corresponde con el arquetipo que en letras se tiene de un matemático. Perelman, pese a que no asistió a la entrega, centró los titulares, básicamente porque cumplía los requisitos de científico loco, aislado, feo físicamente y obsesionado por temas abstractos que muchos traducen en inservibles. Es la teoría que tanto enseñamos en las facultades de Ciencias de la Información sobre la buena víctima o el buen verdugo mediático. «El excéntrico matemático ruso Perelman rechaza el galardón que le iba a dar el rey», titulaba *El Mundo*, como si lo importante fuera la figura del rey. La crónica periodística de la entrega confirma mi hipótesis:

> Todos lo sabían, pero nadie lo acababa de creer. Juan Carlos I entregaba ayer los premios matemáticos más importantes que existen, las medallas Fields. Tal y como se esperaba, sonó por megafonía el nombre de Grigori Perelman, el estudioso de los números más célebre de nuestros días. Centenares de científicos estiraron su pescuezo hacia el lugar de donde, en teoría, debía surgir el premiado. Ocurrió lo que se temía: nadie apareció. El hielo lo rompió John Ball, presidente de la Unión Internacional de Matemáticos: «Lamento que el doctor Perelman haya rehusado aceptar la medalla». Desde el fondo del auditorio, en el madrileño Palacio de Congresos, llegaron algunos aplausos que ya no celebraban la concesión del premio, sino, al parecer, el desaire del ruso. Quizá se tratara de jóvenes matemáticos, aspirantes a *profesor chiflado* al más puro estilo Perelman. En realidad, fue la crónica de un desplante anunciado. Dada la extravagante y solitaria personalidad de Perelman.[27]

¿A qué vienen esos juicios de valor gratuitos sobre Perelman? ¿Por qué compararlo con la película *El profesor chiflado*? Perelman sólo defendía que la ciencia (en especial las matemáticas y, por extensión, las ciencias naturales) está muy por encima de premios, dinero y reyes, circunstancia que para cualquiera que tome un poco de distancia para observar mejor la realidad, resulta obvio.

Es curioso que el periodismo tampoco vea ni reconozca a los científicos, ni siquiera cuando mueren. Un pequeño ejercicio de análisis de contenido con mis alumnos del máster de periodismo científico demostró que siempre se le otorga más espacio a un obituario de un escritor, de un filósofo o un político que a uno de un científico, y no digamos ya de una cantante como Rocío Jurado. En España pueden pasar semanas sin que aparezca una necrológica de un científico. Sin embargo, esta tendencia, aunque habitual en Occidente, está algo minimizada en los países anglosajones. La prensa británica, por ejemplo, publica casi a diario obituarios de científicos, aunque no les concede la relevancia de escritores, artistas o políticos. El científico interpreta que eso sólo significa que el periodismo se interesa por la cultura de letras, mientras que él busca la vía de la «verdad absoluta» que, según observa, en la cultura mediática no interesa.

Antecedentes de la lucha intelectual contra la ciencia

Esta lucha de los intelectuales de letras contra los científicos no es nueva. Proviene de hace siglos, y lo novedoso es que cada día ambos grupos están más separados. Lo grave es que los intelectuales de letras ostentan el poder en el mundo actual, siendo unos «analfabetos científicos». Y ello condiciona sus decisiones políticas y económicas generando un futuro muy poco halagüeño.

El problema deriva de que para los «humanistas» de letras, el hombre no es un ser biológico, físico y social, sino solamente social, lo cual le resta mucha capacidad, no sólo para entender el mundo en toda su complejidad, sino sobre todo para resolver correctamente muchos de los problemas que lo acechan. Un economista no podrá diseñar correctamente un plan estratégico de un país si no sabe, como mínimo, botánica, zoología y ecología. Tampoco un abogado podrá ejercer bien su trabajo en pleno siglo XXI si no ha estudiado genética o bioquímica en la universidad. Como sostiene el filósofo de la ciencia Jesús Mosterín, «un énfasis excesivo en lo únicamente humano puede resultar confundente. De hecho, la visión antropocéntrica del mundo es completamente falsa y distorsionada, pues finge para nosotros un centro que no ocupamos. No es de extrañar que siempre acabe chocando con la ciencia».[28]

A mí me gusta el lema de mi universidad: «Homo sacra homini» («el hombre es sagrado para el hombre»), una frase atribuida a Séneca. Si se lee como que el hombre tiene la capacidad de poder comprenderlo todo, el lema es muy sugestivo; pero si se interpreta como que el hombre está por encima de la naturaleza, creo que es antropocéntrico y reduccionista. Lo sagrado para el hombre no debe ser sólo el hombre, sino que debe ampliar sus miras al conjunto de la naturaleza y del universo, de los que el hombre es sólo una parte más. Debe entender que sin ellos —en especial, sin la vida natural—, el hombre no es nada. Muchas culturas antiguas como la celta o la maya lo asumieron así. La cultura romana, no obstante, consideraba que la naturaleza estaba para ser sometida, esclavizada, y no para ser entendida y admirada, como sostenía Darwin. Roma acabó con la mayor parte de los bosques europeos. En el siglo I casi había exterminado especies tan valiosas como el oso pardo, simplemente porque su sociedad se divertía viendo cómo los mataban en el circo. Los romanos —como sucede hoy con muchos ingenieros— buscaban comprender la naturaleza para someterla, y veían en ese sometimiento al hombre (en llevar agua a donde no existía de forma natural con un acueducto) un logro digno de elogio. No les importaba si los ecosistemas se destruían. Sin embargo, ese enfoque del humano por encima de la naturaleza puede acabar con las condiciones vitales que hacen posible la existencia de lo que parece que más les interesa a los humanistas: la especie humana. Y, ante la obviedad de que puede que estén acabando con el planeta, estos humanistas centran sus iras precisamente en aquellos que intentan comprenderlo en su totalidad, lo cual es inexplicable.

¿De dónde proviene ese odio visceral de los «humanistas» a las ciencias, circunstancia que se transmite a los periodistas? Mosterín sostiene que «todo humanismo estrecho degenera fácilmente en hostilidad contra la ciencia». Ya muchos humanistas del Renacimiento despreciaron no sólo la filosofía escolástica, sino también, y haciendo alarde de ello, las nuevas ciencias matemáticas y experimentales. Ese sentimiento anticientífico centrado en priorizar el conocimiento del hombre sobre sí mismo, por encima (o incluso aislado) del conocimiento del mundo natural, fue creciendo con el paso del tiempo. La última fase sería la filosofía posmoderna y el racionalismo crítico, que incluso pone bajo continua sospecha el propio método por el que la ciencia conoce la naturaleza.

Pero no siempre fue así ni se alcanzó este abismo actual. Ciencia y filosofía formaron un continuo en el principio de la civilización occidental. De hecho, en griego clásico las palabras «ciencia» (*epistéme*) y «filosofía» (*philosophia*) se empleaban como sinónimos. Ambas se referían al saber riguroso y se contraponían a la mera opinión infundada (*dóxa*). El saber riguroso implicaba, necesariamente, un gran dominio de la matemática. «Nadie entre aquí sin saber geometría», rezaba el frontispicio de la Academia de Platón, para quien nadie sin el conocimiento de ese lenguaje tendría algo interesante que decir. ¿Cuántos filósofos pueden presumir en la actualidad de un dominio medio de las matemáticas? Muy pocos, al menos en España, donde alguien con bachillerato de letras puede perfectamente licenciarse en filosofía y hasta llegar a catedrático de esa disciplina.

Lo que nosotros llamamos en la actualidad «ciencia» nació como tal en el siglo XVII, con la pretensión de ser una filosofía más rigurosa y fecunda que la que se practicó durante la oscura e irracional Edad Media. Y, haciendo gala de la herencia griega, los primeros y grandes científicos tuvieron un conocimiento conjunto de ciencia experimental y teorías filosóficas. Esta unión de saberes puede explicar la explosión de creatividad científica generada desde los siglos XVII al XIX. Ya he hablado de cómo muchos filósofos posmodernos se han convertido en acusadores de la ciencia, y cómo los científicos demonizan a la filosofía posmoderna. Sin embargo, cuando en febrero de 1672 Newton publicó su primer artículo, en el que exponía sus descubrimientos sobre la luz y el color, en la que es considerada como la primera revista científica del mundo *Philosophical Transactions of the Royal Society* (actas filosóficas de la Royal Society), lo hizo precisamente en una revista que tenía el nombre de «filosofía». Newton se licenció y doctoró en humanidades en Cambridge. Sólo que en aquella época las humanidades incluían las matemáticas y la astronomía. Ninguno de los programas de estudios de la carrera de humanidades en España contempla esas dos materias, al menos los que yo revisé en 2006.

Newton publicó en cuatro años diecisiete artículos, en esa revista, y en 1687 salió a la luz su obra maestra, libro capital que da nacimiento a la ciencia moderna: *Philosophieae Naturalis Principia Matematica*, que traducido al español sería: *Principios matemáticos de la filosofía natural.*

Es decir, la palabra filosofía aparece en los primeros escritos sobre ciencia moderna. De hecho, durante mucho tiempo a las ciencias experimentales se las llamó filosofía natural. La química, por ejemplo, recibió su primera fundamentación en función de la teoría atómica en el libro de Dalton, publicado en 1808: *New System of Chemical Philosophy*.Y la primera, aunque insatisfactoria, versión de la teoría de la evolución se la debemos a Lamarck, quien publicó en 1809 su *Philosophie zoologique*. No debe olvidarse, por ejemplo, que los que se doctoran en química, física o biología en Estados Unidos reciben el título de *Doctor of Philosophy* (*Ph.D.*)

Así como tampoco debe obviarse que antes de abrirse esta brecha entre ciencias y letras también se hicieron notables aportaciones a las ciencias experimentales desde el campo de la filosofía. Casos como los de Aristóteles, Pitágoras, Descartes o Leibniz son ejemplos de que cuando uno lee su biografía y sus obras no se sabe si son filósofos o científicos en el moderno sentido de la palabra, porque para ellos, está claro, era lo mismo. Aristóteles, por ejemplo, escribió más de zoología que de metafísica, ética y lógica juntas. También son muy conocidas las contribuciones de Descartes y Leibniz a la creación de la geometría analítica y del cálculo infinitesimal. Incluso un filósofo como Kant formuló la primera hipótesis coherente y compatible con la mecánica de Newton acerca de la formación de nuestro sistema solar. Kant sugirió también que la Vía Láctea es simplemente una galaxia más entre otras y anticipó la idea correcta de que la fricción de las mareas frena la rotación terrestre.

De hecho, sostengo la idea de que esta mezcla de conocimientos científicos y humanísticos en la misma persona proporcionó los mejores avances tanto en la ciencia como en la filosofía. Si repasamos brevemente las biografías de algunos científicos, observamos cómo al margen de Newton, que se licenció en humanidades y derecho, Descartes estudió leyes y matemáticas; Boyle, que fue el primer científico que estudió las leyes de compresibilidad de los gases, estudió también religión y filosofía.

Otro gran científico, Marcello Malpighi, que descubrió la circulación de la sangre y la importancia del «aire» en la respiración, estudió medicina, pero también filosofía en la Universidad de Bolonia. El conde de Buffon, que realizó las primeras estimaciones sobre la edad de la Tierra, estudió a la vez leyes y astronomía. El propio Lavoisier, considerado el padre de la química moderna, se graduó también en leyes. Con el tiempo, y la superespecialización, ese espíritu de controlar a la vez los ámbitos científicos y literarios se fue perdiendo. Y esto es un error de la cultura occidental.

No obstante, autores como John Gribbin sostienen que, por ejemplo, en Gran Bretaña se produjo un avance científico espectacular entre los siglos XVII, XVIII y XIX porque sus escuelas desdeñaron, antes que en otros países, los estudios de latín, sustituyéndolos por matemáticas y filosofía natural. Así, cuando Gribbin explica la biografía de Dalton, sugiere que consiguió tales éxitos científicos (entre los que destacan su modelo atómico) porque «Dalton asistió a una escuela cuáquera donde, en vez de ser atiborrado con el latín, se le permitió desarrollar su afición por las matemáticas».[29] También Gribbin afirma que uno de los mayores éxitos de Priestley (que, entre otros logros científicos, sugirió que la electricidad, al igual que la gravedad, obedecía a una ley del inverso del cuadrado) fue precisamente que en su etapa como responsable de la Warrington Academy (1760) hizo de ésta «una de las primeras instituciones de enseñanza inglesa que sustituyó el tradicional estudio de la cultura clásica por clases de historia, ciencia y literatura inglesa».[30] Pero eliminar el latín, que representa muy poco en la cultura anglosajona, no significó suprimir la historia o la literatura de la enseñanza de un científico. Al igual que no pueden suprimirse las matemáticas de la cultura universitaria de un filólogo.

De hecho, no parece que Priestley sea el ejemplo de alguien que desdeñó la cultura literaria, puesto que sus intereses intelectuales eran muy amplios como corresponde a alguien que une las «dos culturas». Además de su actividad en el campo de la electricidad o de la química, también escribió una de las primeras obras de gramática inglesa y un gigantesco esquema biográfico que establecía las relaciones cronológicas entre figuras importantes de la historia, abarcando, nada más y nada menos, que el período comprendido entre el año 1200 a.C. y el siglo XVIII, que fue cuando la editó. Fue una obra tan impresionante que, en 1765, la Universidad de Edimburgo le concedió a Priestley el título de doctor en leyes.

¡Brillante! Hoy día no sólo es prácticamente imposible que un humanista de letras se dedique a estudiar la naturaleza, sino que además, al menos en España, las publicaciones, los trabajos científicos, deben ser exclusivamente del área en el que el candidato va a ser evaluado, demostrando de esta forma la mentalidad reduccionista de los «evaluadores» oficiales del conocimiento, que consideran la diversidad de intereses intelectuales como algo rechazable, sobre todo si esa diversidad incluye el campo ciencias naturales-letras.

El filósofo de la ciencia Jesús Mosterín explica las causas de esta división entre ciencias y letras de la siguiente manera:

> A principios del siglo XIX se constituyó la nueva universidad alemana dividida en compartimentos estancos, y donde, al amparo de la reacción romántica antimoderna, las cátedras de filosofía fueron ocupadas por filósofos idealistas como Fichte o Hegel, que sólo habían estudiado teología y filología, e ignoraban por completo la ciencia de su tiempo. Con ellos se consumó un cisma que tuvo consecuencias lamentables de oscuridad, palabrería e irrelevancia, de las que la filosofía alemana todavía no se ha recuperado del todo.[31]

Esta división es importante porque propició que los actuales «humanistas», así como las carreras llamadas de humanidades e incluso las de ciencias sociales, hayan renunciado a contestar las preguntas que se ha hecho el ser humano en sus mayores momentos de lucidez desde los orígenes del pensamiento: ¿qué es la vida?, ¿cómo funciona la vida humana?, ¿de dónde venimos?, ¿hacia dónde vamos?, ¿cuál fue el origen del universo?, ¿cuál será su final?

Este cisma que comenzó en el siglo XIX se amplió en el XX a proporciones no ya de desconocimiento, sino de odio visceral de los intelectuales de letras a los científicos.

> En el siglo XX algunos practicones de las disciplinas literarias se sintieron superados y amenazados por los rápidos progresos de la ciencia y la tecnología. En vez de asimilarlos e integrarlos en el nuevo humanismo global a la altura de nuestro tiempo, adoptaron un anticientifismo oscurantista y confuso, empeñado en desacreditar cualquier pretensión de claridad, objetividad y rigor. Su discurso zafio e intelectualmente deshonesto fue puesto en ridículo por el físico Alan Sokal en un sonado escándalo.[32]

Uno de los puntos de inflexión en esta batalla ciencias-letras fue la publicación de la teoría de la relatividad por Albert Einstein en 1905. Aunque tuvo detractores, obviamente, todos los intelectuales de la época vislumbraron que era una teoría muy importante. Se aplicaron a leer los artículos de Einstein y muchos (sobre todo del ámbito de las letras) descubrieron que aunque estuvieran un año intentando comprenderla, su competencia matemática o su capacidad intelectual no les permitía asumirla. Los periódicos de la época cuentan cuán grande fue la frustración, sobre todo de los filósofos sin rigurosa formación matemática, que, aunque se consideraban como líderes de pensamiento, eran incapaces de comprender una teoría que había elaborado otro humano.

Thomas Glick, en su magnífico libro *Einstein y los españoles*, matiza que en esa época también había científicos que declaraban que la relatividad era incomprensible «como un modo de evitar tener que vérselas con sus implicaciones». Sin embargo, entre los intelectuales de letras la postura dominante fue «la de expresar un no disimulado resentimiento al verse forzados a admitir su incapacidad para comprender una idea científica revolucionaria».[33] Se inició así «una corriente subterránea de resentimiento contra los científicos por haber desplazado a los árbitros tradicionales de la cultura».[34]

Comenzó esa «guerrilla subterránea» contra la ciencia con la idea de que no se podía permitir que los científicos siguieran una línea de pensamiento a la que, por mucho que lo intentaran, no tenían acceso de comprensibilidad los intelectuales de letras. Uno de los argumentos fue que el pensamiento de las letras es democrático porque todos (incluidos los científicos puros) pueden abordarlo si se lo proponen. No ocurre así con las ciencias. Los intelectuales de letras vieron amenazadas sus disciplinas y su influencia en la sociedad: ¿quién querría ser dirigido intelectualmente por alguien que asume que es incapaz de entender una teoría elaborada por otro pensador?

En este sentido, resulta curioso el editorial de *The New York Times* coincidiendo con la llegada de Einstein a Estados Unidos en abril de 1921: «La misma Declaración de Independencia es ultrajada por la afirmación de que hay alguna cosa en la Tierra o en el espacio interestelar que sólo puede ser comprendida por unos pocos». Paul Carter[35] señala que la Constitución americana había adoptado verdades consideradas autoevidentes y *The New York Times* opinaba que el mismo patrón debía aplicarse a las verdades científicas. Carter considera, sobre ese editorial, que «en una edad democrática el sentido común fue considerado propiedad del hombre común». Y a este respecto, unos años más tarde, Peter Morris Dixon sostenía que en Estados Unidos la divulgación de la ciencia en un principio fue juzgada como socialmente meritoria y la ciencia presentada como la clave para la mejora social. «Consecuentemente —sostiene Dixon—, si la ciencia no era inteligible al público general, era socialmente inválida».[36]

La otra forma de desacreditar el conocimiento científico ya la he abordado y se fraguó con Kuhn y Popper. Como recordatorio, sólo mencionar que si unos párrafos más atrás he dicho que en la Grecia clásica, ciencia (*epistéme*) o saber riguroso, se oponía a *dóxa* (opinión infundada), fue Popper quien rechazó esa división y propuso la contraria: la de ciencia no como *epistéme*, sino como *dóxa*, «como conocimiento conjetural y falible, como saber incierto, cuyas teorías están y siguen estando siempre en el estado de hipótesis». Para Popper, «la ciencia no es un sistema de aserciones ciertas o establecidas de una vez para siempre» y «no puede pretender haber alcanzado la verdad, y tampoco un sustituto de la verdad, como la probabilidad».[37] Tanto Popper como Kuhn y su «ciencia como modas o acuerdos entre científicos» se inspiraron en la teoría de la relatividad. Era un modo, como otro, de menoscabarla o de quitarle importancia.

Hubo otra corriente de intelectuales de letras que, para aparentar ante la sociedad que ellos sí eran capaces de comprenderla y hasta de adaptarla, optaron por adquirir una cierta pátina de familiaridad con la teoría de la relatividad y, al faltarles formación científica, adoptaron un tipo de discurso caracterizado por lo que Biezunski llama «deslizamiento semántico».[38] Así, al discutir la relatividad, los no científicos usaban la terminología para formular interpretaciones acordes con significados ya conocidos. Por ejemplo, confundir relatividad con «relativismo». De este modo, los intelectuales de letras generaron un diálogo en que ostensiblemente se discutía la relatividad, pero que estaba vacío de contenido tanto de física como de ciencia. Esta corriente se amplió a otras teorías científicas y alcanzó tal nivel que dio lugar al segundo gran conflicto ciencias-letras: el escándalo Sokal.

Todo lo anterior, reitero, debe tenerse en cuenta para reflexionar sobre la imagen de la ciencia en la sociedad actual; porque, no lo olvidemos, los intelectuales de letras tienen más acceso a los medios de comunicación que los científicos y, sobre todo, la mayoría de los periodistas y cineastas suelen ser de letras. La práctica totalidad de los profesores de ciencias de la información, de humanidades o ciencias sociales han estudiado más a Popper o a Kuhn que a Newton o a Einstein.

El escándalo Sokal: la guerra desde la ciencia

¡Alan Sokal! El nombre maldito. El innombrable en cualquier departamento universitario de ciencias sociales o de humanidades. Y el héroe de los científicos experimentales porque «sacó a flote la patraña intelectual que se trama en esos otros departamentos que no son de ciencias puras».

Recordemos por qué este espinoso asunto reabre tantas heridas. Sokal escribió en broma un artículo petulante que no era más que una acumulación de grotescos sinsentidos y obvias falsedades. Lo escribió en el estilo en que algunos filósofos y sociólogos de la ciencia redactan sus críticas posmodernas a la física, a la química o la biología. Le puso un pomposo título como corresponde a algo que quiere aparentar lo que no es: «Transgressing the Boundaries: Towards a Transformative Hermeneutics of Quantum Gravity», algo así como: «Transgresión de los límites: hacia una hermenéutica transformativa de la gravedad cuántica». Sokal lo envió a una revista de esas que se llaman de impacto; en otras palabras, que publicar ahí sirve para aumentar el currículo de catedrático y profesores de humanidades y ciencias sociales. La revista en cuestión era *Social Text*. El artículo fue aprobado por la redacción y publicado en abril de 1996.

Pero Sokal tenía preparada su venganza particular, en nombre de los científicos experimentales, contra los científicos sociales y los «humanistas». Al día siguiente de la publicación en *Social Text*, Sokal desvelaba, nada menos que en la portada de *The New York Times*, que todo había sido una broma, poniendo así al descubierto, a su juicio, la incompetencia y la falta de nivel y rigor de muchas publicaciones en las que hacen sus currículos los investigadores sociales y de «humanidades». Si una cosa semejante hubiese sucedido en ciencias, se habría desencadenado una catástrofe, pero en los departamentos de Sociales y Humanidades se optó por «no hablar del asunto Sokal». Dos años más tarde Sokal y Jean Bricmont hurgaron más en la herida y publicaron su libro: *Fashionable Nonsense: Postmodern Intellectuals: Abuse of Science*, libro del que existe una traducción española (*Imposturas intelectuales*, Paidós. Barcelona, 1999), y que reúne todo tipo de citas de intelectuales pretenciosos que desde sus cátedras de «letras» han analizado desde la identificación por Lacan del pene con la raíz cuadrada de uno, hasta la crítica de la ecuación de la relatividad (la de que la energía es igual a la masa por el cuadrado de la velocidad de la luz) por «privilegiar la velocidad de la luz frente a otras velocidades con los mismos derechos».

El libro va desentrañando las patrañas de muchos intelectuales de las ciencias sociales. Uno de los capítulos más interesantes, sobre todo desde el punto de vista de los que nos dedicamos a enseñar periodismo, es el de cómo desmonta todos los trabajos sobre la «experta» en lingüística y semiótica Julia Kristeva. La lingüista de origen búlgaro consiguió ganar la cátedra de lingüística de la «prestigiosa» Universidad París VII tras publicar dos libros fruto de una tesis doctoral totalmente absurda titulada *La révolution du langage poétique*, en 1974, en la que, entre otros desatinos, intenta demostrar que «el lenguaje poético es un lenguaje formal cuya teorización se puede fundamentar en la teoría matemática de los conjuntos».

Tanto matemáticos como físicos demostraron posteriormente que Kristeva no tenía ni idea de matemáticas, y menos de la teoría de los conjuntos, porque sus suposiciones no pasarían la criba de un bachillerato. Hay errores de bulto, como los referidos a todo lo concerniente al teorema de Godel: que no se lo sabe y lo aplica de oídas y mal. Pero nadie en su tesis doctoral entendía ni una palabra de lo que decía Kristeva, y antes de pasar por ignorantes, decidieron aprobarla. Lo mismo sucedió con los que juzgaron su cátedra. Ella abandonó ese enfoque porque se dio cuenta de que todo era un absurdo, pero lo que no abandonó fue su cátedra; ni tampoco la abandonaron sus adeptos, la mayoría semióticos que se ganan la vida —¿enseñando?— en las facultades de Comunicación, incluidas las españolas.

El semiótico Roland Barthes, que tampoco sabía matemáticas ni le pareció interesante estudiarlas, llegó a escribir en la «prestigiosa» revista *La Quinzaine Littéraire* lo siguiente sobre el trabajo intelectual de Kristeva:

> Julia Kristeva cambia el lugar de las cosas: destruye siempre el último prejuicio, aquel en el que uno creía poder tranquilizarse y enorgullecerse; lo que ella desplaza es lo ya-dicho, es decir, la insistencia del significado, es decir, la tontería; lo que subvierte es la autoridad, la autoridad de la ciencia monológica, de la filiación. Su trabajo es completamente nuevo, exacto.[39]

Al margen de que lo que dice no es cierto, es importante comprobar cómo Barthes utiliza un lenguaje engolado, difícil y sin sentido, para que parezca que está escribiendo de algo importante cuando es pura basura. Sin embargo, Barthes es seguido y citado con devoción por profesores de periodismo y comunicación audiovisual. Ignacio Ramonet, director del influyente periódico *Le Monde Diplo-*

matique y profesor de teoría de la información de varias universidades, pone como hito en su currículo «haber sido discípulo de Roland Barthes».

Debe matizarse que en el libro *Imposturas intelectuales*, tanto Sokal como Bricmont no critican tanto el hecho de que su patraña-broma hubiese pasado los filtros de una revista, sino que lo que realmente les asquea es la debilidad intelectual de las teorías que sustentan muchas ciencias sociales.

> Pero ¿por qué tanto ruido? Pese al escándalo en la prensa, el mero hecho de que la parodia se publicase no demuestra gran cosa; como máximo pone en evidencia los estándares intelectuales de una publicación de moda. Lo verdaderamente revelador era el contenido de la parodia. Si se analiza con mayor profundidad, se observa que se construyó a partir de citas de eminentes intelectuales franceses y norteamericanos sobre las presuntas implicaciones filosóficas y sociales de las ciencias naturales y de las matemáticas. Citas absurdas o carentes de sentido, pero que, no obstante, eran auténticas. [...] Los autores en cuestión forman un verdadero panteón de la «teoría francesa» contemporánea: Gilles Deleuze, Jacques Derrida, Félix Guattari, Luce Irigaray, Jacques Lacan, Bruno Latour. [...] En el artículo también se cita a prominentes académicos norteamericanos, especialistas en estudios culturales y otras disciplinas afines, pero éstos, por lo menos en parte, suelen ser discípulos o comentaristas de sus maestros franceses.[40]

Lo que critica Sokal, aunque puede ser muy frecuente, no estoy seguro de que sea la tónica general. Existen magníficos trabajos en ciencias sociales y en humanidades, al igual que puede existir algún trabajo científico falso en áreas supuestamente tan puras como la física o las matemáticas. La diferencia, desde mi punto de vista, está en que en ciencias naturales son los propios científicos los que detectan la impostura y, cuando lo hacen, despedazan literalmente a quien ha osado utilizar una metodología falsa. Esto lo hacen porque saben que la credibilidad de las ciencias naturales es tal, que desenmascarar a un impostor intelectual sólo redundará en una mayor credibilidad de la ciencia.

Pero no sucede lo mismo con las ciencias sociales. No tienen la credibilidad de la física o la química, aunque sí mucho poder político y social (por ejemplo, la economía o la pedagogía). En estos momentos, poner en entredicho una ciencia como la economía puede implicar mucho más que un debate académico. Por eso, todos los catedráticos de ciencias sociales callan sobre estudios flagrantemente falsos y no es habitual una crítica en los medios a sus métodos. Repito que puede haber estudios y científicos sociales serios, pero no resulta fácil distinguirlos. Creo que su forma de trabajo propicia una alta corrupción intelectual, y lo digo con conocimiento de causa porque he trabajado en un Departamento de Ciencias Puras y en otro de Ciencias Sociales.

Un científico social considerará, en general, un agravio que otro investigador intente repetir su experimento y sus condiciones (en el improbable caso de que sean reproducibles). Es muy habitual, además, que otros investigadores no tengan acceso a las bases de datos del experimento,[41] por lo que ni siquiera es posible saber si, en el mejor de los casos, la metodología ha sido incorrecta o, en el peor, los resultados han sido inventados. No hay forma de comprobarlo (o al menos no es tan fácil) como ocurre en ciencias puras. Por el contrario, un científico natural considerará un honor que su experimento se repita tantas veces como haga falta por cuantos investigadores lo deseen. Aquí radica la fortaleza de las ciencias naturales y la debilidad de las sociales.

Esto puede ser una obviedad para muchos, pero no para los licenciados en ciencias de la información o comunicación, porque en sus planes de estudios se otorga la misma credibilidad a las ciencias sociales que a las naturales; o casi menos a estas últimas, que normalmente ni se imparten en las facultades de Periodismo o Cine. Es perjudicial para la ciencia que las estructuras académicas den el mismo estatus a un catedrático de química que a uno de comunicación audiovisual, porque ponen a ambas disciplinas al mismo nivel intelectual.

El proceder, a mi juicio, poco serio de muchos científicos sociales puede demostrarse, por ejemplo, cuando publican sus resultados o sus encuestas en los medios de comunicación antes que en revistas de prestigio; o cuando optan por publicar sus resultados en un libro —que editan ellos mismos pagándose la edición a cargo de presupuestos de investigación—, en lugar de someter esos datos al escrutinio de otros colegas en evaluaciones serias y ciegas. ¿Qué rigor científico tienen esos libros financiados por instituciones públicas o privadas? Para mí ninguno.

No estoy hablando de libros de ensayo. Las ciencias sociales nacieron con este tipo de libros sobre el análisis y la reflexión que un investigador construye sobre un asunto. Libros como *La riqueza de las naciones* (1776), de Adam Smith, han sido el germen de las ciencias sociales. Mucho antes Maquiavelo escribió *El príncipe* (1513) y, mucho después Karl Marx publicó *El capital* (1867). Tampoco critico los libros eruditos de los humanistas. Las ediciones críticas del *Quijote* de Francisco Rico representan una magnífica aportación a la cultura con mayúsculas, y su rigor y seriedad son elogiables. No tengo nada que objetar a ese tipo de libros.

Pero sí sobre una tendencia muy extendida entre algunos científicos sociales (y últimamente entre científicos naturales sin formación universitaria en ciencias sociales), que no pueden aspirar a escribir este tipo de ensayos, y que lo suplen con cientos de encuestas o análisis de contenidos que no resisten el mínimo rigor científico.

Este tipo de investigación también puede hacer daño a la imagen que los periodistas y cineastas tengan de la ciencia, sobre todo si se utiliza a los alumnos. Como estudiante de ciencias de la información, recuerdo haber sufrido la tiranía basada en que muchos profesores nos daban encuestas para que las pasáramos a gente como trabajos obligatorios de clase. Otras veces contrataban empresas encuestadoras que, a su vez, subarrendaban a estudiantes para que repartieran las encuestas. Lo mismo sucede con algunos «sesudos» análisis de contenido que se basan en toma de datos usando a incautos alumnos. Ahora como profesor de ciencias de la información, continúo comprobando cómo muchos compañeros siguen con estas pseudometodologías de investigación. El uso de alumnos de pregrado o de encuestadores no vinculados directamente con la investigación para realizar estudios en los que ellos no van a participar de forma activa (su nombre no aparecerá como coautor de la investigación) es una de las mayores fuentes de corrupción intelectual de nuestros días, pues no puede detectarse la falsificación ni pueden reproducirse los datos.

Recuerdo en mi época de estudiante cómo falsificábamos datos para obtener el beneplácito del profesor o el dinero de las compañías encuestadoras. Después muchos profesores publicaban aquellos resultados como si fueran propios. Nuestra forma de venganza —muy extendida en ciencias sociales— era, repito, falsificarlos. Aún me río cuando alguien se pregunta por qué las encuestan nunca aciertan en las elecciones. Con analizar cómo se elaboran y quién recoge los datos bastaría para dar una explicación factible.

Pero a los alumnos de ciencias de la comunicación se les graba la idea de que la ciencia es una impostura desde la misma toma de datos y muestreo, porque no tienen otras formas de comparación al no estudiar, por ejemplo, ciencias naturales. Recuerdo muchas conversaciones de cafetería en mi época de estudiante de periodismo, intentando explicar que aquello que todos adulterábamos como forma de fastidiar a algunos profesores —o empresas de encuestas— que querían aprovecharse de los alumnos no era ciencia. Pero esa experiencia de que la ciencia es algo falso nunca se borrará de las mentes de los jóvenes estudiantes de comunicación cuando observan cómo después sus profesores presumen de esos resultados.

El currículo de muchos «expertos» de ciencias sociales apenas contiene otras aportaciones que no sean estas encuestas o análisis de contenidos con muchas probabilidades de haber sido falsificados, casi nunca elaborados por ellos mismos, y a los que intentan dar explicación como si fuera el más excelso y objetivo de los datos. Mucho dinero invertido en ciencias sociales se despilfarra en esos panfletos anticientíficos que ni siquiera resisten una evaluación ciega de colegas de un campo similar, por lo que el investigador publica sus resultados en libros con cargo al presupuesto del proyecto. Pero lo peor es la imagen que dan entre los estudiantes de ciencias sociales que luego puedan tener responsabilidades en la comunicación de la ciencia.

Mi experiencia me indica que esta práctica, si bien no es totalmente generalizable, sí resulta frecuente en algunas áreas de las ciencias sociales. Muchos científicos sociales están usando el aval que da el conocimiento de las ciencias naturales a algo llamado universidad para propagar, desde esa misma plataforma, doctrina supuestamente avalada por la ciencia, el método científico y la rigurosidad. El que esto suceda, y los científicos naturales de esa universidad no critiquen a quien practica ese procedimiento anticientífico, constituye otro síntoma del declive de la ciencia.

Resultados falsos en ciencias naturales

Alguien puede rebatir que en ciencias naturales también se publican resultados falsos. Es cierto. Y hablaré de ello a partir de este momento, si bien intentaré ilustrar al lector de que lo que sucede en las ciencias naturales dista mucho de lo que pasa en las sociales. En las naturales, el fraude siempre se detecta y es una prueba de la fortaleza del método. En ciencias sociales, debido precisamente a su método, ni siquiera se intenta buscar el fraude. Se parte de la base de la honestidad del investigador, cuando nada demuestra que eso tenga que ser así, sobre todo si sabes que no hay forma de detectar el engaño.

En ciencias naturales se han demostrado multitud de casos de fraudes científicos al repetir el experimento. Lo bueno, además, es que esos comportamientos reprochables son aireados por los medios de comunicación, lo cual sirve de barrera de contención para publicar resultados fraudulentos, pues el investigador sabe que puede perder toda credibilidad. Hay noticias realmente falsas como la supuesta clonación de un bebé por la secta de los raelianos.[42] A pesar de que el anuncio fue hecho por una doctora en bioquímica, todo el mundo supo que era un fraude. En primer lugar, porque acudió a los medios de comunicación (dio una rueda de prensa) antes que a la revisión de pares ciegos de revistas científicas de prestigio. Y en segundo lugar, porque no dio acceso libre a sus experimentos ni ofreció la suficiente información para reproducir sus datos. Aun así, los medios publicaron la noticia, lo que dice muy poco de la cultura mediática.

Eso sí, los medios al menos alertaron de que el resultado podía ser falso, advertencia que jamás se produce cuando el resultado procede de las ciencias sociales, aunque sea divulgado a los medios en idénticas circunstancias a las de los raelianos: sin aparecer previamente en revistas importantes y sin dejar acceso libre a los datos para que otros repitan el experimento antes de informar en rueda de prensa.

No obstante, el hecho de que aparezca en una revista científica de excelencia tampoco nos garantiza demasiado, porque la noticia puede ser falsa, como ha demostrado el caso del físico Jan Hendrik Schön, autor de ochenta artículos en revistas científicas pero que falsificaba los datos. Publicó tres artículos en *Nature* sobre superconductividad, todos falsos y todos difundidos por los medios de comunicación. *Science* publicó uno en la edición electrónica y no pasó a papel por algo que, repito, tienen las ciencias naturales y no ocurre en otros ámbitos del conocimiento: en verano de 2002, muchos investigadores comenzaron a detectar que los resultados eran irreproducibles y, por tanto, falsos. Schön llegó a publicar hasta en *Physical Review Letters*. A sus treinta y un años, en 2002 iba para premio Nobel. ¿Cómo demostrar un fraude similar en ciencias sociales? Imposible. Por eso es tan peligroso tomar decisiones políticas contrarias al sentido común, pero avaladas por investigaciones sociales, como sucede en el campo de la pedagogía.

Siguiendo con las ciencias naturales, en 1997 el biólogo alemán Friedhelm Herrmann publicó numerosos artículos falsos sobre la leucemia en las mejores revistas de medicina y biología. En otras palabras: el fraude en estas revistas científicas también existe, aunque le pese a Sokal. No obstante, en su defensa debe afirmarse que casi siempre se detectan.

Uno de los casos que más repercusión ha tenido fue la publicación en 1998 por la prestigiosa revista médica *The Lancet* de un estudio que vinculaba la vacuna trivírica —sarampión, paperas y rubéola— con casos de autismo. Seis años después, en 2004, se descubrió que el autor de ese estudio, el doctor Andrew Wakefield, había cobrado unos 82.000 euros de una institución —Legal Aid Board— que quería querellarse contra los laboratorios que fabrican esas vacunas. La noticia la desveló un periódico —*The Sunday Times*— tras un proceso de investigación periodística. En este caso, el periodismo ha sido más riguroso que la ciencia. *The Lancet* calificó el estudio de «fatalmente equivocado».

La perversión en las revistas médicas especializadas ha llegado a tal extremo que no es extraño encontrar titulares como: «Una gran revista médica pide perdón por evaluar fármacos con expertos pagados por sus fabricantes».[43] En esta noticia, los responsables de *The New England Journal of Medicine*, una de las revistas especializadas más citadas, por ejemplo, en el suplemento «Salud» de *El País*, *El Mundo* y *ABC*, se disculpaban porque diecinueve artículos científicos publicados en los tres últimos años estaban escritos por investigadores que pertenecían a determinados laboratorios farmacéuticos, pero que lo habían ocultado. Los científicos autores de los artículos elogiaban las propiedades de determinados fármacos respecto de otros, en función de la financiación que percibieran de los laboratorios. Las empresas fueron acusadas de emplear el método de «compra» de un investigador médico para que comentara, con apariencia de objetividad científica, las bondades de un fármaco en esta revista especializada que, a su vez, difundirá sus contenidos en la prensa mundial desde el gabinete de prensa. Entre las multinacionales estaban: Roche, Glaxo Wellcome, Pfizer, Procter and Gamble, Bristol-Myers Squibb, Merck & Co y Wyeth-Ayerst.

Los estudios científicos «comprados» elogiaban los importantes resultados de determinados fármacos contra enfermedades como la hepatitis vírica, la meningitis y la osteoporosis. En ciencias sociales es habitual, y todo el mundo lo asume, recibir financiación de partidos políticos o lobbies empresariales o ideológicos para realizar «estudios sesgados» pero que parezcan científicos y neutrales, aunque, casualmente, avalen los postulados del financiador. Lo alarmante es que los medios de comunicación no suelen indicar esta circunstancia y le otorgan la misma credibilidad —o aún mayor— que a los de ciencias naturales.

Grandes escándalos científicos: ¿contribuyen al declive o refuerzan la ciencia?

Un caso muy interesante de relación ciencia-medios de comunicación es el de los grandes fraudes científicos. Fraudes que, repito, en el caso de las ciencias naturales siempre son relativamente fáciles de descubrir. Ha habido dos casos de fraude científico muy espectaculares y paradigmáticos. Uno lo es por su duración en el tiempo —el hombre de Piltdown— y el otro por su repercusión mediática, científica y política: el clon humano. Ambos tienen en común que se han producido por la presión a la que estaban sometidos los científicos. Y aquí hay otra diferencia con las ciencias sociales, porque mientras que en estas últimas las presiones suelen ser de orden político o ideológico, en ciencias naturales las presiones provienen muchas veces, como veremos más adelante, de la forma en cómo está organizada la comunidad científica y de cómo se establece la valoración de los méritos. En ambos fraudes también han tenido mucho que ver los medios de comunicación, lo cual sería otra prueba de cómo la ciencia puede estar sometida y condicionada por la cultura mediática.

El hombre de Piltdown

El hombre de Piltdown ha sido, sin duda, uno de los mayores fraudes científicos de la historia, no sólo por la magnitud, sino sobre todo en la duración del fraude hasta que fue descubierto. El caso del hombre de Piltdown nos enseña cuán perjudicial puede ser para la ciencia la presión de los medios de comunicación, unida al patriotismo. El fraude, no obstante, no fue en una ciencia dura como la física o la química, sino en una de las denominadas «ciencias blandas», como es la paleontología. Una ciencia en la que es difícil reproducir el experimento porque la materia prima —el cráneo en este caso— suele pertenecer al centro investigador que la descubre.

Todo comenzó, como he mencionado, por presiones de los medios de comunicación. A comienzos del siglo XX, la paleontología vivía su «edad dorada». Los descubrimientos se sucedían y era habitual que los nombres de Neanderthal y Cromagnon ocuparan páginas en los periódicos al tiempo que cualquier nuevo hueso era presentado como un verdadero acontecimiento social y mediático en las mejores sociedades científicas.

La guerra mediática-científica-patriótica estaba servida porque los franceses tenían su Cromagnon y los alemanes su Neanderthal. Pero... ¿y los británicos? Con una ciencia tan elevada como tenían, ¿cómo era posible que no hubiese «un hombre prehistórico inglés»?, se preguntaban los periódicos.

El hombre de Piltdown quiso ser ese «*homo* inglés». Su descubridor fue un tal Charles Dawson, un paleontólogo aficionado que, según contó a la prensa, recibió los restos en 1908 de manos de unos obreros que extraían grava en la cantera de Piltdown Common, en Sussex, Inglaterra.

No obstante, la noticia comenzó a difundirse en 1912, cuando los restos llegaron hasta Arthur Smith Woodward, un respetado geólogo inglés que trabajaba en el Museo de Historia Natural de Londres. Los restos de la caja representaban el perfecto eslabón perdido de la evolución: entre los huesos había un cráneo típicamente humano y también una mandíbula con los rasgos clásicos de los simios.

Sólo había que unirlos para tener un nuevo *homo*. Y eso fue lo que hizo el aficionado de Dawson: reconstruyó algo el cráneo para que encajara la mandíbula y pegó las dos partes. Después le puso el nombre: *Eonthropus dawsoni*, algo así como «el hombre inicial de Dawson».

Todo, pues, estaba preparado para presentar públicamente a la prensa al «primer inglés». El acontecimiento tuvo lugar el 18 de diciembre de 1912 en la prestigiosa Royal Society of Geology de Londres. Periódicos como el *Illustrated London News* cubrieron la noticia con grandes titulares como: «El primer antecesor del hombre es británico» o «La capital de la prehistoria europea deja de estar en Les Eyzies (Francia)». La foto del cráneo dio la vuelta al mundo.

Los periodistas no se dieron cuenta del fraude, pero lo que aún es peor: los paleontólogos tampoco. Admitieron el ejemplar sin crítica y llegaron a la conclusión de que «el hombre de Piltdown era el antepasado común de los humanos modernos». Algún disidente como sir Arthur Keith dijo tímidamente que creía ver los rasgos de un simple Neanderthal, pero periódicos y científicos británicos casi se lo comen, no fuera que la realidad estropeara una buena noticia, tanto periodística como científica.

Pero las ciencias naturales, al contrario que las sociales, tienen armas para detectar el fraude y la ilusión del «homo inglés» duró sólo hasta 1949. La química descubriría, mediante una prueba muy simple, el engaño que los paleontólogos ya habían incorporado a su disciplina.

El flúor es un elemento químico que está en el ambiente. Cuando los huesos se forman no contienen excesivo flúor, pero lo van absorbiendo del ambiente conforme va transcurriendo el tiempo. Es decir, que cuanto más viejo es un hueso, mayor cantidad de flúor tiene, por lo que, midiendo esa cantidad, podemos saber la antigüedad. Se descubrió que los restos de Piltdown tenían cantidades mínimas de flúor, por lo que quedaba claro que habían sido enterrados en época reciente. La noticia fue sensacional, sobre todo en países como Francia y Alemania; aunque, todo hay que decirlo, también en Gran Bretaña y Estados Unidos, país este último donde había científicos que dudaban del *presapiens* inglés. Aun así, muchos defensores de Piltdown —periodistas y paleontólogos— se negaron a reconocer la evidencia del flúor. Fue en 1953 cuando otros análisis revelaron que los restos habían sido teñidos para darles apariencia de antiguos y, lo peor de todo, se descubrió que los dientes de la mandíbula, que resultó ser de orangután, habían sido limados para darle apariencia humana.

El clon humano de Hwang

Quizá cuando el lector lea este libro el fraude que recuerde sea la falsa clonación humana del científico surcoreano Hwang Woo-suk. Este caso tuvo mucha repercusión mediática (portadas y editoriales incluidos), pero científicamente fue menos relevante porque el fraude tardó apenas un año en ser descubierto, lo que dice mucho a favor de la salud del método de las ciencias naturales de este siglo.

El caso Hwang tiene analogías con el de Piltdown, como la gran repercusión mediática —tanto de ambos hallazgos como del fraude— y la presión científica a la que estaban sometidos los investigadores. En los dos casos la repercusión se debió a que trataban asuntos polémicos relacionados con el hombre como especie, lo cual siempre es periodístico. Y respecto a la presión entró también un elemento patriótico que debe alejarse de la ciencia si no se quiere cometer errores graves.

Si en el caso de Piltdown ya he comentado la importancia que se le dio al hecho de que Gran Bretaña no contara con su *homo* concreto, en el caso de Hwang la presión provenía del gobierno de un país tecnológico como Corea del Sur que, bajo su punto de vista, consideraba contradictorio que aún no tuviera en 2004 un premio Nobel científico.

Sin embargo, la comparación de ambos fraudes nos permite ver cómo ha evolucionado la ciencia en el siglo XX y también cómo ha evolucionado la comunicación pública de la ciencia. Este veterinario que, según los perfiles de la prensa, dormía sólo cuatro horas y provenía de una familia humilde, asombró al mundo en junio de 2005 al publicar en la prestigiosa revista *Science* datos que, supuestamente, confirmarían la clonación de los primeros embriones humanos y, lo que aún es más importante, la posterior derivación de líneas celulares a partir de esos clones.

Poco después de la publicación en *Science* del clon humano, la fama mediática del surcoreano se hizo imparable. Pero también los medios de comunicación empezaron a hacerse eco de numerosas irregularidades: desde pagos y presión a su equipo de investigadores para que las científicas le donaran óvulos —algo que está prohibido— hasta dudas razonables de cómo pudo lograr la técnica de clonación humana tan rápido una persona que sólo unos años antes no estaba en la avanzadilla de este tipo de investigación.

Hasta ese momento, Hwang se dejaba querer en los medios de comunicación. Estaba encantado con ellos, porque los utilizaba a su antojo para lograr sus objetivos. De esta forma, los resultados de la clonación publicados en *Science* los dio a conocer en una multitudinaria rueda de prensa organizada en la histórica Royal Institution de Londres. Llamo la atención al lector sobre cómo el científico Hwang prefirió a los periodistas respecto a un grupo de expertos en su área a los que, si le hubiese dado todos los datos del experimento y hubiera permitido que le hicieran preguntas, posiblemente habrían detectado de inmediato el fraude. Con las preguntas que podía hacer un periodista, sabía que su manipulación estaba a salvo.

Hwang, como muchos de los científicos no muy buenos, prefieren moverse entre periodistas que entre colegas. De la fascinación de Hwang por la prensa da testimonio la crónica del *Financial Times* cuando, al hablar del fraude, señala:

> Cuando dos periodistas del *Financial Times* visitaron su laboratorio [de Hwang] en un día festivo el pasado mayo, su reputación estaba llegando al cenit y su cantidad de trabajo era arrolladora. No obstante, él dejó de lado durante toda la mañana su trabajo para acompañar a los periodistas y pareció decepcionado cuando los periodistas rechazaron su invitación a almorzar.[44]

Recordemos que, en realidad, el primer embrión humano fue también noticia de portada en todos los medios en noviembre de 2001 cuando Robert Lanza, vicepresidente de la compañía biotecnológica estadounidense ACT, anunció que lo había logrado. No obstante, su hallazgo no pasó de seis células, por lo que nadie lo consideró un verdadero embrión, con el consecuente abucheo de la comunidad científica. Sin embargo, estas seis células sí eran de un clon. Pero en 2005 ya nadie recordaba la noticia de 2001.

En diciembre de 2005, unos meses después de la rueda de prensa de Hwang en la Royal Institution, una investigación en la propia Universidad Nacional de Seúl (donde el científico trabajaba) reconoció que todo había sido un fraude. En la nota que la universidad hizo pública se afirmaba rotundamente que «Hwang no produjo ni una sola de las once líneas celulares procedentes de embriones humanos clonados que su equipo se atribuyó en la revista *Science*». Es importante aclarar que fue la propia universidad —y algunos colaboradores estadounidenses de Hwang (en concreto, Gerald Schatten, de la Universidad de Pittsburgh)— quienes denunciaron el fraude. La ciencia natural está siempre por encima del prestigio de un investigador concreto.

Lo que básicamente hizo Hwang fue coger una línea celular del Hospital MizMedi de Seúl y unos cuantos tejidos adultos que ya habían sido generados a partir de ella. Se trataba de una línea de células que el hospital había generado hacía un tiempo de un embrión de uno de los muchos sobrantes de fertilizaciones in vitro. Pero no se trataba de un clon. Hwang mandó las fotos a la revista y... ¿cómo iban a saber que las fotos estaban trucadas y no correspondían al experimento? Muchos científicos criticaron a *Science* y advirtieron que las revistas no son infalibles. Efectivamente, tal como ya he mencionado y desarrollaré más adelante. No obstante, el método de intentar reproducir en otros laboratorios el mismo experimento (la investigación redundante) sí es bastante seguro y fue lo único que posibilitó que se descubriera el fraude.

Pero también la actitud de la Universidad de Seúl de realizar una investigación en contra de uno de sus más destacados científicos puede considerarse algo muy sano que jamás hubiese ocurrido en ciencias sociales. Si esto hubiese ocurrido en alguna de sus áreas (pedagogía o sociología), lo habitual habría sido que intentara taparse «para no dañar el prestigio de la institución ni del área». También porque, repito, en ciencias sociales no se suele hacer investigación redundante. Si es un colaborador el que destapa un fraude —por ejemplo, que las encuestas fueron realizadas por alumnos sin experiencia o que se han equivocado en un parámetro metodológico clave—, en ciencias sociales, según mi experiencia, se tacha al colaborador de «desleal». En lugar de considerar que hace un bien a la ciencia, se le trata de «enemigo».

En ciencias naturales, esta excusa de tachar de «enemigo» a quien critica unos resultados equivocados sólo la tiene el científico fraudulento. Así, en la crónica mencionada del *Financial Times* Hwang se despide de los periodistas con un: «Tengo muchos enemigos en el mundo». Pero la diferencia es que mientras en ciencias naturales todo el mundo se ríe de frases como éstas; en ciencias sociales, no. Funciona un corporativismo que tapa las miserias, pues saben que, en la mayoría de los casos, todo el edificio intelectual de esas ciencias sociales se sustenta en pies de barro y que se desmoronaría con cualquier crítica seria.

No obstante, aquí las ciencias sociales tienen un gran aliado: resulta muy difícil que un estudio con una muestra de personas —de los que se usan en sociología, pedagogía, ciencias de la información, etc.— sea reproducido de forma idéntica por otro grupo de investigación para validar datos. Por tanto, los fraudes, que pueden llegar desde usar metodologías incorrectas a inventarse totalmente los resultados, son casi indetectables en muchas ciencias sociales. Y esto debe de saberlo el periodista.

No estoy asegurando que todos los investigadores en ciencias sociales se inventen los datos y las tesis doctorales. Afirmo que si lo hicieran, no hay muchos mecanismos para detectarlo. Las ciencias sociales tampoco pueden hacer predicciones como lo hacen las naturales para comprobar si las teorías son correctas. Hasta la economía, la más prestigiosa de todas ellas, se define como «la ciencia que explica el día siguiente lo que sucedió el día antes».

Esto implica que, desde el punto de vista del periodismo, que intenta buscar la verdad, las ciencias sociales y sus conclusiones siempre deban considerarse en un plano absolutamente inferior al de las ciencias naturales. Una afirmación obvia para muchos académicos, tanto de ciencias naturales como sociales, pero que creo que algunos periodistas no la tienen en cuenta y llegan a ponerlas al mismo nivel. Al otorgarle la misma validez mediática a los estudios en ciencias sociales que a los de las naturales se está socavando el prestigio de la ciencia natural entre la opinión pública, que puede llegar a pensar que ambas poseen similar aval para explicar la realidad.

El caso español: la ecuación de Dios

Ya he comentado que cuando en ciencias naturales ocurre un caso de insolvencia científica, todos los colegas —desde el becario al catedrático amigo— arremeten sin piedad contra el impostor. Ese descrédito aparece en los medios de comunicación, y ello puede derivar en que la opinión pública crea que la impostura en ciencias es algo habitual. Esto es una perversión de la cultura mediática: la sociedad sólo conoce lo que aparece en los medios, pero desconoce todo aquello que no se publica. Pero, pese a estas incomprensiones mediáticas, esa actitud de las ciencias naturales de desenmascarar al impostor sea quien sea, repito, sólo redunda en su credibilidad y es síntoma de su fortaleza intelectual.

¿Está esta actitud extendida a la ciencia natural de todos los países? No. En España subsiste un pernicioso defecto de respeto a la autoridad —el catedrático nunca se equivoca— que puede ser la causa de que en nuestra cultura apenas hayamos tenido pensadores o científicos rompedores. Y es que la tan sana crítica hacia los científicos naturales es más anglosajona que española (o latina). En los países latinos como España, incluso los científicos naturales intentan evitar la denuncia abierta contra un colega impostor.

Un caso muy curioso que puede ilustrar este fenómeno —no sé si único en el mundo— provino de un campo en teoría tan exacto como las matemáticas. En 2003, la prestigiosa *Revista de la Real Academia de Ciencias Exactas, Físicas y Naturales* publicó un artículo con el siguiente título: «Sobre los big bangs y el principio y el final de los tiempos del universo»,[45] escrito por Baltasar Rodríguez Salinas, todo un catedrático de análisis matemático de la Universidad Complutense de Madrid. En principio, a partir del título, no debería inferirse nada extraño. Sin embargo, el texto no tiene desperdicio y alguien podría usarlo para demostrar que, desde luego, también en las revistas científicas serias pueden publicarse artículos sin sentido como los que critica Sokal. El artículo, repito, publicado en la revista de la Real Academia de Ciencias, demostraba, supuestamente, la existencia de Dios a partir de la teoría de la relatividad y la mecánica cuántica. ¡Qué buen titular para un periodista!: «Científico español demuestra matemáticamente la existencia de Dios». En el artículo se señala lo siguiente:

> Ahora, después de hacer la anterior exposición religiosa, humanista y científica con motivo de la estrella que vieron en el Cielo los Magos que fueron a adorar al Mesías, según cuenta San Mateo, hemos logrado probar que el instante (t) del nacimiento del Mesías está determinado por la propiedad de que en ese mismo instante la velocidad de expansión del Universo es igual a la velocidad de la luz, manifestando con ello, como ya hemos dicho, que sería Luz de Verdad. CON ELLO TENDREMOS UNA NUEVA MANIFESTACIÓN MODERNA DEL MESÍAS.[46]

¿Cómo pudo publicarse esto en la revista de la Real Academia de Ciencias? El artículo de catorce páginas lleno de ecuaciones matemáticas contiene fragmentos de texto que señalan, por ejemplo, «nuestros resultados matemáticos los aplicamos también al estudio de la aparición del hombre, llegando a conclusiones que están en contra desde luego del aspecto de la teoría de la evolución de Ch. Darwin».[47] En otro sostiene que la ecuación de Schrödinger «es nacida de un disparate no corregido».[48]

Desde mi punto de vista hay partes del texto, como la que sigue a continuación, que no pudieron pasar inadvertidas para los matemáticos de la Academia de Ciencias española que revisaron el artículo:

> [...] con el Cristo de la Victoria del Monasterio de Agustinas Recoletas de Serradilla (Cáceres), para que vean todos que no nos olvidamos de Extremadura, Andalucía, Canarias, ni ninguna parte de España, ni por supuesto a América ni a Portugal, que nos une a todos los europeos en una nueva Cruzada contra el Maligno y los Anticristos, no ofensivamente contra hombres, que ellos son nuestros verdaderos enemigos, según San Juan, con los que salvaremos a Israel y podremos salvarnos todos, si tenemos fe y actuamos con amor como quiere nuestro Señor y verdadero Salvador.[49]

Si este texto se hubiese publicado en la revista de la Royal Society o de la Asociación Americana para el Avance de la Ciencia, el escándalo habría sido de alcance mundial. En España no pasó nada. Sólo unos meses después de publicado, el diario *El País* (7 de marzo de 2004: reportaje 5) se hizo eco de la existencia del artículo y de una cierta perplejidad que, no obstante, los matemáticos españoles no querían que trascendiera. Pero no hubo reproches universitarios ni dimisiones en la Academia de Ciencias. Como si fuera la cosa más normal publicar este tipo de artículos. Este fenómeno de no airear este tipo de trapos sucios jamás hubiera pasado en un país anglosajón, y lo único que indica es que el nivel científico español es muy bajo, porque la ciencia jamás respalda a impostores.

Esta tendencia española se demostró cuatro años más tarde, en 2007, cuando murió Rodríguez Salinas. En el obituario publicado en *El País* (21 de febrero de 2007) y escrito por Fernando Bombal, catedrático de análisis matemático de la Universidad Complutense, no se menciona el artículo que se está comentando. El obituario señala, eso sí, que la creatividad de Rodríguez Salinas «se extiende desde el álgebra hasta la geometría matemática». Yo creo que se extiende incluso a límites mayores. Pero, sin embargo, en lugar de reprocharle sus extravagancias y de llevar a la mofa generalizada una ciencia como las matemáticas, Bombal escribe: «Rodríguez Salinas amaba las matemáticas y disfrutaba haciéndolas y transmitiendo a sus numerosos discípulos con entusiasmo. Por eso somos muchos los que hoy nos sentimos un poco más huérfanos». Esta actitud, repito, jamás se hubiera dado en un país anglosajón.

Si el artículo de Rodríguez Salinas le hubiese llegado a un periodista, está claro que no habría tenido posibilidades de contrastar el cálculo matemático y, si encima, iba avalado por una publicación del prestigio como la de la Real Academia de Ciencias, lo más probable es que habría caído en la trampa y titulara: «Científico español demuestra con fórmulas matemáticas la existencia de Dios». Y en esta rocambolesca anécdota, ¿a quién se culparía de la mala imagen de la ciencia?: ¿al periodista que publica la noticia o a los académicos que la incluyen en su revista? En este caso, el diario *El País* no cayó en la trampa de dar por válido el resultado publicado en la revista, sino que bajo el título «Dios más dios son cuatro» (magnífico titular de reportaje) trababa el asunto desde las «risitas» que originó en la comunidad matemática española la publicación de un artículo como éste. El matemático Ildefonso Díaz, uno de los tres académicos que rechazó que este artículo saliera en la revista, lo consideraba, en el reportaje citado de *El País*, «una pura fantasía atravesada por la mística cristiana y un muy elemental armazón matemático basado en la teoría de conjuntos».

En otras palabras, que el matemático Rodríguez Salinas habría cometido un error similar al de la semiótica Julia Kristeva, que tanto ridiculizó Sokal. La conclusión que se obtenía al leer el reportaje de *El País* es que la comunidad científica española (o al menos los académicos) había permitido que se publicara semejante texto —aunque sabían que era una estupidez— no porque lo consideraran rompedor —como sucedió en el caso Sokal—, sino por una deferencia emocional: Rodríguez Salinas había sido un catedrático muy querido, ya estaba jubilado, era muy mayor —posiblemente algo demente— y, como muchos matemáticos y físicos en activo le debían parte de sus logros profesionales, no se le iba a negar al pobre que escribiera en una revista científica.

Con esto lo único que quiero subrayar es que en todas partes cuecen habas y que, por tanto, no se sostiene que las ciencias naturales sean la perfección y las sociales la impostura. Pero la gran diferencia, tal vez, podría estar en que en ciencias experimentales sí se demuestra el fraude, se critica y, sobre todo, en los países desarrollados científicamente (entre los que no incluyo a España) se hace un examen de conciencia, o al menos la comunidad queda avergonzada; mientras que en humanidades y en ciencias sociales existe, en determinados momentos, una tendencia a ocultar el fraude o, lo que es peor, a disfrazarlo de teoría alternativa o de «flexibilidad y creatividad intelectual».

¿Qué demuestra el caso Sokal?

Hasta ahora hemos visto cómo se organizan los fraudes en ciencias naturales y cómo se descubren, así como lo mal organizadas que suelen estar las ciencias sociales (sobre todo, las que usan encuestas), que impiden en general la detección del fraude. Sin embargo, creo que el caso Sokal no demuestra tanto como algunos científicos han pretendido. Y no lo hace porque precisamente no se utilizó una metodología científica para probar si lo que los aludidos por Sokal sostenían tenía sentido, no desde el punto de vista matemático o físico, sino desde el punto de vista social, lingüístico o cultural, que era lo que los autores pretendían. El caso Sokal, aunque desde los medios de comunicación se le concediera mucha importancia —y, de hecho, la tuviera como primera aproximación para descubrir el fraude intelectual en las letras—, no es una prueba científica o filosófica de nada. Como mucho es una «acción ejemplarizante» que normalmente sólo sirve para reafirmar en sus postulados a los que la llevan a cabo, pero que en ningún caso otorga la razón.

La forma de demostrar que las ciencias sociales —sobre todo las poco matematizadas— serían una «impostura intelectual» hubiese sido dedicándose a ellas, reproducir sus experimentos, analizar cuidadosamente sus metodologías y obtener nuevos resultados. Si las conclusiones fueran distintas, entonces sí podría hablarse de «impostura» intelectual. Es una línea de investigación muy interesante porque, en mi opinión, las ciencias sociales y las humanidades podrán avanzar sustancialmente si se dedican a ellas los científicos naturales o los investigadores con gran preparación en matemática y ciencias naturales.

Tras las repercusiones del escándalo Sokal, algunos de los intelectuales de letras que habían fundamentado su carrera citando y elogiando a los criticados por Sokal y Bricmont como impostores intelectuales se reunieron en el verano de 1997 —¿cómo no?— en París, país que, curiosamente, cuenta con muchos seguidores en desprestigiar la ciencia. Quizá porque, pese a la notable contribución francesa a la ciencia moderna —y al pensamiento racional— en sus inicios, los intelectuales franceses —la mayoría ahora funcionarios— consideran que el conocimiento sobre las ciencias naturales se les fue de las manos y que, en estos momentos, es muy anglosajón. Así, para los franceses una forma de desacreditar la hegemonía cultural anglosajona —y al tiempo lamentar la pérdida de la influencia cultural francesa— consiste en desprestigiar la ciencia. Los intelectuales de letras críticos con Sokal se reunieron en lo que denominaron un «seminario informal» titulado «En torno al caso Sokal».

En ese encuentro, según reconocen sus organizadores, hubo mucho enfado por las críticas de los físicos a los científicos sociales y a los filósofos: «Esta reunión puso de manifiesto muchas tensiones en el seno del grupo, así como una violencia latente que se traducía en actitudes y comportamientos impregnados de agresividad», escribió en el prólogo del libro de actas que surgió tras la reunión el coordinador, Baudouin Jurdant. Ese libro de actas se tituló —como no podía ser de otra forma— *Imposturas científicas: los malentendidos del caso Sokal.*[50] Y aunque abogaba «por la reconciliación entre filósofos y físicos para terminar con la guerra de las ciencias», lo cierto es que no ha hecho más que activarla. Sobre todo porque, en el fondo, los aludidos reconocen que «no hay que saber de ciencia para hablar, informar periodísticamente o filosofar sobre la ciencia» y eso no es asumible para un científico, porque entonces se volvería al «todo vale» y a abanderar un pensamiento no basado en la racionalidad y en la lógica.

El debate del libro coordinado por Jurdant no aclara la veracidad de lo afirmado por los científicos sociales que se han servido de la física, las matemáticas, la química o la biología, sin saber de ellas, para demostrar tendencias culturales o sociales. Y al no hacerlo, puede obtenerse la conclusión de que usar ideas científicas sacadas de contexto no es una mala práctica sino lo contrario: un síntoma de flexibilidad intelectual. Y esta idea, que puede ser interesante, aunque yo no la comparta, necesita de una mayor profundización conceptual y metodológica para no parecer que se cae en la irracionalidad.

La flexibilidad intelectual puede ser muy peligrosa y es lo que llevó a la alquimia a no obtener resultados acorde con el trabajo y esfuerzo empleados en ella. El debate debió haberse centrado ahí. ¿Tienen Lacan, Kristeva, Latour, Deleuze o Virilio razón? ¿Se puede avanzar en las ciencias sociales gracias a investigaciones que usan conceptos de las ciencias naturales sin rigor metodológico? ¿Qué han aportado al debate cultural? ¿Ha avanzado el mundo y la sociedad con el dinero invertido en las ciencias sociales y el sueldo de profesores pagado a Latour, Kristeva, Lacan, Deleuze o Virilio? Creo que las respuestas inteligentes a estas preguntas, incluidas algunas críticas, hubiesen mejorado la opinión que desde las ciencias naturales se tiene de los científicos sociales.

Sin embargo, la unanimidad mostrada en el libro *Imposturas científicas* al denominar la acción de Sokal como «trampa», al tiempo que la falta de autocrítica de algunas prácticas de las ciencias sociales y humanidades que, es un hecho obvio, son manifiestamente mejorables, dejan al mismo nivel de enfrentamiento el libro *Imposturas intelectuales*, escrito por los físicos Sokal y Bricmont, que el de *Imposturas científicas*, coordinado por el filósofo Jurdant y en el que participan, entre otros, Jean-Marc Lévy-Leblond.

Son dos trincheras de las que nadie se atreve a salir. Tal vez haga falta una generación entera que recupere a Aristóteles, para que nos ilumine en esta encrucijada cultural que tiene Occidente. Tal vez propondría lo que él hizo: estudiar e investigar con la misma pasión e interés asuntos relacionados tanto con la zoología o la física como con la ética, la metafísica, la retórica, la lógica o la poética. En otras palabras, que los intelectuales de letras estudiaran e investigaran sobre ciencias naturales, y a la inversa.

Observemos, por último, este asunto desde el prisma de la cultura mediática. Muy pocos periodistas tienen base cultural y científica suficiente para ilustrar a la opinión pública sobre estas controversias. Para la mayoría, lo que proviene de fuentes científicas —universidades o revistas— debe ser necesariamente serio, y esto puede ser un gran error. Lo que nos interesa desde el punto de vista de este libro sobre el declive de la ciencia es que las revistas, ya sea *Social Text*, *Nature* o la de la Real Academia de Ciencias, pueden ser fuentes muy peligrosas para el periodista. Con ellas se genera lo que Furio Colombo ha denominado el fenómeno de «noticia acatamiento».[51] Esto molesta al periodista con formación en letras porque se siente humillado y, por tanto, tiende a tener una actitud contraria a la ciencia.

Esta «noticia acatamiento», señala Colombo, se produce cuando la noticia llega a las redacciones con un plus de seguridad tal que el periodista baja la guardia de la comprobación y es fácilmente objeto de instrumentación de intereses ocultos. Colombo indica que este fenómeno, «que supone un riesgo muy importante para el futuro del periodismo», se da en todas las áreas del periodismo, pero considera que el ejemplo más claro es la noticia científica.

> El periodismo controla la literatura y, en general, todo lo que pertenece al mundo humanista, los enunciados filosóficos, las tomas de posición políticas, las teorías sobre la historia y sobre el mundo. Existen críticos severos, revisores competentes (y también incompetentes no menos severos), que tienen en común el uso de la reflexión crítica como instrumento y como ámbito de trabajo. Todo esto no se da respecto a la ciencia. No se produce por la general sensación de sumisión del humanista al científico, característica cada vez más evidente en el mundo contemporáneo. [...] Y no se produce [la reflexión crítica] por

la torpeza e imposibilidad del reportero, obstaculizado para intervenir también por la voracidad del «ya está preparado» de los instrumentos de información.[52]

La posible solución de la tercera cultura

En este final de capítulo sobre las dos culturas y su impacto en el declive de la ciencia en Occidente, creo necesario insistir en cuál es la solución: unir las dos culturas nuevamente, estableciendo una tercera cultura. Como muy acertadamente sostiene Colombo, el fenómeno de la «noticia acatamiento» se genera en periodismo científico, «por la general sensación de sumisión del humanista al científico, característica cada vez más evidente en el mundo contemporáneo». Y esa sumisión sólo puede evitarse si el reportero conoce perfectamente el lenguaje científico. En este sentido, debe reprochársele a los nuevos líderes intelectuales de ciencias sociales y «humanidades» el desprecio que sienten por el estudio del lenguaje científico —matemáticas, química, física—; un hecho que queda patente en los planes de estudios en España de carreras como derecho, filosofía, humanidades o filología, entre otras. En ellas apenas se estudia física, botánica, matemáticas o genética. «Obviamente, no será renunciando a la principal fuente de información de que disponemos (la ciencia) como podremos llegar a conocernos. A la ciencia hay que ordeñarla, no temerla», sostiene Mosterín.

Este antropocentrismo que se ha instalado en los «humanistas» actuales, sobre todo de los países latinos, también constituye, según Mosterín, «una falta de sensibilidad moral hacia las criaturas no humanas». De hecho, esta perversión moral proviene de que en las tradiciones judía, cristiana e islámica sólo la gente, es decir, el hombre como especie, es objeto de consideración moral. Sin embargo, esto no sucede en la tradición cultural oriental, desde el taoísmo chino hasta los budistas y jainistas, con su preocupación moral de no causar daño a las criaturas.

En esta visión tan excesivamente antropocéntrica de la cultura occidental, la naturaleza no sólo es ignorada, sino algo peor: es concebida como un mero objeto de explotación humana. La naturaleza sólo existe para servir al hombre. Y no existe delito moral en la destrucción natural. Por ello, según esta visión, a las ciencias de la naturaleza no hay que comprenderlas, sino simplemente utilizarlas. Por eso los ingenieros tienen más reconocimiento social, sobre todo en los países latinos, que los científicos. Y por eso, piensan políticos y rectores de letras, el conocimiento del comportamiento y del lenguaje que el hombre ha diseñado para comprender la naturaleza no tiene por qué estar en el campo de las humanidades.

No obstante, debe matizarse que pese a esta influencia cultural y religiosa en la civilización europea, que parecería contraria a la ciencia, la realidad es tozuda y la ciencia, en el sentido amplio, tal y como hoy la conocemos, nació en Europa en el siglo XVII. Fue un británico, William Gilbert, y, sobre todo, un italiano, Galileo Galilei, quienes hicieron posible el nacimiento de lo que hoy llamamos ciencia y que se basa en algo muy simple pero muy poderoso: la necesidad de realizar experimentos precisos y reiterados para comprobar las hipótesis, y no confiar en el viejo planteamiento «filosófico» de intentar comprender el funcionamiento del mundo utilizando la lógica pura.

Aristóteles (y la filosofía griega en general) puso la primera piedra, pero fue sobre todo Galileo quien inició la ciencia moderna. La ciencia que demuestra que pese a que la lógica y los sentidos invitan a creer que es el Sol el que se mueve alrededor de la Tierra —de hecho, el lenguaje literario (y periodístico) aún sigue hablando de «puesta de Sol» o «salida de Sol»—, la ciencia demuestra que es la Tierra la que se mueve alrededor del Sol y no al contrario, como sugiere el lenguaje literario, tan presto a modificar otras nociones, pero no ésta.

Posiblemente, otros pueblos hayan tenido tecnología e incluso hayan dado explicaciones científicas a hechos naturales, pero no puede considerarse ciencia. En Europa —en la cultura griega— se dio un paso de gigante: la explicación racional de lo que le sucede al hombre. Hay incluso quien puede precisar el momento exacto en el que la humanidad dio ese gran paso: en la transición desde Heródoto (480-420 a.C.) a Tucídides (455-400 a.C.). Los dos historiadores griegos coexistieron en el tiempo, aunque Tucídides es más joven —y en cierto modo, el sucesor— de Heródoto.

No se sabe si llegaron a conocerse. Lo que sí puede apreciarse es que Tucídides valoraba mucho la precisión y la exactitud y, sobre todo, eliminó a los dioses de la explicación de los acontecimientos. Ambos describieron acontecimientos históricos parecidos. Pero donde Heródoto veía cómo se manifestaba la justicia divina en acción, Tucídides ni siquiera habla de ello y da sólo una explicación política.[53] Donde Heródoto habla de sueños y profecías o de la creencia en que todo el que va demasiado lejos acaba sufriendo una justa venganza o castigo divino, Tucídides describe el abismo que separa expectativas de resultados, intenciones de realidad.

En lugar de adentrarse en los mitos y leyendas como hacía Heródoto, el racional Tucídides explicaba los mismos acontecimientos pero profundizando en las malas relaciones que suelen existir entre la justicia y los intereses personales, entre la realidad del poder y los valores de la honestidad. Esto daba la posibilidad de poder predecir acontecimientos históricos si se cruzaban personajes con características parecidas.

Tucídides avanzó un paso de gigante al comprender que lo que le pasa al hombre es sólo producto de éste. Ningún otro pueblo de la Antigüedad dio este paso. «Tucídides era consciente de la diferencia que había entre verdad y la argumentación retórica. Sabía que lo que los hombres decían en público no era lo que hacían en la práctica.»[54] Esto supone un gran nivel de abstracción sobre lo que uno aprecia con los sentidos. Pero es sólo un primer paso, hay que ampliarlo desde las relaciones sociales entre humanos al conocimiento y a la interacción con la naturaleza.

Esta fórmula de incluir la observación en el pensamiento racional y estimular la capacidad de abstracción se consolidó hace unos cuatro siglos con el nacimiento de la ciencia moderna y, no lo olvidemos, se hizo también en Europa. Lo que antes eran castigos divinos —un rayo o una enfermedad como la peste— ahora no sólo se conocen sus causas verdaderas, sino que además la ciencia puede evitar que el hombre sufra las consecuencias que una naturaleza que, obviamente, es más poderosa que el hombre.

Pero la ciencia que nació en Europa es algo más que una interpretación de la naturaleza: también es una organización de ámbito casi mundial que publica sus descubrimientos, que organiza congresos y cuyas enseñanzas se estudian en todo el mundo: la teoría heliocéntrica no se enseña de una manera en China y de otra en España o Estados Unidos. La ciencia y el pensamiento racional es la parte de la cultura humana más universal y perenne. Y, sin embargo, pese a haber nacido en Occidente, es aquí donde más se la critica y donde, de repente, parece innecesaria.

El gran biólogo y divulgador Richard Dawkins sostiene en su libro *Destejiendo el arco iris* que «los abogados serían mejores abogados, los jueces mejores jueces, los parlamentarios mejores parlamentarios y los ciudadanos mejores ciudadanos, si supieran más ciencias y lo que es más pertinente, si razonaran como científicos».[55]

Los intelectuales de letras han renunciado a entender la realidad en todos sus aspectos, eliminando aquel que más respuestas está dando. Por ello, aún extraña que haya rectores o políticos perplejos porque los licenciados españoles en humanidades no encuentren trabajo. Pero ¿qué pueden aportar estos titulados si ni siquiera saben enunciar las leyes de Newton? ¿Sabrían explicar qué es el cambio climático? ¿Y la fundamentación química de los análisis de carbono 14 usados para datar obras de arte? ¿Cómo pueden explicar lo que le pasa al hombre si éste es un producto de la naturaleza y continuamente interacciona con ésta?

El filósofo español José Ortega y Gasset, profundo conocedor de la universidad, decía que:

> La universidad consiste, primero y por lo pronto, en la enseñanza superior que debe recibir un hombre medio. Hay que hacer del hombre medio, ante todo, un hombre culto —situarlo a la altura de los tiempos—. Por tanto, la función primaria y central de la universidad es la enseñanza de las grandes disciplinas culturales. […] Hay que hacer del hombre medio un buen profesional.[56]

Ortega mantenía que esas «grandes disciplinas culturales» que hay que enseñar en la universidad para que un licenciado se considere culto son la física («la imagen física del mundo»), la biología («temas fundamentales de la vida orgánica»), la historia («el proceso histórico de la especie humana»), la sociología («la estructura y funcionamiento de la estructura social») y la filosofía («el plano del universo»). La idea de Ortega, con este avanzadísimo programa de estudios, era aunar las ciencias y las letras en la cultura del universitario medio.

Ésa es la vía para acceder a la tercera cultura: impartir ciencias puras en las facultades de Letras y humanidades puras en las de Ciencias. El abismo entre esas dos culturas y de paso el declive de las ciencias puede detectarse en que si, por ejemplo, un ministro de Educación propusiera hoy —en 2007— un primer curso común con esas disciplinas, la universidad española se soliviantaría. La sola idea es inconcebible. Creo, además, que el principal enemigo de que esto sea así son los «falsos humanistas» actuales, representados por los intelectuales de letras, que hoy por hoy serían incapaces de seguir con normalidad un curso universitario de física, química o biología general.

Yo recomendaría a estos «falsos» humanistas occidentales que visitaran Asia. Curiosamente, allí se está haciendo una mejor síntesis de las dos culturas. De Oriente cogen su literatura, pintura o historia y, de Occidente, la ciencia (la tecnología ya la están poniendo ellos). La visión asiática de mundo posiblemente dominará el siglo XXI y uno de sus valores es no renunciar a unir las dos culturas en todos los niveles educativos.

Todo esto pasa inadvertido para los «humanistas» occidentales de letras. No sólo han renunciado a conocer el lenguaje de las ciencias naturales, sino que han desistido de querer estar informados y al día de sus resultados, como sugiere la encuesta entre profesores que se hizo en la Universidad Carlos III de Madrid citada en el capítulo 2. No debe olvidarse la idea que guía este libro: que los responsables del poder y cultura mediáticas (periodistas y cineastas) en Occidente se forman mayoritariamente con catedráticos y profesores con esa visión de «falso» humanismo, con profesores que no son capaces de entender la grandeza del segundo principio de la termodinámica, porque ni siquiera saben leer el lenguaje en el que está formulado.

7

De lo científico en el arte

¿Cómo ve el artista la ciencia? El artista no es un científico social ni tampoco necesariamente un titulado en humanidades. Estos últimos estudian el arte, pero son incapaces de crearlo. ¿Qué es un artista y cuál es su relación con la ciencia?

Platón despreciaba el arte y a los artistas. En sus *Diálogos*, considera que, mientras los filósofos y los científicos tienen como misión la búsqueda de la verdad, los artistas —en su época, poetas y pintores— siempre se dejan llevar por lo irracional y los bajos instintos. La crítica de Platón al discurso poético y plástico se basa en que tanto escritores como pintores fundamentan su trabajo en la simbología de la apariencia, del mito —Platón criticó que se enseñara mitología en la Academia— y de la ilusión, pero jamás en la realidad verdadera. Platón aborrecía especialmente a los pintores, pues, a su juicio, pretenden reflejar la realidad a través de la óptica, y Platón recuerda que el sentido de la vista es muy poco efectivo para interpretar la realidad. Me pregunto qué diría Platón si viviera en una época mediática como la actual con un dominio absoluto del cine y la televisión.

Alertó de que el arte —fuente de engaño e irracionalidad, en su opinión— debe estar siempre subordinado a la filosofía (disciplina que para Platón implicaba un conocimiento profundo de las matemáticas), por ser la ciencia que lleva a lo racional y, por tanto, tiene la capacidad de determinar lo que es moralmente beneficioso o dañino para los intereses del Estado. Según Platón, el Estado debería prefijar la realización de las producciones artísticas para evitar que el arte promueva vicios y malas costumbres que podrían desvirtuar el buen funcionamiento de la sociedad griega.

Este debate se ha reabierto en la actualidad al reclamarse, desde algunos ámbitos, que el Estado intervenga para evitar fenómenos como la telebasura, disfrazada muchas veces de libertad artística. No obstante, no creo que haya que llegar tan lejos, pues ése sería un camino peligrosísimo que podría conducir a la censura desde el Estado, que, como bien sabemos, tan funestos resultados ha ocasionado en la civilización —y en la ciencia— durante la historia posterior a la existencia de Platón. En estos momentos, me conformaría con que los científicos ganaran lo mismo que los artistas, y que al menos fueran considerados al mismo nivel por la cultura mediática.

La severa percepción que Platón plantea sobre los artistas y el arte, no implica que él desdeñe la belleza. Al contrario: la ensalza. Pero considera que lo realmente bello nunca será lo visible, sino lo que trasciende. Es decir, la belleza estaría más en una ecuación matemática que en una pintura. Aristóteles no se ocupó de la belleza como tal y consideró el arte más como una mera técnica. Kant estableció diferencia entre lo bello —que causa placer— y lo sublime —que se refiere a la razón—. No podemos hacer aquí todo un recorrido por la historia de la estética como hace el influyente libro de Raymond Bayer,[1] pero sí plantearnos si existe belleza y arte en la propia ciencia. Y, por extensión, si el científico es un artista a la misma escala o superior que un pintor o un escritor.

Kandinsky señala en su fascinante libro *De lo espiritual en el arte* que el artista no pertenece al común de los mortales.[2] Lo define como alguien muy especial, que ha nacido con la extraña capacidad de sintetizar toda la cultura de su tiempo en una obra de arte. El *David* de Miguel Ángel no pertenece al Renacimiento, sino que esa obra es en sí misma el propio Renacimiento, y admirándolo, comprendemos qué significó aquella época. No hacen falta ni tratados ni estudios ni encuestas. Sólo un artista tiene esa capacidad para encerrar una época en un objeto, ya sea una escultura, una pintura, un libro o incluso una película.

Pero el artista, además, según Kandinsky, debe tener otro don: avanzar con su obra un poco más lejos que el resto. Ello conlleva que será siempre un incomprendido en su época, porque está más evolucionado que sus contemporáneos. Él mismo debió de padecerlo, pues fue uno de los pintores que comenzó en el arte abstracto, y los periódicos y críticos lo vilipendiaron. Hoy sus detractores quedan desacreditados y las reproducciones de Kandinsky, sorprendentemente, se venden más que las de Velázquez.

El libro de Kandinsky, de obligada lectura en los estudios de comunicación, ha propiciado que en la actualidad los medios (prensa, cine y televisión) sean muy respetuosos y hasta elogiosos con todos los artistas, incluso con aquellos que no lo son, pero juran serlo. ¿Quién puede juzgar lo que es arte y lo que es un artista en esta época de relativismo total? Ya Kant describió el juicio estético como el libre ejercicio de la inteligencia y la imaginación. Los periodistas culturales se preguntan: ¿Quién soy yo para determinar si un micrófono emplastado de mierda y moscas, expuesto como escultura, es arte? Tal vez ésa sea la síntesis que defina nuestra civilización, al igual que el *David* describe el Renacimiento. Sin embargo, los periodistas culturales —y por extensión, la cultura mediática— jamás consideran la ciencia como arte en sí mismo. Platón afirmaba que los verdaderos poetas son los filósofos y los científicos. Pero el debate sobre si la ciencia es arte es inexistente en la cultura mediática y académica actual.

Los intelectuales de ciencias de la información y de estudios culturales, no obstante, sí debaten frecuentemente —a mi juicio, de forma estéril— sobre si el arte pertenece a la cultura de masas o se define como contraposición a ella. Si se inscribe en la cultura de masas, estaría relacionado con los medios de comunicación. Entonces, el periodismo o el cine sí serían arte. Si el arte sólo puede ser entendido por las élites, los medios de comunicación de masas serían, como mucho, divulgadores del arte. Los intelectuales de letras llevan más de medio siglo discutiendo sobre ello y existen escuelas que defienden las distintas posturas.

Desde Adorno[3] y Horkheimer,[4] hasta Carey,[5] Panofsky[6] o Williams,[7] entre otros muchos. En el momento de escribir este libro aún no se habían puesto de acuerdo, ni esperanzas había. ¿Una canción de Julio Iglesias o una película de Spielberg son arte, aunque sean cultura de masas, o el arte es algo al margen de la sociedad que sólo pueden comprender unos cuantos? Quien quiera debatir durante cinco años esta pregunta que se matricule en una Facultad de Humanidades o de Comunicación. Lo que sin embargo está claro es que los artistas —pintores, escritores, cineastas, actores— están mejor considerados y tienen un mayor protagonismo en la cultura mediática que los científicos. Por tanto, más que debatir si la ciencia es arte —algo que excede a quien escribe este libro— prefiero centrarme en cómo ven los artistas la ciencia, porque obviamente influye en la visión mediática.

Una diferencia importante entre las facultades de Ciencias y las de Humanidades radica en que los profesores de historia del arte, literatura o historia del cine, por ejemplo, son sólo intérpretes de lo que crean otros: ellos son incapaces de concebirlo. Ellos no son artistas por sí mismos, como mucho son artistas frustrados que interpretan lo que ellos son incapaces de ejecutar. Sin embargo, el profesor de química, física o biología en una universidad sí es él mismo un científico y, además, se valora extraordinariamente su experiencia como científico. Pero en humanidades sólo se interpreta lo que hacen otros, y eso puede llevar a profesor y a alumno a una especie de pesimismo intelectual que derivaría en cierta incapacidad para abordar tareas de progreso social o científico.

Anteriormente, he analizado cómo un tipo de arte —el cine— trata la ciencia. Ahora abordaré cómo formas de expresión artística menos masivas, como la pintura o la literatura —los poetas y pintores de Platón—, pueden inspirarse en la ciencia, y si ello influye en el declive actual.

La ciencia como inspiración de la pintura

La London School of Economics (LSE) se planteó hace unos años trasladar su campus desde donde ha estado siempre, en el mismísimo centro de Londres, a la periferia. «Nos prometían aparcamientos y despachos más grandes para todos, como si eso fuera lo importante», me explicó Martin W. Bauer. El claustro de profesores reflexionó que lo que convierte a la LSE en una universidad excelente no es sólo que en ella den clases buenos profesores. Tan importante como eso es que los alumnos puedan ir andando, en menos de quince minutos, desde el campus al Museo Británico, a la National Gallery, la Tate Gallery o hasta el Globe, el teatro donde Shakespeare representaba sus obras (y aún continúan representándose tras su rehabilitación). Los grandes museos en Londres son gratuitos y en el Globe se puede asistir a una estupenda representación de alguno de los clásicos de Shakespeare por menos de diez euros, que, teniendo en cuenta el nivel de vida de la capital británica, es casi lo que cuesta un café.

Todo ello permite que alumnos y profesores puedan convertir en rutina visitar una sala del Museo Británico o de la National Gallery después de comer y antes de volver al trabajo. Simplemente como inspiración y relajación, pero también como complemento de su actividad académica. El arte y la ciencia son, sin duda, los mayores logros de la especie humana. Estar rodeado de museos y tener la oportunidad de contemplar de forma habitual un conjunto de los mayores logros artísticos de la humanidad es un gran privilegio.

La National Gallery guarda una de las colecciones más importantes del mundo de pintura y, entre sus cuadros, se expone uno que nos interesa mucho para este libro: *Experimento con un pájaro en una bomba de aire* (1768),[8] del pintor Joseph Wright de Derby (1734-1797). Una y otra vez tuve la oportunidad de contemplarlo y creo, sin duda, que se trata de una obra fascinante capaz de resumir todo lo que en esa época se pensaba sobre la ciencia, pero, al tiempo, pudo adelantarse a comportamientos sobre el hecho científico que aún siguen siendo actuales. Sería, en ese sentido, una obra maestra, en palabras de Kandinsky. En cualquier caso, ha sido muy analizada por los estudiosos anglosajones no sólo del arte, sino sobre todo de la comunicación pública de la ciencia. De hecho, este cuadro fue el cartel anunciador de la magnífica exposición «From Reason to Revolution: Art and Society in Eighteenth-Century Britain», patrocinada en 2007 por la Universidad de Cambridge en el Museo Fitzwilliam (en Cambridge), y en la que se analizaba la influencia de la razón en la revolución acaecida en Gran Bretaña en el siglo XVIII.

El pintor británico Joseph Wright de Derby fue el primero en elegir la actividad científica y técnica como objeto central de alguno de sus cuadros. No fue el patrón de toda su obra, la mayoría retratos,

Joseph Wright Derby, *Experimento con un pájaro en una bomba de aire*. © The Bridgeman Art Library.

pero sí puede considerarse un divulgador de los inicios de la ciencia moderna. No son obras científicas en sí mismas, como los grabados de Leonardo, sino que la ciencia es elemento de inspiración.

No resulta tan extraño que el primer retratista de la ciencia moderna fuera inglés, porque a mediados del siglo XVIII la sociedad británica estaba ya muy interesada e integrada en la ciencia. De hecho, Wright era miembro de la Lunar Society, a la que, entre otros, pertenecía James Watt (inventor de la máquina de vapor), Erasmus Darwin (científico y abuelo del Darwin de la teoría de la evolución) o el químico Joseph Priestley. Muy interesada en la ciencia, no significa que ésta fuera una actividad profesional. Como muy bien observa Kenneth Clark, en su serie documental *Civilisation*,[9] emitida en la BBC por primera vez en 1969, «la ciencia en el siglo XVIII era sólo un entretenimiento para después de la cena de un grupo de amigos, al igual que tocar el piano fue el pasatiempo en el XIX».

Esta idea de pasatiempo o espectáculo se observa muy bien en el cuadro mencionado de Wright de Derby, que, por cierto, también aparece en la serie *Civilisation*. No entraré aquí en los valores estéticos de este pintor —famoso por sus juegos de luces—, detalles que aparecen suficientemente explicados en las enciclopedias de arte o, sobre todo, en el catálogo escrito por Judy Egerton para la exposición que en 1990 organizó la Tate Gallery sobre Wright de Derby.[10] Como portada de ese catálogo aparece también este cuadro, lo que demuestra que, según los expertos, es uno de los más relevantes del autor.

Pero desde el punto de vista que interesa a este libro, debo reconocer que *Experimento con un pájaro en una bomba de aire* es una de las creaciones más duras que se han concebido nunca sobre la ciencia y, aunque data de mediados del XVIII, considero que los estereotipos y actitudes representados son asombrosamente actuales. Creo, además, que esta pintura es suficientemente conocida en el ámbito humanístico. Y por ello no resulta descabellado considerar que esta representación del XVIII, sobre cómo funciona el método científico, puede haber influido de forma determinante en el imaginario social y cultural que impera sobre la ciencia.

La interpretación que yo hago de este cuadro es bastante personal, quizá condicionada por el trabajo que estaba llevando a cabo en Londres para averiguar las causas del declive de la ciencia. Cuando me faltaba inspiración, me dedicaba a observar y a analizar este fascinante cuadro —y a estudiar las reacciones de los visitantes al museo cuando lo observaban—, pues contaba, además, con la ventaja de que la National Gallery había colocado un confortable sillón frente a esta pintura de dimensiones considerables. Advierto, por tanto, que mi interpretación es subjetiva —¿y cuál no lo es en arte?— y que puede que haya expertos que la contradigan. Sugiero al lector que examine el cuadro por sí mismo y obtenga sus conclusiones.

El cuadro describe un experimento en el que se extrae el aire de un recipiente transparente que, a su vez, encierra a un pájaro (una cacatúa). En la pintura, el pájaro ya aparece sofocado en la parte inferior del recipiente y, supuestamente, su destino final —si la ciencia es cierta— es morir asfixiado. Era un descubrimiento reciente —entre otros por Priestley— no sólo la existencia del aire como gas en sí mismo, sino que éste es necesario para la vida.[11] El cuadro retrata todas las tendencias que pueden sostenerse sobre la ciencia —admiración, terror, ignorancia, prevención— y refleja, sobre todo, la visión que de ella tienen los no científicos.

En un plano central se representa al científico con el arquetipo de «loco». Se le observa cara de alucinado y ejerciendo de maestro de ceremonias de ese espectáculo. La ciencia como espectáculo es un fenómeno que, como analizaré en detalle más adelante, no sólo persiste, sino que se incrementa cada día. El científico no mira a nadie: sólo se concentra en el experimento. Se le encarna ensimismado y aislado del resto del grupo.

La imagen más terrible para la ciencia aparece también en el centro del cuadro, en el que la luz enfoca a dos niñas que asisten aterrorizadas al experimento. «La ciencia es terrible y no apta para niños sensibles», parece sugerir el pintor. La niña más pequeña mira temblorosa hacia el experimento, al tiempo que se agarra fuertemente de la mayor. Esta última parece algo más consciente de lo que va a ocurrir y, por tanto, se tapa los ojos con la mano, para evitar ser testigo de algo terrible. Un hombre de mediana edad la acoge en su regazo y aprovecha para aleccionar a ambas en el sentido de que ésos son los sacrificios que deben efectuarse por la ciencia y por el bien de la humanidad.

A la izquierda del cuadro se advierte una pareja de jóvenes que intercambian miradas cómplices de supuesto amor, como queriendo expresar que, aunque los científicos afirmen que la vida depende del aire, ellos creen que obedece al amor y a sentimientos o elementos que no pueden medirse o pesarse. En cualquier caso, su papel es el de ignorar el experimento y entretenerse con otros asuntos «más humanos».

A la derecha del cuadro, en su parte inferior, está sentado un caballero maduro, pero en lugar de mirar hacia el experimento, su vista está perdida en la mesa o en el suelo. Aparece pensativo, con una mano en la barbilla, como reflexionando si esa tortura y muerte que se le inflige al pobre animalillo merecerá la pena y si su sacrificio en sangre va a servir para algo a la civilización. Reflexiona sobre si es ético ese tributo de vida y sufrimiento de unos por el bien del conocimiento de otros.

A la izquierda de la pintura emerge también un elemento muy característico de la representación posterior de la ciencia, tanto en el cine como en la literatura: un chaval corre las cortinas para cerrar una ventana desde la que puede apreciarse cómo espesos nubarrones de tormenta están a punto de ocultar la luz de la luna llena. Es como si, al ejecutar el experimento, la naturaleza se enfadara y volvieran las tinieblas y, por tanto, la humanidad estuviera en peligro y advirtiera al hombre de que algo horrible va a perpetrarse. Esta idea de peligro y muerte se refuerza con un recipiente en la parte inferior central del cuadro —del que emerge la gran fuente de luz que parece iluminar toda la escena— y que, sin embargo, contiene un extraño líquido con un cráneo humano en descomposición. Ese cráneo no es necesario para el experimento, y sin embargo representa un foco central del cuadro. Por tanto, el artista lo considera un elemento fundamental de su obra y simboliza la idea de la muerte del ser humano asociada, en este caso, a la supuesta luz de la ciencia. Otra imagen que refuerza esta hipótesis es que el caballero maduro de la derecha parece también mirar a este cráneo, en lo que representaría una versión actualizada de Hamlet. La ciencia, ¿debe existir o no existir?, parece preguntarse.

El corrimiento de las cortinas mientras se realiza el experimento —pero antes de su resultado final— representa que la ciencia se hace de espaldas a la sociedad y que es mejor que ésta no se entere de los entresijos del método científico. De hecho, el joven que cierra las cortinas no mira especialmente hacia el experimento, sino sobre todo al espectador del cuadro; es decir, a la sociedad, como transmitiendo el mensaje de que lo que allí va a acontecer está vedado al resto de los que no están en la habitación. No obstante, este aislamiento del entorno no es incompatible con la ciencia como divulgación pública que hace el científico al reducido grupo de escogidos y que, no lo olvidemos, es una de las características de la ciencia moderna.

A la derecha, y en la parte inferior, aparecen otros dos personajes muy entusiasmados con el experimento, pero la dirección de sus miradas es diferente: uno —el joven veinteañero— parece atender a la tortura psicológica que produce el ensayo en las niñas y el otro —el chaval— a la tortura física del pájaro. La ciencia como causa de sufrimiento humano es muy literaria. Otra observación interesante: todo el público se muestra pasivo. No interactúan con el científico. Él tiene la autoridad y el control de todo. Al resto sólo le quedan distintas opciones —admirar, ignorar, reflexionar o escandalizar—, pero no contribuir. La decisión de eliminar todo el aire, o dejar vivir a la cacatúa depende del científico. En otras palabras, la ciencia tiene el dominio de la vida y la materia.

Wright de Derby pintó otros cuadros de temática científica. En *El alquimista* (1771) describe la práctica científica en un escenario más parecido a los aposentos del mago Merlín que a un laboratorio de bien avanzado el siglo XVIII. El científico, al que representa con atuendo de mago, parece asombrarse de la luz que desprende el matraz que recoge el producto final de una serie de procesos reactivos. Según el título completo del cuadro,[12] se trata del descubrimiento del fósforo. Y, acorde con algunas interpretaciones, simboliza el triunfo de la química y la razón sobre la alquimia y la superstición.[13] Sería la representación del éxito de la ciencia moderna. En *El planetario* (1776), Wright de Derby representa al científico intentando explicar cuál es la función del Sol y cómo ilumina a los planetas. Para ello, introduce una lámpara —que hará las veces de Sol— en un planetario. La representación de la ciencia en este caso es la de incredulidad, asombro o, tal vez, diversión. En cualquier caso, estos dos últimos cuadros encierran menos riqueza conceptual y, de hecho, están en el Museo de Derby en lugar de en la National Gallery. Son, además, mucho menos conocidos, tal vez porque ofrecen una imagen más neutra y menos aterradora de la ciencia que la versión de *Experimento con un pájaro en una bomba de aire.*

El caso español: Dalí

Si Wright de Derby representa el acercamiento de la pintura británica a la ciencia, Salvador Dalí encarna esa aproximación a la ciencia, pero a la española. No es ni mejor ni peor. Sólo tiene un enfoque diferente. Muchos expertos atribuyen en la obra *La persistencia de la memoria* (1931), en la que aparecen los célebres relojes blandos o derretidos, una clara influencia de la teoría de la relatividad de Einstein. «Dalí estaba entusiasmado con la teoría de la relatividad porque parecía ofrecer al surrealismo la noción de que lo real no es reductible simplemente a un flujo temporal unitario», explica el historiador del arte Gavin Parkinson en el documental *Dimensió Dalí*,[14] presentado en junio de 2004 en el Forum de Barcelona, dentro del congreso Comunicación Pública de la Ciencia.

Parkinson es uno de los pocos expertos en arte que ha analizado el gusto de Dalí por la física. Sin embargo, en el mismo documental, el premio Nobel de Química Ilya Prigogine —fallecido en 2003 y considerado uno de los padres de la teoría del caos— señala cómo le preguntó a Dalí sobre esa influencia de la teoría de la relatividad en ese cuadro y cómo el pintor le contestó que «no existe en los relojes inspiración relativista: sólo la visión sugerida por unos pedazos de queso camembert derritiéndose bajo el sol de agosto». ¿Quiso Dalí restar importancia a la influencia de la ciencia en su obra? Es muy difícil saberlo, aunque lo cierto es que hasta sus últimos días estuvo fascinado por la ciencia y sus implicaciones en la sociedad, como demuestra el congreso que le organizó Jorge Wagensberg en Figueras en 1985, al que asistieron físicos, matemáticos, artistas y filósofos de primera magnitud, es decir, la cultura en mayúsculas. Se habló del azar, de la naturaleza, de la materia, de leyes matemáticas, de arte y de por dónde evolucionaría el hombre. Dalí, ya enfermo, siguió todas las intervenciones por un circuito cerrado de televisión.

Un repaso a la obra del pintor catalán podría sugerir esa relación entre ciencia y arte. Por ejemplo, en la obra *Galatea de las esferas* (1952), las bolas dispuestas a modo de empaquetamiento molecular son un guiño a la física nuclear o a la química de materiales. En el cuadro *Corpus hypercubicus* (1954) se detectan las composiciones geométricas, que no son más que un homenaje de Dalí a las leyes matemáticas que tanto le fascinaban. También se sintió atraído por la mecánica cuántica y sus postulados o por la psiquiatría. Un cuadro tan famoso como *El gran masturbador* (1929) podría representar una inspiración pictórica de las teorías de Freud sobre el subconsciente. Apenas diez años después de que Watson y Crick descubrieran la estructura y la importancia del ADN (ácido desoxirribonucleico) en la transmisión de la vida, Salvador Dalí pintó su *Galacidalacidesoxyribonucleicacid*.

Thomas Glick, no obstante, considera que Dalí es el consumidor prototípico de ciencia en la España del siglo XX. «Dalí ha sido un lector voraz de ciencia en campos tan diversos como la psicología, la física, la bioquímica. [...] Con todo, a pesar de la enorme verbosidad que Dalí ha producido sobre temas científicos, nunca ha acariciado la menor ilusión sobre su comprensión de ellos.»[15]

Es cierta la matización de Glick. De hecho, el propio Dalí señala: «Por mi parte, por esta razón, las cosas más complicadas son las que prefiero hoy; la física nuclear y las matemáticas porque no se entienden y yo mismo no comprendo nada de ellas. Es enorme la atracción por comprender algo de ese modo».[16]

En otro momento de su vida, Dalí también confiesa: «No hago más que leer libros y no los entiendo. Libros científicos. Me armo unos líos terribles. Pero de estos líos hago síntesis y llego a conclusiones válidas, tanto, que a veces hablando con científicos y "premios Nobel", me dicen "¿Cómo ha llegado a saber esto?" y yo les respondo "Esto lo he deducido yo leyendo cosas que no entiendo"».[17]

Es interesante analizar cómo ha ido evolucionando la relación entre la ciencia y la pintura. Leonardo da Vinci es conocido como uno de los mejores pintores de todos los tiempos. Sin embargo, siendo un pintor magistral, como hombre del Renacimiento que era, hablaba de tú a tú con la ciencia y la tecnología. No veía separación entre el arte y la ciencia. Así, mientras pintaba, también investigaba sobre anatomía humana. Fue capaz de idear numerosas máquinas como grúas móviles, excavadoras flotantes o diseñar aparatos para volar a partir de un estudio científico minucioso del vuelo de las aves.

Otro pintor del Renacimiento, Alberto Durero, también estaba fascinado por la naturaleza, y son célebres sus cuadros sobre la «Liebre», y el primer dibujo de un rinoceronte que, aunque inexacto porque el pintor no lo vio directamente, supuso una manera de divulgar la zoología entre amplios sectores de la sociedad. En Wright de Derby ya existe cierta aprensión, y en Dalí, con el florecimiento total de la ciencia, la asunción de que su comprensión está por encima de sus capacidades intelectuales.

No obstante, en Dalí debe hacerse una matización importante: es cierto que él asume que es incapaz de entender la ciencia, pero no la rechaza, y eso ya es un paso. El siguiente es que intenta introducirla en su pintura. Probablemente, Dalí no entiende la ciencia por la deficiente educación científica que siempre se ha impartido en España, pero sabía que era algo a lo que estaba obligado a penetrar si quería estar al día culturalmente.

En el caso Dalí, los propios científicos consideraron una magnífica idea que la ciencia sirviera como inspiración. Los cuadros de Dalí no son ilustraciones científicas, como pueden ser las de Leonardo o las de Durero: son arte inspirado en la ciencia y, por tanto, los referentes no son los mismos, un hecho que entendieron los científicos de la época. Como ejemplo de la fascinación que tuvieron los científicos por la obra de Dalí, es interesante recordar la anécdota que relata el propio James Watson en el documental *Dimensió Dalí*, en el que Watson evoca cómo fue a visitar a Dalí en el hotel Regis, donde residía el pintor en Nueva York. Watson le escribió una nota que decía: «El segundo hombre más brillante del mundo quiere conocer al primero». Dalí bajó a los diez minutos para conocer a Watson.

La ciencia como inspiración de la literatura

Es importante esta lección que nos dan Watson y Dalí. En el arte, que incluye también el cine y la literatura, la ciencia puede ser sólo un motivo de inspiración. Por tanto, no puede exigirse un rigor total. Pero eso no implica una mala imagen o introducir teorías incorrectas. Los historiadores, por ejemplo, se rebelan con fuerza cuando un escritor de novela histórica subvierte la realidad y se alaba cuando la novela o la película es fiel a la realidad. La cascadas de trabajos rechazando las teorías de *El código Da Vinci* de Dan Brown no son sino una confirmación de que el mundo de las humanidades está alerta cuando se intenta falsificar su conocimiento. El científico tiene que dejar en su laboratorio su papel de censor, pero no el de crítico activo que reclame el mismo espacio para difundir su opinión que el otorgado a los artistas y cineastas. No obstante, el rigor no excluye el lenguaje artístico o literario.

A pesar de eso, hay quien sostiene que el rigor científico no debe exigírsele a los artistas, sobre todo a los literatos. Ésta es una postura muy aplaudida en los países latinos —liderados en esto por Francia—, muchos de cuyos intelectuales son activos anticientifistas. Andrée Bergeron, geofísica de formación pero reciclada como profesora del Centro de Investigación sobre Comunicación y la Imagen de la Universidad París VII, sostiene que hay que expandir el círculo de la ciencia y que ello implica disminuir los estándares de rigor. Sobre todo cuando se utilizan lenguajes como el cinematográfico o el literario. Bergeron usa como ejemplo para explicar su postura un texto de una novela de Jean Échenoz titulada *Nosotros tres*. Leamos el texto literario:

> De todos modos, [la Tierra] tiembla un millar de veces al día. Más o menos por todas partes. Con más frecuencia de lo que le toca cerca del Mediterráneo. Bajo unas apariencias fáciles y azules, amarillo limón, ligeras, verdes, la inocente Riviera sirve de cobertura al combate subterráneo que opone la placa africana a la placa euroasiática. Sin cesar, por debajo de nosotros, África ataca, se lanza al asalto, trata de anexionarse tres pulgadas de tierra de Eurasia que ordinariamente le concede quince kilómetros por año. Pero a veces Eurasia se rebela, resiste, se niega a consentir la extorsión africana. Hace mal y todo el mundo sale perdiendo pues al punto se agravan las fallas, se tensan los bloques hasta el límite de la ruptura. Y a poco que la alineación de los planetas amplifique la atracción terrestre, entonces es toda la zona la que cede y se agita, todo el macizo el que puede sacudirse. Distintos signos precursores —lluvia de arena o de sangre, nerviosismo en los corrales y en las autopistas, relámpagos de calor fuera del tiempo— presagian a veces tales fenómenos, pero la mayor parte del tiempo la tierra apenas tiembla y nadie se percata de ello salvo los perros, nada reacciona salvo los disparadores de alarmas domésticas ultrasensibles. Por fortuna es poco frecuente que esa sacudida discreta vaya seguida de una réplica. Por fortuna.[18]

Veamos ahora cómo reacciona ante este texto una geofísica como Bergeron. Voy a reproducir su texto, publicado como colaboración en el libro ya citado *Imposturas científicas*. Las reflexiones de Bergeron me parecen una magnífica descripción de lo que sufre un científico cuando observa un error.

> En las primeras tres oraciones, todo va bien. No me gustan demasiado los antropomorfismos —«el combate subterráneo que se opone»—, pero eso es cuestión de gusto. También se encuentran en tres oraciones que siguen, pero el «sin cesar» da la impresión de que se trata en el fondo de un proceso lento y continuo, el orden de magnitud del desplazamiento de las placas es correcto, se habla de fallas, de bloques, de umbral de ruptura: ha habido documentación al respecto, eso no está mal. Pero luego: «A poco que la alineación de los planetas amplifique...», etc. No... eso no, eso es absolutamente idiota, ya no se trata de órdenes de magnitud apropiados, habría podido informarse... Y paso mi reacción a los fenómenos precursores, las lluvias de arena y de sangre (¡de sangre!, ¿y qué mas?), las réplicas poco frecuentes (¿dónde se ha visto semejante cosa?).[19]

Toda esta reflexión sobre el texto de Échenoz corresponde a la Bergeron científica. A partir de ahora se describe lo que Bergeron propone que debe ser el estándar de comportamiento de un científico.

> Pero ¿qué es lo que sucede? He dejado de ser lectora para ser censora. Ya no aprecio el trabajo de construcción (la lluvia de arena al comienzo del relato, una lluvia de sangre al final), el trabajo sobre la polisemia de los términos (fallas que se agravan, bloques que se tensan, disparadores de alarmas domésticas... cuando se trata de relaciones amorosas); ahora reparto aprobaciones y desaprobaciones. ¿Por qué es tan grave que un escritor no escriba con absoluta precisión desde el punto de vista científico, si escribe con precisión desde el punto de vista literario? Tanto más cuanto que, en conjunto, el esfuerzo realizado en el plano estrictamente científico es interesante y está visiblemente documentado, al tiempo que todas las observaciones de este orden sirven al texto y lo sirven bien.[20]

Personalmente, creo que el rigor no está reñido con el lenguaje literario, aunque no sé si el ejemplo de Bergeron, que es muy citado, es el más adecuado. No creo que, por ejemplo, los científicos se opongan a la literatura de ciencia ficción, pero la actitud hacia la ciencia no es generalizable en todos los libros ni autores. Por ejemplo, en mi opinión Julio Verne contribuyó de forma positiva a la divulgación científica. Es cierto que *Viaje al centro de la Tierra* contiene numerosas inexactitudes científicas, pero hay que reconocerle que introdujo en la sociedad las investigaciones sobre dinosaurios que en aquella época comenzaban a partir del estudio de los fósiles. Su libro *De la Tierra a la Luna* prevé hasta el lugar de lanzamiento del cohete, pero no porque Verne fuera visionario, sino porque antes de escribir su libro se informó con científicos sobre cuál sería el lugar más adecuado para esa operación. El libro *Veinte mil leguas de viaje submarino* introdujo por primera vez en la historia del hombre la fascinación por el mundo que existe bajo los mares, si bien es cierto que el arquetipo de muchos de los científicos que Verne describe guarda ciertos paralelismos con el personaje obsesionado por el conocimiento y aislado de la sociedad.

El papel de la ciencia en la literatura de ciencia ficción escrita por escritores sin formación científica excede el contenido de este libro, y básicamente suele ser un calco de lo que hemos visto en el cine, pues la mayoría de las películas que abordan la ciencia provienen de novelas. En un intento de mejorar esta imagen, abogo por que sean los propios científicos los que hagan literatura.

La ciencia como literatura en sí misma

En este contexto retomo nuevamente la gran pregunta del comienzo de este capítulo: ¿la ciencia pura también puede poseer elementos artísticos por sí misma? No me detendré aquí en si determinadas fotografías o dibujos científicos son arte o no. ¿Es una neurona pintada por Ramón y Cajal una obra de arte? ¿Y las máquinas de Leonardo? Para muchos críticos lo son. Tengo un grabado original de Cajal enmarcado y colgado en la pared de mi casa que fascina a los que me visitan. Todos disfrutamos con su belleza, pero debo reconocer que no me encuentro capacitado para analizar si es o no una obra de arte que compita con Dalí. No obstante, sí creo que en un libro como éste sobre las causas del declive de la ciencia debe denunciarse la actitud de muchos especialistas de humanidades que desprecian las obras de ciencia pura, no ya como literatura, sino incluso como tratados de pensamiento. En otras palabras, consideran claramente que la ciencia (y lo expresado con lenguaje científico) no puede ser arte, ni puede ser bello. Pero, en estos últimos años, van aún más lejos en su desprecio: creen que la ciencia ni siquiera pertenece a la cultura. De hecho, los medios de comunicación no suelen incluirla en esa sección.

Uno de los éxitos literarios de 2004: *Libros. Todo lo que hay que leer*, escrito por la filóloga alemana Christiane Zschirnt, hace un repaso por los 139 libros que ella considera que «hay que leer» en la «cultura».[21] No especifica si occidental o cree que es «toda la cultura». Con ese número de libros, puede recomendar los clásicos literarios inobjetables: desde el *Quijote*, de Cervantes, hasta el *Hamlet*, de Shakespeare; desde *Ulises*, de James Joyce, hasta *Ana Karenina*, de Tolstói (no menciona *Guerra y paz*). También incluye *Madame Bovary*, de Flaubert, aunque nuestra versión española —*La Regenta*, de Clarín— no la selecciona. En su recopilación incorpora clásicos del pensamiento como *El capital*, de Karl Marx, o *La riqueza de las naciones*, de Adam Smith. Su selección llega hasta un libro como *El proceso de la civilización*, de un pensador contemporáneo, Norbert Elias. Nada que objetar. Como aún le quedan libros hasta llegar a los 139, añade *Justine o los infortunios de la virtud*, del marqués de Sade, *Harry Potter*, de Joanne K. Rowling, o El *pato Donald*, de Carl Barks. Desde mi modesta opinión, creo que estos últimos son perfectamente «prescindibles» del ambicioso título «todo lo que hay que leer». No obstante, puedo hasta aceptar que resulte fundamental su lectura.

Lo que no acepto de ningún modo es que entre su selección de libros no incluya ninguno de ciencia, porque como mínimo hay dos: *Diálogo sobre los dos máximos sistemas del mundo*, de Galileo Galilei, y *El origen de las especies*, de Darwin, que, sin ningún género de dudas, pertenecen a la clasificación de «lo que hay que leer». Porque la Zschirnt no habla de literatura —de ficción—, sino de «lo que hay que leer». Ambos estremecieron los cimientos de la sociedad de su tiempo y cambiaron la forma de ver el mundo. Al menos la cambiaron más de lo que lo ha podido hacer *El pato Donald*.

Yo incluiría algún libro científico más. A mí me encantan las ediciones comentadas de los tratados de zoología de Aristóteles: *Parte de los animales*, *Marcha de los animales* y *Movimiento de los animales*. Porque son como si un abuelo agricultor o pescador explicara la naturaleza a su nieto. Es el sentido común de la observación en estado muy primario. Las ediciones comentadas permiten alertar al lector de lo que la ciencia ha demostrado que no es cierto, con lo que la lectura es un magnífico ejercicio de experimentación de cómo ha avanzado la ciencia. La mayoría de sus conclusiones son erróneas —como posiblemente las de Marx o Smith—, pero su lectura es estimulante. No obstante, puedo aceptar que los escritos de zoología de Aristóteles no deban leerse, pero las obras de Galileo y Darwin sí son imprescindibles, además de que su lectura es relativamente fácil; o desde luego mucho más comprensibles que el *Ulises*, de Joyce.

Es como si Christiane Zschirnt considerara que conocer cómo nos situamos en el universo o cómo evolucionaron todos los seres vivos careciera de importancia frente al marqués de Sade. El que ella publicara su libro y no hubiera una denuncia contundente desde el campo científico es un indicio claro de que los investigadores no participan en el debate cultural, lo cual resulta muy peligroso en una cultura mediática.

No deja de ser curioso y, además —no me resisto a decirlo por enésima vez—, apoya la teoría del odio que sienten los de letras hacia las ciencias, que la filóloga Christiane Zschirnt seleccione como «libros que hay que leer» sobre temas relacionados con el progreso científico a todos aquellos que dan una imagen negativa de la ciencia: desde *Un mundo feliz*, de Aldous Huxley, hasta *1984*, de George Orwell. También incluye *Frankenstein*, de Mary Shelley; *La máquina del tiempo*, de H. G. Wells, o *El extraño caso del Doctor Jekyll y Mr. Hyde*, de Robert Louis Stevenson. Y, no lo olvidemos, considera que «hay que leer» uno que proclama la vuelta a los pensamientos irracionales y a la magia: *Harry Potter*, del que ya he hablado suficientemente.

Aunque a Christiane Zschirnt no le hayan interesado, creo que en este libro sí es necesario detenernos, describir y, sobre todo, disfrutar durante unos párrafos con las obras mencionadas de Galileo y Darwin, y que sea el lector quien juzgue si es conveniente o no incluirlos entre los libros «que hay que leer» y si han sido víctimas de una resentida actitud de olvido. Los dos libros desmontan las teorías de Aristóteles, si bien le tienden un puente, porque los dos autores parten de la fuerza del pensamiento racional de Aristóteles y le añaden el armazón de la medida empírica. Con ambos elementos, pensamiento racional y medida empírica, consiguen responder a las preguntas más difíciles que se ha hecho nunca el hombre. Con ellos la ciencia se convierte en uno de los mayores logros del ser humano. Por no hablar del maravilloso valor literario que ambos tienen por sí mismos.

Galileo y su universo

Diálogo sobre los dos máximos sistemas del mundo, de Galileo Galilei,[22] publicado en 1632, supuso nada más y nada menos que el punto de arranque de la ciencia moderna. Aunque los griegos habían generado ciencia, lo hicieron sobre todo desde el punto de vista del pensamiento abstracto. Galileo unió a ese pensamiento la necesidad de medir empíricamente para poder hablar con criterio sobre algo. En primer lugar, porque Galileo utilizaba en sus razonamientos sólo medidas empíricas y leyes matemáticas y, después, porque demuestra que, si se saben usar estas herramientas, la verdad científica que se obtiene es perenne.

El libro condujo a su autor a la Inquisición, que lo condenó por decir algo ahora tan obvio como que la Tierra era la que giraba alrededor del Sol y no al contrario como sostenía la Iglesia.[23] Pero en el siglo XVII nadie «veía» lo obvio. La jerarquía católica consideraba que Dios no iba a elegir un planetucho que no fuera el centro para depositar a la «especie elegida». Y ese juicio de valor lo contraponía a datos empíricos y ecuaciones matemáticas. Obviamente, Galileo estaba en lo cierto, porque cuando una pregunta se responde con matemáticas y medidas empíricas, tiene muchas posibilidades de llevar razón.

Y pese a que Kuhn, como hemos visto, sostiene que la ciencia está construida con paradigmas en los que todos los científicos de la época están de acuerdo por convención, hasta que caen cuando a alguien se le ocurre algún paradigma mejor, de momento, hasta los que han viajado fuera de la Tierra no tienen duda de que la idea de heliocentrismo de Galileo es cierta. No obstante, la Iglesia católica no pidió perdón públicamente al sabio italiano hasta 1992.

Sin embargo, lo que me interesa destacar es el hecho de que un libro y una historia personal tan importante como ésta, que supuso una revolución en la cosmología, en la física y, en general, en la forma de ver el mundo por la humanidad, sea considerado por la «erudita» y filóloga Zschirnt como que vale menos que la obra del marqués de Sade. ¿Qué clase de formación intelectual ha tenido esa señora? ¿Ha estudiado física alguna vez? ¿Está capacitada, por tanto, para aconsejar a los demás lo que «debemos leer»? Y, lo que confirma el declive de la ciencia, ¿cómo es posible que Zschirnt sea profesora de una universidad de tanto prestigio como la de Hamburgo?

El libro de Galileo fue un éxito de ventas de su tiempo. Galileo se esforzó en que su teoría fuera comprendida y eligió un modelo de narración —casi novelesco— basado en el diálogo: tres personas discuten a lo largo del libro sobre cómo interpretar los movimientos de los astros en el firmamento. No obstante, tampoco le voy a atribuir a Galileo méritos que no posee. Esta forma de narración basada en el diálogo es un recurso antiguo que se remonta a los griegos y, en principio, proporciona un modo claro de enseñar teorías no convencionales (en este caso, heréticas) sin que el autor tenga que aprobarlas al pie de la letra. En periodismo suele usarse este recurso, aunque modificado por los tiempos: eligiendo una fuente que piense lo mismo que considera el periodista, sólo que el redactor queda eximido de responsabilidad porque lo «único» que ha hecho es reproducir la declaración de la fuente. Lo que no suele contar es por qué ha elegido una fuente y no otra.

Galileo siguió un método a medio camino entre el recurso griego y el moderno periodismo, porque en realidad sus personajes no eran inventados, sino que podía deducirse fácilmente las identidades. Así, está el personaje de Salviati, que representa al propio Galileo exponiendo su teoría (había existido un amigo íntimo de Galileo llamado Filippo Salviati). En el otro extremo encontramos al personaje de Simplicio, con el que no hay que ser muy avispado para entender que se refiere al papa Urbano VIII. No obstante, había existido un Simplicius, un hombre de la antigua Grecia que había escrito un comentario sobre Aristóteles, por lo que se podía alegar que este nombre era adecuado para alguien que defendía las teorías de Ptolomeo (y de Aristóteles); pero también puede sugerir que sólo un «simple» defendería a Ptolomeo y su teoría de que es el Sol el que gira alrededor de la Tierra. Y esta visión fue la que los jesuitas le hicieron ver al papa Urbano VIII, quien más tarde diría sobre Galileo: «No temía burlarse de mí». Y, en represalia, lo envió a la Inquisición acusado de herejía.

En medio de ambos, un moderador en teoría neutral, Sagredo, quien la hábil pluma de Galileo va decantando por los postulados de Salviati, como hace un periodista cuando prefiere una fuente frente a otra.

Fue una forma tan ingeniosa de divulgar una teoría científica que, de hecho, tuvo sus efectos: en poco tiempo, nadie creyó en todo este asunto ni a la todopoderosa Iglesia de la época, ni al gran Aristóteles (que, como buen científico griego, pensó mucho pero midió poco y por eso también creyó que la Tierra era el centro), ni a Ptolomeo, el astrónomo que en el siglo II a.C. estableció que la Tierra era el centro de referencia universal y cuya hipótesis nadie había osado discutir en 1.600 años.

Galileo utilizó recursos literarios para exponer sus ideas, algo que muchos científicos actuales desecharían. Sin embargo, él creyó necesario controlar esos recursos, y siendo ya un profesor reputado de la Universidad de Padua, mientras realizaba sus famosos experimentos con péndulos o con bolas que descendían por planos inclinados poniendo las bases de la mecánica, buscó tiempo para asistir a clases de poética, que en aquella época se ocupaba sobre todo del arte de la dramaturgia. Galileo usó la literatura en su obra científica, no en la de divulgación. Es decir, siguió los criterios de Platón de que el verdadero poeta —o artista en general— es el científico o el filósofo que habla de la verdad, no el que escribe sobre un mito o sobre ficción.

En 1602, Galileo estudió una supernova que apareció ese año en el cielo. Constató algo muy importante: que no se desplazaba por la bóveda celeste respecto a las demás estrellas, sino que la nueva estrella debía de estar tan lejos de la Tierra como las otras, refutando así la idea aristotélica de que la esfera celeste era inmutable. Galileo aprovechó muy bien sus clases de literatura en la universidad, y las conclusiones de su estudio, que no se basaban en meras especulaciones sino en medidas empíricas, no las expuso en forma de aburrido informe, sino que las escribió en forma de poema:[24]

No se encuentra a menor altura que otras estrellas
y no se desplaza de un modo diferente
al de todas las estrellas fijas —ni cambia de aspecto o tamaño.
Todo esto lo demuestra la razón más pura;
no vemos indicios de paralaje los que estamos en la Tierra
a causa de las enormes dimensiones del cielo.

Estos recursos literarios los usa también en su *Diálogo*. Así, antes de empezar la tercera jornada de debate, el personaje de Sagredo comienza su intervención con un discurso persuasivo basado en elementos retóricos como la creación de expectación, en este caso sobre algo ya enunciado. En periodismo este efecto corresponde a los sumarios:

SAGREDO: El gran interés con que hemos estado esperando la llegada de vuestra señoría, para oír las nuevas ideas en torno a la revolución anual de este globo nuestro, ha hecho que las pasadas horas nocturnas, e incluso las de la mañana, me parecieran larguísimas, por más que no hayan transcurrido ociosamente.

También aparece en la introducción de la cuarta jornada este elemento de crear expectación, sólo que se centra en lo que, supuestamente, el lector va a encontrar en las páginas siguientes (la función que tienen los titulares en periodismo):

SAGREDO: No sé si realmente venís a reiniciar nuestras discusiones más tarde de lo normal, o bien si el deseo de oír las ideas del señor Salviati en torno a materia tan curiosa ha hecho que me lo pareciera. Durante una hora larga he estado ante la ventana, esperando que de un momento a otro apareciera la góndola que he enviado a traeros.

Galileo usa la metáfora y la comparación como elemento de persuasión, igual que hacen los periodistas científicos actuales.

SALVIATI: Decidme ahora, Señor Simplicio, si se os presentaran mil pedazos de distintas materias, pero cada uno envuelto y cubierto en un paño que lo ocultara, y se os pidiese que, sin descubrirlos, tratarais de adivinar por los signos exteriores la materia de cada uno, y al intentarlo os encontrarais uno que mostrase claramente tener todas las propiedades que vos sabéis que residen sólo en el imán y en ninguna otra materia, ¿qué juicio os formaríais de la esencia de tal cuerpo? ¿Diríais que podría ser un trozo de ébano, o de alabastro o de estaño?

SIMPLICIO: Diría, sin dudarlo un momento, que es un trozo de imán.

SALVIATI: Si esto es así, decid también decididamente que bajo esta corteza de tierra, de piedras, de metales, de agua, etc., se esconde un gran imán, puesto que quien se toma el trabajo de observarlo descubre en torno a ésta exactamente los mismos accidentes que se ven que afectan a un globo de imán auténtico y descubierto. Puesto que, aunque no se viese más que el [accidente] del eje de inclinación, que llevado alrededor de la Tierra se inclina más y más a medida que se aproxima al polo boreal y menos hacia el ecuador, donde finalmente se equilibra, debería bastar para persuadir a la mente más reticente.

Galileo también utiliza verbos que expresan emoción y emiten juicios de valor.

SALVIATI: Yo alabo, admiro y envidio al máximo a ese autor [Gilbert] por el hecho de que se le ocurriera una idea tan excelente acerca de una cosa manejada por innumerables ingenios sublimes, ninguno de los cuales la advirtió.

Reconozco mi debilidad personal por los *Diálogos sobre los dos máximos sistemas del mundo*, por la historia de este libro y lo que significó en su época y, sobre todo, mi debilidad por su autor y sus vicisitudes para que la razón triunfara. Pero creo que, incluso, desde el punto de vista exclusivamente literario, el libro merece ser leído.

Darwin y sus especies

El origen de las especies, de Charles Darwin,[25] también fue un libro polémico, pero sobre todo revolucionó la forma de entender lo que verdaderamente diferencia a este planeta del resto: la biología. Ya se ha mencionado la ola de pasiones que levantó el «juicio del mono» en 1925. Como ya he dicho a lo largo de este libro, creo que no existe nada tan profundamente humanista como comprender la evolución de la especie humana, así como la esencia y las bases científicas de los sistemas vivos en general. Al igual que sucedió con Galileo, la teoría de la evolución de Darwin tampoco fue entendida por la sociedad de su tiempo —ni por la de ahora, como se ha visto con el creacionismo.

Aunque fue publicada en 1859 (227 años más tarde que la de Galileo), la Iglesia también arremetió contra ella. Y aunque ya no existiera la Inquisición para quemar científicos, en esa época el clero aún tenía una influencia social importante. El arzobispo de Oxford Samuel Wilberforce optó por una posición beligerante contra Darwin, puesto que la Iglesia de la época defendía a capa y espada el relato bíblico del Génesis según el cual el hombre fue creado directamente (sin evolución ninguna) por Dios. En 1947, la Iglesia católica aceptó que el Génesis sólo habla en sentido puramente metafórico, no literal, por lo que también se arrepintió de las acusaciones del clero contra Darwin.

La primera edición de *El origen de las especies* tuvo una tirada de 1.250 ejemplares, que se agotó el primer día. La segunda, de 3.000 ejemplares, se agotó en una semana, lo cual demuestra que es falso el tópico de que no existe interés por la ciencia. En aquella época, el libro fue leído por muchos intelectuales de letras. En el siglo XXI hay pocos que lo hayan leído.

Darwin, al igual que Galileo, son ejemplos de científicos que dedicaron su vida (en el caso de Galileo casi es literal y en el de Darwin hubo de soportar enormes reproches) a la investigación y plasmaron en libros sus resultados que, con el paso del tiempo, puede decirse que han cambiado el mundo, característica que jamás podrán atribuirse muchos de los libros recomendados por Zschirnt.

No es objeto de este libro profundizar sobre *El origen de las especies*, aunque sí reprochar a los intelectuales de «letras» que consideren que no tiene por qué estar entre las lecturas obligatorias de un verdadero humanista. El libro es la explicación científica de lo que Darwin observó en su viaje alrededor del mundo, en especial a las islas Galápagos, a bordo del *Beagle*. Con anterioridad a *El origen de las especies*, que es un libro claramente académico, Darwin escribió un diario sobre su viaje, que duró de 1832 hasta 1836, con el título de *El viaje del Beagle*, que también fue un éxito de ventas, confirmando así sus dotes literarias.

En *El origen de las especies*, Darwin explica de forma magistral cómo los organismos vivos se adaptan a las condiciones cambiantes del medio ambiente y cómo existe una selección natural, que a veces introduce variantes en las especies, para fortalecer la supervivencia. Sólo los organismos más aptos acababan por sobrevivir. Y todo esto no es una hipótesis, sino que lo va ilustrando, al igual que hizo Galileo con su teoría heliocéntrica, con ejemplos concretos sobre especímenes que él había ido recogiendo por el mundo.

En la introducción, Darwin enuncia la falsedad de la teoría, imperante durante cientos de años, de que cada especie fue creada independientemente de todas las demás. Esta teoría —¿cómo no?— también procedía de Aristóteles, quien se volvió a equivocar por no medir mejor empíricamente —observar bien los fósiles—. A pesar de lo cual, repito, tuvo el gran mérito de ser de los primeros en plantearse ese tipo de preguntas. «Las especies no son constantes, sino que las pertenecientes a un mismo género provienen en línea directa de otras, por lo general ya extinguidas», escribe Darwin en su libro contradiciendo al filósofo griego.

De aquí salieron los titulares de periódicos de la época: «Darwin afirma que el hombre desciende del mono». Una simplificación periodística, porque en realidad lo que él expresó es que el hombre y el mono provienen de un antepasado común que ya está extinguido.

Sin embargo, pese a sus inexactitudes, los periódicos contribuyeron a difundir el evolucionismo en países como España. Por ello, a veces, resulta muy complejo evaluar el papel de los medios de comunicación. Por ejemplo, según ha estudiado Thomas Glick,[26] el darwinismo entró en España a través de los profesores de secundaria, pues los profesores universitarios tenían miedo a las represalias. Y los profesores de secundaria, que en esa época, al contrario de lo que sucede ahora, estaban menos controlados por el gobierno de turno que los profesores universitarios, se enteraron de la polémica darwinista básicamente por la prensa.

Reconozco que el libro cumbre de Darwin, que se convirtió en uno de los más vendidos del siglo XIX, es algo árido (desde luego mucho más que *El viaje del Beagle*) porque en *El origen de las especies* subsiste la idea del autor de dejar claro que lo que él afirma no es una opinión o un juicio de valor, sino que está sustentado por pruebas científicas: en este caso, fósiles y observación directa de especies que permanecieron aisladas. Un modelo de pensamiento que, repito, también se aporta en el libro de Galileo y que ha sacado a la civilización de la barbarie y la superchería. Aristóteles comenzó el camino de la lógica y el pensamiento racional y Galileo y Darwin lo ensancharon con la experimentación. Se trata de una herencia maravillosa con la que debemos seguir adelante, no hacia atrás.

Desde el punto de vista exclusivamente literario, Darwin se revela como un divulgador muy interesante, aunque no sé si puede afirmarse que su prosa sea arte, como tampoco tengo claro que no lo sea. Así, para explicar un concepto tan duro como el de que de todos los individuos de una especie sólo puede sobrevivir un pequeño número Darwin escribe en su propio tratado científico:

> Contemplemos el aspecto de la naturaleza brillante de alegría, vemos con frecuencia superabundancia de alimentos; no vemos u olvidamos que los pájaros que cantan ociosamente a nuestro alrededor viven principalmente de insectos o de semillas y de ese modo destruyen constantemente la vida; olvidamos en qué gran cantidad esos pájaros cantores, o sus huevos, o sus nidos, son destruidos por otros pájaros o animales de presa; no siempre recordamos que si ahora puede haber superabundancia de alimentos no sucede lo mismo en todas las estaciones del año.

No creo que los científicos del siglo XXI se consideren más importantes o más brillantes que Galileo o Darwin. Sin embargo, los actuales desprecian el lenguaje literario de sus escritos. No puedo ocultar que lo que me gusta, tanto de Galileo como de Darwin, es su espíritu divulgativo, algo que, repito, han perdido los científicos actuales. Darwin explica así cómo evolucionan los órganos:

> Las metamorfosis de muchos órganos demuestran cuán maravillosos cambios de función son, por lo menos, posibles. Por ejemplo: una vejiga natatoria se ha convertido, evidentemente, en un pulmón para respirar aire. [...] También podemos creer que una parte que antiguamente fue de gran importancia se ha conservado con frecuencia —como la cola de un animal acuático en sus descendientes terrestres—, aunque haya llegado a ser de tan poca importancia que no podía ser adquirido, en su estado actual, mediante selección natural.

Estos párrafos, que describen fases fundamentales de la teoría de la evolución, son perfectamente comprensibles por un público amplio. Pero también es buena literatura. Tal vez, por ello, la ciencia era seguida por un gran espectro de la sociedad culta. En estos momentos es difícil encontrar en la literatura científica (que no sea de divulgación) frases tan fáciles de comprender. Dejo la duda en el aire de si esta circunstancia también podría constituir otro síntoma del declive de la ciencia.

8

Cultura periodística y colapso de la divulgación científica

Unos capítulos más atrás he descrito cuál es el arquetipo que la ficción (cine y televisión) ofrece del científico. En éste analizaré cómo lo describe otro elemento de la cultura mediática: el periodismo, que en principio debería abordar la realidad de la ciencia, no cómo el artista la representa. Quizá el lector proveniente del campo de las ciencias puras considere que los medios de comunicación no son tan importantes en la sociedad como intento exponer en este libro. Se equivoca. Como explicaba una de mis profesoras de teoría de la información, la realidad actual, en la cultura mediática, es como un cuarto oscuro y el periodista es quien tiene la linterna para iluminar lo que los demás ven de esa habitación. La realidad para todos se encarna en lo que ilumina la linterna. Alguien menos sofisticado ha señalado que la realidad queda definida únicamente por aquello que transmite la televisión. El resto no existe.

Manteniendo las prevenciones propias de todos los resultados de ciencias sociales, debe no obstante señalarse que existen numerosos estudios que subrayan la influencia de los medios de comunicación en el entorno y, sobre todo, en los aspectos que acaparan el interés y la atención de la opinión pública. Son ya clásicos los estudios de Park[1] y Lippmann[2] sobre la influencia de los medios en las opiniones de los ciudadanos.

En 1963, en plena guerra fría, Cohen[3] matizó esta influencia con la siguiente afirmación: «La prensa puede no conseguir muchas veces decir a la gente lo que tiene que pensar, pero tiene un éxito sorprendente a la hora de decir a sus lectores sobre qué tienen que pensar. [...] El mundo parecerá distinto a las diferentes personas según [...] el mapa que de él tracen los periodistas, directores y editores del periódico que leen».

En 1972, dos investigadores, McCombs y Shaw, probaron la afirmación de Cohen con un buen número de trabajos empíricos.[4] Pero también demostraron otro hecho muy interesante en el campo de las ciencias de la información: los medios también dictan cómo pensar sobre hechos y personajes. Es decir, no sólo establecen los contenidos de relevancia en los que, según imponen los medios, el ciudadano debe pensar, sino que también los medios influyen sobre la jerarquía de importancia que poseen esos asuntos y personajes que los protagonizan. A todo este proceso estos autores lo denominaron *agenda setting.*

Unos años más tarde, McCombs[5] desarrolló sus ideas para establecer un segundo nivel de influencia, que es el que nos interesa en este libro sobre las causas del declive de la ciencia. Según sus análisis, los medios de comunicación transfieren a la opinión pública no sólo la relevancia de los temas, sino atributos y cualidades a los protagonistas de las informaciones o de las películas. En otras palabras, si el cine o la prensa atribuye a los científicos la cualidad de locos y obsesionados por el poder, eso es lo que la gente creerá. Por «gente» se refiere a todos los que no están en contacto directo con el personaje, sino que se informan a través de los medios. Es decir, muchos políticos, cineastas o periodistas que nunca han tenido contacto con un científico sólo tienen como referencia lo que aparece en los medios, y no la realidad. La verdad, por tanto, no emerge por sí misma como sostenía Platón.

Muy relacionado con este «segundo nivel» de la *agenda setting* se encuentra la teoría del enfoque o *framing*, propuesta por Bateson en 1955 en el campo de la psicología cognitiva y adaptada por Goffman al ámbito de la sociología.[6] Desde este ámbito de la sociología pasó al de las ciencias de la información. Esta teoría explica cómo el proceso de reconstrucción subjetiva de la realidad que llevan a cabo los medios de difusión influye en la percepción que tiene la sociedad sobre los hechos que acontecen. Por tanto, su realidad está en función, entre otros factores, de los medios que consumen.

Según esta teoría, cada información muestra un *frame*, es decir, un determinado enfoque de la realidad que narra, fruto de una determinada selección de hechos, personajes, fuentes, conceptos, imágenes y palabras clave en los que el medio pone el énfasis. Ese *frame* es fruto de la subjetividad con que el periodista o cineasta ve la realidad y es consecuencia de las experiencias vitales y formación académica previa. Los países anglosajones se basan en esta teoría para impedir que sólo accedan a los medios de comunicación los licenciados en *media studies*. Si todos los que cuentan la realidad están cortados por el mismo patrón en facultades donde se enseña más o menos lo mismo, la sociedad se verá privada de otras interpretaciones.

Sin embargo, la realidad impone que las empresas prefieran a los licenciados en ciencias de la información, porque están formados en lo que éstas demandan (saben maquetar, utilizar programas de producción digital, etc.). Por eso este libro se ha detenido tanto en lo que estudian en las facultades la gente que tiene el poder en los medios de comunicación, porque ellos son los que seleccionan el enfoque que se le da a la noticia o al guión.

En este sentido, los medios no sólo recogen los avances científicos, sino que también publican los avatares profesionales (huelgas, salidas profesionales, etc.) de distintos colectivos de investigadores que son leídos y tenidos muy en cuenta por los orientadores escolares y por sectores de la sociedad (profesores, padres y alumnos), susceptibles de tener que enfrentarse ante la decisión de elegir en la secundaria o en la universidad entre las distintas opciones de ciencias-letras.

¿Cómo funciona el periodismo?

Ya he comentado que, en principio, el objetivo final de científicos y periodistas es muy parecido: buscar la verdad y hacerla pública. Sin embargo, sus formas de operar son radicalmente diferentes. El periodismo es una profesión muy compleja que, además, se realiza en condiciones límite. La primera y gran diferencia que observé cuando pasé del confortable laboratorio del Departamento de Química Inorgánica o del Departamento de Física y Química del instituto de secundaria a una redacción periodística, en concreto a la de la Agencia EFE, fue la presión. Presión por el tiempo, presión por las fuentes, presión por los jefes y presión por otros compañeros que esperan que tu trabajo acabe para empezar el de ellos. Todo eso genera una tensión en el periodista que es difícilmente explicable para cualquier otro profesional, sobre todo porque la tensión aumenta si el periodista trabaja para un medio de calidad y, además de informar, quiere hacerlo medianamente bien.

Cualquier medio de comunicación, desde un periódico hasta la radio, la televisión o internet, es en realidad una cadena de producción de un trabajo en la que si falla un eslabón colapsa el proceso. Por tanto, la presión por el tiempo se relaciona también con la presión de los compañeros que forman parte de esa «cadena de montaje» de la noticia. El tiempo, o más correctamente la falta de tiempo, es la omnipotencia vengativa del periodismo.

Esta esclavitud frente a la falta de tiempo siempre ha existido. Sin embargo, los nuevos avances tecnológicos, en lugar de dispensar de esa carga, la han hecho más pesada. Tras la aparición de la informática, los periodistas no sólo deben escribir sino también maquetar y editar. La cantidad de gente que interviene en el proceso de posredacción ha disminuido, por lo que, obviamente, han aumentado los errores. Pero al mismo tiempo, como las telecomunicaciones permiten acceder a la noticia de una forma más rápida, las redacciones incorporan cada día más informaciones de última hora, obligando al periodista a redactarlas de manera casi instantánea.

En el caso de las agencias de noticias, son los editores y los periodistas de otros medios los que esperan ansiosos que el redactor termine su trabajo. En el caso de un periódico te esperan los jefes de sección, los redactores jefe, los subdirectores, los editores que cierran páginas, los infografistas y, en el último eslabón, los compañeros que trabajan en las imprentas. También falta tiempo en los primeros pasos de la elaboración de la noticia. Una información aparecida a primera hora de la mañana no se comenzará a redactar hasta primera hora de la tarde. A esa hora ya se sabe la publicidad que ha entrado y los redactores jefe y subdirectores han analizado cada noticia y les han asignado espacios. Sólo cuando el redactor está seguro de su espacio comienza a escribir. Porque no hay nada que duela más a un periodista que escribir una página entera y que, finalmente, se la dejen en una noticia de media columna.

Esta diferencia en los tiempos entre periodistas y científicos es fundamental. No hay meses para escribir una información como les sucede a los científicos. Tampoco hay días, muchas veces ni siquiera hay horas: porque si la noticia ocurre veinte minutos antes del cierre difícilmente darán una hora para escribir esa página. Por tanto, esta presión define el trabajo.

Hasta ahora me he referido sobre todo al trabajo del periodismo escrito: prensa y agencias. Pero si hablamos de medios audiovisuales como radio, televisión o incluso internet, el tiempo prácticamente no existe. La transmisión de noticias en directo implica que el proceso de documentación y reflexión es casi nulo.

El factor tiempo es muy importante, porque implica que el periodista no puede reflexionar, no puede asesorarse. Actúa mecánicamente, y por eso es tan importante lo que realmente piensa (o le han enseñado) sobre ciencia. El periodista no tiene tiempo ni condiciones para formarse otra opinión y sólo informa en función de lo que le dicta su subconsciente.

El factor espacio

Otra gran diferencia entre los científicos y los periodistas es el espacio. Los científicos no tienen normalmente problemas de espacio. Muchos artículos de investigación, sobre todo en ciencias sociales, llegan a tener hasta cuarenta páginas. Pero en periodismo el espacio es dinero. Tanto en prensa como en radio o televisión la medida del espacio se hace con muchísimo cuidado. Muchas veces los científicos se quejan de la falta de rigor, pero es que, por ejemplo, en una página completa de un periódico como *El Mundo* no caben más de 700 palabras, o unos 3.500 caracteres. Eso en el caso, realmente excepcional en asuntos científicos, de que al redactor le den una página completa para contar su historia. Lo normal es que se tenga que conformar con 200 o 300 palabras.

Warren Leary, periodista científico de la mayor agencia de noticias del mundo, Associated Press (AP), señala:

> Siempre tenemos que pensar en la audiencia. Por tanto, nuestro tiempo y espacio se restringen mucho. Habitualmente no dispongo de la posibilidad de usar 900 o 1.200 palabras para contar una historia. Lo normal es tener que hacerlo en 400 o como mucho 500 palabras. No obstante, estas 500 palabras están pensadas para la prensa. Esta cantidad debe reducirse a como mucho 100 palabras para convertirla en una historia que pueda ser emitida por radio o televisión.[7]

Y no olvidemos que las agencias tienen más clientes en las radios y televisiones que en los periódicos. En televisión, por ejemplo, la medida mágica suele ser los noventa segundos. Obviamente, no se puede contar mucho en noventa segundos. No obstante, se logra, por eso es uno de los trabajos más complejos que existen. Las críticas no pueden ir dirigidas al periodista, deben ir al sistema. Pero ojo, porque si pedimos tiempo y espacio, los críticos nos responderán: ¿Qué quieres, discursos y entrevistas de seis horas como en los países de regímenes totalitarios? Por supuesto que no. Pero no deja de ser curioso que en las democracias occidentales, donde las vocaciones científicas disminuyen, cada día haya menos información y más entretenimiento.

El periodismo ha acertado en dos aspectos frente a los intelectuales (de ciencias y letras) de hoy. Ha atinado en la forma de escribir y en los contenidos que se seleccionan para ser publicados. Hasta mediados del siglo XX, las revistas de prestigio editadas por instituciones como academias o universidades tenían una gran influencia. Lo que Ortega y Gasset escribía en *Revista de Occidente* era ampliamente comentado en todas las tertulias de la época. Pero en la actualidad, aunque el número de revistas científicas publicadas sea cada vez mayor, lo que en ellas se cuenta tiene mucho menos impacto en la sociedad.

Laurent Bonelli y Hervé Fayat se preguntaban en un artículo quiénes eran los intelectuales franceses en la actualidad.[8] Y respondían que, según el *Diccionario de los intelectuales franceses*, publicado en 2004 (por Jacques Julliard y Michel Winack), había ese año 140 intelectuales. Cómo era posible obtener esa cifra cuando en Francia existían miles de «trabajadores del pensamiento»: como mínimo 12.000 investigadores del Centro Nacional de Investigaciones Científicas (CNRS), 50.000 profesores-investigadores en las universidades francesas, y miles de escritores, artistas o políticos. La obtención de la cifra de 140 nos lleva, en primer lugar, a definir qué es un intelectual. O, de forma más pragmática, qué hay que hacer para estar en esa lista y, por tanto, ser considerado intelectual.

Una característica lógica podía ser la relación con algún centro de pensamiento: universidad o CNRS. Pero un análisis de los 140 nos muestra que no todos pertenecen a ese gremio. Y, en cualquier caso, no explica cómo se seleccionan de entre los 62.000 «trabajadores del pensamiento» que financian los franceses. El nexo común a todos los que aparecen en la lista fue ubicarse en la órbita de los medios de comunicación. Esto facilita la divulgación de sus ideas, pues pueden expresarlas en sus columnas, sus artículos y, sobre todo, como fuentes expertas que consultan los periodistas para sus noticias. Esta última vía es muy relevante, pues las noticias son en general más leídas o seguidas por televisión que los sesudos artículos de opinión. No olvidemos que pertenecer a la órbita mediática implica que los medios afines otorguen una mayor publicidad a tus libros en caso de escribirlos. Lo cual cierra el círculo, pues las editoriales, conscientes del poder mediático, dan más facilidad para publicar y promocionar sus libros.

Por tanto, una mayor presencia mediática implica que tus ideas sean más difundidas y, en consecuencia, tengan más posibilidades de influir. La combinación de estos tres elementos: generación de ideas, junto a la posibilidad de difundirlas a gran escala en los medios de comunicación y que, por tanto, sean susceptibles de modificar comportamientos o planteamientos en un sector amplio de la opinión pública, sería la definición actual de un intelectual. Observe el lector que esto es lo que hacen básicamente los columnistas y periodistas que, cada vez con mayor frecuencia, publican tanto libros de ensayo como obras de ficción literaria. Porque los periodistas, al contrario que los filósofos o los científicos, tienen la cultura mediática a su favor.

Esto ha provocado que los «trabajadores del pensamiento» que no tengan presencia mediática se hayan quedado sin voz, incluso en los círculos intelectuales, porque las revistas son tantas que apenas se leen y, aunque publiquen libros de pensamiento, tampoco se leen si no son avalados por los medios. La cultura mediática, por otra parte, sólo nos deja tiempo para la televisión y, con suerte, para leer un periódico. Los políticos de antes de los años sesenta eran también mucho más cultos. Leían no sólo libros, sino también revistas científicas o de pensamiento.

Hoy día no sabemos lo que leen. Sus asesores de imagen les confeccionan una lista de libros que van a leer (en las vacaciones de verano, por ejemplo), pero que está cuidadosamente seleccionada en función de intereses mediáticos (de la imagen que da leer un determinado libro) y no del interés del político, que probablemente ni abra sus páginas. Lo que sí tienen muy en cuenta los políticos —o cualquiera con poder en el mundo actual— son los resúmenes de prensa que le entregan cada mañana sus gabinetes. Lo primero que hace un político al comenzar su jornada es comentar con sus asesores de prensa qué *frame* dan de él los medios, consciente que de eso depende su reelección en un sistema democrático. Lo segundo es analizar qué apuntan los opinadores mediáticos sobre hacia dónde va el mundo.

De ahí el gran poder de la prensa: crea opiniones en los que toman decisiones. Lo que un científico critique sobre política universitaria en, por ejemplo, *Revista de Occidente* ni lo lee, ni le importa a nadie. Ni siquiera en revistas de impacto mundial como *Nature* o *Science*. Sólo si ese artículo es recogido en forma de noticia periodística tiene trascendencia. Esto explica que muchas revistas científicas, como veremos en los capítulos siguientes, organicen gabinetes de prensa que envían comunicados a los medios.

Muchas veces los científicos (y el resto de las fuentes) consideran al periodista el máximo responsable de la información. Sin embargo, lo importante en el sistema mediático no es el redactor de base. Éste no tiene tanto poder como a veces piensan de forma errónea quienes ignoran cómo funcionan los medios. Quien verdaderamente controla cómo se enfoca la información son los *gatekeepers* («guardabarrera»), que son los encargados de seleccionar la información.

Los *gatekeepers* son el jefe de sección, el redactor jefe, el subdirector y, sobre todo, el director, pues es el responsable ante los tribunales de toda la información publicada, por lo que tiene poder absoluto. Éstos tienen capacidad desde decidir cuánto espacio le dan al periodista para su noticia, hasta si lleva fotografía, si es apoyada por un editorial, si se publica en página impar (más leída que la par) o si, finalmente, la información aparece en la portada del periódico. Todo eso, incluido el titular, pues se estima que el 70 por ciento de lo que se lee son sólo los titulares, de ahí su importancia estratégica y que sean redactados por los jefes no depende del periodista científico que habla con el investigador.

Ha habido muchas campañas de los científicos para concienciar a los periodistas especializados en ciencias sobre cómo es la ciencia. Yo siempre digo que es perder el tiempo, porque éstos ya están concienciados. A quien se debe sensibilizar es a los jefes de los periódicos que son los que ejercen el verdadero poder. Sin embargo, éstos no están interesados en la ciencia porque, salvo excepciones, proceden del campo de las letras o las ciencias sociales. En el mejor de los casos, no están interesados porque la ciencia no es importante en la cultura mediática de la que ellos forman parte.

Algún investigador ha respondido a mis críticas señalando que no es tiempo perdido porque quizá alguno de esos periodistas científicos llegue a jefe. Las investigaciones que yo he efectuado lo desmienten.[9] El periodismo científico no es valorado en las empresas mediáticas. Alguien con ambición profesional, por tanto, no se dedicará a él porque los jefes (quienes deben promocionarlo) no lo consideran un área importante. De hecho, en España la mayoría de los periodistas científicos son los mismos desde hace casi dos décadas. Es decir, que saben tanto o más de ciencia que la mayoría de los científicos. Sin embargo, estos periodistas científicos no han ascendido en su carrera periodística dentro de las empresas de comunicación. Si son licenciados en periodismo, algunos se cambian de sección y luego los promocionan.[10] Si lo son en ciencias, es más difícil.

El lector podrá recordar el caso que he expuesto al comienzo del libro de Javier Moreno, licenciado en químicas y, sin embargo, elegido en 2006 director nada menos que del diario *El País*. Antes había sido director de *Cinco Días*. Es cierto, pero Moreno tuvo la sabia precaución de no dedicarse nunca al periodismo científico. Fue corresponsal en el extranjero (periodismo internacional) y, sobre todo, periodista económico. Los datos señalan que la peor combinación para ascender en periodismo es ser licenciado en ciencias y, además, dedicarse al periodismo científico. Las empresas de comunicación buscan trabajadores versátiles y existe la creencia (totalmente errónea según hemos visto en capítulos anteriores) de que los licenciados en ciencias sólo saben de ciencia, por lo que el mercado español prefiere a los de humanidades o ciencias sociales a los que, extrañamente, considera mejor formados. Son muy pocos los licenciados en ciencias naturales que dirigen los medios españoles. La excepción es el diario *El País*. Estas dinámicas empresariales, en las que no puedo extenderme más pero que excluyen a los licenciados en ciencias naturales de los medios de comunicación, dañan asimismo la imagen de la ciencia. El que los científicos no lideren este tipo de empresas en el siglo XXI también es un síntoma del declive del conocimiento científico.

Otro de los elementos clave en el factor espacio reside en la jerarquización de información. Esta tarea —muy influyente en la cultura mediática— es muy compleja, y para desempeñarla bien se necesita mucha experiencia, un criterio considerable y bastante seguridad intelectual. Alguna vez, aunque afortunadamente pocas, tuve que ejecutar este trabajo de selección en la Agencia EFE de «las diez noticias más importantes del día». Un servicio que EFE difunde y que influye mucho en la jerarquización de las noticias en los medios de comunicación de ámbito latino. Debo confesar que este trabajo de selección me pareció muy complejo, razón por la cual muchas veces lo fácil es dejarse llevar por los parámetros que enseñan en la carrera de periodismo: política, economía y deportes es lo importante. Eso no sucede en el periodismo anglosajón, donde una noticia de ciencia o educación puede ocupar toda una portada.

Pero en España, si uno evalúa el seguimiento de los medios, parece que todos los periódicos y todos los informativos seleccionan las mismas noticias, aunque con los enfoques propios de cada medio.

Porque ésa es otra diferencia con el periodismo anglosajón: en España todo está muy ideologizado. Desde mi punto de vista, el que se sigan las mismas pautas de selección sólo indica inseguridad. No obstante, los periodistas estiman mucho a quien tiene esta misión de jerarquizar las noticias, lo cual explica por qué el periodista aprecia tanto la figura del redactor jefe y que, realmente, trabaje para él. No hay nada más importante para un periodista que el halago de sus jefes.

Todo ello perjudica la ciencia. Seguir las mismas pautas, y el hecho de que la mayoría de los jefes mediáticos sean de letras o ciencias sociales, induce a elegir sólo determinados tipos de noticias frente a otras. De hecho, en una investigación publicada en 1980 se demostró que los redactores jefe estadounidenses estaban mucho más interesados en las investigaciones procedentes de las ciencias sociales que en las experimentales.[11] Estas preferencias se debían a que sus *gatekeepers*, al igual que los españoles, pensaban que las investigaciones en ciencias sociales contienen más elementos de los considerados relevantes para la noticia: proximidad, interés, conflicto, prominencia, etc.

En esta investigación se ponía de manifiesto que en un encuentro anual de la Asociación Americana para el Avance de la Ciencia (AAAS), la reunión mundial más importante de científicos, los periodistas de las agencias estadounidense Associated Press (AP) y United Press International (UPI) seleccionaron quince temas científicos de todas las áreas que allí se trataron para escribir sus noticias y enviarlas a los periódicos. De esas quince noticias, sólo cuatro estaban relacionadas con temas de ciencias sociales. Es decir, los periodistas científicos seleccionaron las ciencias naturales. Un estudio posterior demostró que la mayoría de los periódicos publicó tres de las cuatro noticias que hacían referencia a las ciencias sociales. Las once noticias restantes referidas a ciencias experimentales tuvieron mucho menos eco en la prensa.

En otras palabras, lo que los periodistas de AP y UPI consideraron en un primer momento como noticiable, en el segundo paso de la selección (los redactores jefe, que son los que tienen poder) sólo las ciencias sociales tuvieron interés. Y eso a pesar de que la reunión de la AAAS es básicamente una reunión de temas de ciencias experimentales.

La ciencia en los inicios del periodismo

¿Ha estado la ciencia siempre en el periodismo? Sí. La presencia de la ciencia moderna en los medios de comunicación empieza casi desde los inicios del periodismo como tal. Es más, ambas disciplinas han tenido desarrollos paralelos muy importantes. Ahora parece que son incompatibles y una está devorando a la otra.

Aunque existen diferencias entre los periódicos de los países latinos y los anglosajones, puede establecerse que, en general, en todos ellos aparecen los nuevos descubrimientos científicos desde el XVIII. Incluso en un país como España, tan alejado de la ciencia y, no lo olvidemos, con una Inquisición vigente hasta el siglo XIX, aparecen publicaciones que incluyen noticias científicas desde el siglo XVII, pero, sobre todo, en el XIX.

La gente cada vez más «ilustrada» e interesada en la ciencia devoraba esas informaciones. «Historia de un terrible y espantable dragón, aparecido en la isla de Malta, el cual tenía siete cabezas por las que lanzaba aullidos que alternaba con llamaradas de fuego, lo que causó gran confusión entre los habitantes de la isla.» Ésta es la noticia que, a comienzos del siglo XVII, publica en Madrid un almanaque —predecesor de los actuales periódicos—. El encabezado es curioso: «Noticia cierta de algunas de las cosas maravillosas y relevantes acaecidas en Europa».

Gema Martínez de Espronceda, profesora de historia de los medios de comunicación de la Universidad de Zaragoza, recuerda que «hay que observar con otra mirada —la de la mentalidad de su época— cómo se contaban las cosas que ocurrían en relación con lo que ahora se llama "ámbito de la ciencia", ya que muchos de los temas entonces considerados científicos, hoy serían pura superstición o supercherías».[12] Sin embargo, mi opinión es que se está volviendo a esa visión supersticiosa.

Los almanaques albergaron en sus páginas noticias sobre los avances científicos de una disciplina que en ese período se alejaba de la superstición (caso de la alquimia) para convertirse en ciencia a través del método racional positivista. No obstante, debe subrayarse que, como en ese momento la ciencia aún estaba en sus inicios, muchos de los artículos describían sobre todo historias de corte fantástico, hechos insólitos, apariciones celestes o fenómenos naturales de efectos desastrosos. La intención, al igual que sucede ahora, era atrapar al lector.

Sin embargo, en aquella época podía disculparse esa concepción de ciencia «fantástica», porque el método científico aún no era capaz de explicar la naturaleza tal y como lo hace ahora. Lo inquietante es que en el siglo XXI persista o se potencien esos enfoques. En el periodismo científico actual también se tiende al fenómeno de la ciencia-espectáculo, pero esta circunstancia, que se verá más adelante, sí debe ser criticada desde el punto de vista profesional, porque la ciencia tiene ya otro estatus.

Los almanaques de los siglos XVIII y XIX estaban concebidos por la burguesía, que cada día estaba más interesada en la ciencia y la tecnología como una manera de mejorar sus negocios. Algunos de los redactores de esos almanaques eran realmente científicos, como en el caso del *Poor Richard's Almanack* (1732-1758), que fue alentado por el científico y político estadounidense Benjamin Franklin. En España tuvimos el caso de *El Gran Piscator de Salamanca* (1718), editado por el catedrático de matemáticas Diego de Torres Villarroel.

En realidad, esos almanaques eran libritos o folletos que contenían el calendario anual, datos astronómicos, actos religiosos y civiles, artículos varios, cuentos, efemérides, curiosidades, recetas, horóscopos y consejos para la salud. Martínez de Espronceda matiza que «también se utilizaban para dar noticias científicas, para hacer predicciones o como arma política contra el Antiguo Régimen y la teocracia».

En 1872, el *Almanaque de la Ilustración* suministraba, además de los clásicos pronósticos astrales, consejos para las cosechas, noticias sobre avances en medicina o descripción de inventos útiles. En mi opinión, eso no puede considerarse periodismo, sino una recopilación de información de interés. Por ejemplo, una noticia típica de esos almanaques tiene el siguiente titular: «Lavado de los encajes, tul, linón, hilado, blonda, etc.». Si nos detenemos en el cuerpo de texto, observaremos que más que una noticia parece una receta: «Se coloca una pieza de tres onzas de agua de jabón caliente; no se frota; solamente se le pasan las manos y se expone al sol o bien se empapa con grasa de carnero».

Los historiadores del periodismo coinciden en que *Diario Noticioso, Curioso-Erudito, Comercial, Público y Económico*, editado en 1758, fue el primero publicado en España dedicado a la divulgación científica. Según reza en sus páginas, «para dar un servicio y conocimiento de lo útil al pueblo». Resulta curioso que en esa época, al igual que sucede ahora, a los investigadores no les gustaba esa información científica publicada en los periódicos, a la que calificaron, según Martínez de Espronceda, como «cenagal de corrupción, de falsa ciencia y de fe extraviada».

Los científicos, que en los siglos XVII, XVIII y hasta en el XIX, eran en su mayoría burgueses diletantes, cuyas rentas les permitían no tener que trabajar y dedicarse a la investigación como pasatiempo, editaron los denominados periódicos literario-eruditos como el *Diario de los Literatos de España* (1737), *El Pensador* (1752) o *El Duende Especulativo* (1761). También comenzaron a editarse periódicos específicamente científicos, antecesores de las actuales revistas especializadas de gremios profesionales, que no deben confundirse con las revistas científicas de investigación. De aquellos periódicos especializados, resalta el *Diario Philosófico, Médico y Chirúrgico* (1753).

La profesora Emma Spray sostiene que en el siglo XVIII el conocimiento científico era en sí mismo un «comercio de lujo». La ciencia se transforma también en espectáculo y lo científico se convierte en una modalidad de ocio. En este sentido, cuando la ciencia se puso «de moda» en las clases dominantes, comenzó a despertar admiración en las clases populares. De hecho, las demostraciones y experimentos causaban furor entre la población y los periódicos se hacían eco de ello.

Los científicos se convirtieron casi en actores de un espectáculo que incluía desde disecciones públicas de cadáveres de animales (e incluso personas) traídos a Europa desde las colonias, hasta experimentos sobre cómo pesar la Tierra o sobre el funcionamiento del magnetismo o la electricidad. Todos esos experimentos, que eran públicos, se convertían en lo que hoy llamaríamos un acontecimiento mediático. Esto es ya imposible. Salvo en las misiones de la NASA, que se siguen en directo por televisión o internet, en general la gente influyente del siglo XXI no está en contacto directo con la ejecución de un experimento. En esto la ciencia también ha perdido influencia. En los siglos XVIII y XIX, la jerarquía influyente —y el pueblo menos instruido— disfrutaba con el experimento en sí mismo —que es la esencia de la ciencia moderna—, más que con el propio resultado. Hoy, como mucho, se interesan por el resultado final.

Resulta curioso que a comienzos del siglo XIX un gran científico como Humphry Davy, que, entre otros hallazgos, fue uno de los pioneros en la investigación de los gases o la electroquímica, fuera contratado por la Royal Institution, una entidad londinense fundada con el ánimo de investigar y divulgar la ciencia, más que por sus méritos científicos, por su atractivo físico y sus cualidades como orador. Las conferencias de Davy sobre la naturaleza de la materia se «llenaban literalmente de jovencitas», según los periódicos de la época. En la actualidad, eso sólo se logra con un producto mediático como un concurso de telerrealidad como *Operación Triunfo*.

En el siglo XIX también se hizo uso de la ciencia para crear un espectáculo, gracias al cual la población se interesaba por las leyes de la ciencia. El público se sobrecogía porque parecía magia y, minutos después, se exponía el fundamento científico. Aquí se pueden volver a ver las intrincadas relaciones ciencia-divulgación. ¿Dónde poner el límite? Si no se usara la ciencia para crear espectáculo, mucha gente no hubiese tenido la más mínima noticia sobre los nuevos descubrimientos. Pero también es cierto que esos espectáculos pueden inducir a caricaturizar la imagen de la ciencia. Un ejemplo que ilustra esta idea es la «Venus electrificada». Un experimento-espectáculo que causó furor en el siglo XIX y aparecía recogido en los medios cada vez que se reproducía. En el «experimento» una mujer (normalmente joven) se sentaba en una silla, aislada, y al ser besada por un voluntario del público, sus cabellos soltaban chispas.

La ciencia-espectáculo siempre existió, y coexistió en siglo XIX con una corriente cada vez más importante en la que la ciencia ya era considerada casi unánimemente como algo indispensable para la obtención del progreso, el bienestar y la felicidad de los pueblos. Puede afirmarse que, a diferencia del siglo XX y, sobre todo estos comienzos del XXI, en el siglo XIX los periódicos hacían realmente proselitismo científico.

La revista *La Ilustración Española y Americana* (1857), subtitulada «Periódico de ciencias, literatura, artes, industrias y comercios útiles, ilustrado por los mejores artistas españoles», representa un claro ejemplo de ello. Tanto en la portada como en las páginas interiores aparecían espléndidos dibujos sobre aparatos científicos recién inventados, animales exóticos encontrados en los nuevos territorios que los europeos aún estaban explorando o experimentos que se habían recreado ante un público entusiasta.

Otro caso interesante es el *Cronicón científico popular. Revista para todos de novedades y progresos científicos e industriales notables*, editado en 1870 por el ingeniero de minas Emilio Huelin. Sus noticias enfatizaban los beneficios que supuestamente traería la ciencia y la tecnología a la civilización. Para que el lector compruebe hasta qué punto en el XIX había una confianza ciega en la ciencia, mencionaré que en 1870, en uno de sus artículos, Huelin sostenía: «Sólo cuando se propaguen las ciencias, acabarán las guerras, pues semejante extensión causará que en todas las naciones confieran a aquéllas alto y principal lugar, y sustituyendo el saber al sable, el resultado será que únicamente gobiernen los estados sus hombres notables de ciencia vasta y profunda».

Es interesante este editorial y, por ello, creo conveniente subrayar el papel fundamental que aquella prensa tuvo no sólo en la defensa de las libertades, sino en la lucha porque las ciencias, su conocimiento y su enseñanza progresaran en España, esfuerzo que los científicos españoles deberían reconocer. El periodismo fue una de las herramientas para que la población tomara conciencia del atraso científico español y de lo que eso había significado para los países en los que España había ejercido su poder colonial.

En 1881, el editor Andrés Solís comenzó a publicar *El Progreso*, un periódico que contó con un amplio respaldo popular, porque su interés informativo no abarcaba sólo la política, sino también la literatura, el teatro, el urbanismo y los avances de la ciencia. De esta última sección se ocupaba uno de los primeros periodistas científicos españoles, el ingeniero y geólogo Lucas Mallada, quien en 1890 escribió un combativo artículo: «Los males de la Patria», en el que denunciaba la pobreza científica de la población española, incluidos sus políticos, y consideraba la falta de preparación científica de las clases dirigentes, así como del resto de la población, como la responsable del atraso cultural y tecnológico de España. El artículo se publicó en libro ese mismo año. En el libro, hasta los propios científicos de la época salían malparados:

> Por tales ruines y miserables envidias escasea el valor para emprender las investigaciones científicas. Claro es que algunos talentos superiores vencen o aíslan esas resistencias y siguen adelante; pero muchos, que en edad juvenil comenzaron con entusiasmo ciertos estudios, se detienen o retroceden a mitad del camino. En tal caso se hallan muchos profesores, algunos muy listos y entendidos, que enseñando en otra nación lograrían mucha nombradía, mientras que aquí se limitan a desempeñar sus cátedras con el menor trabajo posible; van viviendo sin vilipendios, pero con escasa honra, y mueren enteramente olvidados y desconocidos. Así es que, fuera de las ciencias médicas y jurídicas, casi todas las demás se arrastran en España con vergonzosa torpeza, y, entre todas, las menos atendidas son precisamente las que más habrían de contribuir al adelanto de los intereses materiales.[13]

Muchos intelectuales como Azorín consideraron que ese libro es el precursor del pesimismo de la generación del 98.[14] Uno de los escritores más importantes de esa generación, Pío Baroja (que era licenciado y doctor en medicina), compartía igualmente esa visión pesimista de que un país poco podía hacer si sus clases dirigentes apenas sabían de ciencia. Incluso, señalaba Baroja, los científicos españoles sabían poco de ciencia: «He visto aquí en Madrid a estudiantes de ciencias que no habían oído hablar jamás de Lamarck, hombre de tanta importancia en la Biología».[15]

Los incipientes medios de comunicación fueron publicando esta aparente toma de conciencia de la gravedad de la ciencia española, al menos algunos intelectuales. Lamentablemente, a finales del XIX ya era demasiado tarde tanto para España como, sobre todo, para América Latina. Ocho años después del libro de Mallada, se independizó Cuba, la última colonia española en América. La suerte de América Latina estaba echada, porque entre los «productos culturales» que España les exportó desde los siglos XVII al XIX estaba, desgraciadamente, la falta de aprecio a lo científico. Entre otros motivos, este factor puede ser el causante de que países tan ricos en recursos naturales como México, Venezuela, Colombia o Perú, entre otros, no acometieran una revolución industrial y científica como sí lo hicieron sus vecinos: Estados Unidos o Canadá. Es curioso que en Oceanía países tan alejados de Europa como Australia o Nueva Zelanda también tuvieron un desarrollo científico y económico notable. La característica común es que fueron colonizados por la potencia científica de los siglos XVII, XVIII y XIX: Gran Bretaña.

¿Existe un periodismo español especializado en ciencia en el siglo XXI?

La diferencia más clara entre el periodismo científico español y el británico es que en España no ha existido un movimiento PUS (Public Understanding of Science) como el que promovió la Royal Society en Gran Bretaña a mediados de los ochenta, como ya he descrito anteriormente. En España, ni las reales academias científicas ni las facultades de Ciencias o Ingenierías jamás han promovido debates sobre si sus licenciados deberían «infiltrarse» en los medios de comunicación o si deberían intentar dominar la cultura mediática. Esto explica que discusiones ciertamente intensas entre los científicos españoles sobre la crisis de vocaciones, la ausencia de premios Nobel en ciencia, la escasa educación científica de los alumnos de bachillerato o la organización de la política científica apenas tengan cabida en los medios. En Gran Bretaña, estos asuntos aparecen todas las semanas en la prensa y en la televisión. Pero en España, la gente de letras o ciencias sociales que dirigen los medios no considera nunca que esos debates sobre el futuro de la ciencia sean objeto de noticia.

El problema para la ciencia es que si esos asuntos no entran en la agenda mediática, ni los políticos ni la sociedad los considerarán importantes.

En cualquier caso, la primera —y, de momento, única— iniciativa en la formación en periodismo científico proveniente del campo de las ciencias naturales corresponde al Consejo Superior de Investigaciones Científicas (CSIC) con la creación, a finales de los ochenta, de sus conocidas becas de periodismo científico, si bien el requisito fundamental para acceder a ellas era —y continúa siendo— ser licenciado en ciencias de la información, no en ciencias experimentales o ingeniería. De hecho, cuando me presenté a las pruebas en 1998 me aconsejaron desde mi Facultad de Periodismo que ocultara mi formación previa en químicas. Conseguí una de las dos becas que ofertaban ese año, con un examen sobre periodismo y exclusivamente con mis calificaciones y titulación en ciencias de la información.

En España hay periodistas con formación universitaria en ciencias, pero son muy escasos y, en general, su acceso a la profesión se debe más a decisiones personales y avatares biográficos concretos que a una política organizada y promovida desde los estamentos científicos, como sucede en Gran Bretaña. Algunos han llegado a ser conocidos como Miguel Ángel Aguilar (físico), que incluso fue director de la Agencia EFE. En el diario *El País*, y gracias a su política de máster abierto a todas las titulaciones, trabajan varios periodistas con estudios científicos, incluido su director, como ya he mencionado. Pero estos casos son muy excepcionales en el resto de los medios. La inmensa mayoría de los periodistas españoles son de letras, así como la mayoría de los periodistas científicos.

En los últimos años, y gracias a las subvenciones que otorga el MEC para el fomento de la cultura científica y la detención del declive de vocaciones, han florecido en España varios másters y estudios de posgrado sobre comunicación científica. Pero o son tutelados por periodismo —Universidad Carlos III de Madrid, Universidad Pompeu Fabra, Universidad de Valencia—, o por filosofía de la ciencia —Universidad de Salamanca, UNED—. La asignatura de periodismo científico es troncal en España sólo en las licenciaturas de periodismo, comunicación audiovisual o ciencias de la información.

En general, puede afirmarse que los científicos españoles no sólo están fuera del debate público de la comunicación de la ciencia, sino incluso de la política científica. En 2007, declarado por el gobierno español como año de la ciencia, la entonces ministra de Educación y Ciencia era una historiadora, Mercedes Cabrera; el secretario de Estado de Universidades y Política Científica, Miguel Ángel Quintanilla, era también de letras, en concreto de filosofía de la ciencia, área a la que también pertenecía Eulalia Pérez Sedeño, directora de la Fundación Española de Ciencia y Tecnología, organismo gubernamental encargado de divulgar la ciencia. Durante la época que existió el Ministerio de Ciencia y Tecnología, nunca ocupó el cargo alguien con formación científica.

Esto no es un reproche a los que ocupan esos cargos u organizan esos estudios de posgrado sobre comunicación científica. Hay incluso que agradecerles que lo hagan, porque si no fuera por ellos no habría nada en España. No obstante, sí es una crítica hacia los científicos españoles, por creer ingenuamente que la solución del problema de la ciencia en España se resuelve dejando la formación en comunicación científica, la comunicación científica y la propia política científica o educativa en manos de gente del bando de las letras.

También es un reproche a los medios de comunicación españoles, porque, en mi opinión, deberían mejorar su calidad con la contratación de periodistas especializados. Desde 1974, en una encuesta que realizaron los profesores de la Universidad Complutense de Madrid Pedro Orive y Concha Fagoaga a una veintena de directores de periódicos de la época, se ponía de manifiesto que el futuro de la prensa necesitaba encaminarse hacia la especialización;[16] entre otros motivos, porque la televisión y la radio estaban copando cada vez más el ámbito de la noticia, debido a la rapidez informativa del medio audiovisual, y porque la progresiva tecnificación de la vida había incrementado, ya desde esos años, el nivel cultural de los lectores españoles, lo cual exigía un mayor rigor en los planteamientos y orientaciones de las informaciones publicadas en prensa.

Los catedráticos de periodismo de la Complutense Javier Fernández del Moral y Francisco Esteve consideran que los antecesores de los periodistas especializados en España —al igual que en Gran Bretaña—

se encuentran en los colaboradores, que han constituido durante mucho tiempo el precedente más claro del periodista especializado.[17]

Sin embargo, lo habitual en España, sobre todo después de la generalización de la carrera de periodismo, es que la especialización se adquiera por la vía de que el periodista acude siempre a un determinado tipo de acontecimientos informativos que tienen que ver con un contenido similar, ya sea en el ámbito de la sanidad, la educación, la ciencia, la política, la religión o el deporte. Por eso, para el caso español, prefiero hablar de periodista acostumbrado en lugar de especializado.

El periodista, por tanto, sólo se limita a conocer quiénes son los responsables de esas áreas en las distintas administraciones públicas y privadas, y a disponer de una agenda de expertos —profesores universitarios, investigadores de centros oficiales, jefes de prensa de determinados organismos, directores generales, jefes de servicio, etc.—. Es cierto que, con el paso del tiempo, se puede acostumbrar a redactar sobre ese tema, pero... ¿será capaz de realizar un verdadero periodismo especializado en ciencia? ¿Sabrá realmente qué significa la ciencia si no la ha estudiado y practicado en la facultad?

En realidad, un periodista acostumbrado no deja de ser un generalista que, gracias a que realiza un seguimiento mayor de un tema determinado, acomete con mayor eficacia su trabajo de generalista. Sin embargo, según la catedrática de periodismo Montserrat Quesada, el periodista generalista se diferencia del especializado en que al primero se le sigue premiando el acceder a la información antes que los demás y en no perder en ningún caso el tren de la actualidad; mientras que el periodista especializado centrará sus máximos esfuerzos en el rigor y la seriedad informativa, hasta el punto de que es habitual la decisión de aplazar la publicación de una información en tanto no haya podido ser convenientemente verificada.[18]

¿Debe ser el periodista científico licenciado en ciencias?

Uno de los debates más feroces que existen en torno al periodismo científico se centra en si los que informan de ciencia en los periódicos deben tener conocimientos universitarios de ciencias o sólo basta con la carrera de periodismo. Desde el punto de vista del mensaje, está claro que el periodista especializado debe tener los suficientes elementos de juicio como para comprender lo que le dicen las fuentes y, sobre todo, para interpretar el contexto en el que lo dicen y eso, en el caso de la ciencia, implica entenderla, independientemente de que se tenga diploma o no.

Tanto la divulgación como el periodismo científico serio exigen una explicación de las causas y circunstancias que concurren en el hecho noticioso, y esto sólo puede conseguirse con una adecuada cultura científica del redactor. Entre los licenciados en ciencias de la información (*media studies*, en los países anglosajones) existe cierta inclinación en especial por los temas jurídicos, económicos, políticos, literarios o cinematográficos, razón por la cual estas especialidades están mejor tratadas en los medios. Pero no ocurre lo mismo con parcelas como la ciencia, la medicina o el medio ambiente. De estas materias, ni siquiera existen asignaturas en los programas de las carreras de *media studies* o de ciencias de la información.

Cuando la carencia de conocimientos en estas áreas es notoria, como sucede, por ejemplo, con los que poseen un bachillerato o licenciatura orientada hacia las ciencias sociales o las humanidades, el periodista no puede interpretar más allá de lo que le sugieren las fuentes, sin correr el peligroso riesgo de equivocarse. En este caso, la divulgación y el periodismo serio, en el más amplio sentido de la palabra, se hace totalmente imposible.

Esta idea que he ido exponiendo a lo largo del libro puede parecer que sólo es la visión de los licenciados en ciencias. No obstante, también la avalan los estudiosos en teoría periodística pura como los catedráticos de periodismo Fernández del Moral y Esteve, quienes sostienen que la principal dificultad para informar adecuadamente sobre ciencia estriba:

> En la enorme separación entre las ciencias experimentales y las ciencias humanas, lo que se denomina en el lenguaje coloquial las ciencias y las letras. [...] Estas dos sendas culturales provienen histórica-

mente de la separación entre la *mathemata* griega y las ciencias formales de los sofistas, sólo que entonces existía una síntesis entre ambas vías de conocimiento y hoy la separación es mucho menos salvable y, desde luego, más profunda y generalizada. De ahí la necesidad de crear un clima propicio para la nueva síntesis.[19]

En el *Manual de periodismo científico* redactado por el fundador de la Asociación Española de Periodismo Científico, Manuel Calvo Hernando, se advierte de que el periodista científico debe sobre todo: «Conocer el tema que va a tratarse y saber contárselo al público de modo sencillo y sugestivo, y traduciendo no sólo los conceptos, sino todo un lenguaje, y sin dejar un solo término científico (aparte de los que van entrando en la vida cotidiana) sin una explicación.[20]

Lo que no aclara es cómo se consigue eso con la deficiente cultura científica que se enseña en el bachillerato español de humanidades y cómo se soluciona si los actuales planes de estudios de las facultades de Ciencias de la Información no incluyen las disciplinas de divulgación e introducción a la ciencia en su programa de estudios. Calvo Hernando es licenciado en derecho y doctor en periodismo, titulaciones que en España, hasta este momento, carecen de materias obligatorias como química, física o biología.

Entre los investigadores estadounidenses del periodismo científico, la actitud frente al problema de la falta de formación científica de los periodistas es radicalmente diferente, pues representa una parte fundamental de su discurso. De esta forma, son habituales las discusiones y los análisis de contenidos sobre noticias científicas elaboradas por periodistas con formación científica en la universidad y por redactores que carecen de ella. En España, por el contrario, se intenta obviar el asunto para no herir sensibilidades.

Dorothy Nelkin, profesora de sociología de la universidad estadounidense de Cornell, señala en su ya clásico libro *La ciencia en el escaparate* (en el que se recoge los modos de comunicación de la ciencia en Estados Unidos) la absoluta necesidad de una preparación científica de los periodistas para poder evaluar lo que se les dice.[21] Matiza, sin embargo, que aunque muchos ejemplos avalan la necesidad de que los periodistas tengan un mayor dominio metodológico sobre la ciencia, los divulgadores están divididos en cuanto a la importancia y profundidad de esa preparación científica formal.

Los que están a favor argumentan, según una encuesta recogida por Nelkin pero publicada en la revista *Nasw Newsletter*,[22] que los periodistas con formación científica pueden juzgar de forma más crítica la información que se les dice desde las fuentes y los métodos de investigación poco serios. Señalan que los periodistas con escasos conocimientos científicos tienen dificultades para encontrar argumentos técnicos, saber qué preguntas hacer y cómo valorar las respuestas. «Demasiado preocupados en lograr una comprensión básica, tienen poco tiempo y energía para interpretar los asuntos esenciales.»[23]

Los periodistas estadounidenses contrarios a esta formación científica, aun aceptando que es necesaria para alcanzar una mayor sofisticación, piensan, según la encuesta citada, que un exceso de educación científica puede perjudicarlos. Sus argumentos se justifican en que un periodista generalista planteará preguntas más simples que un especialista, por lo que obligará a los científicos a expresarse con más claridad y se podrá llegar más lejos en el alcance de la noticia. También consideran que los periodistas con demasiada formación pueden llegar a asumir los valores de los científicos y perder su capacidad crítica.

Sin embargo, durante mi estancia en la London School of Economics, supe que se estaba diseñando una investigación para demostrar lo contrario: que los periodistas con excesiva formación científica pueden ser muy críticos con la ciencia por el denominado «efecto del rebotado». En otras palabras, muchos periodistas científicos son investigadores que han fracasado en las ciencias y se dedican al periodismo. Y esta frustración puede ser importante a la hora de abordar las informaciones científicas con, como mínimo, «honesta subjetividad» e imparcialidad. Su trabajo como periodistas, según la hipótesis de este trabajo aún en ciernes, puede verse afectado porque, desde el punto de vista psicológico, puede pasarles factura su fracaso previo como científicos. No trabajan en lo que estudiaron y, en principio, les gustaba, sino en la divulgación de lo que les gusta, pero que ellos no pueden hacer. Y lo que es habitual en humanidades —estudiar y divulgar el arte o el pensamiento que otros crean— no lo es tanto en ciencia, donde el profesor universitario o el investigador es creador primario de su propia ciencia. Todo ello podría propiciar que hasta los periodistas que tienen formación científica sean hipercríticos con la propia ciencia. Pero esto, repito, no está demostrado con análisis de contenidos. De momento sólo es una hipótesis.

De hecho, en la tesis doctoral del profesor de periodismo de la Universidad Pompeu Fabra Sergi Cortiñas (que es licenciado en químicas y periodismo) sobre la obra periodística de Javier Sampedro (periodista de *El País*, que con anterioridad fue científico, llegando a publicar incluso en *Nature)*, se afirma, tras un exhaustivo análisis de contenido de lo publicado por Sampedro, que «es ejemplo del mejor periodismo científico, creador incluso de un estilo literario propio».[24]

Así que el debate continúa abierto. Muchos periodistas opinan que los cronistas que son básicamente científicos ven las noticias en términos del progreso científico, mientras que los que son propiamente periodistas las ven en términos de sus efectos sobre la gente y la calidad de vida. Ello, no obstante, puede explicar que sean contrarios a la ciencia, pues pueden atribuirle efectos negativos producidos por una mala aplicación de la tecnología, como la contaminación o el cambio climático. Los sociólogos estadounidenses han estudiado este asunto con profundidad desde finales de los cincuenta, pero no han llegado a un consenso.[25] Los argumentos son los siguientes:

> Los periodistas que son científicos tienen una mayor veneración por los hombres de ciencia que los reporteros ordinarios. A veces evitan preguntas espinosas por el profundo respeto que sienten por algunos colegas. Otros, por el contrario, afirman que son los que tienen menos experiencia los que se muestran más reverentes, pues los que tienen formación específica han perdido la ingenuidad y, por lo tanto, son menos vulnerables.[26]

Sin embargo, este debate no existe en áreas como la literatura o la política. Se da por sentado que un periodista que escriba sobre literatura debe saber de ella. En cualquier caso, como hemos visto en el capítulo sobre las dos culturas, el debate en los países anglosajones no tiene nada que ver con las condiciones en España, porque aquí un licenciado en letras o ciencias sociales con bachillerato de letras o ciencias sociales no es que tenga o no un «exceso» de conocimiento científico. En los países de cultura latina, este tipo de licenciados son auténticos analfabetos científicos.

Del periodismo a la irracionalidad

¿Incide la cultura científica adquirida del periodista en cómo se abordan las noticias sobre ciencia? ¿Son más críticos con las ciencias los periodistas de letras? ¿Fomentan la anticiencia? Al margen de las curvas sobre el enfoque que ya he mencionado y aclarado en el capítulo del declive de la ciencia, Martin W. Bauer también elaboró unas curvas, no con análisis de contenido sino con cantidad bruta de noticias científicas. Según Bauer, en los últimos ciento cincuenta años se observan distintos períodos en los que la popularización de la ciencia está muy presente en la agenda: entre los años 1870-1885, durante la década de 1920, desde 1955 a 1965 y, recientemente, desde mediados de 1980. Esta presencia no sólo puede observarse en el número de noticias, sino también en el número de portadas que contienen noticias científicas.[27]

Este análisis es interesante y muy trabajoso. Sin embargo, desde mi punto de vista, el que la ciencia aparezca más en los medios no quiere decir nada en sí mismo. Pues si las noticias que se transmiten tienen un *frame* o enfoque negativo hacia la ciencia, casi resulta peor que se publiquen muchas que pocas, pues el efecto anticiencia se refuerza. Lo importante es determinar si el enfoque es negativo y, sobre todo, por qué existe un enfoque negativo. Sabiendo las causas del porqué de ese enfoque negativo, tal vez puedan paliarse. Por ejemplo, habría que analizar cuál es la actitud del periodista ante la ciencia cuando informa sobre el cambio climático. Sin embargo, que el cambio climático o la clonación aparezcan mucho en los medios, en principio no es ni bueno ni malo si no se conoce cuál es el enfoque.

Los máximos de Bauer sobre la presencia de la ciencia en la agenda no explican la drástica caída no sólo de interés, sino sobre todo de vocaciones. Si estamos en una época en la que hay un máximo no sólo de noticias científicas, sino que todo organismo científico o revista científica que se precie organiza su propio gabinete de prensa (circunstancia que jamás ha ocurrido en la historia de la ciencia), ¿por qué, entonces, ese declive de interés? ¿Por qué esa mala imagen?

De los datos empíricos que tenemos, sólo podemos afirmar un enunciado: a partir de los años ochenta —no sabemos con certeza si como consecuencia del movimiento PUS— aparecen más noticias de ciencia y, sobre todo, hay más periodistas trabajando con los científicos en gabinetes de prensa. Y, sin embargo, a partir de los años setenta, pero sobre todo de los ochenta y los noventa, es cuando comienza el declive de vocaciones e interés por la ciencia. En otras palabras, cuantos más periodistas hay trabajando para la ciencia —en gabinetes de prensa— o informando sobre ciencia, resulta que el efecto logrado es ahuyentar a las nuevas vocaciones. Habría que analizar si la relación información científica en los medios de comunicación-captación de vocaciones es inversamente proporcional.

Para John C. Burnham, profesor de historia de la Universidad estatal de Ohio y autor del magnífico libro *How Superstition Won and Science Lost: Popularizing Science and Health in the United States*, esta proporción es claramente inversa y el problema en Estados Unidos radica en una falta de cultura científica entre los periodistas estadounidenses; sobre todo en los redactores de los periódicos pequeños, lo cual ha propiciado que en sus informaciones científicas predominen el sensacionalismo, la visión social y el fenómeno de la *agenda setting*, hechos todos ellos que han contribuido, en su opinión, a que la superstición haya ganado la victoria a la información científica y a que la ciencia esté cada día más descalificada. Así pues, la cuestión no reside en si se publican o no noticias de ciencia, sino en cuál es el enfoque y la formación intelectual de quien las redacta.

Burnham considera que la falta de auténticos profesionales capaces de hacer atractiva la ciencia provoca que elijan el camino de la superstición y responsabiliza a los dirigentes de los periódicos —y a su carencia de cultura científica— del hecho de que los pensamientos mágicos y las supersticiones más rancias aparezcan con total impunidad en los medios de comunicación. También critica a los científicos que, indica Burnham, han dejado en manos de periodistas y gabinetes de comunicación la divulgación de las teorías científicas, dedicándose exclusivamente a sus laboratorios y olvidándose de que ellos también tienen la obligación moral de divulgar.

A juicio de Burnham, esto no sucedía en el siglo XIX, en el que la ciencia gozaba de mayor prestigio que en el XX, hecho que atribuye a que en el siglo XIX los periódicos utilizaban para la redacción de su información científica prestigiosos colaboradores con amplia formación en ciencias, los cuales fueron sustituidos en el siglo XX por periodistas profesionales. Precisamente por este hecho, ocurre lo que Burhnam describe a continuación, si bien la culpa, repito, en este caso es de los científicos, no de los periodistas.

> La mayoría de la población asume que la lucha entre la ciencia y la superstición ha sido ganada por las fuerzas de la racionalidad y del naturalismo, al menos éstas han obtenido la victoria en la sociedad postindustrial de Estados Unidos, definida por una alta tecnificación. Sin embargo, los estudios demuestran que esta batalla no ha sido ganada de forma similar en la manera en la que la ciencia es divulgada. La popularización científica ha sufrido un gran retroceso, lo cual ha generado una frustrante disminución del impacto cultural de la ciencia y de los investigadores.[28]

Burnham también se pregunta hacia dónde conducirá a su país el deterioro de la popularización de la ciencia, producido por los medios de comunicación, que, en su intento de atraer al público, fragmentan y distorsionan la información científica. Y reflexiona sobre qué consecuencias traerá para Estados Unidos y el resto del mundo occidental el aumento de las fuerzas de la irracionalidad en la sociedad actual.

De esta situación no culpa sólo a los periodistas, sino que también responsabiliza al deterioro que, en su opinión, ha sufrido el sistema educativo estadounidense desde el siglo XIX, en especial a partir de los años sesenta:

> En 1820, los alumnos de los institutos estadounidenses estudiaban las leyes abstractas de la física, la química, las matemáticas, la botánica o la geología. A partir de 1900, los cursos de física y química de los

> institutos y facultades comenzaron a ser más elementales y prácticos, desdeñándose los planteamientos abstractos complicados, pues se corría el riesgo de que los estudiantes optaran por asignaturas más comprensibles como la psicología o la geografía. [...] En los años sesenta, pero sobre todo desde los ochenta, los padres estadounidenses han forzado para que se rebajen los niveles de conocimientos científicos que se imparten en institutos y facultades. Al mismo tiempo, las asociaciones de jóvenes estudiantes como los *boy scouts, girl scouts* o *campfire girls* ya no acostumbran a organizar, entre sus actividades, cursos extraescolares sobre ciencias, tal y como se hacía hasta los años sesenta. [...] La nueva filosofía estadounidense sobre la enseñanza de las ciencias es que los estudiantes deben ser preparados para la vida como consumidores de ciencia, en lugar de como productores de ella. [...] La novedad, a finales de los ochenta, es que lo «científico» ha ido adquiriendo connotaciones negativas, pues lo asocian con contaminación ambiental o guerra nuclear. [...] Los periodistas que luego divulgarán la ciencia han crecido con estas premisas y eso hace difícil que se sientan atraídos por la divulgación científica seria.[29]

En España, las horas impartidas de física y química o de biología y geología no han hecho sino disminuir. En 2007, el gobierno socialista aprobó una nueva ley de educación que introducía una asignatura denominada «ciencias en el mundo contemporáneo», que incidía más en el individuo como consumidor de ciencia que como productor, obviando todo aquello relacionado con las ecuaciones matemáticas o químicas, es decir, incidiendo en la ciencia como una historieta más. Otra asignatura, «educación para la ciudadanía», ha sido adscrita exclusivamente a áreas de letras y, no obstante, tiene contenidos como contaminación industrial, cambio climático o efectos de la ciencia moderna. No hace falta ser muy inteligente para conocer cuál es el enfoque que dará el profesorado con formación de letras a esos contenidos.

Toda esta situación de subrayar en la educación secundaria aspectos negativos y peligrosos de la ciencia, sumada al planteamiento, desde las clases de filosofía, de que es «sólo una interpretación más», unida a la imagen negativa que el cine y la televisión ofrecen de la investigación científica, conforman un cóctel que explica el gran declive en las vocaciones. Pero también se da en el propio periodismo científico, pues la propia sociedad no quiere leer o escuchar noticias favorables a la ciencia.

Jon Franklin, el primer director del primer Departamento de Periodismo Científico de Estados Unidos y premio Pulitzer, en un célebre artículo titulado «El fin del periodismo científico»,[30] explica cómo también en Estados Unidos (como sucedió en Gran Bretaña) a partir de los años sesenta la palabra «ciencia» comenzó a tener connotaciones negativas y que, aunque la ciencia ocupe cada día más espacio en los periódicos, el número de periodistas científicos especializados es cada vez menor, pues prima el tono humano de la noticia sobre el científico.

Esto provoca, a juicio de Franklin, que la gran mayoría de las noticias sobre ciencia en Estados Unidos que se publican a finales de los noventa sean imprecisas, si no en cuanto a los hechos, sí en el tono, el enfoque o el contexto; algo que no sucedía con tanta frecuencia en los años cincuenta o en los sesenta. Matiza, no obstante, que esa imprecisión apenas es detectada por los directores de los diarios estadounidenses, pues poseen muy poca cultura científica. Así, en una encuesta que cita Franklin en su artículo se asegura que dos de cada tres directores creían que los hombres y los dinosaurios vivieron al mismo tiempo. En otra encuesta, también citada en Franklin y cuyo ámbito de estudio fueron los estudiantes de periodismo de la Universidad de Columbia (la más prestigiosa del mundo en el área de comunicación mediática y la que otorga los premios Pulitzer), se concluía que el 57 por ciento de los alumnos de periodismo creía en comunicaciones extrasensoriales, el 57 por ciento en limpiezas espirituales, el 47 por ciento en la lectura del aura y el 25 por ciento en el continente perdido de la Atlántida. Si esto sucede en Columbia, la mejor universidad de periodismo de Estados Unidos, país con mayor número de premios Nobel y de investigación científica del mundo, qué podemos esperar del resto del mundo occidental.

Este artículo de Jon Franklin fue también consecuencia de una conferencia dictada en 1997 en la Universidad de Tennessee. Y lo cierto es que debido, sobre todo, a que Franklin hablaba desde su propia experiencia de cuarenta años como periodista científico en Estados Unidos —desde los años cincuenta hasta los noventa—, ha tenido una gran repercusión entre los estudiosos del periodismo científico de todo el mundo. Franklin habla, desde la experiencia de trabajar en primera línea, sobre cómo ha ido evolucionando la profesión periodística en Estados Unidos y, por extensión, en el mundo. Por ello merece la pena reproducir alguno de los párrafos de su charla sobre el final del periodismo científico, para que el lector evalúe cómo desde el periodismo se asiste, efectivamente, a un declive de la ciencia.

> En los años setenta, la división cultural observada por Snow se había convertido en un abismo. Los periodistas científicos de generaciones anteriores consideraban la ignorancia un problema al que se enfrentaban con hostilidad. Por este motivo, muchos periodistas se volvieron contra la ciencia. Tenías que estar muy bien cerrado en tu propia concha para que no te afectase. Por entonces, no era extraño que los activistas de los derechos de los animales te llamasen a las tres de la madrugada para decirte qué vestido había llevado tu hija a clase ese día. [...] A finales de los setenta me vi obligado a replantearme mi estrategia periodística. Llevaba tiempo informando y explicando descubrimientos, pero mis artículos no tenían un público amplio. No tardé en descubrir el motivo. Normalmente utilizaba la palabra ciencia al principio de cada reportaje, pensando que atraería a los lectores. Generalmente, era la última palabra del titular. Pero me di cuenta de que el efecto que producía era precisamente el contrario. Era como una señal que indicaba al lector que podía saltárselo. Las páginas de ciencia se habían convertido en un gueto para las noticias científicas. [...] Pero aún había algo más siniestro. Con el cambio de actitudes, los directores querían un ligero enfoque negativo en los artículos científicos. Si no te ajustabas a eso, te quedabas fuera de juego, o te hacían la existencia incómoda. Algunos periodistas científicos, especialmente los que se identificaban con el movimiento ecologista, veían la hostilidad a la ciencia como una vía hacia el éxito. El punto de inflexión para mí fue la voladura nuclear de la Isla de las Tres Millas. Aunque mi director sabía que como periodista científico era el indicado para cubrir el tema, no me envió a hacerlo. Temía mi partidismo hacia la ciencia, de modo que enviaron a un defensor del medio ambiente que casual-

mente también era un activista antinuclear reconocido. El titular resultante sugería que Baltimore estaba en peligro inminente. Años más tarde, cuando Chernóbil tuvo la avería, uno de los servicios de telégrafo comunicó que habían muerto 200.000 personas en los primeros minutos. A los directores de ese servicio la cifra les parecía razonable. Por aquel entonces también se decía que había más científicos en activo de los que habían existido en todos los años desde Newton. Muchos eran universitarios en prácticas y posdoctorados, de modo que había diez científicos para ocupar el puesto de cada uno que se jubilara. [...] Una vez emprendí el camino que apartaba de la palabra «ciencia» de mis artículos, empecé a escribir sobre ella como si fuera una actividad humana normal. Estos temas se vendían sorprendentemente bien. Enseguida me dediqué a ensayos y narraciones, y empecé a conseguir una cantidad respetable de lectores. Gané algún premio, lo que hace más fácil la vida en la redacción, y empecé a pensar en la literatura. Mientras tanto, el periodismo iba cambiando. Cada vez era más difícil, más tarde incluso imposible, sacar tiempo y espacio para publicar buenos temas sobre ciencia. Los periodistas científicos combativos ante la ciencia cada vez tenían mayor ventaja a la hora de conseguir un mayor espacio en los periódicos y promociones. Todos aquellos temas en los que se intentase sacar a alguien al descubierto, tan ausentes antes de las páginas de ciencia, tenían un espacio asegurado. Surgían noticias sobre errores científicos, abusos de competencias y actuaciones deshonestas... Recuerdo cuando el *Chicago Tribune* dio una gran cobertura a las batallas por la titularidad del descubrimiento del virus del sida. Trapos muy, muy sucios. [...] Los científicos ya estaban acostumbrados a un tratamiento libre, muchas veces inadecuado, de la ciencia por parte de la prensa. Hacía tiempo que trataban con periodistas científicos. Pero ahora los reporteros les seguían la pista y la cosa cambiaba. Muchos científicos nunca se habían encontrado con que sus investigaciones, sus informes, sus notas... fueran de dominio público. La ciencia empezó a ser el paraíso de los escarbadores de vidas ajenas. Y lo cierto es que era como pescar en un barreño, y estoy seguro de que las cosas van a seguir así en el futuro. Se trataba también de la excusa perfecta para acribillar a la ciencia. La infancia política de la ciencia había acabado. Lo que era cierto para la ciencia, empieza a ser dudoso para un periodista científico. [...] La ciencia, como comunidad, estaba preparada para soportar la presión. Ahora bien, los científicos nunca han sido una comunidad. Los meteorólogos desprecian a los físicos de partículas; los biólogos a los… y así de forma infinita. Los científicos son un mismo colectivo, les guste o no, aunque ellos todavía no lo saben. Y no estoy seguro de que lleguen a saberlo a tiempo.[31]

9

Las revistas de impacto y la ciencia mediática

En este libro me he atribuido el papel de detective que busca al responsable de un terrible crimen: el declive de la ciencia en Occidente. Hasta ahora he investigado a algunos sospechosos que provienen directamente del cine o del periodismo; es decir, de los medios de comunicación. He sugerido un cierto complot de los intelectuales de letras en este declive, puesto que éstos están detrás de la formación de los responsables de los medios. Pero... ¿y los científicos? ¿Son culpables también? En el capítulo sobre el papel de la economía y las condiciones laborales, hemos visto que existía cierta responsabilidad de los científicos.

Además, en ciertos países como España, Grecia o Portugal, así como sus ex colonias, sus científicos agregan otro ingrediente al declive de la ciencia: siempre han sido muy pasivos respecto a los ingenieros. En estos países se origina un fenómeno curioso: sus científicos se consideran inferiores a los ingenieros y estos últimos superiores a los primeros, circunstancias ambas aberrantes, pues en todos los países desarrollados la relevancia intelectual, histórica y social del científico está muy por encima del papel del ingeniero. No obstante, esto sólo añade problemas puntuales que, bien es verdad, pueden explicar ciertas anomalías en el declive de vocaciones en ciencias puras en determinados países influenciados por estas culturas. Pero tienen fácil solución política y, en general, no es un fenómeno nuevo, sino que se fundamenta en el secular atraso científico y político de estos países, lo cual ha propiciado que la ciencia descansara en manos de ingenieros y militares, siempre menos revolucionarios que los científicos. Como consecuencia de ello, en estos países los ingenieros forman una casta «superior» beneficiaria aún de mucho control político, económico y administrativo que, en ocasiones, usan para abatir ciertas luchas de los científicos por conseguir mayores cotas laborales o de poder.

Pero, repito, esto es una complicación muy local y, en este libro nos interesan los problemas globales relacionados con los medios de comunicación. Nos interesa analizar si la cultura mediática afecta directamente a la forma de producir ciencia y si está contribuyendo a su declive. Llega el momento de levantar el dedo acusador hacia la propia ciencia. Alguien puede responder que si los científicos viven aislados, cómo les puede influir en su trabajo la cultura mediática. La respuesta está en que no viven aislados, sino inmersos también en la cultura mediática. La diferencia, como veremos, es que los científicos no dominan la cultura mediática, sino que ésta controla a los científicos sin que ellos se den cuenta.

La cultura mediática está en la médula de la propia ciencia moderna, pues ésta se define sobre todo como conocimiento público. Es decir, lo que caracteriza la ciencia moderna, tanto o más que el propio método científico, es su gran interés por que estos resultados sean conocidos públicamente. Desde la época del antiguo Egipto hasta la Edad Media, la ciencia y la tecnología se consideraban un conocimiento peligroso y poderoso que sólo debía estar al alcance de unos pocos y, además, debía transmitirse en un lenguaje hermético para evitar que esos conocimientos llegaran a otros.

La ciencia moderna procura lo contrario: por eso ha avanzado tanto. A partir del siglo XVII se organizaron sociedades científicas como la Royal Society en la que los caballeros interesados —en aquella época no existía el científico profesional— exponían al público sus experimentos y conclusiones. Desde ese primer paso, irremediablemente, se llegó el segundo: la publicación de esos resultados y experimentos en revistas, de forma que esa información llegase al público que no podía acudir a las sesiones de las sociedades científicas. El desarrollo de la imprenta, por tanto, no sólo posibilitó la distribución de libros científicos, sino también la de revistas.

Las revistas científicas pueden ser calificadas como medios de comunicación en toda regla, si bien aceptaría que alguien me rebatiera que de ninguna manera pueden considerarse medios de comunicación «de masas». Pero el sospechoso que yo busco responsable del declive, tal y como propongo al principio del libro, tiene que estar en los medios de comunicación de masas, conformadores de la cultura mediática actual. No puedo buscar al presunto sospechoso entre las revistas científicas que justamente han sido las que más han contribuido al auge de la ciencia. Pero... ¿han tenido contacto estas revistas con los medios de comunicación de masas? En la cultura mediática, los medios de comunicación de masas controlan, pero sobre todo contaminan, todo lo que tocan, sometiéndolos a sus reglas. ¿Pueden haber seducido a las castas revistas científicas? ¿Pueden estas relaciones contribuir, sólo como un efecto añadido más, al crimen del declive? Ésa es la pista que me propongo abordar en este capítulo y en el siguiente.

Periodismo y revistas científicas: una relación peligrosa

Imagine el lector que es periodista. Sólo dispone de una página en la sección de «Sociedad» para publicar una noticia de ciencia. Ha tenido suerte, porque no es habitual que todos los días le reserven una página. Su redactor jefe le indica que sea usted, un humilde periodista, quien seleccione la información. Acude a las agencias y a las fuentes habituales que suministran información científica y con toda probabilidad se encontrará al menos con una de estas cuatro opciones.

1. Información relacionada con el genoma humano o los muchos otros genomas que en estos momentos se están secuenciando.
2. Noticias procedentes de la NASA o de la Agencia Espacial Europea que le habrán enviado a su correo web. Hay muchas, pero existen dos temas de los que casi seguro encontrará información: Marte, un planeta al que en 2004 se enviaron cuatro misiones; y la Agencia Espacial Internacional (ISS), la

ciudad espacial en la que el hombre quiere probar cómo se desenvuelve la vida en la ingravidez. En realidad, estos dos temas no resultan económicamente rentables en un primer momento, de forma que las agencias espaciales le inundarán con información para que la sociedad se encariñe con estos proyectos y los gobiernos no dejen de financiarlos.

3. Esa semana también tendrá sobre su mesa, como mínimo, el dossier de prensa de las dos revistas científicas más famosas: *Nature* y *Science*. Ambas le habrán enviado un comunicado con unos días de antelación en el que aparecen ordenados en función de su importancia periodística distintos temas científicos.
4. Tampoco le faltarán comunicados de prensa de universidades, centros de investigación, científicos independientes, becarios que reclaman mejores condiciones laborales y partidos políticos y ministerios que proponen diferentes leyes en el ámbito científico.

La elección resulta difícil. Cada día, además, resulta más complicado, debido sobre todo a la proliferación de periodistas en los gabinetes de prensa de las instituciones científicas que, para justificar su trabajo, apabullan con información al indefenso periodista. Si usted fuera periodista de la sección de «Nacional» lo tendría algo más fácil: unas declaraciones de un presidente valen más que unas de un ministro, y así sucesivamente. Un cruce de acusaciones políticas y alguna que otra ley que se prevé vaya a presentar el gobierno de turno junto a las críticas de rigor de la oposición le evitarán el problema de elegir. Si quiere ser más profesional aún puede añadir algo sobre inmigración y grupos sociales marginales, temas recurrentes cuando sobra espacio.

En la sección de «Internacional» también le sería relativamente sencillo: unas palabras del presidente de Estados Unidos sobre cualquier hecho, algo sobre el eterno conflicto árabe-israelí, unas columnitas sobre la Unión Europea (entre el Parlamento y la Comisión siempre puede sacarse algo), un faldón sobre Sudamérica y, como mucho, un despiece de Asia, y ya tiene la sección compuesta.

En «Economía», «Deportes» e incluso «Cultura», los temas también pueden ser predecibles. Pero… ¿y en ciencia? El redactor será incapaz de valorar las noticias antes citadas. Por un lado, porque si procede de una cultura de letras, le es difícil juzgar la ciencia, como ya he mencionado. Pero aunque sea de ciencias, desde luego tendrá claro que el criterio científico no coincidirá casi nunca con el periodístico. No obstante, ahí no está el problema. Eso no le importa. Aunque sea de ciencias, si trabaja como periodista, sólo puede pensar en el criterio periodístico, que es el que le demandan sus jefes (que sí suelen ser de letras). Ante la ausencia de criterios claros y, para curarse en salud, acudirá al «criterio de jerarquía de la fuente», tan usado en otras áreas y que tan machaconamente se enseña en las facultades de Periodismo.

De esta forma, el periodista podría defenderse ante el hecho de que un medio de la competencia seleccione otra información que él ha obviado. Obviar información relevante que otros publican es un error gravísimo en el ámbito periodístico, que puede llevar aparejado como mínimo el descrédito profesional y, como máximo, el despido. Y el redactor científico reflexionará: «Si elijo algo procedente de una fuente como la NASA o revistas tan prestigiosas como *Nature* o *Science*, ¿quién soy yo para dirimir que eso no es importante». Y la mejor excusa de todas: «¿Quién es mi jefe para echarme en cara que no he tenido criterio, si he optado por algo tan obvio en otras secciones como la relevancia de la fuente?». También es la forma perfecta para deshacerse de ese científico pesado o gabinete de prensa de una universidad local que insiste en que su investigación es muy importante: «¿Te la ha publicado *Nature* o *Science*?», se excusa el periodista. ¿Qué científico se atreve a reprochar a un periodista que opte como criterio de calidad lo que publica *Nature* o *Science*?

Y es así como comienza, y se explica, uno de los fenómenos más interesantes del moderno periodismo científico: la excesiva influencia en la prensa de las revistas especializadas, sobre todo *Science* y *Nature*. Esto ha fomentado un periodismo homogéneo: prácticamente todos los diarios copian sus comunicados de prensa y, por otra parte, eclipsan muchas otras investigaciones.

Para probar esta hipótesis realicé una investigación en la que estudié un período de seis meses: febrero, marzo, abril, mayo, junio y julio de 1998.[1] Seleccioné los diarios de tirada nacional: *El País*, *El Mundo*, *ABC*, *Diario 16*, *El Periódico de Cataluña* y *La Vanguardia*. Advierto al lector de que los estudios cuantitativos en ciencias sociales, y sobre todo en periodismo, sólo reflejan como mucho una tendencia, no una verdad absoluta. Como máximo, es una verdad en esos seis meses y con mi criterio de selección de lo que es una noticia científica. Además, todos los que hemos trabajado en las redacciones de los medios sabemos cuán arbitraria puede ser la publicación o no de una noticia de ciencia. Algunas veces, simplemente, porque se ha caído una publicidad y otras por lo contrario: porque ha entrado una nueva y hay una página más. Lo importante es la valoración cualitativa del dato: esas revistas tienen ahora mucha más presencia en los medios que hace una década.

En total, y con mi criterio de selección, encontré 1.458 noticias sobre ciencia en esos seis meses. En muchas, la fuente era española, y simplemente era consultada respecto a una información de la que ese científico no era responsable, sino experto en esa área. De esas noticias, 226 provenían de trabajos publicados en revistas científicas de impacto. Así pues, el 15,5 por ciento de toda la información sobre ciencia que se publica en España proviene de esas revistas. También se obtuvo otro dato: el 45 por ciento de las noticias cuya fuente es un científico o centro extranjero proviene de informaciones elaboradas a partir de revistas de difusión científica.

Debe mencionarse otro resultado relevante: en las 1.458 informaciones que revisé no apareció ninguna que hablara sobre los resultados publicados en una revista científica española o en idioma español.[2]

Existe también un estudio parecido elaborado por el Observatorio de Comunicación Científica de la Universidad Pompeu Fabra de Barcelona.[3] En él se incluyeron 1.060 noticias procedentes de seis diarios europeos y uno estadounidense y, tras su análisis, se concluyó que el 25 por ciento de las mismas procedía de revistas científicas. Aún resulta más sorprendente que el 62 por ciento de esas informaciones que provenían de revistas lo hacían de cuatro cabeceras: *Nature*, *Science*, *The Lancet* y *British Medical Journal*.

Mi trabajo, centrado exclusivamente en prensa española, nos da un porcentaje sensiblemente inferior al del estudio catalán en 9,5 puntos porcentuales, lo que supone un 38 por ciento menos del resultado del trabajo del Observatorio de Comunicación Científica de la Universidad Pompeu Fabra de Barcelona. Esta diferencia en el resultado podría explicarse, aunque no en este caso concreto, porque de forma coyuntural la información publicada en mi período de estudio tuvo un mayor carácter nacional. Éste es uno de los problemas de los estudios cuantitativos de los medios de comunicación: que todos los períodos históricos no son iguales. Las comparativas, por tanto, pueden ser peligrosas.

En este caso, además, se están comparando dos resultados que han sido obtenidos siguiendo métodos de selección de las noticias diferentes. En este sentido, una de las diferencias de mi estudio es el hecho de que en este 15,5 por ciento no se incluyen las 94 noticias que también citan una revista extranjera, pero que, como la fuente es un científico del Consejo Superior de Investigaciones Científicas, las he eliminado del cómputo general.[4] Si las incluyera, obtendría 320 informaciones procedentes de revistas, de las 1.458 totales. Es decir, que podría afirmar que el 21,9 por ciento de la información científica que se publica en España procede de esas revistas de referencia.

Aun así, este valor es inferior al del Observatorio de Comunicación Científica. Esto podría explicarse por el hecho de que yo incluí informaciones de opinión en el cómputo general y, sobre todo, porque puede que los periódicos europeos y estadounidenses hagan más uso de los comunicados de prensa de esas revistas que los españoles, básicamente porque éstos están escritos en inglés y, en especial, porque los científicos que publican en las revistas de referencia proceden de los países de los diarios estudiados por los investigadores catalanes. No hay que olvidar que la cercanía de la fuente es un buen argumento para publicar una información científica.

Prefiero quedarme con la cifra del 15,5 por ciento porque es más puro. Es decir, ese porcentaje corresponde a informaciones que literalmente copian el comunicado de prensa, por lo que no sólo han sido inducidas por ellos, sino que básicamente son una reproducción de los mismos, de forma que los criterios de selección de la información no dependen de los periodistas científicos, sino de los redactores de los gabinetes de prensa de las revistas de referencia. Todo esto lo explico con cierto detalle para que el lector compruebe la complejidad de tratar con datos cuantitativos en ciencias sociales.

De ese 15,5 por ciento total que procede de revistas científicas, el 50 por ciento, la mitad, citan a *Nature* (37,6 por ciento) o a *Science* (12,4 por ciento), editada por la Asociación Americana para el Avance de la Ciencia. La siguiente revista en ser citada es *The Lancet*, que aparece en un 8 por ciento del total de noticias que proceden de revistas científicas. Le sigue a gran distancia *Proceedings* (4,8 por ciento), una publicación editada por la Academia Nacional de Ciencias de Estados Unidos.

El resto de las revistas especializadas no aparecían en cantidad significativa y no las he incluido en los porcentajes, porque en general aparecen asociadas a medios concretos. Así, por ejemplo, el suplemento de «Salud» del diario *El Mundo* suele incluir bastante información procedente de la *New England Journal of Medicine*, una publicación que apenas es citada en otros medios. Entre las revistas que al menos aparecen más de dos veces en mi estudio están, además de las ya mencionadas, *Journal of American Medical Association (JAMA)*, *Journal of The Royal Astronomy Society*, *Journal of the National Cancer Institute*, *Neuron*, *Applied Physics Letters*, *Journal of Virology*, *British Medical Journal*, *Journal of Human Genetics*, *Circulation*, *Cell* y *Journal of Biological Chemistry*. Debo matizar que las publicaciones satélite de *Nature* se han contabilizado como pertenecientes a la revista matriz,[5] si bien apenas aparecían en los medios de comunicación.

Tras estos resultados, caben en principio dos reflexiones. La primera es que no aparece ninguna publicación científica española o en el idioma español. La segunda, que la mayoría de las revistas pertenecen al ámbito de la medicina. Resalta el escaso eco que en la prensa tienen las revistas científicas especializadas en temas agrícolas y medioambientales, sobre todo porque este tipo de información cada vez se publica con más asiduidad aunque con numerosas deficiencias que deberían ser estudiadas más a fondo. Sí aparece, no obstante, algún informe de la organización ecologista Greenpeace, cuyos resultados difunde esta organización en su revista trimestral. Pero, obviamente, ésta no es una publicación científica, sino la voz institucional de la organización ecologista.

Pero la reflexión de más peso que aparece tras los resultados de este estudio es que en el periodismo científico español sucede lo mismo que en otros países: las revistas más citadas en la prensa son *Nature* y *Science*.

Los influyentes gabinetes de prensa en las revistas especializadas

A pesar de la calidad y la importancia de los trabajos que ofrecen muchas revistas especializadas (hay miles), los periodistas españoles, al igual que los europeos y estadounidenses, no las utilizan y prefieren revistas como *Nature* o *Science*. Alguien puede responder que esto es lo correcto, puesto que son las publicaciones con mayor índice de impacto. En general, es cierto —excepto para las revistas de revisión—, pero sobre todo de lo que no cabe duda es de que los índices de impacto de *Nature* o *Science* serán cada vez más altos en virtud de un fenómeno que denominaré a partir de ahora «ciencia mediática» o «ciencia producida para salir en los periódicos», que supondrá en el futuro una cierta perversión en el método científico y que abordaré unas páginas más adelante.

¿Por qué *Nature* o *Science* aparecen más en prensa que otras publicaciones? La explicación es sencilla: estas dos revistas poseen gabinetes de prensa muy profesionales que redactan en lenguaje periodístico los contenidos principales de lo que publican.

Si se comparan las diferencias entre los distintos comunicados de prensa de estas dos revistas hegemónicas, queda claro un aspecto: tras una simple observación se pondrá de manifiesto hasta qué punto se identifican en su supergabinete con los periodistas. Veamos por qué la mayoría de los periodistas de todo el mundo sucumben a «las garras de estos comunicados». Si los analizamos, comprobamos que, en primer lugar, en ellos aparece un titular atractivo y una buena entradilla, típica de la estructura informativa de pirámide invertida, de forma que la noticia pueda ser copiada literalmente en las agencias o leída en informativos de radio y televisión.

Luego introducen la investigación con una anécdota del científico principal o del proceso de investigación o con una metáfora, de forma que pueda comenzarse por ahí si se trata de escribir un reportaje. El tercer paso es proporcionar al periodista los antecedentes de esa información. Así no tendrá que buscarlos. Como vemos todo son facilidades; por qué entonces empeñarse en hacer el buen periodismo de la vieja escuela que preconizaba que el periodista es el que debe ir a por la noticia y no al contrario.

Con este sistema los periodistas pueden escribir magníficas informaciones sin tener que acceder al artículo principal, redactado en un lenguaje de difícil comprensión por la mayoría de los periodistas científicos, lo cual, en términos de producción de texto, facilita su trabajo.

No es cuestión de detenerse en estos aspectos empresariales, pero tampoco hay que olvidarlos porque influyen en el periodismo científico al igual que en otros. Me refiero a lo que Ignacio Ramonet, director de *Le Monde Diplomatique*, denomina taylorización del trabajo periodístico, que se está dando a partir de los años ochenta pero, sobre todo, desde los noventa. Miles de becarios y redactores sin experiencia inundan ahora los medios de comunicación, sobre todo en España, y sólo son un eslabón más en la cadena de un proceso de producción. El periodista de principios de este tercer milenio trabaja más horas que otros profesionales altamente cualificados: más de doce horas diarias de media. Pero apenas dispone de tiempo para contrastar información o ir más allá del simple comunicado de prensa. Si le facilitan las cosas, él lo acepta sin más. No se puede ser un héroe todos los días. Si el sistema no te permite hacer bien tu trabajo, simplemente lo haces lo mejor que puedes.

Por eso *Science* y *Nature* son una salvación para el periodista. Al estar consideradas (no se sabe muy bien por qué, como explicaré más adelante) como fuentes institucionales u oficiales, la publicación de sus resultados no exige a los periodistas el contraste de la información, pues llevan el sello de la credibilidad, lo cual, en términos empresariales, repito, facilita la producción periodística, puesto que se elimina el tiempo perdido en contrastar las fuentes.

La sociedad es la que sale perdiendo, tal y como expresaba el periodista científico de *The New York Times*, Lawrence Altman, en una entrevista a la revista *Quark*, pues, en su opinión, el uso de información proveniente de los gabinetes de prensa tanto institucionales, empresariales como de revistas científicas «fomenta el periodismo perezoso y la información homogénea».[6]

Esta práctica periodística de utilizar los comunicados de prensa de *Nature* y *Science* como fuentes informativas genera otros muchos problemas como la lejanía de las fuentes o la publicación de investigaciones que poco o nada aportan a la sociedad española o de países con escasa producción científica.

Sin embargo, una de las disfunciones más relevantes, puestas de manifiesto por el estudio ya citado del Observatorio de Comunicación Científica de la Universidad Pompeu Fabra, es que existe una relación directa entre la selección de los artículos para formar parte de los comunicados de prensa y sus posibilidades de ser difundidos en prensa. Es decir, la selección que hacen los periodistas de los gabinetes de comunicación de *Nature* o *Science* no está en función de los criterios de calidad científica, sino de los de noticiabilidad, sobre todo en el caso de *Nature*, que pertenece a una empresa privada.

Esta relación, así como la sumisión de los medios a los comunicados de prensa de *Nature* o *Science*, es tal, según este estudio, que no sólo tienen posibilidades de ser mencionados por la prensa aquellos artículos seleccionados para los comunicados de prensa, sino que el orden en el que aparecen las investigaciones en dichos comunicados también influye decisivamente en su difusión en la prensa. El dossier de prensa que envían estas revistas por correo electrónico a los periodistas de todo el mundo contiene una media de cuatro o cinco trabajos de investigación. Pero, repito, el orden en que los publica la revista no coincide con el de los comunicados. Para el ámbito periodístico siempre se le da más relevancia a los que tienen más «gancho».

Así, los artículos que figuran en primera o segunda posición en el comunicado de prensa son los que alcanzan una mayor difusión en los periódicos. Este estudio de los investigadores catalanes demuestra que los responsables de la agenda periodística son, en primer lugar, los que elaboran los comunicados de prensa de las revistas y, después, los periodistas de los diarios que los utilizan.

Debo aclarar que en mi trabajo no analicé este fenómeno en diarios españoles porque, entre otros motivos, no dispuse de los comunicados de prensa del año 1998. Pero sí estoy en condiciones de afirmar que las noticias procedentes de *Science* y, sobre todo de *Nature*, se repetían en los mismos días en todos los medios (los jueves, *Nature*, y los viernes, *Science*), lo que induce a pensar que el fenómeno de *agenda setting*, según el cual son los medios de comunicación los que imponen qué es noticia, también se produce en España. Sólo que en el caso del periodismo científico son los editores de las revistas científicas de referencia los que lo imponen y los periodistas los que lo acatan. Así pues, de momento parece que en el escarceo revistas científicas con medios de comunicación, son las revistas las que ganan la partida.

Sin embargo, el sistema puede volverse en su contra. Como trataré de demostrar más adelante, los parámetros que exigen publicaciones como *Nature* o *Science* para admitir artículos no sólo dependen de su calidad científica. Esta circunstancia podría provocar que se modifique la dinámica investigadora de forma que se prime en ella los condicionantes exigidos por estas revistas en vez de los requeridos por la sociedad o la propia ciencia. Estos efectos perversos son fundamentalmente dos: la desaparición de idiomas que no son el inglés para comunicar la ciencia y el fenómeno de producir ciencia diseñada exclusivamente para que sea publicada en los periódicos, desdeñando otras prioridades.

El español para comunicar la ciencia «ya no se usa»

Antes de explicar este fenómeno, cuyas causas directas tienen que ver con la creciente importancia en términos de impacto de *Nature* y *Science*, no sólo en cuanto a citas en otras publicaciones sino también en su presencia en la prensa, debo aclarar que en ciencias experimentales el índice de impacto es fundamental a la hora de conseguir una plaza de investigación, no sólo en España sino en el resto del mundo. Un artículo publicado en *Nature*, cuyo SCI es de 32,18, es multiplicado por ese coeficiente en el caso de que su autor se presente a cualquier concurso de méritos.[7] Es decir, que vale más publicar un artículo en *Nature* que treinta y dos en revistas con impacto de uno —que son la gran mayoría—, por no hablar de aquellas cuyo impacto no llega a la unidad.

Este índice de impacto se calcula en una institución privada de Filadelfia (Estados Unidos), teniendo en cuenta, entre otros factores, la cantidad de veces que un artículo aparecido en la revista es citado por otras publicaciones. A esa cifra se le aplica, asimismo, un coeficiente derivado del índice de impacto de las revistas en donde ha sido citado el artículo. Tras la elaboración de este coeficiente, seguido con distintos grados de aceptación en todas las universidades y centros de investigación del mundo, todas las revistas científicas de países como España, Francia, Alemania o Japón deben ser publicadas en inglés si quieren tener alguna posibilidad de que sus artículos sean citados en alguna de difusión internacional. Este índice ha propiciado, asimismo, determinadas disfunciones como que los investigadores de esos países, cuando tienen un buen trabajo, lo envían a las publicaciones de gran impacto, por lo que las nacionales no reciben buenas investigaciones y cada vez son menos citadas. La rueda lleva a que se desprecien esas otras revistas y que, por ejemplo, revistas científicas en español, de tradición centenaria, tengan un índice de impacto cero —porque no aparecen en el SCI—, con lo cual publicar en sus páginas no vale como mérito ni para una plaza en España.

Esto ha provocado que la presencia del idioma español en la difusión científica mundial sea prácticamente nula. Un artículo del presidente de la Real Academia Española de Ciencias, Ángel Martín Municio, publicado en el anuario correspondiente a 1998 del Instituto Cervantes, incide en que desde hace unos años la presencia del idioma español en la ciencia mundial, en vez de aumentar, tal y como lo hace su número de hablantes, ha descendido a tales niveles que puede afirmarse que su presencia en publicaciones o congresos científicos relevantes es prácticamente nula.

Es cierto que esto también sucede con el japonés, el francés o con un idioma de tanta tradición cultural y científica en Occidente como es el alemán. De hecho, la centenaria revista alemana *Zeitschrift Für Anorganische und Allgemeine* se publica también en inglés. Es una medida sensata, porque obliga al mundo, como mínimo, a acercarse a los trabajos alemanes. A pesar de que me resisto a que el resto de la riqueza idiomática del mundo sucumba ante el inglés.

En España hay un dato que resume la situación: en 2004 sólo 29 revistas españolas estaban incluidas en el *Journal Citation Reports* (*JCR*).[8] Si tenemos en cuenta que ahí se registran 6.170 revistas, obtendremos que sólo aportamos un ínfimo 0,47 por ciento del total, una cifra que no se corresponde, por ejemplo, con el 2,9 por ciento de artículos de impacto que entre 1997 y 2001 firmaron científicos españoles. Es decir, la contribución en artículos a la ciencia mundial es seis veces superior que la contribución con revistas científicas de prestigio.

El presidente (desde 1985 hasta que falleció en 2002) de la Real Academia Española de Ciencias Exactas, Físicas y Naturales, Ángel Martín Municio, me contó, en una de las muchas conversaciones que mantuve con él mientras yo ejercía el periodismo, que esta política de minusvalorar el idioma español en la producción científica comenzó en 1985, y los responsables, a su juicio, fueron los gobernantes socialistas de la época y, en especial, Juan Rojo, quien decidió, según me dijo, que la producción científica española se evaluara, a la hora de valorar los méritos para percibir retribuciones en función de esa producción, teniendo como base el impacto SCI. En mis conversaciones con Martín Municio, un humanista en el más amplio sentido de la palabra (podía hablar de lingüística, de historia o de bioquímica con la misma facilidad), siempre se traslucía su amargura:

> A partir de 1985 —me explicó Martín Municio— ningún científico español quiso publicar en revistas españolas porque éstas no estaban incluidas en la selección que hace una empresa privada radicada en Filadelfia, pero que nuestro gobierno de turno eligió como referencia. Revistas centenarias como los *Anales de Química*, donde publicaron sus trabajos científicos de la talla de Echegaray o Blas Cabrera, dejaron de tener importancia porque se publicaban en español. Lo paradójico es que con tanta defensa del español que quieren hacer ahora resulta que en 1999 se publica menos ciencia en español que a prin-

> cipios de siglo. Todo por la falta de visión política que no es sólo socialista, porque el PP ha copiado literalmente el decreto que premia la producción científica en función del índice SCI. Como alguien no tome medidas drásticas, desaparecerán todas las que aún subsisten. Pero a nadie le importará, porque la ciencia nunca les ha interesado a los políticos españoles.

La situación es preocupante no sólo porque los investigadores de España y Latinoamérica cada vez publiquen más en inglés para mejorar el impacto, sino porque las revistas españolas se están editando en inglés como fórmula para no desaparecer. Posibles políticas que potencien el idioma español en la ciencia serían, por ejemplo, valorar las publicaciones en esta lengua, establecer revistas en el ámbito latinoamericano y potenciar que éstas dispongan de gabinetes de prensa potentes, como las anglosajonas, de manera que las investigaciones que en ellas se publiquen lleguen en forma de comunicado —en las mismas condiciones que los de *Nature* y *Science*— a todos los medios de comunicación del mundo. No son decisiones costosas sino políticas, pero quizá ésa sea la principal dificultad en un país como España.

En un interesante artículo de opinión publicado en el diario *El País* titulado «Revistas españolas con prestigio internacional», se denunciaba que «España no sólo está exportando científicos a países con mejores infraestructuras, sino también gran parte de su producción científica». Y añadía: «Las mejores publicaciones de los científicos españoles están contribuyendo a mantener el nivel científico y la rentabilidad económica de revistas publicadas fuera de España, un hecho que contradice objetivos que debieran ser prioritarios de la política científica española, como retornos de las inversiones de científicos en forma de publicaciones».[9]

El artículo, escrito por científicos que acababan de obtener el respaldo del *JCR*, contaba la odisea que tuvo que sufrir una revista como *Ardeola*, con más de cincuenta años de historia publicando relevantes trabajos de ornitólogos españoles, para ser aceptada en el *JCR*. Los responsables de la publicación comenzaron a solicitar la inclusión de la revista en el *JCR* en 1983. Fue rechazada en cuatro ocasiones y, tras veintiún años de lucha, consiguieron su objetivo. Se quejaban de que publicar en ella no les valió como méritos académicos para su trayectoria profesional, si bien los ornitólogos españoles decidieron seguir adelante y publicar lo mejor que tenían en ella, como única fórmula para poder colocarla en el *JCR*. Ahora es un motivo de orgullo para España que *Ardeola* esté en el *JCR*. Pero no debe olvidarse que fue la propia administración española la que penalizó esta odisea privando a los ornitólogos que publicaron en ella de los méritos científicos de su trabajo.

Los autores de la hazaña concluían su artículo en *El País*: «Pensamos que es urgente establecer un pacto social, institucional y político que apoye a las revistas científicas españolas con alto potencial de impacto internacional. De este modo, la administración estaría un poco más a la altura de los esfuerzos e inversiones personales y materiales realizados por los miembros de las sociedades científicas españolas, unos esfuerzos que han sido hasta el momento los únicos que han mantenido y potenciado la ciencia española a través de uno de sus principales medios de difusión: las revistas científicas».

No obstante, esto produce reticencias en la clase científica. Resulta más cómodo y barato para la ciencia globalizada que exista una *lingua franca*. Pero eso beneficia excesivamente al pensamiento anglosajón. Los científicos (incluidos los españoles, los franceses, alemanes o chinos, por poner ejemplos de lenguas muy importantes) alegan que publicar en distintos idiomas dificulta el entendimiento y, por tanto, el avance científico. También retrasa el propio avance, porque es larga la lista de científicos que publicaron su obra en idiomas poco conocidos (o en publicaciones poco difundidas) y, después, otros colegas «perdieron el tiempo» al llegar a resultados similares de manera independiente. Un ejemplo clásico es el de Mijaíl Vasílievich Lomonósov (1711-1765), un científico ruso que desarrolló los conceptos newtonianos relativos al átomo, formuló una teoría cinética similar a la de Bernoulli, y en torno a 1748 enunció las leyes de conservación de la masa y la energía. Sin embargo, su obra fue prácticamente desconocida fuera de Rusia hasta mucho después de su muerte.

Otro caso conocido, aunque con mejor suerte —en términos de gloria póstuma— que Lomonósov, es el de Gregor Mendel, considerado ahora el padre de la genética. Mendel difundió sus estudios con guisantes que demostraban las leyes de la herencia en 1865 en la Sociedad de Ciencias Naturales de Brünn (que actualmente se llama Brno y que está en la República Checa). Un año después publicó su informe en las *Actas Científicas* de esta sociedad. Pero no se preocupó de enviarlo a la Royal Society inglesa, que en su época representaba lo que hoy sería *Nature* o una revista del *Citation Index*.

En la década de 1890, el botánico holandés Hugo de Vries estaba trabajando en experimentos sobre la herencia en plantas y en 1899 envió a publicar toda su investigación de la década. Mientras preparaba el artículo quiso hacer una revisión bibliográfica de lo que se había publicado y descubrió que un monje moravo llamado Mendel había llegado ¡treinta y cinco años antes que él! a las mismas conclusiones. El informe de Mendel fue tan poco difundido que otros dos científicos, el alemán Karl Correns y el austríaco Erich Tschermak von Seysenegg, llegaron de modo independiente —y en la misma época que De Vries— a conclusiones parecidas a Mendel. Como Mendel ya había fallecido y a ninguno de los tres —De Vries, Correns y Von Seysenegg— le interesaba destacar la supremacía del competidor en el descubrimiento, optaron por considerar a Mendel el descubridor único.

¿Es esto perjudicial para la ciencia? No. Al contrario, es beneficioso porque la ciencia necesita siempre de investigación redundante para consolidar sus «verdades absolutas». Y si esta investigación redundante se realiza con el desconocimiento previo de experimentos similares, o mejor, con el diseño de experimentos diferentes que den los mismos resultados, tal vez el triunfo no sea para un científico particular, pero lo será de la ciencia.

Con la anécdota anterior, lo que quedó demostrado es que lo que decía Mendel era básicamente cierto. Con el tiempo se ha comprobado que la genética es más compleja que lo que contempló Mendel, pero ni su experimento ni sus conclusiones han podido desmentirse. Para los caracteres que eligió Mendel, sus leyes son correctas, siendo el primero en demostrar que la herencia no funciona mezclando las características de los dos progenitores, sino tomando características individuales de cada uno de ellos. La genética mendeliana se sigue enseñando en todos los institutos de secundaria del mundo y es fundamental para comprender la nueva genética molecular.

La anécdota de Mendel demuestra que con publicar en revistas en otros idiomas lo que sufre es la vanidad del científico, pero no sufre tanto la ciencia, porque, como demuestra la historia de la ciencia, cuando un descubrimiento está al caer (como sucedió a finales del XIX con las leyes de la herencia) podrá retrasarse unos años, pero siempre alguien llega a ese resultado. Pero si primamos el inglés, puede que quien llegue primero al resultado sea un científico anglosajón. Publicar en español, chino o francés, beneficia a españoles, chinos o franceses respectivamente, porque todos los científicos de estos países comprenden el inglés y pueden entender las investigaciones anglosajonas. Además, supone una ventaja respecto a la ciencia anglosajona, porque normalmente los nativos de lengua inglesa desconocen otros idiomas. En cualquier caso, creo que todo esto debería ser, como mínimo, objeto de un profundo debate.

La invisibilidad internacional del pensamiento de letras hispano

Si para las ciencias naturales no representa tanto peligro que se publique en otros idiomas, ya que, como hemos visto, si la comunidad científica desconoce el resultado, más temprano que tarde alguien llegará a él, y cuando lo haga, los honores, según la teoría del torneo ya descrita, serán para el primero, aunque lo haya publicado en otra lengua, eso no sucede en humanidades ni en ciencias sociales. Y aquí existe otra diferencia muy interesante entre ciencias y letras. Los intelectuales de letras hispanos no tienen apenas presencia en el mundo académico internacional de lengua no hispana.

Lo cual es grave, porque en las áreas de humanidades y ciencias sociales que estudian aspectos muy concretos de un país o región, nadie que no proceda de ellas llegará a ese resultado, y lo publicado quedará en el olvido. Es raro que un coreano que trabaje en la Universidad de Seúl se interese por la comunicación mediática en la región de Murcia. En humanidades y ciencias sociales, el caso de España y Latinoamérica se encuentra justo en el polo opuesto a lo que sucede en ciencia. Sólo se publica en español y pocos investigadores realizan el esfuerzo de publicar en inglés, salvo en casos excepcionales como economía y psicología.

El resultado es que el pensamiento intelectual (ciencias sociales y humanidades) de la cultura española, y latina en general, también está disminuyendo, pese a que el número de profesores e investigadores en ciencias sociales y humanidades no deja de aumentar.

Resulta curioso (e injusto) cómo casi nunca se encuentra a un español o latino cuando uno lee libros en inglés sobre comunicación, filosofía, derecho, pensamiento político, relaciones internacionales, pedagogía, sociología o algunas otras áreas. Obviamente, en nuestros libros latinos sí citamos a los anglosajones, razón por la cual yo siempre mantengo que los libros en español son más completos.

Pero nadie parece preocuparse por el escaso impacto mundial que tiene el pensamiento latino actual en ciencias sociales y humanidades en el ámbito internacional. Especialmente lamentable es el caso de España, un país con gran cantidad de humanistas y científicos sociales —y octavo Estado del mundo en riqueza económica— y que, sin embargo, repito, carece del impacto que merece en el ambiente académico internacional de las letras. Porque en esos libros anglosajones sí aparecen referencias (al margen de las obvias inglesas y estadounidenses) alemanas, japonesas, chinas, polacas, coreanas, italianas, portuguesas, checas, holandesas, belgas o francesas, países con un impacto cultural similar al de España.

Un estudio bibliométrico sobre la visibilidad científica de la Comunidad de Madrid (la de mayor potencial investigador de España) determinó que el 82 por ciento de lo publicado en ciencias sociales y humanidades por sus investigadores está en español y sólo en bases de datos españolas.[10] El estudio, cuyos datos pueden generalizarse al resto de España, señalaba que «sólo el 18 por ciento de todo lo generado por los autores de humanidades y ciencias sociales de la Comunidad de Madrid está en bases de datos internacionales». Este 18 por ciento estaba compuesto en una proporción importante por los campos de economía y psicología. El estudio se alarmaba, por ejemplo, de que «la visibilidad internacional de los trabajos de derecho es casi nula (0,53 por ciento)».

El gran problema que se deriva de esto, y que comprobé durante mi estancia en la London School of Economics, es que la visión española, o hispana, del mundo casi no existe en la escena internacional, simplemente, repito, porque los españoles de letras apenas publican en inglés. En ciencias naturales da igual el idioma en el que se publique, porque todos llegarán al mismo resultado. Pero en humanidades o ciencias sociales, lo importante no son los resultados —porque apenas existen como tales—, sino las interpretaciones y los enfoques, todos ellos muy influidos por la cultura de procedencia del investigador. En letras, todos esos enfoques enriquecen el debate.

En mi área de investigación —el periodismo científico—, nunca se citan ni a españoles, ni ejemplos de los medios de comunicación hispanos. Pero puede que se deba a que es un área con escasos estudiosos. Sin embargo, me parece advertir lo mismo en áreas más consolidadas en España que el periodismo científico, como la sociología, la comunicación audiovisual, el propio periodismo, la pedagogía, la filosofía, la historia del arte o la propia historia contemporánea. Analicé varios manuales de editoriales de proyección mundial como Routledge o Cambridge University Press y, siendo libros escritos por distintos autores —libros colectivos—, al menos en los que analicé, no detecté a españoles. Ni siquiera aparecía «lo español» como caso de estudio. Pero lo que aún es peor: en las bibliografías finales no se citaban a intelectuales españoles de letras.

Existen contadísimas excepciones a esta regla. Una de ellas está en el archiconocido manual de sociología de Anthony Giddens, cuya traducción española ha sido reeditada en numerosas ocasiones.[11] En él sólo se cita a un español, Manuel Castells. Pero claro, al margen de la importancia indiscutible de su trabajo intelectual, Castells ha desarrollado casi toda su carrera (desde 1979) en la Universidad de California-Berkeley (Estados Unidos), publicando normalmente en inglés. Por tanto, no es cuestión de que no interese el pensamiento de un hispano; el problema radica en no publicar en inglés.

Sí son citados, no obstante, autores españoles en libros sobre historia de España. Lo contrario sería un escándalo académico. Pero, curiosamente, todo lo que pude encontrar en inglés sobre ese asunto estaba escrito por hispanistas anglosajones. ¿Por qué no aparecían traducciones al inglés de historiadores españoles? Lo peor no es que el mundo no escuche nuestra opinión; lo más lamentable es que la imagen que se tiene de España (o de América Latina) en el mundo anglosajón es la que procede de los anglosajones que estudian «lo latino». Y, no lo olvidemos, el mundo anglosajón domina la cultura mediática y científica, y en cierto modo, a través de las revistas de impacto, también la académica.

La opinión que se tiene en Gran Bretaña sobre la historia de España procede, básicamente, de los hispanistas anglosajones. Sobre todo, según pude comprobar, de Raymond Carr, profesor en la Universidad de Oxford (y premio Príncipe de Asturias). La idea que él ofrece de España como nación irracional y anticientífica está muy extendida entre la clase académica británica. «En cuanto al Consejo Superior de Investigaciones Científicas (CSIC), su finalidad era la de restablecer la unidad de la cristiandad y las ciencias destruida por las luces del siglo XVIII», señala Carr en su famoso e influyente libro sobre la historia de España.[12]

Reconozco que me sorprendió que tantos anglosajones supieran de las intenciones del franquismo de usar las ciencias naturales y al CSIC como fórmula para extender la cristiandad y la irracionalidad. Hasta que llegué a la LSE, estaba convencido de que esa idea (cierta, aunque totalmente desconocida entre la clase académica española) era un conocimiento reservado sólo a unos pocos eruditos conocedores de la historia de la ciencia española. Raymond Carr, en la segunda edición de su libro, ya reconoce los errores y, sobre todo, las ausencias —algunas importantes— de historiadores españoles que contiene su trabajo. Pero lo fundamental es que existen pocos libros sobre España —o países hispanohablantes— escritos por autores españoles y traducidos al inglés, por no hablar de otras áreas como historia del arte, filosofía, periodismo o sociología. En mi opinión, esto es desacertado, porque un hispanista puede hacer un esfuerzo por aprender español, pero no sucede así en ningún otro campo académico.

Incluso la comunidad española de profesores universitarios de filología inglesa (una de las más numerosas del mundo no anglosajón) no efectúa aportaciones relevantes sobre España a la cultura británica o estadounidense. La mayoría de los investigadores en filología inglesa en España son financiados con el dinero público español y, sin embargo, están más preocupados por divulgar la cultura anglosajona en España —que ya tiene de por sí bastantes paladines— que por usar sus conocimientos del inglés para potenciar lo hispano en el mundo anglosajón.

Este problema de la visibilidad de la ciencia española en la escena internacional, unido a la invisibilidad de las letras (España es un país de letras), provoca importantes resquemores en las universidades españolas regidas, en gran medida, por gente de cultura de letras. ¿Cómo un rector que sea, por ejemplo, catedrático de derecho puede comprender lo que es la ciencia y la competitividad internacional? ¿Cómo estar seguros de que no quiere estrangular —académicamente— a los de ciencias de la universidad que rige para que no sea tan evidente la invisibilidad internacional de lo que producen los profesores de derecho españoles?

La invisibilidad internacional de la producción de letras y ciencias sociales española está generando también un serio complejo de inferioridad académica en la generación de catedráticos españoles de letras y ciencias sociales que estudió entre los años cincuenta y ochenta. Sus coetáneos de ciencias —incluso ingeniería, aunque no al nivel de las ciencias— se miden de igual a igual —publican en las mejores revistas internacionales— con los mejores del mundo; mientras que los de letras y ciencias sociales no han alcanzado ese nivel. Y todo ello desemboca en unas batallas feroces, tanto en la universidad como en las administraciones educativas españolas, en contra de la cultura de ciencias. Y esa guerra sin cuartel que mantienen los de letras contra las ciencias repercute en la enseñanza, en los planes de enseñanza y en la comunicación pública de la ciencia.

El efecto de los medios en el índice de impacto: la ciencia mediática

La vanidad de algunos científicos también puede afectar a la comunicación pública de la ciencia e incluso a la propia ciencia. No critico la vanidad, porque con frecuencia este «pecado» es un buen motor de producción intelectual. Siempre he creído que la vanidad es otro de los aspectos que unen al científico y al periodista. Porque seamos sinceros: el periodista no se mueve por altruismo hacia la sociedad, sino por salir en primera página del periódico o en el informativo de *prime time* y presumir de ello. Lo que sucede es que habitualmente con ello se puede hacer un buen servicio a la sociedad.

El científico también tiene su punto de vanidad. Se mueve por publicar en *Nature* y presumir de ello y, en último extremo, por alcanzar la gloria o la inmortalidad de su nombre. Y, normalmente, para conseguirlo tiene que hacer buena ciencia, con la que la sociedad también se beneficia. Por tanto, la vanidad profesional —aunque sea elogiable que a matemáticos como Perelman no les guste— creo que no es necesariamente perjudicial ni para el periodismo ni para la ciencia. De hecho, el que para muchos —incluido quien escribe este libro— es el mejor científico de la historia, Newton, era tan vanidoso que publicó sus investigaciones sobre óptica mucho después de haberlas descubierto. El motivo no fue repasarlas por si tenían algún fallo metodológico. Se debió a algo mucho «más humano»: no quería mencionar en sus investigaciones las contribuciones previas de su gran rival, Hooke. Por tanto, esperó a que Hooke muriera. De esa forma, no podría protestar si no le citaba. Pero la ciencia no perdió nada con esto. Además, la historia de la ciencia ha puesto a cada cual en su sitio, y hoy día se valora en su justa medida las contribuciones que realizó Hooke al estudio de la luz.

Pero claro, en la época de Newton los medios de comunicación de masas no dominaban la sociedad. En nuestra actual cultura mediática, si combinamos todos estos elementos, puede aparecer un nuevo fenómeno que puede perjudicar a la ciencia y contribuir a su declive: la ciencia mediática, o ciencia diseñada para salir en los medios. El origen del fenómeno proviene de un curioso dato: los artículos científicos que son publicados por las revistas científicas y, además, difundidos masivamente por los medios de comunicación, son mucho más citados por los propios científicos que los que simplemente se publican en una revista de prestigio.

Esta circunstancia fue demostrada en 1991 en un fenomenal estudio publicado en *New England Journal of Medicine* y en el cual sus autores analizaron los artículos de la citada revista publicados en 1978 y 1979, y compararon los que aparecieron en *The New York Times* con los que no lo hicieron.[13] Observaron que los estudios que se habían publicado en el periódico estadounidense habían sido citados ¡un 72,8 por ciento más! en el año siguiente a su publicación que los que no aparecieron en ese diario. Lo más relevante es que la diferencia significativa de citas persistió durante al menos diez años tras la publicación de los resultados científicos en el periódico. Y ya sabemos lo que representan las citas y los índices de impacto en la carrera académica de un científico.

El estudio de Phillips incluía un control muy bien elaborado para comprobar la suposición, razonable desde el punto de vista periodístico, de que *The New York Times* sólo estaba ofreciendo información sobre los resultados científicos más significativos, que obviamente habrían recibido más citas. Pero Phillips y sus colaboradores tuvieron suerte o, sobre todo, diseñaron muy bien la metodología. Porque, durante el período estudiado, *The New York Times* sufrió una huelga de tres meses (1978). Sin embargo, durante esa huelga el periódico produjo sus números que quedaron en una «edición registro», aunque ninguno de ellos se distribuyó al público. Los autores del trabajo analizaron esta «edición registro», por lo que quedaba claro qué artículos consideraba *The New York Times* dignos de cobertura aun cuando no se estuvieran publicando.

El estudio demostró que esos artículos dignos de publicación, pero no distribuidos por causa de la huelga, no fueron objeto de un aumento de la cantidad de citas refiriéndose a ellos en los años siguientes. De forma que quedó demostrado que un artículo científico que es mencionado en la prensa de calidad es citado un 78,2 por ciento más, independientemente de la calidad de la investigación. Estos resultados están de acuerdo con otro estudio que probó que el 60 por ciento de los miembros de la Wisconsin Medical School se enteraba de los nuevos descubrimientos científicos a través de los medios de comunicación.[14] Otra investigación daba un porcentaje aún mayor para el caso de los físicos de Carolina del Norte: el 89 por ciento de ellos aseguraban en una encuesta que se enteraban de los nuevos avances científicos fuera de su campo por los medios de comunicación.[15]

Por tanto, se demuestra otro hecho: es a los propios científicos, y no tanto a los periodistas, a los que más les interesa, desde el punto de vista de promoción profesional, divulgar sus trabajos de investigación en la prensa de calidad.

Como además el índice de impacto de la revista se mide, como he mencionado, en función de cuántas veces han sido citados sus artículos en otras publicaciones, si la revista consigue colocarlos en la prensa, sabrá que para el año siguiente obtendrá un mayor índice SCI, lo que implicará que los mejores científicos querrán publicar en ella, por lo que esta dinámica circular se incrementará a su favor. Es el efecto Mateo: «Porque a cualquiera que tuviese le será dado y tendrá más; y al que no tuviese, aun lo que tiene le será quitado».

Pero la distorsión se produce porque sólo *Nature* y *Science* y algunas revistas médicas poseen gabinetes de prensa muy profesionales que saben de verdad cómo funciona el periodismo. Como consecuencia de tener en cuenta cómo funcionan los medios de comunicación, cada día estas publicaciones tendrán mayor índice de impacto científico y el resto se quedará irremediablemente en puestos muy inferiores. *Nature* pasó de un 28,8 de impacto en 1998 a un 32,12 en 2004.

Alguien puede argumentar: ¿y qué? Que se pongan las pilas el resto de las revistas y trabajen como *Science* y *Nature*. A estas alturas, ya no resulta fácil, porque los medios y los científicos las consideran las mejores y, por tanto, sus mejores trabajos intentarán publicarlos en ellas, porque saben que son un indicio indiscutible de calidad. Como los mejores trabajos van a ellas, los periodistas también van seguros al seleccionar sus notas de prensa. Para que el lector comprenda el alcance de lo que significan estas dos revistas en estos momentos, mencionaré que en la clasificación internacional de rango de las quinientas mejores universidades del mundo,[16] elaborada a partir de 2004 por el Instituto de Educación de Shanghai, los criterios para valorar las universidades son: número de premios Nobel que imparten (o han impartido) clases en ellas, el número de premios Nobel que se han formado en ellas y, por último, el número de artículos que sus profesores han publicado en *Nature* y *Science*. Hay que publicar en ellas para salir en el ranking.

Debe aclararse que estas publicaciones son generalistas y que su objetivo principal por supuesto es publicar la mejor ciencia, pero también tener el mejor índice de impacto. Esto provoca que muchas veces sean criterios de noticiabilidad los que imperan a la hora de seleccionar sus artículos, no ya para el comunicado de prensa, como veremos en el capítulo siguiente, sino en la propia aceptación del artículo científico. Soy consciente de que es una hipótesis arriesgada la que propongo aquí, por lo que intentaré ilustrarla con algunos ejemplos. He seleccionado distintos años para demostrar que el fenómeno no es casual, aunque sí relativamente reciente.

El primer ejemplo podría ser el artículo publicado por *Nature* el 4 de enero de 1996 sobre los efectos analgésicos de la mirra.[17] El artículo era de relevancia científica mínima, pero se publicó en la semana que se celebraba la festividad de Reyes Magos. El estudio de *Nature* tenía un título típicamente descriptivo de los artículos científicos —«Efectos analgésicos de la mirra»—, pero en el comunicado de prensa, *Nature* titulaba el trabajo: «¿Por qué los tres Reyes Magos llevaban mirra?». Obviamente, la noticia fue seleccionada por muchos medios de comunicación porque se adaptaba perfectamente a la actualidad de la semana. Primero, fueron los periódicos y, después, como suele suceder en el periodismo científico, se hicieron eco de la noticia las emisoras de radio y televisión.

En 1998, *Nature Neuroscience* publicó también una sorprendente noticia sobre las «células del alma humana», difundida, entre otros, por el diario *The Sunday Times* y el español *El Mundo*.[18] Sólo un mes antes, el 13 de febrero, *Nature* publicaba un estudio con la siguiente conclusión: «La mayoría prefiere besar hacia la derecha».[19] Sin embargo, ésa era la conclusión del gabinete de prensa de *Nature*. Porque el artículo, que en realidad sólo entraba en la categoría de «comunicación breve», se titulaba: «Human Behaviour: Adult Persistence of Head-Turning Asymmetry» («Comportamiento humano: la persistencia en los adultos de la asimetría al girar la cabeza»).[20] No obstante, no toda la culpa es aquí del gabinete de prensa. Pues en la metodología de investigación, citada en el propio artículo científico, hablaba de que el investigador había observado «cómo se besaban las parejas en los lugares públicos (aeropuertos, estaciones de tren, playas y parques) en Estados Unidos, Alemania y Turquía». Esto es terrible porque la imagen que el propio científico ofrece a la sociedad es la de que realmente él es un mirón que reviste su patología de ciencia. Justo el arquetipo de científico chiflado y carente de afectos que transmite el cine. La percepción proyectada a un jovencito —y no tan joven— que escucha la noticia es la de que «la gente de verdad, besa de verdad, y los científicos sólo están para mirar cómo besan otros, no para besar ellos. Con eso se conforman». Todo esto, en el mejor de los casos. En el peor se equipara a un científico con un trastornado sexual.

Creo que, aunque la investigación pudiera ser seria, yo no la hubiese incluido en una revista académica. Pero no sólo se incluyó, sino que fue la noticia estrella seleccionada por el gabinete de prensa (y por los medios de comunicación de todo el mundo) del número de esa semana (el 421) que, entre otros temas, contenía investigaciones sobre autoinmunidad, gravedad cuántica, un análisis sobre los movimientos de las proteínas en las células, el origen de los carnívoros en Madagascar, el papel de la interleukina-23 en la inflamación del cerebro o los efectos en los sedimentos coralinos de la Gran Barrera australiana tras la colonización europea. Normalmente en un periódico o informativo sólo hay espacio para una noticia de ciencia al día, por lo que la que consiguió ese espacio fue la de «besar a la derecha». Y, posiblemente, su investigador también tendrá más citas durante los diez años siguientes y logrará más dinero en proyectos competitivos. Esto es un efecto perverso para la ciencia cuyo origen está en la cultura mediática.

Lo que no cabe duda es de que todo esto contribuye a una caricaturización de la ciencia. ¿Quién tiene la culpa: los periodistas que simplemente copian lo que les aseguran los investigadores o los científicos que los utilizan para hacer currículo y tener más prestigio ante sus colegas? Porque no lo olvidemos, esta gran cobertura de temas irrelevantes y el aumento de citas que llevan consigo tras ser publicados en la prensa propiciará que en el futuro muchos científicos estudien efectos colaterales de la ciencia que son mucho más noticiables que la ciencia básica. Cientos de científicos que en el mundo investigan los efectos analgésicos de diversas sustancias mencionarán en sus referencias la relativa a la mirra publicada por *Nature*, de forma que un artículo, en principio irrelevante, se convertirá en importante y sus autores ganarán méritos con el actual sistema de evaluación de investigadores que impera en todo el mundo.

Los propios directores de las grandes revistas reconocen que, por culpa de esta dictadura, muchas veces publican investigaciones no ya científicamente irrelevantes, sino metodológicamente. De hecho, Richard Smith, en su libro[21] de memorias sobre su experiencia de veinticinco años —trece de los cuales como director— trabajando en una de las revistas médicas más prestigiosas, la *British Medical Journal*, reconoce que muchas veces no son los criterios estrictamente científicos los que imperan:

> Recuerdo un debate sobre un artículo que publicamos en nuestro número de Navidad. Un número tradicionalmente dedicado a temas ligeramente extraños, disparatados o divertidos. Un prolongado seguimiento de población en Gales demostró que aquellos hombres de cuarenta años que habían tenido cincuenta orgasmos al año vivían más que aquellos que habían tenido menos de esa cantidad.[22] Inevitablemente surgieron dudas sobre aquellos datos. ¿Qué honestidad podría esperarse de la gente interrogada sobre su vida sexual? Quizá el factor por el que los hombres tenían más orgasmos era simplemente una señal de otras características que hacían de ellos más proclives a vivir más. O quizá los hombres más saludables eran más capaces de tener más orgasmos. Ese estudio era médica y científicamente irrelevante, pero podría interesar a nuestros lectores y obtener una gran cobertura mediática. Decidí que publicaría el estudio y tuvo una gran cobertura.[23]

Estos comportamientos de las revistas, contaminadas por la cultura periodística, provocará que otros científicos, debido a la creciente competitividad a la que están sometidos, desistirán de investigar cuestiones tediosas y con pocas perspectivas de convertirse en noticias, aunque sean relevantes desde el punto de vista del *corpus* científico, y dirigirán sus estudios a efectos colaterales de las mismas. En los próximos años asistiremos a las conclusiones de «sesudos» estudios publicados en «prestigiosas» revistas sobre lo que implicaría el impacto de un meteorito en la Tierra, la sustancia química responsable del enamoramiento, la estrella que guió a los Reyes Magos, la ecuación de la felicidad, la posible presencia de componentes anticancerígenos en los más peregrinos alimentos, desde el vino y las uvas hasta los aceites de oliva o los chocolates. Todos se convertirán en temas adecuados para investigarlos, desechando otros más tediosos y, sobre todo, menos mediáticos.

Con el actual sistema de evaluación de científicos, los que investigan los asuntos colaterales resultan mejor valorados que sus colegas que han optado por abordar aspectos relevantes pero menos noticiables. Estos últimos, defraudados ante las escasas expectativas de que sus resultados se publiquen en los medios de comunicación, abandonan sus investigaciones por otras más efectivas desde el punto de vista periodístico. Porque, incluso en el caso de no obtener más citas, serán al menos reconocidos por otros colegas y por el conjunto de la sociedad. En qué medida la ciencia mundial sale perjudicada por estos fenómenos surgidos en estos últimos años, es algo que escapa al objeto de este libro, pero creo que debería estudiarse de una forma más seria. Tal vez la solución estaría en valorar menos el índice de impacto y buscar otros sistemas para evaluar el rendimiento de los científicos. Por ejemplo, la resolución de un enigma.

Un experimento para probar la hipótesis de la ciencia mediática

«¿Está usted sugiriendo que el objetivo que guía a un científico en la selección de sus temas de investigación es el de salir en los medios? Eso es absurdo y usted lo sabe», me espetó uno de los oyentes que acudieron a la exposición de mi trabajo sobre la búsqueda de las causas del declive en el Departamento de Historia Económica de la LSE. Ni siquiera esperó al turno de preguntas. No aguantó a que presentara todos los detalles. En España, los debates académicos, al menos a los que yo he acudido, suelen ser suaves. Incluso en muchas lecturas de tesis o en las oposiciones a titular o a cátedra de universidad, el tribunal muchas veces no se atreve, por pudor, a atacar ciertos resultados. Para evitar el debate, los tribunales exponen todas las preguntas o dudas en un turno y el candidato responde a todas en una sola intervención, lo cual le da la posibilidad de obviar aquello para lo que carece de argumentos. No hay debate, sólo exposición. En realidad, es un fraude académico que dice muy poco de quien lo practica.

Pero en Gran Bretaña la tradición académica —y también democrática de libertad de expresión— dicta lo contrario. Es el debate cara a cara lo que cuenta. Y nadie mira el reloj. Si hay que permanecer tres horas debatiendo, se está. «Si no preguntan nada es síntoma de que no ha interesado, así que no te desanimes si te machacan», me tranquilizó mi amigo Javier Lezaún, excelente sociólogo español que trabajaba en la LSE. Es cierto. Buscan el mínimo resquicio de debilidad de una teoría para atacar por ahí. La primera ventaja es que se aprende mucho. Y la segunda es que, normalmente, quien te critica se ofrece a ayudarte.

La debilidad de mi hipótesis sobre la ciencia mediática radica en que necesita un experimento, como el de Phillips y sus colaboradores, que mida la validez o, según Popper, la falsabilidad. ¿Y cómo diseñar un experimento que mida la intencionalidad del científico? Porque, como recordaba mi profesor de deontología periodística, Norberto Sánchez Galiano, sólo existe un principio más intocable y sagrado que la privacidad y es la intimidad. «Las intenciones pertenecen a lo íntimo. Por ello un periodista jamás puede especular con la intención que alguien tiene para hablar o actuar», explicaba.

La primera versión de esta hipótesis sobre la ciencia mediática la publiqué en 2002 en la *Revista Española de Investigaciones Sociológicas*. En realidad, el artículo trataba sobre todo de fuentes, pero en unos párrafos finales mencioné el ejemplo ya citado aquí de la mirra y los Reyes Magos. Unos meses más tarde recibí un anónimo: «¿Cree usted, de verdad, que el científico diseña su investigación pensando en si va a salir o no en los medios? ¿No le parece que debería diseñar un experimento para demostrarlo antes de afirmarlo?».

Al anónimo no pude contestarle, pero sí al profesor de la LSE que fue tan duro con mi hipótesis. En realidad, lo que sostengo es que existen investigaciones que son más susceptibles de salir en los medios que otras. No es lo mismo dedicarse a Atapuerca o a las células madre que a calcular constantes de equilibrio de las reacciones químicas de los sulfatos. Y lo que sugiero es que, en la cultura mediática, las investigaciones que aparecen en los medios tienen más posibilidades de ser citadas. Al mismo tiempo, los científicos que destacan en prensa y televisión pueden convertirse en científicos mediáticos y, por tanto, conseguir más recursos o proyectos de investigación. «A ver quién se atreve a negarle un proyecto de investigación a Arsuaga. Al día siguiente la negativa será portada en los periódicos», me comentó una vez un científico que solía evaluar proyectos en España.

Considero que esto, de ser cierto, no resulta beneficioso ni conveniente para la ciencia. Y lo que sugiero es que esta presencia mediática está incluso valorada por los propios científicos para avanzar en su carrera —a través del incremento de citas y/o notoriedad—, por lo que alguien puede escoger su línea de investigación, no en función del puro interés científico sino del criterio de «pelotazo» académico. Pero, de ser así, ¿qué científico me lo iba a reconocer? ¿Cómo medir la intención?

Por eso en el experimento que diseñé en 2003, tras recibir el anónimo, el conejillo de indias decidí que debía ser yo. Reconocía que mi intención era clara: seleccionar un área de investigación, no porque me interesara lo más mínimo, sino porque tenía posibilidades mediáticas. El área escogida debía alejarse mucho de mis intereses académicos hasta ese momento, para poder cuantificar cuándo salía yo (y mi investigación) en los medios de comunicación por los méritos de mi nueva y «sexy» área y cuándo debido a mis «aburridos» —pero, para mí, muy interesantes— temas de estudio hasta entonces: la síntesis de fluoruros inorgánicos, el periodismo científico, periodismo medioambiental, periodismo especializado (mi titularidad fue con ese perfil), metodología de investigación o influencia de los gabinetes de prensa. Aunque parezcan muchos temas, ninguno posee suficiente gancho mediático. El nuevo enfoque de investigación debía tratar algo escabroso, sin llegar a espiar a la gente que se besaba, pero casi. Por supuesto, siendo profesor de periodismo, no tenía capacidad para publicar en *Nature* y evaluar el efecto de mis citas. Pero podía evaluar si me llamaban los medios en función de mi nuevo perfil investigador o del viejo. Si el experimento funcionaba, no sólo lograría citas de mi investigación, sino reconocimiento mediático tanto social como sobre todo en mi propia área de investigación, la de periodismo.

El tema que elegí fue lo más escabroso posible: la telebasura. Una cuestión académica de la que desconocía todo y que, además, estaba bien alejada tanto de mis intereses hasta ese momento como de mi formación. Una discusión sobre ese asunto en mi departamento me puso sobre la pista de que al menos era polémico. La investigación resultó tremendamente divertida. Acostumbrado a la dureza de temas como los fluoruros de manganeso con bases nitrogenadas, o incluso los de periodismo científico o metodología, aquí era distinto: se trataba de ir por las productoras de televisión, hablar con los concursantes de *reality shows*, los periodistas del corazón y, sobre todo, los trabajadores anónimos que eran los que organizaban todo el cotarro. Nunca me lo había pasado mejor. De hecho, usé esa investigación para relajarme de la tensión de preparar mi oposición a profesor titular, prevista para julio de 2003.

Un día, recién iniciada la investigación y, por supuesto, sin haber publicado nada aún, recibí la llamada de un medio de comunicación que supieron de mí a través de las productoras: «¿Usted es el profesor de universidad que estudia la telebasura?». Sólo unos meses antes yo había estado trabajando como periodista a tiempo completo, por lo que siempre era el que preguntaba. Ahora había cruzado la barrera: era «el experto».

Pero lo más curioso —y que define cómo es la cultura mediática— es que, a pesar de que también tenía publicada investigación en mis temas de siempre —incluso una en la revista de la Royal Society of Chemistry—, nunca, hasta 2003, me habían llamado como experto en nada. Tampoco lo esperaba. Estaba empezando y no se me ocurrió tal cosa. Pero ahora me consideraban experto en algo en lo que jamás había publicado nada, aunque obviamente, yo sabía que los medios de comunicación no consultan el SCI antes de elegir a sus expertos. «El experimento funciona con los medios», pensé. Pero… ¿y con la academia?

Tengo que aclarar que la investigación no la hice en broma. Al contrario, me la tomé muy en serio y la desarrollé todo lo mejor que pude y supe, teniendo en cuenta que no tenía mucha gente que me asesorara ni existían antecedentes. Como mis oposiciones estaban previstas para julio, elegí para presentar mis primeras conclusiones la IV Bienal Internacional de Comunicación que ese año se celebraba en septiembre en San Salvador (El Salvador). Y así, pensé, descanso del estrés. Seleccioné un aspecto relacionado con los periodistas del corazón: «Los modernos alcahuetes mediáticos», titulé.

Como es habitual en la universidad —aunque en ese momento yo lo desconocía—, la oposición se retrasó a septiembre, justo a los días del congreso. Mi director de tesis, el catedrático de periodismo José Manuel de Pablos, se ofreció amablemente a leerla en mi nombre. Era un caso de emergencia.

Pues bien, dos revistas académicas latinoamericanas —*Sala de Prensa* y *Palabra Clave*—[24] pidieron permiso a los responsables de la bienal para publicar mi ponencia. Esto no es nada habitual y ninguna otra ponencia tuvo ese éxito. Publiqué otra parte en *Estudios del mensaje periodístico*[25] y, como los resultados me parecieron interesantes, sondeé publicarlos en forma de libro. Quería hacerlo rápidamente porque no quería retrasarme en la investigación de mis temas de siempre.

La primera editorial a la que envié el trabajo final aceptó publicarlo rápidamente. Debo advertir al lector que esto no es nada fácil. Las editoriales también son un negocio y seleccionan temas que puedan vender. Elegí como primera opción la editorial Libertarias/Prodhufi. Era seria, con mucho prestigio académico en sus colecciones, pero no excesivamente conocida, de forma que el fenómeno no me desbordara. El libro saldría en enero de 2004. En lugar de firmar con mi nombre y primer apellido, como suelo hacer siempre, añadí también mi segundo apellido —aunque sólo en la portada del libro—, de forma que parecía que el autor de *Telebasura y periodismo*, título final del libro, no era el mismo que el de otros trabajos, aunque la lectura del interior aclaraba que sí. Pretendía así diferenciar el número de citas.

No presenté el libro, aunque a finales de febrero de 2004 la editorial sí envió una nota con las novedades que había sacado a los medios. Me llamaron desde la Agencia EFE,[26] cuya noticia y entrevista salió en numerosos medios, hasta en el diario *El Mundo*.[27] Puede pensarse que lo hicieron porque yo había trabajado en esos medios. Puede ser: ya he comentado cómo la vinculación con los medios de comunicación es esencial para que un científico o intelectual pueda ser referenciado en ellos. No obstante, no tenía excesivo contacto con los periodistas especializados en televisión. Pero hasta Sergi Pàmies, el crítico de televisión del diario *El País* —periódico que no suele dar coba a la competencia y menos a alguien que procedía de *El Mundo*—, reseñó el libro al comienzo de su influyente columna de los domingos.[28] El fenómeno siguió. Algunas productoras de televisión me convocaron para que fuera como experto. No quise ir. No iba a participar en lo que había denunciado en el libro. Una de las periodistas a la que criticaba en el libro, Mercedes Milá, me llamó para amenazarme con que Javier Sardá, otro de los que censuraba su trabajo, «me iba a freír en su programa *Crónicas marcianas*». Eso sí hubiese sido un pelotazo mediático que demostraría mi hipótesis. Pero no sucedió. Sardá es un maestro de la comunicación y su crítica —aunque fuese feroz— hubiese disparado las ventas del libro.

Mientras, la academia también me empezaba a conocer, pese a que había aprobado mi titularidad hacía sólo unos meses: aparecieron reseñas muy elogiosas en las mejores revistas del área de periodismo: *ZER*,[29] *Latina de Comunicación Social* o *Comunicación y Sociedad*.[30] Hasta las asociaciones profesionales con las que yo, aclaro, no tenía contacto me reseñaron. La primera fue en el boletín mensual de la Academia de Cine y Televisión —la que concede los Goya—, que en su revista *Carta de Ajuste* alabó el libro,[31] pese a que criticaba a muchas empresas y profesionales que eran miembros de esa academia.

El *Boletín de la Asociación de la Prensa de Madrid* lo eligió como uno de los tres libros a los que dedicó más espacio en el número 54 de junio de 2004. Esta misma asociación —la más numerosa e importante de periodistas españoles— también seleccionó mi libro sobre telebasura para su primer número de una nueva revista, *Cuadernos de Periodistas*, mucho más académica que el boletín profesional. En ese primer número se seleccionaron cuatro libros para una gran reseña. Yo fui el único autor español reseñado.[32] En mi área de investigación no es fácil que las dos asociaciones profesionales más importantes del país te tengan en cuenta. El experimento funcionaba también con los profesionales y no sólo con los académicos.

No tengo espacio en este libro para detallar toda la repercusión mediática. Sólo resaltaré los casos más curiosos para que el lector tenga conciencia de la magnitud del experimento. El libro que, recuerdo, no dejaba de ser una investigación académica, apareció en revistas tan apartadas de mi entorno como *The Ecologist* —una revista antisistema—, que lo eligió como único libro recomendado en su monográfico sobre la televisión de enero-marzo de 2006, en la revista *GQ*,[33] el semanario vasco *Zabalik* de abril de 2004, la revista para solteros *Impar*, o en distintos blogs sobre literatura o televisión. El blog de Javier Pérez de Albéniz, el más seguido en España sobre televisión, lo eligió entre los cinco libros de ese año que recomendaba leer en el Día de la Televisión. De mi libro dijo: «Tiene muchas cosas interesantes, hasta el punto de que este trabajo puede considerarse como uno de los repasos más serios a la telebasura ibérica».[34]

Los medios de comunicación me llamaban. Me propusieron ser tertuliano —«serio», me aseguraron— sobre televisión y personajes famosos. Lo rechacé. Sólo acepté una tertulia en la que hablaba de ciencia pura y como químico.[35] Hasta que un día una periodista de la revista *Interviu* —la de contenido erótico aunque con excelente periodismo de investigación— me localizó en mi móvil personal. Contesté. El reportaje se publicó en septiembre de 2005. Ahí comprendí que el experimento había tenido éxito, pero que ése no era mi camino: ser experto en telebasura.

Ese mismo mes me fui a Gran Bretaña y me concentré en algo que a mí sí me interesaba de verdad: encontrar las causas del declive de la ciencia. Casi un año después, en verano de 2006, leía plácidamente el *Magazine* de *El Mundo* en un picnic con unos amigos españoles en el parque londinense de Hampstead Head. El reportaje de portada analizaba el periodismo del corazón. Y allí aparecía yo como experto. Pero ni siquiera había hablado con ellos. Posiblemente, no pudieron localizarme porque yo estaba en Gran Bretaña. Quizá ni lo intentaron. No importaba. Reprodujeron parte de mi ponencia en la IV Bienal de Comunicación. Debía de ser la primera vez que el *Magazine* publicaba no ya entrevistas con expertos, ¡sino una ponencia científica!, pero no la última. Unos meses después, en marzo de 2007, se volvía a mencionar la ponencia y mi nombre en el mismo suplemento dominical.[36] Pese a que por esas fechas el libro ya estaba casi agotado, el efecto continuaba. Un mes más tarde *El Periódico de Catalunya* publicaba una entrevista conmigo, acompañada de una gran fotografía, que ocupó toda la contraportada.[37] La entrevista, que se tituló «Isabel Pantoja debería denunciar a las teles», fue reproducida en otros periódicos locales del grupo Zeta. Dos días más tarde, Juan Cruz, director adjunto de *El País*, reseñaba en ese periódico, y de manera muy elogiosa, la entrevista, mi libro y el hecho de que fuera profesor de la Carlos III en su columna.[38] Una semana más tarde era entrevistado el mismo día 12 de abril en dos de las cadenas de radio más importantes: Radio Nacional de España (una hora de entrevista en *La hora menos pensada*) y en *Hoy por hoy* de la Cadena SER.

No seguiré aburriendo al lector con más datos. Creo que queda suficientemente demostrado que si uno elige determinadas investigaciones tiene muchas posibilidades de salir en los medios de comunicación con todo lo que ello implica. No estoy afirmando que las investigaciones sean malas —yo estoy muy orgulloso de la mía—, pero sí que con parecido esfuerzo, en la cultura mediática, se llega más lejos en la carrera académica con determinadas investigaciones que con otras, independientemente de lo que interese más a la ciencia. Y ése es otro síntoma del declive de la ciencia.

¿Dan los científicos una imagen absurda de su profesión?

«¿Te parece serio que un profesor universitario hable de las diferencias entre un *talk show*, un *reality show* o sobre *Crónicas marcianas*? No sé: es como degradar a la gente que investiga cosas serias como las vacunas o el cambio climático», me comentó un día, con toda la razón, mi amigo Jesús Prieto, profesor de biología en un instituto de secundaria en el que yo también había trabajado. «No. Pero yo al menos critico la telebasura, hay catedráticos universitarios que la defienden o que aseguran que no existe. Eso sí que es peor», le contesté. No tengo pruebas porque fue sólo una conversación telefónica, pero una de las ofertas para hablar en televisión como profesor universitario «experto en telebasura» fue muy tentadora. Desde luego, mucho más que la que acepté para hablar de ciencia. No diré cuánto más me pagaban por hablar de telebasura para no deprimir al lector, pero creo que esa oferta constituye otro síntoma clarísimo del declive de la ciencia y del auge de la cultura mediática.

Pero en el fondo mi amigo tenía razón. No lo puedo asegurar, pero creo que si hubiese querido, mi particular Frankenstein me habría devorado y me hubiese convertido en sólo un año en una celebridad «experta» nacional. Sólo la conciencia de saber cómo funcionan los medios me permitió parar a tiempo. Porque, cuando se entra en el circo, cuando se pierde la credibilidad, ya no se puede recuperar. Los científicos deben saber esto cuando alegremente se introducen en la cultura mediática sin un análisis previo de las consecuencias.

Muchas veces son los propios científicos los que, con sus comportamientos «infantiles», generan una imagen absurda de su profesión que trasciende y se incrusta en la opinión pública, aunque los científicos no lo crean así. El ejemplo más claro de esa actitud pudo comprobarse en la reunión de la Unión Astronómica Internacional (UAI), celebrada en Praga en agosto de 2006. La imagen que dieron los físicos fue patética: «Los científicos votan hoy si Plutón es un planeta», titularon todos los periódicos el jueves 24 de agosto. La discusión era una cuestión absolutamente absurda, pero todos los medios la recogieron. Algún lector me podrá recriminar que cómo, en páginas anteriores, me he atrevido a descalificar a Kuhn y su teoría de que la ciencia son sólo acuerdos que toman los científicos en un determinado momento, si, como reza este titular, los científicos asumen que la ciencia «se vota».

Por supuesto que Kuhn no tiene razón. Y por supuesto, las verdades científicas no son modas, como él sostiene, sino certezas que se demuestran empíricamente y con las que, además, pueden hacerse predicciones fiables. Jamás una proposición o una ley científica es votada o consensuada en una asamblea por votación. En realidad, en ese congreso los físicos votaron unas reglas internas para clasificar asteroides. Su votación no era más relevante para la ciencia que la elección del criterio para ordenar los archivadores de las tarjetas postales que les envían sus becarios. Pero la imagen que inconscientemente ofrecieron los eminentes congresistas fue la de que la ciencia no es una verdad, sino un acuerdo que se vota por mayoría.

Tras la votación, Plutón dejó de ser planeta según el criterio adoptado. Todos los informativos de televisión de ese día contaron aproximadamente la misma entradilla: «A partir de ahora habrá que tirar a la basura los libros de ciencias. Ya no sirven. Ya están desfasados. De la lista de planetas que nos hicieron aprender, ahora los científicos han excluido a Plutón». Un tertuliano friki aseguró que a él lo habían suspendido por olvidarse de Plutón en un examen y planteaba a la audiencia que llamara para votar si los profesores debían considerar aprobarlo después de varios años.

¿Quién contrató al gabinete de prensa de la UAI? ¿Por qué optó por lo fácil y no se limitó a callar esas discusiones que no son más científicas que cómo ordenar un archivador de proyectos de investigación? Y peor aún: ¿se dieron cuenta los físicos de que con esas noticias estaban mancillando la credibilidad de la ciencia en todo el mundo? Posiblemente no, porque pocos físicos han leído a Kuhn y no son conscientes de la trascendencia que supone la frase «los científicos votan». ¿Los periodistas del gabinete de prensa fueron conscientes de que filtrando a los medios esa noticia estaban comparando una votación de reglamento interno con una ley física? Por supuesto que tampoco. Los periodistas han estudiado a Kuhn, pero no a Newton, y creen que todo en ciencia se vota: lo mismo si Plutón es un planeta que si la ley de la gravedad es válida. Los astrónomos no se dieron cuenta de que con esos titulares sí harán perder vocaciones. Porque… ¿para qué estudiar algo tan duro como física, si luego no vale de nada, porque votan otra cosa?, pensará un joven que escuche la noticia por televisión.

Además del daño que supuso para la ciencia, el hecho de que las discusiones duraran tanto sólo dio carnaza a los periodistas. Reproduciré el editorial del diario *El Mundo* que expone esta idea a la perfección:

> Millones de libros de texto en todo el mundo quedarán obsoletos hoy si prospera la propuesta de la Unión Astronómica Internacional (UAI). La discusión académica sobre la extensión del estatus planetario a otros cuerpos menores ha terminado defenestrando a uno de los nueve existentes. [...] Pero más allá de lo arbitrario de la decisión, lo que sorprende es la discusión bizantina que ha originado una mera cuestión de nomenclatura en la comunidad científica. El congreso de Praga la ha debatido con tanta vehemencia que en ocasiones ha recordado al Concilio de Constantinopla, que trató de dilucidar el sexo de los ángeles.[39]

¿Libros obsoletos? Obsoleto puede quedar un libro de derecho —y la carrera entera de los que estudiaron, por ejemplo, en el franquismo— o mi libro de telebasura. Pero un libro de física nunca queda obsoleto. Newton o Galileo no están ni estarán obsoletos. Pero me interesa la parte final del editorial: los físicos han «recordado al Concilio de Constantinopla, que trató de dilucidar el sexo de los ángeles». Estoy absolutamente de acuerdo con la frase. Ésa fue la imagen que proyectaron los científicos. Si con el primer párrafo malograron vocaciones (para qué estudiar algo que queda obsoleto tan fácilmente), con el segundo los científicos han perdido apoyo social y subvenciones. ¿Por qué la sociedad debe financiar los caprichitos de unos extravagantes?, es lo que piensa la opinión pública ante esta actitud irresponsable. Las mofas sobre este evento científico fueron espectaculares. Por ejemplo, la UAI definió planeta —o al menos así salió en los medios— como «objetos redondos, influyentes, capaces de dominar su entorno, que no paran de dar vueltas e incluso pueden poseer seres vivos». Esa definición no procede de un periodista, sino que debió de darla alguien de la UAI. Pero como muy bien dijo un tertuliano en una radio: «Parece la definición de un político. No sabía que los físicos se inspiraran en la política para buscar definiciones».

Similar mofa suscitó otra investigación científica con gran éxito entre los periodistas: la obtención de la ecuación matemática que describe cómo voltear en una sartén una tortilla de patatas sin que se nos caiga.[40] Hasta el sitio web de la Cadena SER, que no suele incluir mucha información sobre ciencia, la seleccionaba ese día como noticia destacada: «La fórmula establece que la velocidad angular a la que la tortilla debe salir disparada de la sartén es igual a la raíz cuadrada del producto de pi (3,1416) por la gravedad, partido por 4r, siendo r la distancia entre el codo y el centro de la tortilla», se indicaba en la web de la SER. Y ahí salieron cocineros y amas de casa en todos los informativos de televisión afirmando que ellos no necesitaban saber matemáticas para darle la vuelta a una tortilla al tiempo que se reían a carcajadas cuando el periodista les citaba la fórmula. Los científicos fueron reflejados por lo medios como «una profesión absurda».

Otro ejemplo muy interesante que ilustra esta teoría es el de la investigación de dos jóvenes astrofísicos de la Universidad Johns Hopkins: Ivan Baldry y Karl Glazebrook. En el encuentro anual de astrofísica celebrado en enero de 2002 presentaron una comunicación sobre radiación de fondo de las galaxias. En una nota a pie de página expusieron la idea de que, sumando toda la radiación de las 200.000 galaxias conocidas del universo, el color resultante podría considerarse el color del universo. Y ese color era... turquesa tirando a aguamarina, concretaron. Lo hicieron como un juego, según matizaron después de la enorme repercusión mediática. Aunque yo no estoy tan seguro. Sería un juego, pero lo dijeron en un sitio serio.

El periodista que asistió al encuentro publicó la noticia y ésta dio la vuelta al mundo en todos los medios de comunicación. Desde *The New York Times* hasta la BBC. Desde Australia hasta España. La respuesta de físicos de todo el mundo fue espectacular: lo que demuestra que se enteran de los hallazgos por los medios. Todos empezaron a medir lo mismo (como si en eso fuera la esencia de la física) y resultó que los descubridores del «color del universo» no habían tenido en cuenta un raro efecto físico denominado «punto blanco», que es ese punto en el que la luz aparece blanca dependiendo del ambiente en el que se contempla. Y si se tenía en cuenta ese efecto, el color ya no era turquesa, sino beige. La repercusión de la rectificación, hecha dos meses después, en marzo de 2002, tuvo también cobertura mundial.

¿Los dos jóvenes astrofísicos estaban haciendo una investigación más seria sobre astrofísica? Posiblemente sí, pero en todo el mundo —tanto académico como mediático— se les conoció por ese hallazgo del «color del universo». En tres meses se proyectaron dos veces en la prensa mundial, con lo que se potenciaba el denominado factor de refuerzo mediático. Ya no eran anónimos. Gente que jamás había reparado en ellos se asomó a sus currículos buscándolos en Google para comprobar lo que hacían. Hay que hacer notar que ambos eran relativamente jóvenes y habrá que investigar en el futuro si sus carreras se relanzaron con ese episodio.

No obstante, aquí como en el caso de la nomenclatura de Plutón, la imagen que se transmite a la opinión pública es que los científicos son unos diletantes a los que la sociedad tiene que financiarles los caprichitos de sus carísimos juguetes —observatorios, telescopios espaciales— para que se diviertan. E insisto: el culpable de ofrecer esta imagen es muchas veces el propio científico que juega con los medios como si fuera algo inofensivo. En estos casos, da la impresión de que los científicos creen que deben comportarse públicamente como el cine establece que deben actuar los científicos: como locos extravagantes.

El índice de impacto o el mal menor

Hasta ahora he hablado de cómo los medios de comunicación pueden modificar el índice de impacto incrementándolo de forma extraordinaria. Pero si no existiera esa posible contaminación mediática, ¿el índice de impacto sería un buen método para evaluar la ciencia? Sir Winston Churchill, el mejor político de la historia según una encuesta de la BBC a los británicos, sostenía que la democracia es el menos malo de todos los sistemas políticos. Y matizaba que una de sus grandezas es que constantemente favorece que se le busquen fallos y se hable mal de ella. Algo similar pienso del sistema de evaluación de la ciencia y los científicos a través del índice de citas (SCI): es el menos malo, pero tiene graves fallos que pueden convertirse a la larga, y si no se corrigen, en perjudiciales para el avance científico.

Lo que nadie me negará es que este sistema copia el desarrollado por la cultura mediática para medir las audiencias. Según este sistema, la mejor televisión o el mejor periódico es simplemente aquel que consigue mayor audiencia, no el que ofrece mejores contenidos. Pero los sistemas de audiencias no cuantifican si al espectador le gusta el programa o si, viéndolo, cree que es decepcionante. Sólo miden números de espectadores, por eso su dictadura es tan irracional. Al SCI le sucede algo parecido. Ya he hablado de que una de las consecuencias de su dictadura es que obliga a los científicos a publicar mucho y, por ello, sus condiciones laborales han empeorado respecto a hace unos años, lo que muchos también describen como un declive de la ciencia que explica la falta de vocaciones.

Pero creo que el propio método es susceptible de mejora y, sobre todo, de crítica. Porque, como sostienen algunos expertos en metodología, «lo que comenzó siendo una determinada y muy específica manera de entender el "impacto" de las publicaciones científicas (sin leerlas) ha terminado siendo la manera de valorar las aportaciones científicas».[41] El problema es que existen más maneras, además de la ya descrita de la aparición de sus autores en los medios de comunicación, de mejorar el impacto de un científico, de una revista y de un artículo, sin que eso signifique que lo que en él se cuente sea científicamente relevante o interesante.

Los expertos en bibliometría no dejan de criticar que, por ejemplo, el factor de impacto se calcula teniendo en cuenta el número total de citas (que pueden ser en revistas de muy poca importancia), sin reparar en qué tipo de publicación se producen. Esto favorece que se citen como loros «grupúsculos de científicos» para aumentar el prestigio de ese grupo y esas publicaciones.

Los investigadores contestarán indignados a esta acusación alegando que las revisiones a sus trabajos se realizan por «pares o iguales» y que los evaluadores, para aumentar la objetividad, son anónimos, al igual que el evaluado. Sin embargo, está demostrado que muchas veces esa evaluación por «pares o iguales» proporciona resultados contrarios (uno elogia el trabajo y otro lo critica), por lo que en tales casos impera el criterio del director de la revista que, está también demostrado, suele tener un sesgo hacia determinadas teorías o investigaciones.

Normalmente, señalan los bibliómetras, cuanto más prestigiosa es la revista, más conservador es el director, que evita publicar teorías contradictorias con el paradigma dominante. Por ejemplo, los investigadores Ader y Cohen encontraron muchas dificultades para publicar su experimento con el que se inició una nueva especialidad médica: la psiconeuroinmunología. Una vez publicado en una revista menor, y contrastado en la comunidad científica, pudieron difundir sus trabajos posteriores en revisas de prestigio como *Science*, *The Lancet* o *Annual Review of Psychology*.

Además, no debe olvidarse que al director de una publicación lo que le interesa es que su revista sea citada para que suba en el ranking, así como otro dato importante: para él los científicos que solicitan que se les publiquen sus trabajos no son anónimos. Aparece entonces en el horizonte el «efecto tornado de citas», por el que es evidente que un científico famoso o muy citado potencia las citas de la revista. En otras palabras, el director preferirá un trabajo bien evaluado de un científico famoso que uno, tal vez mejor evaluado, de alguien desconocido. Pero, como demuestra una y otra vez la historia de la ciencia, los grandes avances provienen de jóvenes investigadores desconocidos.

Otra perversión de las revistas relacionada con el índice de impacto consiste en que sólo publican los resultados positivos de las investigaciones. Esto constituye otra de las grandes diferencias entre ciencias y letras, y puede ser causa del declive actual de las primeras. En ciencia puedes permanecer muchos años trabajando y, si no obtienes un resultado, es trabajo y tiempo perdido, porque no lo publicarás. Pero en sociología, en economía, comunicación o pedagogía, si elaboras una encuesta, un análisis de contenido o entrevistas a los sujetos del estudio, siempre tendrás algún resultado. Si escribes un análisis o una interpretación sobre la obra de un escritor o un pintor, obtendrás algo.

Incluso en medicina sucede lo mismo. Si le administras un tratamiento nuevo a un paciente, hay sólo dos posibilidades: que se cure o que no lo haga. Los dos casos pueden publicarse. Nunca pierdes el tiempo. Uno de mis trabajos en mi tesis doctoral en ciencias de la información fue, como he mencionado, cuantificar e identificar las fuentes científicas que aparecen en la prensa. Cualquiera que fuese el resultado, tenía la publicación asegurada. Lo mismo ocurrió con mi análisis sobre la telebasura.

Pero eso no me sucedió en mi primera línea de investigación en química. Tenía que sintetizar y cristalizar unas moléculas nuevas (unos fluoruros de manganeso (III) con bases nitrogenadas). Si lo conseguía y, además, obtenía cristales, establecería su estructura molecular. También mediría las propiedades magnéticas y ópticas de esas nuevas moléculas para analizar cómo se definía en ellas un conocido e interesantísimo efecto de distorsión estructural denominado Jahn-Teller. Pero, sencillamente, no resultaba fácil obtener moléculas que no hubiesen sido producidas con anterioridad. Era como si todo ya estuviera «inventado». Y cuando lograba la síntesis, no conseguía la cristalización.

Un día logré ambas cosas, pero sucedió lo peor que puede pasarle a un científico: comprobé que esa molécula ya había sido publicada por un grupo francés sólo un mes antes. ¡Cuánto tiempo y dinero (reactivos, uso de instrumentos, etc.) perdido! Podía haber escrito un tratado de intentos fallidos y de por qué no producía resultados, pero eso no interesa a ninguna revista. Ponía todo mi interés y cuidado. No buscaba fallar, como erróneamente sugiere Popper que pretende el científico. Quería acertar o morir. Pero aquellas moléculas no salían y, pensaba yo, podían pasar años sin resultados positivos. ¡Qué injusta y desagradecida es la vida de un científico!

No obstante, creo que para la ciencia, en determinados casos, resulta tan importante conocer las causas por las que un fenómeno se produce como aquellas por las que no puede hacerlo. Publicar resultados negativos o intentos fallidos en las revistas puede ayudar a la ciencia. Y ese trabajo, creo yo, debe ser valorado.

Cuando comenté esta circunstancia en uno de los debates de la LSE, alguien confirmó que, efectivamente, los fallos en la ciencia son tan importantes como los aciertos y apuntó que quizá las revistas no publican intentos fallidos, porque los científicos buscan desacreditar a Popper (y su idea de que el principio que mueve a los científicos es buscar dónde falla la ciencia). Pero yo no lo creo. Muy pocos científicos saben quién es Popper o Kuhn, y menos aún tienen en cuenta sus teorías, ni siquiera para desacreditarlas, porque para un científico el descrédito de los filósofos de la ciencia posmodernos es obvio.

Personalmente, creo que las revistas no están interesadas en intentos fallidos, porque esos artículos luego no son citados y, por tanto, no incrementan el índice de citas y de impacto. Richard Smith sugiere, en su libro de memorias sobre sus años como director de la *British Medical Journal*, que las revistas científicas sólo publican resultados positivos porque buscan agradar a los medios de comunicación. Nunca será noticia que no se descubra una vacuna contra el sida. La noticia es que se descubra. Smith tiene razón. No obstante, no desacredita mi hipótesis sobre el índice de impacto. Porque, como he mencionado, los editores de revistas quieren que sus artículos aparezcan en los medios, para incrementar el índice de impacto.

En una cena con científicos del Imperial College deslicé esta idea de que las revistas deberían publicar estos intentos fallidos. Me había invitado João Cabral, profesor de física de esa institución al que había conocido por medio de una amiga periodista. Con cierta regularidad, João invitaba a sus amigos, compañeros de departamento y a sus estudiantes de doctorado a su casa. Como director de una de las residencias de estudiantes del Imperial, vivía en un magnífico apartamento (en el último piso) desde el que se divisaba lo mejor de Londres. La residencia y el Imperial College estaban en una de las zonas más exclusivas de la capital británica: South Kensington, donde también se halla el Museo de Historia Natural o el Victoria & Albert Museum. Se repetía ese modelo londinense de que las buenas universidades deben estar cerca de los grandes museos y en las zonas más exclusivas.

En el Imperial, como en la LSE, conviven alumnos y profesores de todas las nacionalidades. Y en esa cena había científicos portugueses, españoles, estadounidenses, chinos, alemanes o británicos. João pertenecía al Departamento de Ingeniería Química, así que la mayoría de los presentes eran físicos, químicos o ingenieros químicos. La discusión comenzó con lo dura que es la vida de un científico y lo bien que yo había hecho por dedicarme al periodismo, donde, según ellos, «se publica cualquier cosa». Comenté que la vida de los científicos es dura porque ellos la han diseñado así y les sugerí que, para mejorarla, podían valorar también como publicación relevante un resultado fallido. Así, cualquier cosa que hicieran no era trabajo perdido y no tendrían la presión psicológica del resultado positivo.

Todos me miraron extrañados, convencidos de que era una locura. Yo argumenté lo interesante que sería para la ciencia esos resultados fallidos y que si no se publicaban era por la contaminación de la cultura mediática. Ni se me ocurrió mencionar a Popper. Hacía años que no me reunía a comer con tantos científicos juntos. Su percepción de la ciencia es radicalmente diferente a la aproximación que puede hacer alguien de letras. Ellos no tenían duda de la inconveniencia. Sus argumentos fueron tan pragmáticos que me desarmaron. Básicamente, tenían dos: si las revistas publicaban intentos fallidos, los científicos perderían tiempo en leer artículos que no llevaban a nada. Es mejor leer aquello que resulta y continuar en ese punto, comentaban. En segundo lugar, nadie quiere saber por qué has fracasado y buscar otra línea que también lleva al fracaso.

Por otra parte, en su opinión, mi sugerencia podría pervertir el sistema de citas, pues pueden citarse artículos de intentos fallidos, dándole al autor de ese fallo un reconocimiento que no merece. La ciencia es algo serio que resuelve de verdad, repetían. Puede que en algún caso merezca publicar un fallo, pero no debe ser la norma. No vale con intentar solucionar el enigma, hay que resolverlo. Pero, por encima de todo, argumentaban que la ciencia, para progresar, debe potenciar como sea la resolución efectiva. De ahí su verdadero éxito frente a otras disciplinas, insistían. La ciencia es tan dura como la naturaleza en su selección de las especies, señalaban otros. Si se premia académicamente al que lo intenta y no lo consigue, por qué esforzarse en conseguirlo. Es duro y terrible para el científico, pero es beneficioso para la ciencia. El científico y sus condiciones son irrelevantes comparados con la ciencia, recalcaban.

Todas las opiniones eran tan coincidentes, independientemente del país de procedencia, que tuve que desistir y admitir que ése es el sentimiento general. Hablé de condiciones laborales, de tiempo perdido, de frustración, así como de lo bien que viven, en comparación, los filósofos o los sociólogos, que publican cualquier resultado. Y siempre respondían que hay que intentarlo, porque puede conseguirse. «No hay nada que pague saber que has resuelto el problema», me insistían. Me volvió a encandilar ese positivismo de los científicos que hacía años que no vivía. Era como si Bertrand Russell tuviera razón: «Ser científico es la profesión que te lleva a la felicidad», aseguraba el filósofo.

No sé si estoy de acuerdo con Russell en esto, pero sí debo reconocer que el hecho de que las revistas científicas sean tan favorables al resultado positivo y desprecien un intento fallido favorece el esfuerzo. En mi caso, por ejemplo, fui capaz de robar tiempo libre para poder obtener al menos una molécula. Al final conseguí seis. Publiqué tres artículos en revistas de impacto. Si los fallos hubiesen valido, no me habría esforzado. La ciencia salió ganando. Yo casi pierdo la salud y el interés. Pero un científico es fácilmente reemplazable. Mi esfuerzo valió para que otros ya no tengan que pensar en eso. Se pueden dedicar a otras moléculas y a otros problemas. Ya están ahí, y todos pueden conseguirlas siguiendo los pasos que se proponen en esos artículos.

Sin embargo, debo insistir en que esto provoca unas condiciones laborales, y de incertidumbre en el futuro, muy duras que ahuyentan las vocaciones en campos como la química, la física o las matemáticas. La diferencia de esfuerzo y trabajo entre plantear, detectar o analizar un problema y resolverlo es, en la mayoría de los casos, abismal. ¿Quién querrá dedicarse a temas arriesgados, a fronteras del conocimiento, si no tiene la seguridad del resultado positivo?

Por otra parte, cualquiera puede predecir que, obviamente, si yo y los otros seis contribuyentes de media que firmamos cada artículo no hubiésemos sintetizado y estudiado esas moléculas, otros lo habrían conseguido con exactamente igual resultado. Así es la ciencia de desagradecida. Otros lo verán como una grandeza de la ciencia. Quizá también tengan razón, pero esta dinámica puede ser otra causa de la pérdida de vocaciones. Este libro, por ejemplo, sólo lo puedo escribir yo. Pueden aparecer cientos sobre la misma temática. La mayoría serán mejores que éste, pero nadie lo hará exactamente como yo. Si no fuera publicado, nunca aparecería otro con estos enfoques. Y eso otorga una singularidad y potencialidad que no da la ciencia moderna.

Pero el sistema de revistas científicas tiene más perversiones que pueden desincentivar las vocaciones. Por ejemplo: ¿puede suceder que los revisores de un trabajo sean peores científicos que los revisados? Pues sí. Y, encima, como los revisores son anónimos pueden cebarse con un buen trabajo que, repito, también es anónimo para los revisores. Como señala el experto en bibliometría Buela-Casal, «el anonimato de los revisores facilita críticas intencionadas, desproporcionadas o crueles. Si los revisores son especialistas en un área de trabajo es que han realizado investigaciones y publicaciones en ese campo. Si un trabajo se somete a revisión crítica, o los resultados contradicen total o parcialmente sus trabajos, es más probable que el revisor tienda a rechazar el trabajo, lo cual facilita el anonimato».[42]

Por ejemplo, un revisor anónimo llegó a escribir en el informe de evaluación de una investigación del mismísimo presidente de la American Psychological Association, Robert Sternberg, que el texto parecía escrito por un «abogado charlatán» y que la investigación se equiparaba con el trabajo de un alumno de primer curso universitario. Sternberg decidió hacer público el veredicto y el resto de la sociedad se enteró de los cuchillos y navajas afiladas que definen a la ciencia actual.

Las revistas y los políticos

No quiero que con este libro se derive una opinión contraria hacia las revistas de impacto. Que puedan desincentivar vocaciones de candidatos brillantes no implica que el sistema deba desaparecer. De hecho, recalco que la ciencia moderna ha avanzado gracias a esas revistas, que suponen una de las tradiciones que más hay que defender. La publicación de la ciencia en revistas (y ahora en internet) resulta fundamental, porque la ciencia es patrimonio de la humanidad, no de los científicos. Ni siquiera pertenece a un país determinado. La ciencia debe estar por encima de fronteras geográficas que siempre son arbitrarias e irracionales. Todos, independientemente del sitio de procedencia, tenemos derecho a recibir información sobre ciencia y a publicar, si lo merece, nuestras ideas y descubrimientos en cualquier revista del mundo. Sólo señalo que deben revisarse seriamente los sistemas de publicación y de evaluación de los científicos por si, de alguna manera, el fuerte impacto que tiene la cultura mediática en la sociedad actual puede estar perjudicando a las propias revistas científicas y a la misma ciencia.

Creo que la ciencia necesita revistas independientes y volcadas con el desarrollo científico, no con el mediático y, sobre todo, deben evitar sucumbir al poder de los políticos. En este sentido, uno de los episodios que desde mi punto de vista describen con más claridad el declive de la ciencia en este nuevo siglo sucedió en febrero de 2004, cuando el todavía presidente de Estados Unidos, George W. Bush, prohibió que las revistas estadounidenses publicaran artículos científicos de Cuba, Irán, Irak, Libia y Sudán. No deja de ser preocupante que lo que jamás sucedió durante la guerra fría, pues los científicos soviéticos tenían las puertas abiertas de las revistas estadounidenses, se intentara en la guerra de Irak. Pero, claro, durante la guerra fría la ciencia se consideraba algo importante. En el siglo XXI, no tanto.

La medida de la que hablamos era parte de una norma de la Secretaría del Tesoro estadounidense (equivalente al Ministerio de Hacienda español), que establecía que la edición de artículos científicos procedentes de esos países «violaba el embargo comercial». Uno de los artículos científicos que sufrieron la paranoia de los políticos (y de científicos asustados) fue el titulado «Cambios fisicoquímicos en la cubierta de los granos de maíz durante la cocción alcalina», enviado a la revista *Journal of Agricultural and Food Chemistry* por un investigador cubano.

El director de la revista, James N. Sieber, conminó al investigador cubano a que retirara el artículo. «La Sociedad Americana de Química (ACS) ha establecido, a su pesar, una moratoria para la publicación de artículos de Cuba, Irán Irak, Libia y Sudán. No hacerlo, supondría para la ACS, incluyendo sus directores y personal, un riesgo de sufrir graves sanciones civiles y penales», le escribió Sieber en una carta al científico cubano.

Pocas veces, a mi juicio, la ciencia había caído tan bajo. El asunto, de forma asombrosa —o tal vez no tanto—, pasó inadvertido en el mundo, tanto periodístico como intelectual; pero para mí fue revelador de que estamos dando un paso atrás en la civilización. Galileo se expuso a la hoguera. ¿A qué se exponía James. N. Sieber?

¿A una multa? ¿Por eso el editor de esta revista dejó de publicar una idea científica que, a la vista del título, ni siquiera parece peligrosa?

Algunas asociaciones científicas independientes sí protestaron. Tanto la Asociación Americana para el Avance de la Ciencia (editora de *Science*) como la Sociedad Americana de Física se opusieron a la prohibición de Bush. La argumentación, desde mi punto de vista, fue curiosa, porque no esgrimieron que esa prohibición socavaba uno de los fundamentos de la historia y la tradición de la ciencia, sino que apelaron a un principio mediático: dijeron que iba contra la Primera Enmienda de la Constitución estadounidense: la que habla de la libertad de expresión y de prensa. Al parecer, legalmente, en Occidente nada ampara la tradición de la ciencia, aunque sí la de la cultura mediática.

Calculo que en Estados Unidos puede haber cerca de 10.000 revistas científicas. La gran mayoría de sus directores miraron hacia otro lado. Lo que debió de haberse convertido en un escándalo monumental, apenas trascendió. Desde luego, muchísimo menos que la expulsión de Plutón de la definición de planeta, o la polémica del color del universo. Philip Campbell, director de *Nature*, declaró: «No vemos fundamento en absoluto para rechazar publicaciones de esos países, pero nos estamos asesorando legalmente», aunque matizó que *Nature* es, por supuesto, británica.

10

Cultura mediática frente a avance científico: la revista *Nature*

La revista *Nature* es, por supuesto, británica, pero también simboliza mucho más que eso. Merece un capítulo aparte porque representa —incluso mejor que *Science*— cómo influye la cultura mediática en la propia ciencia. Para bien o para mal, la ciencia funciona en muchas ocasiones bajo la visión *Nature*.

Esta revista lleva durante muchos años siendo la de mayor índice de impacto mundial y, lo que es más importante, en cada medición aumenta ese índice, lo que es una prueba de que su opción de conjugar la publicación de alta calidad científica con una política de atención a los medios de comunicación funciona. Según el Institute of Scientific Information, su índice de impacto, por ejemplo, para 2004 fue de 32,18, siendo éste el más alto de todas las publicaciones multidisciplinarias en ciencias. Para que el lector entienda la importancia del dato, insistiré en que normalmente en los países anglosajones, para favorecer la competitividad, los científicos son evaluados en función de la suma de los índices de impacto. Sin embargo, la mayoría de las publicaciones que referencia el SCI tienen índices de 0,5 a 1,5. Eso implica que vale más una publicación en *Nature* que sesenta artículos en revistas de índice 0,5. Debe advertirse, no obstante, que con este sistema de cuantificación muchas revistas especializadas obtienen un índice de impacto mayor, en especial las que contienen resúmenes de la situación —*abstracts* y *reviews*—. *Science*, la revista de la Academia Americana de Ciencias, y rival directa de *Nature*, obtuvo el segundo puesto con un índice de impacto de 31,80. Aun contando las revistas de recopilación específicas, en 2004 la revista *Natu-*

re estaba en el quinto puesto y *Science* en el sexto de una lista de más de 600.000 revistas científicas internacionales. Pero *Nature* y *Science* tienen una ventaja: son generalistas, lo cual hace que sean leídas por todos los científicos, independientemente del campo en el que investiguen, algo que no sucede con las específicas. Por eso son tan importantes. Y, por ello, en 2004 cuando preparé mi viaje a Londres, uno de mis objetivos claros era analizar la revista *Nature*.[1]

Los informes internos de *Nature* indican que posee 70.000 suscriptores en todo el mundo, «con veinticinco personas leyendo cada número en una biblioteca y cuatro cada copia personal». Sus responsables aseguran a los científicos que, cuando uno de ellos publica su investigación en *Nature*, «la atención de 600.000 científicos líderes está enfocada a su trabajo de investigación». Estas cifras provocan que todos los científicos que tienen algún descubrimiento, relevante o no, intenten publicar en ella.

El primer ejemplar de *Nature* se publicó en 1869 con una propuesta en su editorial: «Presentar al gran público los grandes resultados del trabajo científico y los grandes descubrimientos científicos». Desde sus inicios, y debido al potencial científico de Gran Bretaña en el siglo XIX y principios del XX, *Nature* siempre estuvo a la vanguardia de la ciencia. Fue la primera publicación en informar sobre el descubrimiento del electrón, del éxito de la mecánica en aviación y de las posibilidades de la televisión. Más tarde anunció el descubrimiento del neutrón, la disociación de la vitamina C, la división del átomo y la fisión del uranio.

La biología sufrió una transformación en la década de 1950 con la publicación del trabajo de Watson y Crick en *Nature* sobre la estructura del ADN, que marcó el nacimiento de la biología molecular. En la década de 1960 apareció en esta revista el descubrimiento de las placas tectónicas, produciendo una revolución en las ciencias que estudian la Tierra. En la década de 1970 publicó la descripción original de la producción de anticuerpos monoclonales. En la década de 1980 informó de los mayores descubrimiento sobre el sida, cáncer, superconductores y enfermedades genéticas.

En la década de 1990 publicó la primera secuencia del genoma humano, la estructura química de los fullerenos y su consagración actual: el impactante anuncio de la obtención de Dolly, la oveja que fue clonada a partir de una célula adulta. En los años 2000 y 2001, *Nature* publicó (junto a *Science*) los resultados de la decodificación del genoma humano, tanto la versión del consorcio internacional, liderado por Francis Collin, como los resultados de la empresa privada Celera Genomics, cuyo máximo responsable científico era Craig Venter.

Todo esto ha provocado que posea una indiscutible tradición de excelencia. Además, su brillante política de comunicación ha conseguido imponer el estado de opinión de que lo que dice *Nature* es «la voz de la ciencia». A ello ha ayudado, no lo niego, su voz crítica y no polarizada que, es cierto, jamás ha sido intimidada por las autoridades políticas o universitarias de ningún país. *Nature* manifiesta lo que cree que es cierto, nunca lo que considera políticamente correcto. Son antológicas sus críticas al sistema científico europeo, al sistema universitario español, al que ha acusado reiteradamente de endogámico,[2] o a la presión a la que se ven sometidos los científicos estadounidenses por su excesiva competitividad. Los científicos admiran a *Nature*: «Si vas a *Nature*, por favor, déjame acompañarte algún día. Me encantaría experimentar de cerca cómo es y cómo funciona», me pidió mi amiga Esther Rodríguez-Villegas, *senior lecturer* de ingeniería electrónica del Imperial College de Londres y una de las investigadoras españolas con más proyección mundial en ese campo. Y, por supuesto, me acompañó.

Política de comunicación mediática de *Nature*

Cuando visité la sede de la revista en Londres, lo primero que me sorprendió fue que se hallaba en el centro de la ciudad, justo al lado de la céntrica estación de King Cross. A un paso de la British Library, pero también relativamente cerca del University College o incluso del King's College y la London School of Economics. En España los grupos de comunicación suelen ubicarse en la periferia, y por ello me agradó que *Nature* conservase la tradición de permanecer en los lugares vivos y céntricos de la ciudad.

La sede está ubicada en el Macmillan Building, un edificio que antes debió de ser un viejo recinto industrial, pero que ahora está totalmente rehabilitado con modernos materiales. Columnas y paneles de vivos colores, junto a un mobiliario de diseño, contrastaban con el ladrillo visto y los espacios abiertos en los que todos veían a todos. Tuve la impresión de que tradición y modernidad se juntaban allí. En una de las paredes colgaba un gran retrato de Nicholas Byam Shaw, director general durante mucho tiempo de Macmillan Publishers, el grupo empresarial de comunicación, con presencia en setenta países, dueño de *Nature*.

«Estoy muy contenta de trabajar aquí porque me parece uno de los sitios más creativos del mundo. Hacer la ciencia comprensible es una actividad fascinante que, además, necesita talento», me reconoció Ruth Francis, la jefa del gabinete de prensa de la revista. Francis aparentaba ser muy joven, se divertía en la conversación y vestía con el típico desenfado londinense.

«¿Eres consciente de que diriges uno de los gabinetes de prensa más influyentes del mundo?», le pregunté. «Bueno hacemos nuestro trabajo. ¿Qué es ser influyente? La diferencia es que aquí estamos muy motivados porque ayudamos a la gente a entender el mundo. Yo, personalmente, no soportaría trabajar en un gabinete de prensa político en el que tienes que maquillar la verdad. Tienes que mentir. Aquí ayudamos a los periodistas a que comprendan el pensamiento científico», contestó en una entrevista que le hice para un trabajo de investigación específico sobre esta revista.

El gabinete de prensa de *Nature* en Londres está formado por tres personas a tiempo completo y otros colaboradores. Son licenciados en alguna carrera de ciencias más otra de letras: «No hay normas, pero se prefiere que, además de la carrera de ciencias (biología, física, medicina, etc.), tengan otra adicional (o al menos un máster) de letras como historia o, sobre todo, filología o literatura inglesa», aclaró Francis, quien matizó que, además, es imprescindible que el candidato haya trabajado como periodista en los medios de comunicación «para aprender la realidad».

¿Cómo funciona este gabinete y por qué es tan importante? *Nature* emite una nota de prensa con una semana de antelación que es distribuida a todos los medios de comunicación del mundo, como información embargada, con el compromiso de que sólo puede ser publicada una vez que la revista sale a la luz. El comunicado de prensa se envía, según me reconoció Francis, a más de 4.000 contactos internacionales, lo que garantiza una divulgación en los periódicos, radios y televisiones más importantes del planeta. Puede afirmarse, sin temor a equivocarse, que esos 4.000 contactos pertenecen a los medios que crean la opinión planetaria. Está desde *The New York Times* o *The Guardian* hasta *El País* o *El Mundo*; desde la Agencia EFE o France Press hasta *Le Monde* o *Il Corriere della Sera*.

Los centros de poder mundial como la Casa Blanca, el Fondo Monetario Internacional o incluso el Vaticano, no tienen esa cantidad y, sobre todo, calidad y variabilidad de contactos. Esos 4.000 contactos se multiplican exponencialmente por el poder propagador que tienen las agencias de información y que, debe precisarse, constituyen unos de los objetivos principales del gabinete de prensa de *Nature*. Posiblemente, la única noticia en la que coincidan *The New York Times*, *El País*, *El Mundo*, *El Comercio*, *Le Monde* y el *Diario de Avisos* (un pequeño diario local de Tenerife) y miles de medios de comunicación más en todo el mundo y el mismo día (todos los jueves) es la noticia que difunde *Nature*.

«De esos 4.000 periodistas, sólo unos cincuenta suelen contactar con el gabinete cada semana. Pueden parecer muchos, pero son pocos en relación con el número de envíos. Debemos hacer las cosas muy bien para evitar llamadas. No podríamos atender 4.000 llamadas», aclara Francis.

El comunicado incluye una información extensa y redactada con un lenguaje periodístico del artículo principal, así como resúmenes del resto de los artículos publicados. La información que envía *Nature*, y esto es muy importante, es en realidad un reportaje periodístico totalmente elaborado. Incluyen titular, subtítulos y hasta declaraciones de los investigadores participantes insertadas entre las explicaciones —con lenguaje literario— de los resultados. La idea, aunque desde *Nature* no se reconoce —sólo señalan que quieren ayudar—, es que el periodista copie literalmente el comunicado. En menos de treinta minutos, el periodista científico de cualquier medio de comunicación del mundo ha producido una página entera porque sólo tiene que cortar y pegar. Y, además, es consciente de que aunque él lo ignore todo sobre ciencia, jamás cometerá un error copiando literalmente el comunicado de *Nature*, porque su gabinete de prensa es muy profesional.

No obstante, si existieran periodistas más trabajadores, en cada resumen enviado por la revista se incluye la dirección, el teléfono de contacto y el correo electrónico del investigador principal y de algunos firmantes del artículo, sobre todo, si son de diferentes países, pues en *Nature* son conscientes de que la cercanía de la fuente es un «gancho» periodístico para la posible publicación en los medios de comunicación de los resultados que aparecen en su revista.

Si el periodista de un medio quiere lucirse de verdad, tampoco tiene que molestarse demasiado. *Nature* publica en su sección «News & Views» los comentarios de reputados científicos mundiales sobre la investigación que ese número considera como importante. Los números de teléfono de esos comentaristas también son facilitados a los periodistas, de forma que éstos puedan contrastar los resultados, no sólo con los científicos que los han conseguido, sino con otros investigadores, que muchas veces son críticos o que simplemente dan otras visiones del asunto.

Un hecho interesante es que el comunicado incluye un listado (que recuerda a los sumarios en los periódicos o las cortinillas en los informativos de televisión) en el que se jerarquiza la información que contiene la revista. Como ya he mencionado, no suele coincidir el orden jerárquico de los artículos en el comunicado de prensa con la importancia que se les otorga según el sumario de la revista. «En realidad en nuestro ranking miramos lo que puede interesar a los medios y que, en general, no tiene nada que ver con lo que sea más interesante desde el punto de vista científico. Las historias de nuevas galaxias nos interesan como periodistas, porque poseen muy buen material gráfico que es fundamental para televisión. También los temas de paleontología y comportamientos animales atraen a los lectores y, por tanto, atrae a los medios de comunicación. Una molécula química puede ser muy importante, pero es muy difícil de explicar a los medios», reconoce Francis.

La rutina de funcionamiento del gabinete de prensa de *Nature* demuestra que trabajan como cualquier otro medio de comunicación: «Dos semanas antes de que *Nature* salga a la calle celebramos una reunión con el director de la revista y elegimos los temas de los que se va a redactar una nota de prensa. Ahora con la generalización de internet ya no hace falta anunciar con tanta antelación», señala Francis. Es decir, que la jerarquización se plantea de igual forma a como hacen los directores de periódicos con la denominada «reunión de primera», en la que se debate qué noticias se seleccionan para la portada.

Ruth Francis me reconoció que ellos redactan las notas de prensa y que se las envían a los científicos con un claro «Esto es lo que va a salir». De modo que, excepto que haya algún error muy grande, no les dejan intervenir para que el proceso no se alargue demasiado. «Nosotros somos los expertos en comunicación. No ellos. No obstante, el director de la revista (que siempre es un científico importante) sí suele revisar los comunicados», aclara. Un aspecto importante de su política de comunicación se centra en el refuerzo constante para enviar información en formato audiovisual: «La televisión es muy importante para nosotros y la realización de vídeos y documentos interactivos para web es fundamental», añade Francis.

La revista se publica todos los jueves y se imprime a la vez en el Reino Unido, Estados Unidos y Japón. Se envía a los suscriptores desde el miércoles, e incluso para permitir un acceso general y veloz, el sitio web de *Nature* (http://www.nature.com) presenta los contenidos de cada edición, así como material adicional —esto último sólo accesible a los suscriptores— desde la medianoche del miércoles (hora del meridiano de Greenwich).

Nature comunica a los periodistas la noticia con una semana de antelación, lo que permite a éstos, si son buenos profesionales, elaborar una información contrastada, así como documentarse sobre el tema concreto, de forma que puedan explicar a la sociedad el contexto en el que se ha llevado a cabo la investigación, así como sus futuras repercusiones.

Esta última aclaración es relevante en el proceso informativo e incide en las teorías generales de la comunicación mediática, pues, al contrario que en otras áreas de la información, como la política o la economía, en las que lo normal es que el hecho noticioso suceda el mismo día que se elabora la información, incluso en horas intempestivas, en el caso de la ciencia, los periodistas saben con una semana de antelación cuál va a ser la noticia; incluso si la información es de tal relieve mediático que aparecerá en las portadas de todo el mundo. Hasta en ese caso, se guarda una semana el secreto. Este hecho implica que la sociedad, al asumir ser privada del conocimiento de una información durante una semana, debe exigirles el máximo rigor en su elaboración.

Los científicos también son informados de la existencia del comunicado de prensa y preparan información adicional en previsión de las preguntas de los periodistas. Normalmente, esta información adicional hace referencia al estado del tema y a las repercusiones futuras, pues son asuntos, sobre todo el último aspecto, que no aparecen en un artículo científico publicado en *Nature* o en cualquier otra revista, pero que los periodistas consideran —y con razón— de la máxima relevancia social e informativa.

En este sentido, el científico Ian Wilmut, responsable de Dolly, la primera oveja clonada, señaló en una entrevista que «cuando sabes que *Nature* va a incluir tu investigación en un comunicado de prensa, tú mismo prefieres preparar otro con más información».[3]

NATURE Y EL DECLIVE DE LA CIENCIA

Si todo es tan perfecto; si el gabinete de prensa es tan profesional; si realmente, tal y como he expuesto, es el ideal de simbiosis ciencia-periodismo-divulgación, ¿por qué hablar de *Nature* en un libro sobre las causas del declive de la ciencia en la cultura mediática? En primer lugar, porque la divulgación de la ciencia está muriendo de éxito con *Nature*. Al ser tan bueno el gabinete (al igual que el de *Science* y la NASA), los periodistas de todo el mundo sólo seleccionan noticias que provienen de estas fuentes, privando a los investigadores que no tienen oportunidad de publicar ahí de salir en los medios. Se genera otra vez el efecto Mateo: el científico que aparece en *Nature* es muy citado porque lo lee mucha gente, pero además su número de citas se incrementa porque disfruta de mucha cobertura mediática, a costa de que los que publican en otras revistas apenas sean citados.

El profano se preguntará: ¿y por qué los gabinetes de prensa de otras revistas o de las universidades no trabajan igual de bien que el de *Nature*? Posiblemente, muchos lo hagan. Pero *Nature* todos los jueves (y *Science*, los viernes) ha conseguido imponer lo que en periodismo se llama agenda informativa. Normalmente en un periódico o un informativo de televisión no cabe más de una noticia de ciencia al día (y eso con suerte). ¿Qué periodista se arriesga a incluir una información proveniente de una universidad local, y que ha sido publicada en una revista media, cuando sabe que todos los periódicos del mundo (y esto, repito, es literal: desde *The New York Times* al menor periódico regional de Estados Unidos, Japón, la India o Australia) y todas las cadenas de televisión van a publicar la noticia de *Nature*? Una noticia que, posiblemente, por los durísimos criterios de selección de la propia revista, será mejor que la que envía la universidad local, puesto que en caso contrario el investigador local la habría enviado a *Nature*.

Todo esto explica que sea muy difícil romper esta dinámica de imposición de la agenda eclipsando al resto de los resultados científicos. De hecho, durante mi etapa como periodista científico de *El Mundo* me resultaba prácticamente imposible publicar los jueves algo distinto a lo difundido por *Nature* (y los viernes por *Science*). Era un riesgo muy fuerte no hacerles caso, porque tanto mis jefes como mis lectores no hubiesen entendido que ocultara la noticia de *Nature* frente a una local de menor alcance científico.

«¿Y eso es malo para la ciencia? La ciencia es universal y lo de *Nature* quizá sea lo que tenga mayor relevancia científica. Es negativo para el investigador local, que es mediocre, y no ha podido publicar en *Nature*, pero no para la ciencia», me reprocharon duramente en la exposición en la LSE de esta investigación sobre las causas del declive de la ciencia.

Reconozco que aquí me puede mi vena de periodista: creo que es malo dejar al criterio exclusivo de *Nature*, *Science* y la NASA lo que el mundo debe saber sobre ciencia. No obstante, desde mi punto de vista, la excesiva focalización mundial sobre una única noticia puede desvirtuar el propio proceso científico y la misma divulgación. La globalización, aplicada a la ciencia, favorece que un hallazgo científico pueda tener más interés que, por ejemplo, una cumbre internacional. Y ni la ciencia ni los científicos están preparados para esas situaciones de gran estrés mediático.

Un claro ejemplo puede observarse si describimos todo el aspecto mediático que rodeó a una de las noticias científicas más relevantes de los últimos años: la clonación de la oveja Dolly. En este caso, tanto el sumario de *Nature* como su gabinete de prensa coincidieron en considerarla como «muy relevante». Su publicación en la revista *Nature* —el 27 de febrero de 1997—, además de provocar un amplio debate en la sociedad sobre la clonación, supuso un estudiado diseño respecto al modo en que debía ser comunicada la noticia, con la finalidad de obtener un impacto mediático controlado pero, a la vez, planetario. Lo cual puede parecer un oxímoron. La estrategia de comunicación, el impacto causado por la noticia, así como el tratamiento en los medios de comunicación pueden considerarse un caso paradigmático del fenómeno de comunicación social de la ciencia que ya hemos visto en este libro. Mucha gente criticó a los científicos por desnaturalizar el mundo. Volvió a repetirse el arquetipo de científico sin escrúpulos. Los más peregrinos opinadores sin formación científica llenaron páginas de periódicos, mientras que los que en realidad sabían del asunto se recluyeron, asustados, en sus laboratorios, esperando que escampara el temporal.

Sin embargo, aquí me interesa analizar el efecto que este estrés mediático tuvo en los propios científicos responsables de Dolly y, por extensión, en la propia ciencia. El primer efecto fue que destruyó el equipo de investigación. Ese equipo, del instituto Roslin de Edimburgo (Escocia), dirigido por Ian Wilmut, trabajó estrechamente con los asesores de comunicación de la compañía PPL Therapeutics, empresa que financió y colaboró con el proyecto de clonación. Así, en el momento en que *Nature* confirmó la publicación del artículo, el equipo de comunicación contaba con sólo diez días para planificar la estrategia mediática. Los periodistas del gabinete de prensa de *Nature* y de PPL Therapeutics escogieron a Ian Wilmut como principal portavoz. La cultura mediática necesita héroes o villanos, pero protagonistas individuales, nunca colectivos. Decidieron trasladar desde Londres a Edimburgo a dos especialistas para que lo asesoraran a la hora de cómo aparecer en televisión. El resultado fue obvio: el elegido como portavoz se convirtió en estrella mediática, y su resplandor aún continúa.

Los científicos de Dolly sabían que *Nature* incluiría su investigación en el comunicado de prensa semanal que distribuía los viernes y cuya información embargaría hasta el miércoles siguiente, para publicarla el jueves. Sin embargo, dos llamadas en la noche del sábado los alertaron de que el diario *The Observer* publicaría la historia al día siguiente, con lo cual la noticia vio la luz tres días antes de lo previsto. En tan sólo una semana atendieron a más de 2.000 llamadas telefónicas, hablaron con cerca de cien periodistas y concedieron acceso a Dolly a dieciséis equipos de filmación y más de cincuenta fotógrafos de todo el mundo.

¿Cómo vivió Wilmut ese impacto mediático? Curiosamente, una de sus críticas en la entrevista ya mencionada no va contra los medios, sino contra el sistema de difusión a los medios de comunicación de los resultados de los trabajos publicados por *Nature*. Wilmut califica de «desafortunado» el sistema de *Nature* y otras revistas de mantener en secreto la investigación hasta el momento de ser publicada en ellas.

> Esta estrategia —explica Wilmut— implica un decrecimiento en el ritmo de discusión de tu trabajo. También magnifica y amplifica las cosas cuando aparece la información, con lo cual se obtiene de los medios una respuesta exagerada. El proceso mejoraría si las investigaciones se pudiesen discutir de forma más abierta. Entonces, una vez se tiene el artículo, éste sería elaborado en detalle para *Nature*, por ejemplo. Pero con el fin de preservar la posición de exclusividad, algunas revistas no te lo permitirían.[4]

Me parece muy interesante la reflexión de Wilmut, puesto que aunque *Nature* se autodefina como la «gran defensora» de la ciencia, no deja de ser obvio que es una empresa privada y que, por tanto, es lógico que prefiera, al igual que otro medio de comunicación, una buena exclusiva, antes que perderla a favor de un mayor rigor en el trabajo o favorecer un debate de los científicos sobre el asunto concreto. *Nature* actúa de forma feroz —amenaza con retirar la publicación del artículo— con quien no respeta sus normas de que la investigación que la revista publica no puede ser citada en ningún otro sitio. De esta manera, la publicación de un resultado científico se transforma en lo que en periodismo denominamos un *scoop* (exclusiva) absoluta. Esto potencia el efecto multiplicador en los medios de comunicación, pues saben que están reproduciendo una noticia inédita de la que nadie sabía nada con anterioridad. Tal y como expresa Wilmut, el debate científico —tan necesario en el propio método científico— sale perdiendo.

Respecto al extraordinario impacto de la noticia de la clonación de Dolly, el editor jefe de *Nature* en 1997, Philip Campbell, aseguró en una entrevista que ni desde la redacción de *Nature* ni desde la opinión de los revisores del trabajo se previó el impacto que tuvo la noticia. «De hecho, un trabajo similar, aunque con células fetales ya se había publicado un año antes y pasó casi inadvertido», explicaba Campbell.[5]

Pero, claro, a Campbell se le olvidó matizar que en el caso de Dolly los asesores de comunicación de PPL Therapeutics, que eran los que pagaban la investigación, querían publicidad gratuita en los medios. Y para ello trazaron una estrategia que dio buen resultado: solicitar a los científicos que hablaran de la posibilidad de clonar células humanas, un hecho que en el trabajo publicado en *Nature* ni siquiera se menciona como remota posibilidad.

Pero la noticia sin conflicto «no vende» y los científicos, asesorados por los periodistas, claudicaron: aceptaron hablar de repercusión humana para ocupar portadas. De hecho, Wilmut reconoce en la entrevista citada que la presión de los medios de comunicación resultó positiva, puesto que debido a los beneficios directos que le reportó la publicidad del hallazgo, «ha sido más fácil conseguir dinero para poner en marcha una compañía que aproveche la técnica utilizada para obtener a Dolly».

Científicos como estrellas mediáticas

No hace falta ser un gran experto en historia de la ciencia para saber que, excepto tal vez en matemáticas, a partir del siglo XX pocos descubrimientos son producto de una sola persona. Es lo que se llama profesionalización —que algunos denominamos taylorización— de la ciencia. Sin embargo, como por la idiosincrasia de los medios de comunicación no pueden centrar su atención en muchos protagonistas, normalmente se elige a uno de los científicos para que sea el «portavoz» ante los medios. Si la noticia es importante —como sucede con Dolly o, como veremos más adelante, con Atapuerca—, el portavoz se convierte en científico estrella, con todo el beneficio y perjuicio que ello conlleva. Como *Nature* envía su comunicado a todo el mundo, el científico se convierte en estrella mediática mundial. ¿Es eso positivo para la ciencia?

Durante mi estancia en Londres, tuve la oportunidad de seguir por la prensa el juicio contra Ian Wilmut por «apropiarse del trabajo de la clonación de Dolly y no dejar que sus colaboradores también tuvieran su parte de fama». El juicio, que merece en sí mismo un libro o una tesis doctoral, fue fascinante porque recogió los mecanismos por los que funciona la ciencia en este siglo XXI. Durante el proceso judicial, Wilmut tuvo que admitir que otros hicieron la mayor parte del trabajo, aunque fuera él el que se llevara la fama mediática. Este caso no es como el del coreano Hwang Woo-suk, que falsificó los datos, porque Dolly sí fue real. Sin embargo, ambos están conectados porque demuestran la gran competitividad y agresividad que existe en la ciencia actual debido, muchas veces, a la contaminación por la cultura mediática.

El juicio se celebró en Edimburgo en marzo de 2006, y en Gran Bretaña no sólo tuvo gran repercusión mediática, sino que fue ampliamente comentado en los ambientes académicos tal y como pude comprobar en la sala de profesores de la LSE. A mi juicio, demuestra lo dura e ingrata que es la ciencia cuando la línea de investigación no depende de una sola persona, sino que hay que trabajar en grupo. El proceso judicial se originó porque un colaborador de Wilmut, el biólogo celular Keith Campbell, consideró que Wilmut lo había maltratado profesionalmente. Wilmut tuvo que admitir, ante las pruebas aportadas por Campbell, que «al menos el 66 por ciento del mérito de crear a Dolly correspondía a Campbell». Sin embargo, Campbell apareció en último lugar en el artículo de *Nature*, mientras que Wilmut firmó el primero.

La segunda firmante de aquel artículo, Angelika Schieke, que en aquella época era una estudiante de doctorado, declaró a la revista *The Scientist* que Wilmut obtuvo el protagonismo porque, en una reunión previa, él personalmente lo pidió y el resto de los coautores se lo concedieron, a pesar de que ese protagonismo no reflejaba para nada su contribución. Mientras se celebró el juicio contra Wilmut, también se quejaron en la prensa dos de los técnicos que desempeñaron el trabajo duro de manipular los cientos de óvulos y células, cuyo resultado final fue Dolly. Los técnicos consideraban que, en realidad, el mérito de Dolly no radicaba en una nueva interpretación de un proceso natural o un hallazgo científico puro, sino que era básicamente una aplicación técnica. Pero ni siquiera la técnica era novedosa, porque ya había sido descrita con anterioridad. El gran logro de Dolly, según declararon los técnicos en el juicio, consistió en repetir una técnica conocida a centenares de muestras hasta que una saliera bien. En este sentido, consideraban que su trabajo tampoco había sido reconocido. En general, el equipo de investigación se quejaba de que, en la representación mediática sobre Dolly, parecía como que Wilmut había tenido la idea —hecho que no era cierto— y que él había trabajado todo el día en el laboratorio como si fuera una madame Curie moderna, circunstancia que, según afirmaron en el juicio, tampoco sucedió. ¿Cuál era el mérito? ¿Seleccionar a técnicos y becarios y buscar dinero? ¿Merece eso la gloria científica? El debate en las salas de profesores británicas era vibrante.

Todo esto nos lleva a plantearnos que en los resultados científicos actuales no existe un claro protagonista y que muchas veces los investigadores usan a los medios para concederse una importancia que científicamente no poseen. Sin embargo, la fama mediática funciona para la propia proyección moderna del científico. De hecho, del equipo de Dolly sólo a Wilmut se le concedió el prestigioso galardón alemán Paul Erlich. Wilmut, además, fue nombrado director del nuevo centro de medicina regenerativa de la Universidad de Edimburgo, uno de los pocos a los que el gobierno británico concedió permiso para clonar embriones humanos. En otras palabras, el efecto mediático funcionó a favor de Wilmut, no a favor del científico que más había trabajado en el proyecto, Campbell, que aportó el 66 por ciento de todo el trabajo.

¿Es esto habitual? Siempre ha sucedido, pero la cultura mediática lo propicia aún más. De hecho, sin salirnos de esta área de investigación y en el mismo país y por las mismas fechas sucedió otro caso parecido. Fue en la Universidad de Newcastle, el primer centro que consiguió permiso para clonar embriones humanos. Allí, en 2005, el científico serbio Miodrag Stojkovic abandonó la universidad al enterarse por los medios de comunicación de que su jefa, Alison Murdoch, presentó precipitadamente en una rueda de prensa los resultados del primer embrión humano en el que trabajaban conjuntamente. Lo peor para Stojkovic fue que en esa rueda de prensa ella se adjudicó gran parte del mérito cuando, en opinión del serbio, él era el que más había contribuido.

Tras este tipo de controversias, muchos jefes de equipo, viéndole las orejas al lobo, se pusieron de parte de Wilmut o de Murdoch para defender su casta en los medios de comunicación, aclarando que, aunque ellos no hagan todo el trabajo, lo dirigen y definen y que, por tanto, deben tener todos los honores. Los científicos colaboradores aludidos replicaron también en la prensa que el trabajo salió «pese a la mala dirección de sus jefes».

La polémica creció con declaraciones de jóvenes investigadores británicos que sostenían que en la ciencia del siglo XXI sólo hay dos clases de jefes: los que sólo reclutan gente mediocre para que no les haga sombra y los que prefieren gente brillante, pero para que impulse desde la sombra la carrera de científicos mediocres. «Cuando exprimen nuestro talento —señalaban los jóvenes científicos— nos echan y buscan sangre nueva e inocente.» En cualquier caso, estas polémicas —aireadas con buen sentido periodístico por la prensa— demuestran que la ciencia actual, a diferencia de la que se desarrollaba hace un siglo, no sólo es muy competitiva, sino también muy injusta a la hora de retribuir los méritos, porque, entre otros motivos, resulta muy difícil establecerlos.

Del coautor al contribuyente

Lo que esta controversia sacó a la luz fue que los científicos actuales viven inmersos en un fenómeno cada día más perverso denominado «el paso de la coautoría a la simple contribución», y ello propiciaría las ganas de algunos de ellos por obtener respaldo mediático. Ya he comentado que, en los primeros tiempos de la historia de la ciencia, los científicos eran los responsables totales de la investigación. Era un trabajo individual —el del genio—, como ahora lo sería el de un actor, un escritor, un pintor, un futbolista o un periodista. Se puede trabajar en equipo, pero el genio sobresale y siempre queda claro el papel de cada uno: en el caso del cine, por ejemplo, no es lo mismo el director que el guionista o el maquillador. Se valora el trabajo en conjunto, pero también las individualidades y se detalla perfectamente cuál ha sido el papel de cada uno. Y hay películas que tienen el Oscar al maquillaje o al vestuario y no al mejor actor o director.

Pero en ciencia no sucede esto. Ya desde el siglo XX, la ciencia pasó desde la individualidad a una colaboración entre varios para sacar adelante una investigación. La publicación, por ejemplo, de la estructura molecular del ADN en 1953 —fecha que muchos proponen como la del último gran hallazgo científico— tuvo sólo dos firmantes: Crick y Watson (este último era un becario posdoctoral de veinticinco años). A partir de ahí (y, sobre todo, a partir de los años setenta y ochenta), la tendencia en las ciencias naturales —y también en las médicas— ha sido un aumento significativo del número de firmantes por artículo. Es una forma de aumentar bastante, no ya la producción de ciencia de cada científico, sino su producción de publicaciones científicas, que es lo que se mide en la cultura mediática. De hecho, los científicos de finales del XX y comienzos del XXI ya no son coautores. Han sido degradados otro escalón y ahora los expertos en política científica los denominan «simples contribuyentes».

No resulta extraño encontrar trabajos que tienen más de una veintena de firmantes, pero la media está en la decena. El sistema ha favorecido un proceso en el que existe una compra-venta-intercambio de las firmas y distintos grupos incluyen investigadores que no han realizado nada como contrapartida por otros favores. ¿Cuáles? Por ejemplo, es habitual en países de escaso o mediano impacto científico como España que los grupos de investigación incluyan a grandes científicos mundiales entre los contribuyentes, simplemente para pasar el primer corte de las grandes revistas. Esto se produce porque las revistas de gran impacto como *Nature* pueden llegar a recibir una media de 10.000 artículos al año y, obviamente, no todos pueden ser evaluados.

Se ha demostrado que el «primer corte», que lo hacen los trabajadores de la revista, no los evaluadores, conlleva una serie de prejuicios a favor de los científicos de universidades prestigiosas o países muy potentes científicamente. La forma de franquearlo puede ser incluir firmas de gran prestigio en sus artículos, aunque su contribución sea mínima o nula. Ello da un aval a la publicación. Otras veces, el intercambio de firmas se hace por motivos más mundanos, en forma de agradecimiento por haber permitido realizar una estancia a un becario.

Esta perversión conviene a todos: el científico grande de países poderosos cada día tiene más publicaciones y es «más grande», y los pequeños pueden aspirar a publicar en mejores revistas. Tener muchas publicaciones y ser muy citados son los parámetros que miden a un buen científico en la era de la cultura mediática, repito. Pero la publicación en revistas bajo el sistema del «contribuyente» no premia o evalúa convenientemente el talento ni el esfuerzo individual, y lo que es peor: quema a los brillantes y potencia a los mediocres.

Richard Smith, director durante trece años de la *British Medical Journal*, cuenta en su libro *The Trouble with Medical Journals* que la ciencia no puede funcionar bien si carece de métodos para aclarar qué parte del trabajo ha realizado cada contribuyente en cada artículo.[6] Smith propone que en las revistas aparezca una relación de los coautores con sus biografías y lo que han aportado en cada investigación. Esa relación debería ser elaborada y consensuada por los propios autores del trabajo.

Sin embargo, esta idea no convence a los grandes líderes mundiales de la ciencia, que se sienten muy cómodos con el sistema de contribuciones porque es el que les ha proporcionado ese liderazgo. No obstante, disuade a los jóvenes con talento para dedicarse a ella. El científico actual no siente la investigación como propia. Produce literatura científica en la que está su nombre, pero muchas veces ni siquiera él ha escrito el artículo, o una parte de él. De hecho, cada día es más frecuente que los grupos potentes de investigación contraten escritores especializados —jóvenes doctores— a los que los científicos les transmiten los datos.

Pero estos «escritores» hacen de «negros», pues se supone que su aportación es nula y, por tanto, no aparecen entre los firmantes. Escriben en un estilo impersonal, sin emoción ni elegancia literaria. Y, lo más grave para el desarrollo de la ciencia, esa literatura científica, escrita por mercenarios que no han obtenido los datos, ni siquiera aporta el punto de vista consensuado o personal de cada investigador. Con tal de tener un *paper* más, piensan muchos investigadores, da lo mismo lo que se publique, porque la evaluación es cuantitativa, no cualitativa. Y muchas interpretaciones sugerentes quedan sólo en el cerebro del científico.

Richard Horton, editor de la revista médica *The Lancet*, realizó un estudio[7] muy interesante en este sentido inspirado en la máxima de la filósofa francesa Simone Weil, quien sostenía que «todas las afirmaciones que comienzan con un "nosotros" son mentira». Horton seleccionó diez artículos científicos publicados en *The Lancet* durante el año 2000, escritos por un conjunto de 54 coautores, lo que da una media de más de cinco por estudio publicado. Escribió a todos ellos interesándose por las debilidades, interpretaciones e implicaciones de esos estudios y les pidió que redactaran un informe individualizado. Encontró desacuerdos importantes entre los contribuyentes de un mismo estudio, pero esa diversidad de interpretaciones no aparecía en los artículos. Además, todos los puntos débiles de la metodología del estudio (que refirieron los distintos autores) fueron eliminados del artículo final.

Estas circunstancias fuerzan a muchos científicos a convertirse en estrellas mediáticas para diferenciarse u obtener algún tipo de reconocimiento, aunque muchas veces no lo merezcan. Pero desde el punto de vista del declive de la ciencia, y sobre todo de las vocaciones, lo relevante es que estas discusiones sobre las autorías, ingratitud y explotación intelectual vividas en el ambiente científico son frecuentemente aireadas por los medios de comunicación. Es justo, conveniente y saludable que sea así, pero puede provocar el rechazo de los jóvenes brillantes y esforzados a dedicarse a ese mundo que se percibe tan injusto y arbitrario. Un abogado, un actor, un periodista puede triunfar por sus propios méritos, pero un científico depende de sus jefes y del dinero que éstos le dan. En el ambiente de trabajo desarrollado por la ciencia desde las últimas décadas del siglo XX y comienzos del XXI, el proceso se ha taylorizado tanto que un joven brillante jamás será feliz. Newton jamás hubiese sobrevivido en un departamento científico actual.

La dictadura de *Nature* y la pelvis de Elvis

Existen más efectos negativos de la contaminación de las revistas científicas por los medios de comunicación. Uno de los peores es la denominada dictadura mediática o ley de noticia en exclusiva y embargada. Las grandes revistas como *Nature* son tan dictatoriales respecto a la exclusiva informativa como cualquier otro medio de comunicación. La diferencia está en que si la revista *Hola* ofrece dinero, *Nature* promete que publicar en ella abrirá todas las puertas de triunfos y ascensos académicos a quien lo consiga.

Pero ese ascenso depende de que se acepte su dictadura. Porque incluso, aunque el artículo esté aceptado por los editores y los revisores —es decir, que, en teoría, reúne los méritos científicos—, los responsables de *Nature* amenazan a los investigadores en el sentido de que si alguien —otro medio de comunicación— menciona, aunque sea brevemente, sus resultados, la revista no publicará el artículo. Otras publicaciones científicas, sobre todo las que no tienen ánimo de lucro —las editadas por las universidades—, se enorgullecen de incorporar en sus páginas artículos cuyas conclusiones ya son más precisas, porque sus resultados han sido debatidos ampliamente por la comunidad científica. Ya he mencionado cómo el propio Ian Wilmut critica este mecanismo de *Nature*, que, a su juicio, no es el apropiado para la construcción de la divulgación científica.

La actitud de *Nature* provoca que muchos científicos sean rehenes de la revista. Necesitan publicar en ella para conseguir los puntos necesarios para obtener determinados proyectos científicos, pero a la vez les gustaría discutir y dar a conocer sus trabajos en otros foros antes de escribir el artículo definitivo para *Nature*.

Al margen de este problema que pertenece más al campo de la sociología o filosofía de la ciencia, desde el punto de vista periodístico la disfunción radica en el problema propiamente ético que supone un secuestro de información: es decir, en el hecho de que el periodista se ve impedido de publicar una información en su medio de comunicación si no quiere hacer un «daño» al científico.

No obstante, debe matizarse que este supuesto daño, por el que los científicos lloran tanto, no significa que vayan a estar en peligro de muerte, como sucede en muchos reportajes del periodismo de investigación sobre sectas, mafias, políticos corruptos o concursos de belleza amañados. Tampoco peligra su puesto de trabajo, como el de los funcionarios técnicos-científicos que informan al periodista de irregularidades en empresas o administraciones públicas. No. Aquí el «gran daño» para el científico es que pierde «unos puntitos» en su currículo, porque publicar en *Nature* le reportará un índice de citación muy apetecible. Esto desacredita al científico ante el periodista, porque percibe al científico como un profesional enclenque y mimado, preocupado sólo por sus puntitos que le reporta *Nature* y ajeno al dinero que el resto de la sociedad ha puesto para que él investigue.

No es extraño observar este fenómeno. Así, en sus conferencias públicas, los científicos contestan sin problemas a algunas preguntas de los colegas asistentes, pero después ruegan encarecidamente a los periodistas que no publiquen sus respuestas, pues corren el riesgo de que sus resultados de investigación no sean publicados en *Nature* o *Science*. En mi trabajo como periodista, tuve que «padecer» un caso bastante paradigmático de llantos de un científico para que no se publicara su investigación, porque él, y por extensión, la sociedad, eran rehenes de *Nature*.

El 10 de agosto de 1998, el paleontólogo de la Universidad Complutense de Madrid Juan Luis Arsuaga, codirector de las excavaciones del yacimiento de Atapuerca en Burgos —el más importante del mundo en el período del Pleistoceno—, impartió una conferencia titulada «La pelvis, el parto y la evolución de la precocidad en el recién nacido». Estaba enmarcada dentro del curso de verano «La vida en la prehistoria: la paleobiología de nuestros antepasados», organizado por la Universidad Complutense de Madrid en El Escorial. En esa conferencia, a la que asistieron los alumnos del curso y dos periodistas —Alicia Rivera de *El País*, y el que escribe este libro por la Agencia EFE—, Arsuaga explicó lo que él consideraba el descubrimiento paleontológico más importante del siglo: una pelvis humana completa del Pleistoceno medio (hace 300.000 años).

El tamaño de la pelvis era mayor que la de los actuales humanos, lo que quería decir que los niños podían nacer más desarrollados que ahora, pues al ser el anillo de la pelvis mayor implicaba que la cabeza podía también ser más grande. Esto derivaba en múltiples teorías antropológicas, como que al ser los niños más desarrollados necesitaban menos a sus progenitores y tenían una infancia y adolescencia menor que las actuales.

El auditorio quedó impresionado. Arsuaga incluso señaló que le habían puesto el nombre de Elvis a la pelvis: «La pelvis de Elvis es el hallazgo paleontológico más importante que ha aportado España a la historia de la ciencia»,[8] tras lo cual enseñó numerosas diapositivas de la pelvis completa. Al término de la conferencia, me acerqué a él para preguntarle algunas dudas. Reconozco que yo ya veía mi artículo enviado por EFE en las portadas de periódicos y telediarios. Arsuaga, visiblemente consternado al enterarse de que era periodista, me suplicó que no publicara nada. Añadió que él «no sabía que hubiera periodistas», a pesar de que los cursos de la Complutense tienen un gabinete de prensa muy eficaz y todos los que imparten conferencias saben que en el auditorio puede haber numerosos redactores. También me aseguró que si esa noticia se divulgaba en la prensa, *Nature* lo había amenazado con no publicarle su artículo. Arsuaga era una víctima de *Nature*.

Le hice saber que no haría mención a las teorías que implicaban el descubrimiento, sino sólo al hallazgo en sí de la única pelvis completa que existía en el mundo del Pleistoceno medio. Me aseguró que incluso la sola mención del hallazgo echaría por tierra todo el proyecto de publicar en *Nature*. Yo quería publicarlo, porque era un hallazgo anunciado en una conferencia pública. Pero Alicia Rivera (a la cual considero una magnífica periodista científica) me aconsejó: «Jamás se publica un hallazgo, aunque tengamos constancia del mismo, hasta que el investigador y la revista nos den permiso. Porque lo que para nosotros no deja de ser una noticia más, a ellos les puede costar que su trabajo no tenga el reconocimiento que merece. Les puedes arruinar sus expectativas de publicación». Y con la conciencia intranquila por secuestrar una información a la sociedad, solicité permiso a mis jefes. La Agencia EFE accedió a no publicar el descubrimiento del hallazgo ante las súplicas de Arsuaga. EFE publicó una información escrita por mí, en la que se hacía referencia a lo que supondría encontrar una pelvis de ese tamaño, pero en ningún momento se afirmaba que se había hallado ya.

Nueve meses después —el 20 de mayo de 1999—, *Nature* publicaba la noticia y todos los periódicos nacionales —*ABC*, *El Mundo*, *El País*, etc.— presentaban la noticia en portada y abriendo la sección de «Sociedad». *El Mundo* incluso escribió un editorial sobre la pelvis y la investigación científica.

La pregunta es: ¿resulta ético, desde el punto de vista periodístico, secuestrar la información de un hallazgo de esa magnitud a la sociedad durante nueve meses, sólo por las imposiciones de *Nature*? En este caso que he expuesto por conocer de primera mano y por considerarlo paradigmático de la disfunción que intento explicar, el retraso no se debe a que se están confirmando los resultados experimentales o teóricos por los revisores antes de publicarlo. No. Aquí *Nature* no sólo secuestró la interpretación teórica —que puedo entenderlo hasta que los revisores la den por válida—, sino incluso hasta el propio hallazgo físico.

La identificación de los científicos con esta dictadura de *Nature* es tal, que el propio Arsuaga llegó a advertirme de que si divulgaba lo de la conferencia, yo sería el responsable de que uno de los hallazgos más importantes de la ciencia española del siglo XX no fuera publicado como merecía. La jefa de ciencia de EFE en ese entonces, Amanda García Miranda (que es licenciada en biología y periodismo), y yo acatamos la amenaza «por el bien de la ciencia española, aunque nosotros quedemos mal como periodistas si mañana se publica y se sabe que estuvimos allí», nos dijimos.

Y con el miedo de que otro periodista que no se hubiera acercado a Arsuaga difundiera la información al día siguiente, aceptamos no publicar nada de la noticia. Estoy seguro de que los jefes superiores de la Agencia EFE, que no están acostumbrados a tratar con estos asuntos ni a acatar la dictadura de fuentes para ellos tan poco relevantes, jamás hubieran aceptado que una noticia de este calibre, que además ha sido posible gracias a la exclusiva financiación pública española que tiene la investigación de Atapuerca, esté secuestrada por imposición de una empresa de comunicación privada británica como es *Nature*. En este sentido, a veces creo que los periodistas científicos «somos menos periodistas que el resto», porque no luchamos suficientemente por defender el derecho a la información. La ciencia no pierde nada porque se publique un hallazgo científico antes de que salga en una revista y se estimule el debate. Arsuaga ha salido beneficiado, porque gracias a *Nature* se ha convertido en un científico mediático. Sin lugar a dudas, es el licenciado español en ciencias naturales que más cobra por conferencia impartida y que más ingresos obtiene de publicaciones de libros.

La lucha contra *Nature* de algunos medios anglosajones

Los científicos acatan esta dictadura sin rechistar porque saben que saldrán muy beneficiados. Son los periodistas los que tímidamente están empezando a luchar para liberar a la ciencia de esta dictadura. Así, por ejemplo, el número de *Nature* del 15 de febrero de 2001 publicó la secuenciación del genoma humano y uno de los resultados más sorprendentes: la especie humana sólo tiene unos 30.000 genes, muchos menos de los que los teóricos habían pronosticado. Esa misma semana, *Science* tenía una investigación relacionada con la de *Nature*, pues analizaba la influencia del ADN en el comportamiento. Estos resultados se conocían desde una semana antes, pero todos asumieron que debían «secuestrarlos» y esperar a su publicación hasta el jueves 15 de febrero.

Sin embargo, el diario británico *The Observer* se saltó el embargo y desvelaba el domingo 11 de febrero el extraordinario hallazgo de que la especie humana tenía menos genes de lo que en principio se creía. Con la ventaja de los husos horarios a su favor y el antecedente de *The Observer*, el estadounidense *The New York Times* también se atrevió a desafiar a la todopoderosa *Nature* y publicó en su edición dominical un largo artículo en el que se desmenuzaba por completo el contenido que *Nature* y *Science* guardaban para el siguiente jueves y el viernes, respectivamente. Ambos diarios, de reconocido prestigio en el ámbito de la divulgación de la ciencia y del periodismo en general, argumentaron como excusa que «no se puede secuestrar información relevante, verdadera y contrastada (ni siquiera unos días), máxime si son resultados financiados con fondos públicos». En España, no importó secuestrar el hallazgo de la pelvis de Elvis durante meses, lo que demuestra nuestra escasa tradición científica y periodística en libertad.

Así las cosas, cuando el lunes 12 de febrero *Nature* organizó una conferencia de prensa múltiple —en Washington, Tokio, Berlín, París y Londres— para anunciar el hallazgo (observe el lector que ni la ONU o la Casa Blanca tienen ese potencial mediático), se encontraron con que muchos periódicos abrieron ese lunes con la información que ellos debían dar en esa conferencia y que el día anterior había desvelado *The Observer* y *The New York Times*, a los que siguieron, en Estados Unidos, *The Washington Post* y *Los Angeles Times*. Ese lunes la información de esa conferencia de prensa también era la primera noticia de todos los medios europeos importantes. No en vano, era la noticia más «humanística» de todos los tiempos: el número de genes de la especie humana. La polémica que se organizó entre *Nature* y los periodistas científicos de todo el mundo (incluidos los españoles) fue considerable, entre otros motivos porque fueron requeridos por sus jefes un domingo para redactar una noticia… ¡de ciencia! Yo fui uno de los «damnificados» que tuve que trabajar a contrarreloj ese domingo, en ese caso para el diario *El Mundo*. Pero pese a sacrificar un domingo, me sentí feliz: fue una fecha importante en el periodismo científico: habíamos desafiado a *Nature*.

No obstante, debo matizar que la primera vez que un periódico no respetó el embargo de *Nature* fue con la noticia de la clonación de Dolly. También en esa ocasión fue *The Observer* el primero en levantar el embargo y *The New York Times*, el primero en seguirlo. Los responsables de *Nature* expulsaron a *The Observer* de su lista de medios. Robin McKie, el veterano redactor de ciencia del diario británico, dijo en 2001, tras saltarse por segunda vez el embargo, que él no lo violó puesto que no lo había suscrito. Por su parte, el redactor científico de *The New York Times*, Lawrence Altman, ha asegurado en varios artículos que «en el caso de que un estudio se haya financiado con fondos de los institutos nacionales de investigación de Estados Unidos, sus conclusiones se pueden publicar en cualquier momento».

¿Acaso Robin McKie es un mal periodista? Yo creo que no. Al contrario: es un magnífico profesional que domina las dos premisas del buen y gran periodismo: no ocultar información importante y contrastada a la sociedad y, desde el punto de vista empresarial, aprovechar el domingo, que es el día en que más se lee el periódico, para publicar buenas informaciones de ciencia, en lugar de esperar al jueves, que es el día que impone *Nature*.

Sin embargo, esta revista tiene todo el derecho a vetar a McKie y a *The Observer* porque es una empresa privada y su política empresarial debe ser respetada. Tal vez la solución esté en que investigadores británicos financiados con fondos públicos no deberían publicar en una revista como *Nature* que veta a un periodista por hacer su trabajo correctamente. El gobierno británico y sus universidades tampoco deberían tener en cuenta (ni financiar) las publicaciones de sus científicos en una revista que veta a un periódico serio por hacer periodismo del bueno y no del cómodo.

El criterio de los lectores

¿En qué se basan revistas como *Nature* para seleccionar la ciencia que publican? Ésta es una de las preguntas más importantes de la ciencia actual, sobre todo por el impacto que tiene publicar en *Nature* en la carrera de un científico. Los responsables de la revista afirman que sus criterios editoriales están basados en «servir a los intereses de nuestros lectores». Sobre esta base, por ejemplo, en la *Guía Nature*, en la que se dan los pasos para publicar en ella, puede leerse:

> Para evitar las demoras inevitables que serían causadas al enviar todos los manuscritos a los revisores para una evaluación formal, aproximadamente la mitad de los trabajos presentados es devuelta sin examinar. Estas decisiones están basadas en los criterios de la editorial sobre qué clases de trabajos sirven mejor a los intereses de los lectores de *Nature*. Los editores de *Nature* hacen todo lo posible por emitir estos juicios dentro de una semana a partir de la recepción del trabajo y enviarán por fax las decisiones tomadas.[9]

¿Hace falta tanta prisa? ¿Es necesario que la ciencia trabaje con criterios tan mediáticos? Resulta chocante que se señale que «los criterios de selección no son estrictamente científicos, sino que se establecen en función de los intereses de los lectores de la revista», aunque bien se podría argumentar que los lectores de *Nature* son científicos. Pero también lo son los medios de comunicación. Esta forma de actuar me parece absolutamente legítima y no critico a la revista *Nature* por ello; sólo señalo que los periodistas científicos deberían tener en cuenta esta situación y no propugnar a la revista *Nature* como el paradigma de excelencia científica. Porque uno no deja de preguntarse qué tipo de lectores tiene (biólogos más que químicos o ingenieros) y puede existir mucha ciencia —y muy buena— que se les escape, porque no interesa a sus lectores.

El editor jefe de *Nature* asegura en la entrevista que he comentado que cada año llegan a la redacción de la revista alrededor de 10.000 trabajos originales y que sólo se publica el 15 por ciento de los mismos. El 40 por ciento de los rechazados se hace directamente en la redacción, sin recabar la opinión de los revisores expertos, mientras que un 60 por ciento restante se rechaza en función de la opinión de los revisores.

Una revista médica como la *British Medical Journal* admite que le llegan cada año unos 6.000 artículos.[10] ¿Cómo seleccionar los que simplemente les envían a los revisores? Porque resulta obvio que no poseen un ejército de revisores capaz de leer (y menos de analizar de forma crítica) esa cantidad de artículos.

En el caso de *Nature*, la última decisión tampoco la tienen los evaluadores, pues *Nature* no solicita de ellos tales opiniones. Los encargados de tal decisión son los editores de la revista. Esto constituye una diferencia con otras publicaciones científicas más especializadas, en las cuales los trabajos son incluso reproducidos por otros laboratorios antes de dar el visto bueno a la publicación. Los editores de *Nature* no preguntan a los revisores si los aspectos metodológicos están bien tratados; su interés se centra en cuestiones «más periodísticas». Según aparece en la guía para publicar en *Nature*, las preguntas que los editores hacen a los revisores son del tipo: «¿Cuáles creen ellos que son las aportaciones del trabajo? ¿Y cuál puede ser su significado para la ciencia?». En la guía se aclara que:

> Es sobre la base de estos comentarios y del criterio editorial de *Nature* como los editores deciden si la publicación en *Nature* de ese trabajo es o no apropiada. De acuerdo con lo expuesto, si bien los editores consideran importante tener en cuenta los fallos técnicos encontrados por los revisores, no están tan estrictamente atados a su opinión sobre cuestiones editoriales.[11]

Los editores y los revisores

La selección de los revisores, científicos especializados en determinados campos que evalúan el trabajo enviado, también corresponde a *Nature*, aunque para evitar enviar el artículo a un grupo de investigación que esté en competencia con el que ha realizado el estudio, la revista acepta demandas concretas de los firmantes del trabajo en el sentido de que éste no sea enviado a uno o dos —pero no más— grupos determinados para su revisión, aceptando la excusa de que esos grupos pueden copiarle sus resultados. *Nature* solicita siempre ser informada de cualquier conflicto de intereses con otros grupos de investigación. La revista toma precauciones como no copiar o distribuir el manuscrito y el imperativo a los revisores de devolverlo una vez leído. En cualquier caso, los autores también pueden sugerir revisores adecuados, pero el editor puede no aceptar esas sugerencias.

Es interesante resaltar que

> *Nature* no emplea una comisión de científicos con amplia trayectoria para evaluar cada trabajo, porque los editores no desean tomar decisiones fuertemente influidas por las simpatías o antipatías de miembros de una comisión, o que estén polarizadas hacia una parte del mundo, y que incrementarían el tiempo de toma de decisiones. Por lo tanto, los editores de *Nature* toman ellos mismos las decisiones. De esta manera, el criterio editorial utilizado tiene mayores posibilidades de ser uniforme, pues ellos pueden ser realmente independientes de grupos particulares o países, y las demoras son reducidas al mínimo.[12]

Esta declaración de buenas y loables intenciones procede tanto de las entrevistas con sus responsables como de la lectura detenida de la información oficial que existe sobre *Nature* «y cómo publicar en ella». Y, repito, no estoy en contra de esta política, porque, por ejemplo, en ciencias sociales es habitual que las filias y fobias de los grupos puedan influir, al margen de la calidad del trabajo, para que se publique o no en determinadas revistas, circunstancia que he experimentado en carne propia. Sin embargo, aquí se impone una investigación con una metodología de «investigación participante», que no sé si *Nature* aceptaría. De hecho, solicité permiso para analizar todo el proceso y me lo denegaron. Sólo admitieron entrevistas con los responsables. Pero sólo con la investigación participante podremos averiguar si el criterio de *Nature* es realmente tan independiente como ellos propugnan.

Los editores de *Nature*, según asegura la revista en su guía, son jóvenes en su mayoría, provienen de un gran número de países y «la mayoría ha trabajado en investigación posteriormente al doctorado en alguno de los mejores laboratorios del mundo». La mayoría de ellos se encuentran en Londres y el resto en Washington D.C. Entre todos ellos se cubre la totalidad de los diversos campos de la ciencia. Un editor, por ejemplo, se encargará de trabajos en las áreas de astronomía y astrofísica, otro de las de ecología y evolución. Cada editor, según *Nature*, era un experto en un campo en particular antes de unirse a la revista y cada uno de ellos profundiza su conocimiento en la investigación realizada en su área de especialidad, participando en encuentros científicos, conversando telefónicamente con los científicos o leyendo literatura sobre sus temas de especialización.

En el caso de los revisores seleccionados, según *Nature*, éstos poseen una especialización adecuada para poder evaluar de forma completa y justa los aspectos técnicos de un trabajo. Los criterios utilizados para elegirlos van desde si recientemente han evaluado algún trabajo parecido, hasta cómo se armonizan sus calificaciones con otras revisiones, o si reciben el encargo de evaluar un artículo con agrado.

No quiero entrar aquí sobre si este método es correcto o no. Pero si es tan bueno como parece, en opinión de los científicos, ¿por qué no se copia en otras publicaciones? ¿Es correcto que la ciencia del siglo XXI esté en manos de las decisiones y empleados —editores— de un medio de comunicación privado como es *Nature*? Francamente, no lo sé. Sólo hago la observación de que la ciencia está más relacionada con la cultura mediática de lo que en principio parece.

11

Lenguajes científico y literario encerrados en el armario

Durante el año que pasé en la London School of Economics, tenía la costumbre de comer un día a la semana con Martin W. Bauer, que estaba muy interesado en lo que yo investigaba. Era un almuerzo de trabajo en el que discutíamos, entre otros temas, los enfoques que yo le estaba dando al asunto del declive de la ciencia y su relación con los medios de comunicación. «No seas negativo. ¿Por qué el pensamiento español es tan negativo?», me sugería Bauer. Yo respondía que lo negativo eran los datos, tanto de disminución de vocaciones como de interés. «Pues a los datos negativos, además de explicaciones hay que buscarle soluciones. Y no soluciones utópicas, sino reales. De nada sirve analizar un problema si no damos con la solución para resolverlo. Ésa debe ser siempre nuestra obligación como académicos», me aconsejaba.

Una solución utópica y radical podría ser eliminar la cultura mediática, porque, como ya hemos visto, contamina todo el proceso científico. Pero también es obvio que en los países con cultura mediática se vive mejor y hay más libertad. Prefiero mil veces el descenso de vocaciones de Occidente o en Corea del Sur que la situación de China, en la que no existe caída de vocaciones científicas, pero sí falta de cultura mediática y, por tanto, de libertad. A lo largo de los capítulos anteriores he aportado algunas sugerencias que ahora retomo como soluciones. Un posible arreglo al declive científico podría implicar que los científicos se impongan y controlen una mayor parte de la cultura mediática: esa especie de infiltración de la que hablaba el movimiento PUS. Que su presencia en este ámbito, o en el político o económico, no sea la excepción sino que responda a los porcentajes totales de licenciados en todas las disciplinas.

Sería también muy interesante, como ya he comentado, que los alumnos de letras y ciencias sociales aprendieran la realidad de las ciencias naturales, puesto que uno de los síntomas del declive de las ciencias establece que, salvo excepciones, son los licenciados en letras y ciencias sociales los que toman las decisiones políticas y económicas y los que controlan la cultura y el poder mediático en el siglo XXI.

Según mi experiencia de estar en los dos mundos, puedo afirmar que los intelectuales de letras de momento creen que han ganado la batalla del conocimiento y del poder y, por tanto, no ven la necesidad de acercarse a las ciencias. Pueden sentir curiosidad, pero no empatía.

Obligar a los estudiantes de letras a aprender más ciencia es una medida que tendrían que imponer científicos con responsabilidad en las políticas universitarias o educativas. Pero a comienzos de este siglo, resulta utópico, como he mencionado en el capítulo 6, que un rector o un ministro de Educación establezca que todas las licenciaturas de su universidad deben tener obligatoriamente materias sobre física, química, biología y matemáticas, como sugería Ortega y Gasset. Resultaría imposible por la sencilla razón de que las facultades de Letras y Ciencias Sociales se quedarían sin alumnos.

En cierta forma, ha habido un retroceso respecto a la educación en la Edad Media, en la que papas y gobernantes entendían perfectamente los libros de Galileo. En el campo de las letras, la ciencia ha perdido la batalla del interés. A la mayoría de la gente de letras no le interesa aprender ciencia, y punto. Como mucho, le interesa leerla en un libro de divulgación que cuente la ciencia a modo de historieta.

La solución, a mi juicio, debe proceder del campo de la ciencia y pasa, necesariamente, por retomar los inicios. El primer paso comportaría que los científicos conozcan ambos lenguajes: el científico y el literario. Los científicos deben ser los primeros interesados en que la ciencia no decaiga; por tanto, no pueden pedir al resto de la sociedad que haga un trabajo que les toca a ellos. Tienen que luchar en ambos frentes y, sobre todo, deben concienciarse de que la ciencia no avanza sólo en los laboratorios, sino que también puede triunfar si se procura que haya más científicos en los medios de comunicación, en las cátedras de letras y ciencias sociales y, sobre todo, en el poder político, económico y mediático.

No sugiero una República de los científicos, como recomendaba Platón, aunque sí considero necesario que exista el mismo número de científicos que de abogados, economistas o periodistas en los poderes más importantes que rigen la sociedad. Una posible solución sería abrir las carreras de ciencias a asignaturas como derecho, comunicación, economía, literatura o política científica. Los alumnos de ciencias no tendrían problema para abordar esas materias y los haría más versátiles. Siempre me he preguntado por qué las carreras de ingeniería en España estudian economía y las de ciencias naturales no lo hacen. Tal vez resida ahí el hecho de que los ingenieros sean más valorados en la empresa española.

Es necesario darles más visibilidad mediática y que los medios expliquen la realidad —no el mito—, para que su imagen remonte del feo científico loco que ofrecen la mayoría de las películas o los programas de televisión al atractivo personaje comprometido con salvar el mundo.

Los científicos deben asumir que la comunicación pública del pensamiento racional debe ser uno de los pilares fundamentales del progreso de la sociedad. Y la comunicación de ese pensamiento pasa por dar visibilidad y, sobre todo, no avergonzarse de usar el lenguaje científico. Éste debe impregnar a toda la sociedad y todos los debates, pero no en forma de lenguaje literario divulgativo, sino que debe recuperarse el rigor del verdadero lenguaje científico. De nada sirve que la ciencia avance si la visión de la actividad científica es la que difunden los cineastas o periodistas de letras. De continuar ese camino, la brecha entre los avances científicos y lo que la sociedad conoce de ellos será cada vez mayor.[1]

Las facultades de Ciencias no podrán seguir reclutando alumnos si continúan enseñando un conocimiento superespecializado que sólo tenga como fin satisfacer las necesidades de empresas o revistas científicas. Un licenciado en ciencias debe aspirar a ser un intelectual global, porque puede entender los dos lenguajes fundamentales que ha creado el ser humano: el literario y el científico. Si sólo se concentran en uno de ellos, la licenciatura en ciencias se convertirá en una formación profesional, por lo que los alumnos más brillantes huirán de ellas.

En 1929, Ortega y Gasset criticaba esa tendencia suicida de la ciencia en su «barbarie del especialismo». Según el filósofo español, el científico se estaba especializando tanto que, en realidad, sólo conocía muy bien una parte cada vez más ínfima del saber al tiempo que se hacía más inculto de un saber completo, que es el verdadero conocimiento: «El especialista "sabe" muy bien su mínimo rincón de universo; pero ignora de raíz todo el resto».[2] Ortega arremetía de forma muy dura contra los científicos ultraespecializados:

> No es un sabio, porque ignora formalmente cuanto no entra en su especialidad; pero tampoco es un ignorante, porque es un «hombre de ciencia» y conoce muy bien su porciúncula del universo. Habremos de decir que es un sabio-ignorante, cosa sobremanera grave, pues significa que es un señor el cual se comportará en todas las cuestiones que ignora, no como un ignorante, sino con toda la petulancia de quien en su cuestión especial es un sabio.[3]

Esta superespecialización sólo sirve para que una refinería no tenga que impartir muchos cursos de reciclaje a un joven químico o para que produzca muchas publicaciones en poco tiempo, aunque tengo mis dudas de que ayude al avance real de la ciencia. Y, lo que aún es peor, puede reducir el campo de miras del joven científico.

La barrera del lenguaje de la ciencia

¿Cómo lograr que la gente se acerque a la ciencia, no como una curiosidad más, sino como una solución a preguntas importantes? ¿Cómo hacer que los jóvenes vean en la ciencia una forma de responder ellos mismos a nuevas y viejas preguntas? Está claro que una de las principales barreras es el propio lenguaje científico, por lo que la solución pasa necesariamente por intentar que la gente quede subyugada no por la ciencia, sino por algo mucho más fascinante: su propio lenguaje.

El problema actual de la ciencia, para algunos, radica en una imposibilidad para descifrar el idioma cada vez más complejo que crean los científicos para designar los nuevos territorios emergentes. Pero eso también ocurre en otros ámbitos como, por ejemplo, en la cultura audiovisual. No obstante, todo el mundo sabe lo que es un plano, una secuencia o un plano-secuencia, o lo que significa un contrapicado o el *share* de un programa. La habilidad está en explicar lo interesante de ese término con ejemplos reales y, sobre todo, con su lenguaje verdadero: mostrando, por ejemplo, una imagen de un plano en contrapicado.

En ciencia, términos frecuentes como efecto invernadero, clorofluorocarbonos, quark, lentes gravitatorias, genes directores del desarrollo, clonación, etc. son difíciles de comprender para una persona con cultura media, incluso habiendo estudiado un bachillerato científico. También es cierto que muchas expresiones no tienen sinónimos en el lenguaje real que puedan sustituir a su compleja terminología, pero hay que integrarlas en el uso cotidiano, porque la ciencia es cotidiana. Desde las letras se critica que en ciencia no existan sinónimos o atajos para comprender. La profesora Bertha Gutiérrez, licenciada en medicina y en filología hispánica, lo explica en su libro *La ciencia comienza en la palabra*:

> La precisión en los términos permite la traducción de una lengua a otra, por medio de términos que signifiquen exactamente lo mismo en ambas; de esa forma, los especialistas de una determinada disciplina, sea cual sea la lengua que hablen, tienen la ventaja de poder referirse a la misma realidad con palabras de significante distinto pero que coinciden íntegramente en el significado.[4]

Junto a esta dificultad, recientemente se ha comenzado a percibir que la complicación no reside totalmente en el lenguaje de algunas ciencias, sino también en la gradual desnaturalización de sus conceptos y su lógica, sobre todo en ciencias como la física: el espacio de cuatro y más dimensiones, la antimateria, la materia oscura, la luz que retrocede atraída por los agujeros negros, los relojes que adelantan o atrasan según la teoría de la relatividad o, más recientemente, el color del universo.

Frecuentemente, estas dificultades léxicas y conceptuales son citadas como el factor primordial de la incomprensibilidad de los textos científicos. Pero no deben ser una barrera. Hay que buscar una pértiga para saltarla, y un buen material para fabricar esa pértiga sería la conjunción del conocimiento del lenguaje científico y del literario. Haría falta lo que, en palabras de Platón, era un filósofo (de la Grecia clásica): «Es el que tiene una visión de conjunto [*synoptikós*]». Pero ojo: para tener esa visión de conjunto, hay que saber ciencias y letras. Como ya he mencionado, el propio Platón puso en el frontispicio de la entrada de su Academia —considerada la primera universidad del mundo— una advertencia clara: «Nadie entre aquí sin saber geometría». Con esa premisa se quedaría fuera el 98 por ciento de los filósofos actuales y más de la mitad de los universitarios. Ortega y Gasset también tenía muy claro qué se necesita para que la ciencia no se convierta en una barbarie incomprensible.

> Es preciso que no prosigan la dispersión y compilación actuales del trabajo científico sin que sean compensados por otro científico especial inspirado en un interés opuesto: la concentración y la simplificación del saber. Y hay que criar y depurar un tipo de talentos específicamente sintetizadores. En ello va el destino de la ciencia.[5]

Tal vez sólo sean deseos de encontrar soluciones, pero tanto en la definición de Platón como en la de Ortega veo al moderno científico renacido de las cenizas del declive.

Diferencias entre el mensaje científico y literario

Si alguien lee un tratado de física sobre el segundo principio de la termodinámica y, a la vez, una novela como *Cien años de soledad*, de García Márquez, observará que aunque ambas estén escritas en el mismo idioma —español, inglés, chino, o el que sea— parecerá que la segunda, aun estando más apartada de las experiencias reales —por eso se llama realismo mágico—, se comprende más que el tratado de física. La mayoría de los autores que se ocupan de la divulgación de las ciencias de forma sistemática suelen caracterizarla como una labor de traducción al lenguaje común desde el lenguaje científico, poniendo énfasis en la dificultad léxica que produce el creciente vocabulario especializado de las disciplinas en permanente renovación y subdivisión. Una circunstancia esta última que se relaciona con la *barbarie del especialismo* ya mencionada. Personalmente, creo, no obstante, que no debe enfocarse el asunto desde la traducción, sino desde un aprendizaje sobre cómo es el lenguaje de la ciencia. En otras palabras, dedicar más tiempo a estudiar la lengua original para evitar, en último extremo, las malas traducciones.

Sin embargo, no todas las ciencias son iguales. Existen disciplinas cuya lengua aún está en la fase de «pueblos neolíticos» y, por tanto, sólo se comunican con un centenar de palabras propias, por lo que deben acudir al lenguaje literario para expresar sus ideas. Esto sucede con la mayoría de las ciencias sociales y las humanidades. Pero otras disciplinas han evolucionado del neolítico a la era espacial y, por tanto, han desarrollado un lenguaje totalmente propio que apenas necesita de términos del lenguaje literario o común para transmitir sus ideas. Las dos disciplinas más evolucionadas en ese sentido son la física y la química, así como las matemáticas, aunque no es objeto de este libro determinar si las matemáticas son una ciencia en sentido estricto. Recuerdo mis clases de «mecanismos de reacción de química orgánica». En ellas, profesor y alumnos discutíamos sobre cómo acontecían distintas reacciones químicas. Nunca necesité escribir frases en ningún idioma que no fuera el químico para tomar mis apuntes. El problema radica en que este lenguaje no resulta de fácil traducción al literario, al igual que la filosofía griega no puede discutirse en el vocabulario neolítico de tribus africanas de la época. Intentarlo desvirtuaría el pensamiento griego y el lenguaje neolítico. No todo es traducible y, aunque lo sea, siempre es preferible leer en la lengua original. Por tanto, la solución sólo pasa por dedicar mayor número de horas a enseñar esos lenguajes complejos y sofisticados en los que se expresan determinadas disciplinas, jamás en esperar que existan caminos fáciles para su comprensión. Como contestó el matemático Euclides cuando un rey griego le ordenó que le enseñara geometría de una manera fácil y divertida, «no existen caminos reales para las matemáticas».

Einstein también sostenía en la prensa que «es más fácil estudiar las matemáticas para comprender la teoría de la relatividad que intentar comprender ésta sin haber estudiado las matemáticas necesarias». Hacer divertida la ciencia puede derivar en una caricaturización peligrosísima. ¿Por qué no se hace divertido el derecho? ¿Y por qué no se intenta hacer divertida la medicina?

En ese sentido, propongo una hipótesis que puede ser polémica, y, de hecho, fue muy discutida cuando la expuse en la LSE. En mi opinión, el fenómeno relativamente reciente de que se esté divulgando la ciencia en un lenguaje exclusivamente literario puede estar contribuyendo al declive de vocaciones, aunque no es la única causa. Ya hemos visto otras como la influencia del cine, la televisión o el poder de las teorías anticientíficas. Pero el uso del lenguaje de divulgación puede ser, sin pretenderlo, otro agente más en el proceso de estrangulamiento. Esto ayudaría a explicar un hecho real: que en estas últimas décadas se haya incrementado sustancialmente el número de divulgadores en los medios y de periodistas a sueldo de las instituciones científicas y, sin embargo, estén cayendo alarmantemente las vocaciones en los países que más potencian esa divulgación científica.

Creo que la divulgación exclusivamente literaria de la ciencia, al margen de contribuir a que los «no científicos» crean que la ciencia es «sólo un cuentito de hadas más», puede estar favoreciendo un efecto perverso, incluso en aquellos a los que les gusta la ciencia. Y es que esta divulgación puede estar actuando como la «comida basura». Mata el hambre repentina —en este caso la curiosidad científica inmediata—, pero esta comida basura jamás nutre. No tiene idiosincrasia ni cultura propia, como la alta cocina. Incluso, el exceso de comida basura puede matar, como demuestra el documental *Supersizeme.*

Creo que muchos jóvenes —y no tan jóvenes— pueden matar su curiosidad con estos libros, noticias o documentales de «todo sobre ciencia, pero sin fórmulas ni ecuaciones». Con esto, que es un subproducto de la cultura mediática, se está alimentando una filosofía de «consumidor de ciencia», como un producto mediático más, en lugar de la de «productor de ciencia», que es el perfil que interesa al desarrollo de la civilización humana. Leer a Galileo en *Diálogos sobre los dos máximos sistemas del mundo* sería como consumir alta cocina. En mi opinión, leer *Historia del tiempo*, de Stephen Hawking, puede, en algunos casos, empachar —como la comida basura— y, además, puede que el lector al final no se haya enterado de nada, pese a que el libro carece de ecuaciones. Y lo peor: tal vez este tipo de libros y, en general, de divulgación mediática de la ciencia puedan alimentar, como resultado final, el rechazo y la irracionalidad.

La venganza de la tierra, el libro divulgativo de James Lovelock sobre cómo afectará el cambio climático a nuestro planeta durante el siglo XXI, elimina todos los datos técnicos del Grupo Intergubernamental sobre el Cambio Climático de 2006. Y, aunque se comprende lo que Lovelock escribe, queda la duda, como han sugerido numerosos periodistas, de si su libro no es sólo otra visión más del Apocalipsis. Un crítico señaló que al menos el Apocalipsis tenía más color e imaginación que el libro de Lovelock. Bien mirado, no le faltaba razón al crítico.

Cuando alguien que no es de ciencias —y nunca, por ejemplo, ha diseñado un experimento (aunque sea de biología)— lee un libro de astrofísica contado como una narración literaria, pero despojado de sus ecuaciones matemáticas y de sus experimentos detallados, la percepción que puede generar en esa persona es que sólo se trata de una interpretación más. De un cuento de hadas más. Creer en la teoría del big bang sin seguir sus ecuaciones físicas, ni rastrear las observaciones que han llevado a esos datos, es un acto de fe del mismo calibre que creer en el Génesis de la Biblia.

No considero, por tanto, que la divulgación mediática de la ciencia deba descartar totalmente el lenguaje químico o matemático, tal y como se recomienda ahora. Comunicar la ciencia prescindiendo de su lenguaje es como leer en prensa la reseña de una película. Puede describir el argumento o cómo ha usado la técnica, pero nunca será lo mismo que verla. Hay un abismo porque son dos lenguajes —el cinematográfico y el literario— muy diferentes, con referentes distintos y no necesariamente traducibles.

El lenguaje de la ciencia es muy desarrollado, preciso, riguroso y, sobre todo, difícil, como corresponde a algo que tiene tantas capacidades y potencialidades. Se entiende o no se entiende, pero no es fácil el término medio. Lo mismo sucede cuando vemos una película o asistimos a una conferencia en un idioma del que sólo sabemos unas cuantas palabras y escasas reglas gramaticales. Nunca estaremos seguros de haber captado lo principal —dependiendo de cuánto sepamos del idioma—, pero jamás comprenderemos los detalles y, sobre todo, nunca podremos expresar lo mismo igual de bien que en el original. ¿Qué traducción puede hacerse si no se conoce uno de los idiomas?

Hawking es físico y Lovelock químico, por lo que no cometerán errores conceptuales. Sin embargo, debe desconfiarse de todos aquellos que hablan de ciencia —periodistas, sociólogos, pedagogos, historiadores, filósofos— pero que, con anterioridad a exponer sus ideas sobre la ciencia, jamás se han molestado en estudiar y entender correctamente el idioma científico. Todos ellos —que han elegido «caminos reales» para hablar de ciencia— discuten desde el desconocimiento, en el mejor de los casos, y desde el rencor por no entender un idioma que otros sí hablan y escriben, en el peor de los supuestos. Pero jamás razonarán con criterio.

El hecho fundamental es que el lenguaje literario y el científico no son necesariamente traducibles, porque no tienen el mismo referente. Dos lenguas literarias de similar envergadura cultural como, por ejemplo, el inglés y el español, o el latín y el griego, pueden ser traducidas casi con total precisión. Pero eso no sucede nunca con el lenguaje científico respecto al literario, porque, como muy bien sostienen René Wellek y Austin Warren:

> El lenguaje científico tiende a un sistema de signos como el de las matemáticas o la lógica simbólica; su ideal es el lenguaje universal como la *characteristica universalis* que Leibniz había comenzado a proyectar a finales del siglo XVIII. Comparado con el lenguaje científico, el literario suele resultar deficiente en ciertos aspectos. Abunda en ambigüedades, como cualquier otro lenguaje histórico, está lleno de ho-

> monimias, de categorías arbitrarias e irracionales, como el género gramatical. Está transido de accidentes históricos, de recuerdos, de asociaciones; en una palabra, es sumamente connotativo. Además, el lenguaje literario dista mucho de ser meramente signativo. Tiene su lado expresivo, conlleva el tono y la actitud del que habla o del que lo escribe; y no declara o expresa simplemente lo que dice, sino que quiere influir en la actitud del lector, persuadirle y, en última instancia, hacerle cambiar. Hay, además, otra importante distinción que hacer entre lenguaje literario y lenguaje científico: en el primero se hace hincapié en el signo mismo, en el simbolismo fónico de la palabra. Para llamar la atención sobre él se han inventado técnicas de todas clases, como el metro, la aliteración y las escalas fónicas.[6]

Es interesante observar que esta magnífica diferencia que hacen Wellek y Warren sobre ambos tipos de lenguajes está muy asumida por cada uno de los colectivos que los utilizan, y la diferencia constituye, en mi opinión, la fuente de muchos de los desencuentros entre científicos y periodistas. En lugar de elegir lo mejor de ambos que es lo que yo propongo —porque ambos lenguajes son creaciones humanas que se complementan, por si alguien lo había olvidado—, se opta por atrincherarse en cada barrera. Dos lenguajes con el mismo referente son traducibles, pero jamás cuando el referente es tan distinto como en este caso. Por ejemplo, el *Quijote* sería traducible al inglés y, si ambas lenguas tuvieran exactamente los mismos referentes, desde la traducción inglesa podría revertirse a la española y, en principio, debería quedar idéntica al original. Pero eso es prácticamente imposible, incluso en dos lenguajes literarios de similares categorías culturales y hablados en sitios cercanos, como el inglés y el español. Pero ¿cómo traducir el *Quijote* al lenguaje de la química orgánica? Imposible. Por tanto, el viaje contrario: traducir la química orgánica a la lengua en la que escribió Cervantes no va a ser fácil. Por eso, la única solución para no perder información pasa por combinar ambos lenguajes.

Los científicos desprecian el simbolismo fónico, la belleza del lenguaje sólo por ser lenguaje, independientemente de su significado. También repudian las opiniones, los juicios de valor, las personalizaciones o las reflexiones no matematizadas sobre un determinado asunto. Alaban, sin embargo, la lógica simbólica: «Las matemáticas. Sólo las matemáticas han convertido lo que no era sino una actividad menor, en torno a la mentira, el engaño y la brujería como era la alquimia, en una disciplina como la química que explica el mundo: desde el origen del universo hasta la creación y la destrucción de la vida», nos recordaba el catedrático de química analítica Francisco García Montelongo, cuando en la facultad nos resistíamos a aprendernos el aparato matemático relacionado con las teorías químicas. La química sin fórmulas ni matemáticas es poco más que hechicería.

Pero desde las letras se piensa lo contrario: «Una fórmula matemática o química destroza la magia de un texto periodístico. El periodista debe competir con el café que el lector se toma mientras le echa un vistazo al periódico. El texto debe ser ágil, sorpresivo y poético. Tiene que estar lleno de magia literaria para persuadir al lector, por su contenido, por su continente, o por las dos cosas, de que es mejor seguir leyendo y que se le enfríe el café. Ése es el éxito del redactor», repiten siempre todos los profesores de redacción periodística. Las diferencia, ya desde la enseñanza, entre ambos mundos son obvias y los comportamientos profesionales posteriores también. Como señala John Burnham:

> A la mayoría de los periodistas sólo les interesa la ciencia si ésta cura definitivamente el cáncer. Por el contrario, a los científicos sólo les interesa la prensa si está escrita en latín, contiene abundantes fórmulas matemáticas y en el artículo periodístico queda claro que, en realidad, lo que en él se cuenta no es especialmente trascendente o importante. Estas actitudes tan encontradas entre ambos colectivos han generado que, en el caso de la divulgación científica, se haya propiciado el antiperiodismo.[7]

Siendo éste un problema para el periodismo, considero que aún son más graves las consecuencias que de este desencuentro se producirán en la sociedad actual y del futuro. Porque estas diferencias en los lenguajes también pueden ser causa de la vuelta al pensamiento irracional. Burnham lo define mejor:

> En el mundo de los medios de comunicación, los elementos de sensacionalismo y segmentación de la información fueron, precisamente, los de la superstición contra la que lucharon los primeros divulgadores de la ciencia, los cuales se enfrentaron a la superstición con las reglas del escepticismo y del naturalismo. Pero en la actualidad, la realidad de los medios de comunicación ha cambiado de forma radical. En estos momentos, está ampliamente tolerado que en los medios aparezcan hasta las más rancias supersticiones, o incluso que estén dominados por el pensamiento mágico.[8]

Por ello, es necesario conocer ambos lenguajes. Las matemáticas han convertido en ciencia lo que no era sino simple especulación. Asumo plenamente las enseñanzas de mi profesor de química analítica, pero también las de mi profesor de redacción periodística.

Los científicos no olvidan que fue el genial Galileo el que enunció que «el universo está escrito en lenguaje matemático». Galileo estableció que las preguntas que hay que hacerle a la naturaleza, para que te responda la verdad, tienen que estar formuladas en un lenguaje matemático y determinó que el universo no es un conjunto caótico e irracional —como, por cierto, sí lo es casi siempre el periodismo—, sino que puede expresarse por un conjunto de leyes que se obtienen de hechos empíricos, todo expresado en lenguaje matemático. Como apunta el matemático inglés Godfrey Hardy en su magnífico libro *Apología de un matemático*: «La matemática griega es permanente, más permanente aún que la literatura griega. Arquímedes será recordado cuando Esquilo haya sido olvidado, porque los idiomas mueren pero no las ideas matemáticas. Inmortalidad puede ser una palabra estúpida, pero probablemente sea un matemático quien tenga la mejor oportunidad de comprender lo que quiere decir».[9]

Ya he comentado este concepto de inmortalidad en el capítulo de las dos culturas, refiriéndose a las mentalidades; aquí abordaré cómo se traslada al lenguaje. Recuerdo al lector que no existe nada tan distanciado al concepto de «inmortalidad», y asociado a lo efímero, como el periodismo. Hasta un historiador, un sociólogo o un filósofo cree que permanece durante al menos unas décadas. Sin embargo, la frase «Un periodista vale lo que su último artículo y éste lo que dura un periódico en ser usado para envolver el pescado; es decir, como mucho un día» define la fugacidad de la profesión. La sociedad también se distancia de la matemática porque, como analizaré en el capítulo siguiente, la televisión está eliminando el pensamiento abstracto. No obstante, la solución al declive de la ciencia pasa por construir puentes entre ambos mundos: el matemático-científico y el literario-periodístico, pero jamás por eliminar una de las partes.

La visita de Einstein a España y el lenguaje científico

¿Quiere eso decir que se deberían introducir ecuaciones matemáticas o fórmulas químicas también en las noticias? ¿Y por qué no? Hasta 2005, yo consideraba que eso era un disparate, porque fue lo que me enseñaron en la Facultad de Periodismo y lo que luego aprendí en mi práctica profesional. Pero en 2005 colaboré en la realización de un documental de Televisión Española sobre la visita que Einstein hizo a España en 1923.[10] Mi función, como profesor de periodismo, consistió en bucear en la prensa española de 1923 para averiguar cómo se había cubierto mediáticamente esa visita y, después, exponer las conclusiones a cámara.

Mi sorpresa fue mayúscula al descubrir que los periodistas de la época siguieron las conferencias de Einstein y no se conformaban, simplemente, con los comunicados de prensa, inexistentes en aquellos años y, por cierto, asfixiantes en la actualidad. Las noticias eran crónicas sobre el ambiente que se vivía en la conferencia, al igual que ahora se escriben o transmiten crónicas sobre el ambiente en un partido de fútbol. Y lo más interesante fue descubrir que muchos periódicos incluían el lenguaje matemático que explicaba las teorías de Einstein. Y alguno hasta lo hacía en primera página. Einstein estuvo en España desde el 22 de febrero al 13 de marzo. El periódico *El Imparcial* publicó el 3 de marzo la introducción que el catedrático de física Blas Cabrera hiciera del libro *Principio de relatividad*.

Había, además, una humildad entre los intelectuales de letras que no se da ahora. Así, por ejemplo, el escritor Josep Maria de Sagarra confesaba directamente en un artículo que no entendía nada: «He asistido a las conferencias de Einstein seguro de que no entendería nada de sus explicaciones, incluso con un poco de miedo de hacer el ridículo papel de dormirme. He entrado en las conferencias sin decir nada a nadie, como si me diera vergüenza, venciendo el hecho de que pudieran pensar de mí que era un pedante y que allí nadie me reclamaba».[11]

Observe el lector que la actitud de este hombre de letras es la de pedir excusas por no entender el lenguaje científico. Pero en este siglo XXI, el declive de la ciencia es de tal calibre, que ha propiciado el escenario contrario: ahora es el científico —que domina ambos lenguajes— el que tiene que disculparse ante los periodistas o intelectuales de letras si éstos no entienden un mensaje expresado en el lenguaje de la ciencia. Es decir, se avergüenzan los que conocen ambos lenguajes, no los que sólo saben uno. La explicación a esta paradoja se halla en que quien domina el mundo actual es la cultura mediática, que maneja sólo el lenguaje literario y aborrece el científico.

Pero a principios del siglo XX, y en un país tan atrasado como España, científicos como Ferran Tallada, profesor de la Escuela Industrial de Barcelona, escribió esos días extensos artículos en *La Vanguardia* con títulos como «Einstein en Barcelona», «La noción del tiempo y la teoría de la relatividad» o «La contracción de los cuerpos en el movimiento relativo», publicados, respectivamente, los días 4, 13 y 24 de marzo de 1923.

El debate en la prensa era intenso. Y, por ejemplo, el 14 de marzo —un día después del artículo de Tallada—, un relevante científico contrario a la teoría de Einstein, Josep Comas i Solà, escribió una crónica sobre las «conferencias de Einstein». En la prensa de Madrid hubo periódicos que hicieron una cobertura estupenda. El periódico *El Liberal* contrató como periodista para seguir las conferencias al matemático e historiador de la ciencia Francisco Vera. Su magnífica crónica (de la tercera conferencia en Madrid de Einstein) comienza:

> Son las cinco y media de la tarde cuando el cronista se dirige a la universidad. Aunque se ha extremado el rigor de las invitaciones para las conferencias einstenianas, es muy difícil encontrar un sitio vacío

desde mucho tiempo antes de que el creador de la relatividad empiece su lección. Además, las deficientes condiciones acústicas del aula de física dificultan la inteligencia de las ideas de Einstein, cuya voz suave, rectilínea, sin apenas inflexiones, llega muy tenue a los últimos bancos donde se apretujan los rezagados, y el cronista no quiere perder ni una sílaba, porque desde la primera conferencia pudo comprobar que nuestro ilustre huésped sólo emplea las palabras precisas, cada una de las cuales responde a una idea perfectamente definida, palabras de un gran peso específico y de tal modo encadenadas que, una vez perdida una sola, es muy difícil entender el contenido del macizo párrafo de que formaba parte. [...] Una honda preocupación embarga el ánimo del cronista. El profesor Einstein dijo al terminar su segunda conferencia que esta tercera iba a tratar de problemas puramente especulativos y para ello tendría que acudir a los recursos del cálculo diferencial absoluto. ¿Cómo referir a los lectores de EL LIBERAL lo que diga el sabio profesor, sin pasar del discreto límite de una vulgarización?[12]

Vemos cómo el periodista del año 1923 nos describe la atmósfera que rodeó la conferencia. Y esos datos ahora nos son de gran utilidad. Pero también describe, sin problemas, las grandes líneas en las que se basa la teoría y, sobre todo, es capaz de seguir la dura conferencia.

Einstein dice cosas sin modificar el tono de voz, como si no tuvieran importancia; pero el cronista empieza a sentir dolor de cabeza. Rápidamente estudia el campo magnético desde Coulomb hasta Maxwell, escribe las fórmulas de este último, y como el físico inglés sufriera alguna pequeña equivocación, Einstein las corrige, sonriendo, para ponerlas de acuerdo con la teoría general de la relatividad. Nuevas fórmulas vuelven a aparecer en el encerado que, por estar ya bajas, no se ven bien. El conferenciante lo observa y con un rápido movimiento levanta la pizarra. Un bedel acude en su auxilio, pero llega tarde. [...] Ahora habla de átomos, de electrones, de iones y, a partir de este momento, es imposible vulgarizar las expresiones que siguen.[13]

El periodista se excusa por no poder continuar explicando lo que Einstein expone. También matiza la importancia de saber cálculo diferencial para comprender la noticia. Jamás se le ocurre recriminar al físico para que use un lenguaje más literario. El fallo es del periodista o del público, no del científico. Pero en pleno siglo XXI, la actitud, repito, es la contraria: los de letras reprenden a los de ciencias por no usar el lenguaje literario. Puedo asegurar al lector que en estos momentos es imposible encontrar en un periódico generalista español una crónica de una conferencia científica con este nivel. En cuanto al periodismo y la divulgación científica se está peor en la España de 2007 que en la de 1923.

No obstante, es cierto que esta tercera conferencia fue muy dura. La primera fue más accesible y, por ello, los periodistas no dudaron en escribir con lenguaje matemático. Veamos en este caso cómo lo hizo el periódico de la derecha: *El Debate*. Nos detendremos exclusivamente en cómo el periodista usa el lenguaje científico sin el pudor que existiría ahora. Entonces no se afrentaba a nadie por usar ese lenguaje en los medios de comunicación:

> [...] y Einstein comienza su disertación. Con reposado ademán, con segura entonación, con lenta dicción que facilita la comprensión del francés a los oídos no acostumbrados. [...] Después dice que la simultaneidad no subsiste cuando se toma otro sistema inercial en movimiento uniforme respecto al primero, o sea, que la simultaneidad no es absoluta, y, por tanto, carece de sentido si no se expresa el sistema al que está referida. [...] De modo que a cada suceso se hace corresponder cuatro números que lo definen con relación a un sistema k, números que serán las tres coordenadas x, y, z y el tiempo t; a este mismo suceso en otro sistema inercial k' le corresponden otros cuatro números x', y', z',t'. Es fácil demostrar que si exigimos que la ley de constancia de la velocidad en el vacío sea válida en los sistemas k y k', la transformación queda unívocamente determinada y coincide con la llamada transformación de Lorentz. Del estudio de esta transformación pueden deducirse de modo inmediato diversas consecuencias físicas, en especial las relativas al comportamiento de los sólidos y relojes situados respecto al sistema k y vistos desde k'. [...] Minkowski dio un método muy elegante para hallar la forma de las leyes, sin pasar por la transformación, siendo el método empleado por él muy semejante al vectorial usado en la física clásica; en ésta se trata de encontrar ecua-

ciones que no varíen al cambiar de posición el sistema de coordenadas; esta condición no afecta más que al espacio y no al tiempo.[14]

En la segunda conferencia de Einstein impartida en Madrid, el periodista de *El Debate* insiste en no dejar el lenguaje científico e incluso matemático:

> Tomando una porción de superficie infinitamente pequeña se la puede considerar como plana y aplicarle la geometría euclídea y en particular el teorema de Pitágoras; en coordenadas locales la distancia entre dos puntos sería $dS^2 = dX^2 + dX_1^2$. Si tomáramos coordenadas de Gauss. [...] En la relatividad especial la magnitud $ds^2 = dx^2 + dy^2 + dz^2 - c^2dt^2$ referente a dos acontecimientos infinitamente próximos en el tiempo y en el espacio no depende de un sistema inercial de coordenadas; este enunciado es equivalente a la transformación de Lorentz.[15]

¡Fabuloso! Un texto periodístico de un diario generalista incluye, sin necesidad de excusarse, ecuaciones diferenciales en su crónica de un acontecimiento. Puedo asegurar al lector que esto es imposible de encontrar en la actualidad en un periódico español (o, incluso, anglosajón), y menos aún en una crónica o un reportaje; por lo que esta carencia actual revela otra prueba perceptible del declive de la ciencia. Si sólo tuviéramos estos datos, concluiríamos que en 1923 la población española era mucho más culta en ciencias y matemáticas que la de 2007. Pero no estoy seguro de ello. La población española de 2007 tiene mayor nivel académico que la de 1923. De eso no cabe duda. No obstante, con los actuales planes de estudios españoles (y, como hemos visto, también estadounidenses), que desprecian tanto las matemáticas y las ciencias, habría que analizar si ese mayor nivel académico de 2007 se corresponde con un mayor conocimiento científico y matemático de la élite culta española.

Los propios periódicos de la época señalan claramente que, sin matemáticas, lo que resulta es todo menos ciencia. Así, el propio físico Einstein declara a *ABC*:

> Sin una seria preparación matemática, por lo menos la que tienen los ingenieros, no se comprende mi teoría. Hay dos clases de libros so-

bre la relatividad: los que tratan seriamente este problema —y estos libros resultan *terra incognita* para lo que los franceses llaman *le grand public*— y los que pretenden vulgarizar mi teoría y hacerla comprensible para todos. Estos segundos pueden ser interesantes, sensacionales, atractivos, poéticos, todo lo que se quiera... pero no contienen mis teorías.[16]

Es muy interesante esta declaración de Einstein, porque deja claro que lo que no se explica con lenguaje científico, sino sólo con lenguaje literario, no es ciencia. Afirmación que me parece era asumida a mediados del siglo XX hasta que los licenciados en periodismo comenzaron a hacer acto de presencia en los gabinetes de prensa de los organismos de investigación y promovieron una política de convencer a los científicos de que su lenguaje no podía ser divulgado en público (o al gran público).

Quizá sea sólo una hipótesis. Pero de lo que no cabe ninguna duda es de que en 1923 un periodista no era avergonzado por sus jefes ni por la sociedad si incluía ecuaciones diferenciales en sus escritos. ¿Por qué? Tal vez porque en 1923 no existían facultades de Periodismo gobernadas mayoritariamente por profesores de letras que no saben resolver ecuaciones diferenciales y que, por tanto, piensan que ése es un saber muy especializado y sin utilidad para el público. En 1923 no había vergüenza de hablar y escribir en lenguaje científico. Ahora sí.

Einstein dictó sus conferencias en francés y no existía la traducción simultánea. Así que los periodistas de la época escuchaban en francés y en lenguaje matemático y, después, escribían. Tampoco existían gabinetes y comunicados de prensa para facilitar la labor de los redactores. Sin embargo, el resultado de la cobertura de la visita de Einstein fue espectacular. La formación de un periodista español del siglo XXI jamás permitiría el alto nivel alcanzado por algunos periódicos de 1923. Así que, en ese sentido, también en periodismo se ha retrocedido.

No obstante, no todos los periódicos actuaron como *La Vanguardia*, *El Debate* o *El Liberal*. Un diario de similar nivel como *ABC* cambió de estrategia durante la estancia de Einstein. Así, al comienzo, el periódico anunció a los lectores la línea que se iba a seguir: se prefería explicar parte de la teoría correctamente, antes que presentar una «vulgar síntesis del conjunto».[17] Después de la primera conferencia, cambió su actitud: «[La segunda conferencia] resulta absolutamente inaccesible aun para un público de cultura extensa, y creemos sinceramente que un diario no ha de sustituir a las revistas científicas. Un diario de gran circulación no puede hablar de ejes de coordenadas, de formas cuadráticas, de geodésicas, de fórmulas de transformación».[18] Según el editorial del *ABC*, usar el lenguaje científico no enseñaría nada a los expertos ni ilustraría al público. ¿Por qué no?, me pregunto. Tal vez reforzaría la necesidad de incrementar la docencia en matemáticas en la secundaria y en la universidad (como, de hecho, sucedió).

Thomas Glick señala que, en realidad, los periódicos sólo tenían dos opciones: o bien enviar a un reportero corriente, sin especial preparación científica, simplemente para informar de detalles externos, o enviar a un científico para comentar sobre la sustancia de las conferencias.[19] Observe el lector que esta última circunstancia apenas se produce en estos momentos. *El Noticiero Universal* (un periódico de Barcelona) escogió la primera opción y se justificaba de la siguiente manera ante sus lectores: «¿Qué dijo el doctor Einstein? Si difícil le ha sido al profesor resolver el complicado problema de la relatividad, más difícil es aún para el chico de la prensa trasladar a las cuartillas los conceptos que expone el ilustre conferenciante».[20]

Con esta recomendación del director, ¿qué fue lo que hizo «el chico de la prensa»? Pues reportajes y crónicas donde se hablaba de la forma más que del fondo. En el reportaje publicado en *El Noticiero Universal*, el periodista incidía en elementos como que «Einstein habla tan pausadamente que parecía menos un profesor que un estudiante sometido a un examen oral». También describía cómo usaba la pizarra, cómo era su peinado o el «imprescindible» detalle de que «no bebió agua durante su exposición». El lector podrá sonreír, pero estos detalles también son necesarios para humanizar la ciencia. Sin embargo, puedo asegurar que, en estos momentos, aun publicándose más información científica, pocas veces el periodista hace una crónica de una conferencia, así como del ambiente académico —y no tan académico— que rodea todo. Hoy sólo se cuentan historietas con el patrón *Nature*.

Un editorial del director del *Diario de Barcelona* en aquella época, Joan Burgada, exponía el debate periodístico en torno a la divulgación mediática del lenguaje científico.[21] Observe el lector que, al menos, subsistía una mala conciencia —y un debate de ella en la prensa— que en estos momentos ha desaparecido o se considera superado. Ahora todos creen que el lenguaje científico no debe expresarse en los medios de comunicación. Pero en aquella época, al menos, se intentaban justificar.

> Es claro que ello [explicar las ideas de Einstein] impone una misión; pero ésta se reduce a señalar la presencia del sabio y a reseñar modestamente y de modo «oficioso» el desarrollo de sus conferencias. La misión de la prensa, pues, en situaciones como la que se trata, consiste en colocarse en las avanzadas de las masas no para desentrañar la causa, sino para recoger el efecto; no para indagar la sustancia, sino para señalar el fenómeno. Los demás no podemos hacer otra cosa que anotar el «movimiento externo» de esas manifestaciones de una ciencia que dista mucho de pertenecer al dominio común, ni aun al de los intelectuales no especializados. No se trata de un asunto «periodístico», de vulgarización y propaganda, salvo la aportación aislada de algún especialista, porque para ambas cosas necesario es poseer un conocimiento exacto de la materia. Preséntese, además, el problema del tecnicismo, sin el que no hay modo exacto de expresión. No es que en los periódicos no se yerre con frecuencia acerca de las cuestiones más debatidas en sus columnas (política, literatura, sociología y algunas veces filosofía); pero aun erradamente, cabe hablar de ellos con cierta brillantez y deslumbrar a la masa.[…] No se disputa tanto de matemáticas o de ciencias naturales, porque no hay manera de expresarse sin el conocimiento del tecnicismo propio de estas ciencias y que, naturalmente, está reservado a sus pacientes cultivadores.[22]

Este sencillo editorial sintetiza perfectamente mucho de lo analizado en este libro. Es curioso que siendo el periodismo el oficio que persigue desentrañar y explicar las causas de la realidad, se declare incompetente para analizar precisamente el fenómeno que más ha modificado la civilización en los últimos siglos. También habla de lo fácil que es disertar, equivocarse, y aun así, emocionar a las masas cuando se habla, según sostiene Burgada, de política, literatura, sociología o filosofía sin saber de ellas. Y esto también define nuestro período actual de civilización. Desde estos conocimientos —como la política, la sociología o la filosofía— resulta muy fácil y convincente hacer demagogia desde los medios de comunicación, y ello es un valor para la cultura mediática. Pero con la ciencia no resulta fácil, porque ésta se escuda en una de sus mayores virtudes: el tecnicismo, que denomina de forma precisa cada término y evita sinónimos o equívocos. Pero lo que para la ciencia es una grandeza y causa de su avance, para los medios de comunicación es una desgracia, porque el tecnicismo no es susceptible de manipularse tan fácilmente, sobre todo si no se conoce su significado exacto. De forma que con su uso, el posible poder de manipulación queda en los científicos, nunca en el poder mediático.

Por tanto, el tecnicismo es el paraguas protector de la ciencia frente a la demagogia, la charlatanería y la irracionalidad propiciada por la cultura mediática, y el científico jamás debe desprenderse de él, aunque el periodista se lo suplique. El camino para evitar el declive de la ciencia pasa necesariamente por enseñar a los lectores y a los trabajadores mediáticos qué significa el tecnicismo, el vocabulario del lenguaje científico, sin jamás renunciar a él.

Lo he repetido varias veces a lo largo de este libro: la ciencia contada sin tecnicismos (o sin lenguaje matemático o químico) no deja de ser una historieta más que compite al mismo nivel con la magia, los mitos, la literatura de ficción o el guión cinematográfico. Por tanto, pocos querrán aprender un lenguaje que, piensan, no les hace falta para comprender los fundamentos de la naturaleza. La ciencia descrita sin tecnicismos favorece que puedan adentrarse en ella personas que jamás podrán controlar su lenguaje y que, por tanto, al finalizar esas lecturas, puedan ser susceptibles de obtener conclusiones equivocadas. Esto es lo que sucede, a mi juicio, con muchos filósofos, pedagogos, sociólogos o periodistas sin formación suficiente en ciencias naturales, pero que se atreven a disertar sobre ella. Hablan y describen la ciencia desde la petulancia de su formación en letras y, a la vez, desde la ignorancia —y muchas veces el desprecio— del lenguaje de la ciencia. Por eso estos intelectuales son tan peligrosos: son demagogos.

Muchos criticarán que esta posición que defiendo alejará aún más a la gente de la ciencia, pero no estoy tan seguro de ello. Los datos demuestran lo contrario: cuanto más fácil se intenta hacer la comprensión de la ciencia y, sobre todo, cuanto más interviene la cultura mediática en ella —como sucede en estos momentos—, más disminuyen las vocaciones y el interés, tal y como se describe en el primer capítulo. La caricaturización mediática, aunque se haga con el mejor de los propósitos, también puede resultar contraproducente.

En cambio, desde mi punto de vista, el uso del lenguaje científico riguroso en los medios de comunicación, más que alejar engendra, cuando menos, fascinación en el lector analfabeto científico. Y, en el mejor de los casos, propicia un efecto de querer comprender ese lenguaje para llegar a entender sus magníficos resultados. La historia demuestra que no aleja a la población. Así, cuando Einstein visitó España en 1923, las masas lo seguían más que a un torero, un futbolista o un actor, pese al uso —algunos sugieren que abuso— del lenguaje científico matemático en la prensa de masas. El físico era reverenciado, mientras que los que ahora lo son —actores, toreros, deportistas— eran despreciados. Veamos cómo contaban los periódicos de la época la visita de Einstein:

> La multitud espera. Hay que esperar con la multitud. En todo caso el automóvil tiene que pasar por aquí. Aquí atrincheramos nuestro afán informador. [...] Pero la gente ha reconocido a Einstein y los chiquillos nos rodean como gorriones. Los pequeños vendedores de periódicos los exhiben. Llevan en primera plana la recepción a Einstein en la Academia de Ciencias. «Es el sabio», murmuran. Y el sabio corresponde a la admiración de los niños. Les hace muecas, les da golpecitos con su gorra, y se muestra satisfecho cuando les hace reír.[23]

El lector pensará que tal vez se trate de la visita a una Facultad de Física, pero nada más lejos de la realidad. Ésta es la crónica de la excursión que Einstein hizo al Toledo de 1923, una simple capital de provincias, no muy desarrollada, y alejada ya de todos los circuitos científicos avanzados de la época.

Esta expectación popular tiene mayor valor porque hablamos de un momento en el que no existía televisión ni apenas cine. ¿Cómo reconoció la gente a Einstein? Pues porque en aquella época un científico como él salió constantemente en las portadas de los periódicos. El *ABC*, por ejemplo, le dedicó cuatro portadas, con lo que eso supone, pues las «primeras» de este periódico eran —y aún son— fotografías, pero en aquel entonces, en huecograbado, cuya edición suponía un importante gasto de tiempo y dinero. Además de fotografías, se publicaron numerosas caricaturas y viñetas de humor en toda la prensa. Todos querían retratarse con el científico, desde el rey Alfonso XIII hasta los anarcosindicalistas, quienes declararon, tras su encuentro con el físico en Barcelona, que «Einstein era un revolucionario, no sólo de la ciencia». Esas declaraciones desencadenaron un escándalo de tales dimensiones que Einstein tuvo que rectificar: «No soy revolucionario, ni siquiera de la ciencia. Soy un tradicionalista», declaró el 1 de marzo, a su llegada a Madrid procedente de Barcelona.

En la estación de tren se encontró con numerosos periodistas que le esperaban, como ahora sólo harían con un cantante o un personaje de telebasura. Pero hubo algún periodista que se subió en el tren a su paso por Guadalajara para describir incluso el trayecto:

> En Guadalajara tomo el rápido de Barcelona y me pongo en busca del que es ilustre huésped de España y hoy de Madrid. Después de echar una mirada en unos compartimentos lo percibo a través del cristal conversando con su esposa. Tiene el pelo largo y rizado, que ha sido muy negro pero en el cual predominan ya las canas. Su frente es muy alta y combada. Surcan dos arrugas profundas. [...] Sus ojos, oscuros, tienen una expresión melancólica; su mirada es lejana, como acostumbrada a lo infinito. La nariz es hermosa, algo aguileña. Unos bigotes cubren el labio superior. La boca es sensual, muy encarnada, más bien grande; entre los labios se dibuja una sonrisa permanente, ¿bondadosa o irónica? ¿Quién podría definirlo? La tez es tersa, mate, de color moreno claro.
>
> Toco en la puerta. Einstein levanta hacia mí una mirada sorprendida, casi asustada. ¿Habrá sufrido mucho por las indiscreciones de pe-

> riodistas? Entro; me presento, le exhibo el *ABC* de esta mañana, que lleva en primera plana su fotografía. Y sencillamente, sin más preámbulo, se levanta, me da la mano y me invita a sentarme. Es alto (acaso tenga un metro 75 centímetros), ancho de hombros, con la espalda algo encorvada. Siento honda emoción al estrechar esta mano que sobre el misterioso universo ha escrito, desde Newton, las cosas de mayor trascendencia, y al recibir la mirada de este genio, que ha sabido penetrar en los misterios que permanecen opacos y ocultos a los demás hombres. Mientras el tren corre hacia Madrid, Einstein me honra soportando mis preguntas.[24]

Si antes hablaba de usar el lenguaje científico en el periodismo, lo que acaba de leer es literatura en estado puro. Y, en mi opinión, literatura de la buena. Esta descripción es extraordinaria: imposible también de encontrar en el periodismo actual, tan alejado de la realidad y que cacarea sin cesar lo que dicen los gabinetes de prensa o fuentes irrelevantes. Pero lo más importante es que el periodista está encantado de conocer a un científico. Esto hoy día sólo pasaría con un político, un deportista o un actor, jamás con un científico.

Sigamos con más detalles de esta crónica del *ABC*. El periodista, por ejemplo, no lo trata como un friki, como alguien fuera de la realidad, como sucedería ahora, sino con respeto: «¿Tendría usted la bondad de indicar a los lectores de *ABC* los detalles de su vida cotidiana?, le pregunto». La intención es hacer humano al científico y Einstein cuenta que su existencia es como la de cualquier persona: «A veces, cuando me preocupa un problema, no trabajo durante días enteros; me paseo, voy y vengo en mi casa, fumo, sueño y pienso». Pero el periodista del año 1923 que, afortunadamente, no ha leído a Kuhn o a Popper, ni ha estudiado en facultades de Ciencias Sociales o de Periodismo, ni ha visto mucho cine, ni conoce la televisión, quiere unir la ciencia con el arte y la literatura. Dar la imagen a la opinión pública de que un hombre de ciencia es alguien también interesado en otros aspectos de la cultura. «¿Tiene usted tiempo para ocuparse de literatura, de arte, de música? ¿Es cierto que es usted un excelente violinista?», le pregunta el periodista en esta crónica del *ABC*. Einstein, con modestia, contesta: «Hombre, le diré:

me gusta mucho la música y toco, en efecto, casi diariamente, el violín. Pero, excelente violinista...». Según las noticias de la época, Einstein se atrevió incluso a dar un pequeño concierto público de violín en Madrid. Luego el periodista le interroga: «¿Cuáles son sus músicos preferidos?». «Bach y Mozart», contesta el físico, a lo que el redactor le responde: «¿Y sus poetas preferidos?» «Shakespeare y Cervantes. Leo muy a menudo el *Don Quijote* y también las *Novelas ejemplares*. Cervantes me gusta de una manera extraordinaria; tiene un humor encantador, al cual se suma uno involuntariamente. También me gusta la literatura rusa, ante todo Dostoiesvski. Y de sus novelas pongo en primer lugar *Los hermanos Karamázov*. En cuanto a la pintura, me interesa, desde luego, pero aún más me interesa la arquitectura.»[25]

Todo ello nos da un perfil de un científico humanista, interesado en la ciencia, pero también en la música y la literatura. Hoy, posiblemente, también sea así, pero el paradigma dominante en la cultura mediática establece que eso no corresponde con la imagen que se enseña en las facultades de Letras y Ciencias Sociales sobre cómo debe ser un científico. No concuerda tampoco con el arquetipo cinematográfico. Y, por tanto, los periodistas jamás harían ahora preguntas como las publicadas en 1923. Dudo incluso que Einstein fuera hoy tan famoso como entonces. En una época de declive de la ciencia como la actual, la imagen mediática de un científico se correspondería más con Stephen Hawking: alguien tetrapléjico, con la cara deformada y hablando de forma no humana (como un robot) desde una silla de ruedas. Hawking ni siquiera es premio Nobel, pero para los medios representa la imagen del perfecto científico y, sin duda, por ello es el más famoso en la cultura mediática. No estoy capacitado para saber si Hawking se merece el Nobel de Física, pero sí puedo asegurar que, en el caso de que se lo concedieran, obtendría más cobertura mediática que la que jamás haya disfrutado ningún otro físico o químico en la historia del galardón.

Ni que decir tiene que el recibimiento en Atocha a Einstein fue apoteósico, tanto de público como de periodistas, sólo comparable hoy día al de un actor, un deportista o un torero. En este cambio de tendencia también se observa un claro declive de la ciencia.

Toda la estancia de Einstein fue minuciosamente descrita y valorada en la prensa. Desde las conferencias hasta sus actos sociales. Los sueltos describen veladas como el «té de honor» que le ofrecieron los marqueses de Villavieja y al que acudió «toda la intelectualidad madrileña». Las crónicas coinciden en «la unión de la aristocracia de sangre y de la inteligencia». Las salas de conferencias estaban abarrotadas y constituía un gran honor poder escucharle. Esas conferencias fueron pagadas a precio de oro: 3.500 pesetas cobró Einstein por las tres charlas de Madrid. Ese dinero era el sueldo de un profesor universitario durante todo un año. Hoy, ese esfuerzo económico sólo se haría para contratar a un futbolista.

Todo esto lo cuento para demostrar que el uso del lenguaje científico no tiene necesariamente por qué alejar a la opinión pública de la ciencia. Incluso en el caso de la teoría de la relatividad que, en comparación, es casi tan difícil de entender como el lenguaje literario de Joyce. Sin embargo, no se puede repudiar ese lenguaje. Algunos críticos literarios sugieren que el *Ulises* de Joyce, considerada por muchos como la novela moderna más influyente, se inspira en la relatividad para introducir técnicas de pluralidad de perspectivas y distorsiones espacio-tiempo en el discurso narrativo.[26] Es decir, hasta para ser escritor puede ser muy interesante adentrarse en la física.

Lo que demostró el empleo del lenguaje matemático en el periódico fue, por ejemplo, que muchos ingenieros españoles quedaron avergonzados de no entender las matemáticas que aparecían en la prensa. Fue la primera vez —y quizá la única— en la que en España se observó que los licenciados en matemáticas y en física sabían más ciencia que los ingenieros, una obviedad en esa época en todos los países anglosajones avanzados.

Se potenciaron los estudios en ciencias exactas y, a la vez, se introdujeron más materias de ciencias en las ingenierías. Se vio la necesidad de que los que impartieran física y matemáticas en ingeniería fueran licenciados en esas disciplinas —como ocurría en el resto de los países desarrollados— antes que ingenieros o militares, como solía hacerse hasta entonces en la rezagada España. En otras palabras, el uso del lenguaje matemático en el periódico influyó para que las autoridades académicas se dieran cuenta del atraso. ¿Es tan perjudicial introducir una ecuación o una fórmula química? ¿Resulta tan negativo que el gran público se familiarice con este lenguaje? Si los científicos divulgadores y los periodistas científicos se empeñan en ocultar el lenguaje científico a la sociedad, ésta creerá, en el peor de los casos, que es algo vergonzante. En el mejor: que no es necesario conocerlo para comprender la ciencia. Y, por tanto, que no es necesario enseñarlo en la escuela. ¿Para qué aprender a resolver ecuaciones o a formular químicamente si todo se entiende sin ese lenguaje?, se preguntan los jóvenes.

Cruzamos el puente: desde la ciencia a la literatura

Hasta ahora he sugerido que debería insertarse el lenguaje científico en la divulgación, incluida la que hacen los medios de comunicación. Esto no quiere decir que se desprecie el lenguaje literario. Como he comentado, el lenguaje científico no es traducible al literario, ni el literario al científico. Por tanto, ambos deben coexistir en un buen texto científico porque son complementarios. Por eso la civilización los ha creado a ambos. Sin embargo, los investigadores son reacios a introducir elementos del lenguaje literario en sus informes técnicos y, desde mi punto de vista, esto también lo considero un gran error.

Ya he abordado cómo Galileo y Darwin usaban recursos literarios, no en libros de divulgación, sino en su propia obra científica. Ésta debe tener un equilibrio entre ambos lenguajes. En las últimas décadas, los medios de comunicación —y algunos profesores e intelectuales— han hecho creer a los científicos que hay dos culturas: una de letras y otra de ciencias. Ya he analizado cómo eso no es cierto, puesto que a la mayoría de los científicos se les dan mejor las letras en el bachillerato que a los que eligen letras. Es decir, los científicos son gente de ciencias y también de letras.

Los intelectuales de ciencias deben recordar estas experiencias de su bachillerato para convencerse de que ellos tenían (y, por tanto, pueden conservar) mejores capacidades para las letras que los que eligieron letras. Tal vez no ganarán un Nobel de Literatura. Aunque alguno lo ha logrado, como el propio Bertrand Russell, que era matemático y obtuvo el Nobel de Literatura. En España tenemos el caso del catedrático de física matemática José Echegaray, cuyas obras teatrales eran un éxito seguro de taquilla, que ganó el Nobel de Literatura en 1904. No creo que sea fácil que un escritor con bachillerato de letras gane el Nobel de Física.

Echegaray se avergonzaba de vivir en un país como España en el que, a principios del siglo XX, ganaba más un literato que un matemático. A principios del XXI, la situación es por supuesto mucho peor que entonces: ahora gana más un guionista, un presentador o un concursante de telebasura que un literato, y éste más que un matemático. En sus memorias, Echegaray, pese a haber ganado el Nobel de Literatura, se excusa por tener que acudir a la literatura para poder sobrevivir:

> Las matemáticas fueron, y son, una de las grandes preocupaciones de mi vida; y si yo hubiera sido rico o lo fuera hoy, si no tuviera que ganar el pan de cada día con el trabajo diario, probablemente me hubiera marchado a una casa de campo muy alegre y muy confortable, y me hubiera dedicado exclusivamente al cultivo de las matemáticas. Ni más dramas, ni más argumentos terribles, ni más adulterios, ni más suicidios, ni más duelos, ni más pasiones desencadenadas, ni, sobre todo, más críticos; otras incógnitas y otras ecuaciones me hubieran preocupado. Pero el cultivo de las Altas Matemáticas no da lo bastante para vivir. El drama más desdichado, el crimen teatral más modesto, proporciona mucho más dinero que el más alto problema de cálculo integral. Y la obligación es antes que la devoción, y la realidad se impone, y hay que dejar las matemáticas para ir rellenando con ella los huecos de descanso que el trabajo productivo deja de tiempo en tiempo.[27]

Sánchez Ron recuerda que Echegaray es, para muchos, el mejor matemático español del siglo XIX, aunque se pregunta si acaso pudo haber tenido repercusión internacional suficiente como para haber pasado a la historia de la ciencia de no haber vivido en un país como España, que apenas pagaba a sus científicos y, por tanto, tuvo que dedicar el mejor de su tiempo a la literatura.[28]

Resulta muy difícil contestar a esa pregunta. Y, desde luego, no estoy sugiriendo que los científicos dejen la ciencia para dedicarse a la literatura, al cine o el periodismo. Sólo señalo que frente al estereotipo que manejan los de letras, de que los científicos naturales sólo son de números y que jamás serán buenos en el campo literario (o al menos, no mejores que ellos), afirmo que no existe ninguna evidencia de ello. Es más, todo sugiere lo contrario: alguien con bachillerato y licenciatura de ciencias o ingeniería tiene, en general, más herramientas para ser un buen escritor o cineasta que quien sólo haya estudiado letras.

Uno de los mejores periodistas de todos los tiempos, Norman Mailer, se licenció primero en ingeniería por Harvard. Dos de sus novelas: *Los desnudos y los muertos*, y su primer éxito, *La canción del verdugo*, han quedado como dos de las novelas indiscutibles del siglo XX. En el lado hispano también tenemos a otro periodista y fenomenal novelista, Ernesto Sábato, quien primero se licenció en física —y amplió estudios, entre otros, con Irene Juliot-Curie— antes de publicar su novela *El túnel*, otra joya literaria del XX. Por tanto, mi consejo para los científicos es que, sin dejar de hacer ciencia (que es más importante para el futuro de la humanidad que la literatura o el cine), deben integrar el lenguaje literario en la obra científica para que sea aún más rica.

¿Cómo pueden empezar los científicos a retomar su vena literaria? En primer lugar, no sintiéndose avergonzados de ser personas y darle «humanidad» a su trabajo. Así de simple. Uno de los peores defectos de los científicos es el uso del estilo impersonal, que se consigue mediante el empleo de la tercera persona del singular y las distintas formas de construcción pasiva que ocultan sujetos de las oraciones. «Este estilo impersonal es utilizado porque refuerza la impresión de conferir al artículo un halo de objetividad.»[29] Yo creo que el estilo impersonal proviene de que quien redacta el artículo científico suelen ser personas pagadas para ello, y no el propio investigador, tal y como hemos visto en el capítulo de las revistas de impacto.

Pero no hay nada malo en demostrar y exponer que la ciencia es una actividad humana; en contar las vicisitudes, las impresiones, los sentimientos que han inspirado al científico mientras realizaba su experimento. Como el lector habrá observado a lo largo de este libro, en mi caso no me he privado de contar cómo iba desarrollando la investigación: pequeños detalles y anécdotas que la contextualizan y la transforman en una actividad humana.

El éxito del periodismo y la literatura, no lo olvidemos, radica en que han dado con las claves para que leer sea un placer, ¿por qué no usarlas en ciencia? Recuerden: «Una noticia debe competir con una tostada y un café. Si gana la noticia y se enfría el café, se ha hecho un buen trabajo de redacción y selección periodística». ¿Por qué no puede ser un placer leer una comunicación científica? ¿Por qué no exponerla en forma de diálogo como hizo Galileo? ¿Es eso una herejía?

Alguien puede responder que un científico serio jamás introduciría elementos literarios y valoraciones personales en una comunicación científica. Es cierto. Ahora nadie los incluye, pero a principios de siglo aún se hacía, y en nada desmerecía el contenido de las comunicaciones. Analicemos, como ejemplo, las actas de un congreso científico internacional celebrado en Amsterdam en 1907. Uno de los ponentes escribía en su comunicación recogida en el libro de actas:

> Según costumbre de certámenes semejantes, en el mismo local se organizaron comités de recepción y centros muy bien servidos de información. [...] Lo más curioso de esta exposición fue una colección de publicaciones antiguas sobre enfermedades mentales y medios de contención y tratamiento de los vesánicos. Según era de presumir de la noble hospitalidad y legendaria cortesía holandesa, fuimos todos, y singularmente los extranjeros, objeto de una acogida afectuosa y cordial, desviviéndose los organizadores por hacernos agradable nuestra estancia en el húmedo y desapacible país de los canales; y al objeto de festejarnos, organizáronse banquetes en el palacio del Burgomaestre, espectáculos en los teatros, jiras por el Juigdessel y a la Universidad de Leiden, visitas a La Haya y a modernos asilos de alienados.[30]

Esto es una crónica periodística en toda regla, e introduce algunos elementos literarios muy interesantes. Alguien podría argumentar que, seguramente, se trata de un ponente de cultura de letras que se entretiene más en la forma que en el fondo. O, en el mejor de los casos, de un científico de escasa vocación sin resultados interesantes que exponer. Quien piense así está equivocado: esta comunicación está escrita por el mejor científico español de la ciencia moderna: Santiago Ramón y Cajal. El hecho de que describa elementos ambientales, que son un recurso retórico-literario, en nada desmerece el máximo rigor científico de su comunicación sobre «la degeneración de los cilindros-eje en el cerebro y cerebelo».[31]

> La degeneración traumática de los cilindros-ejes de proyección de los centros, cuando la interrupción yace a distancia, es decir, en plena sustancia blanca, no se limita a la vecindad de la herida, sino que se prolonga a menudo sobre una gran extensión del tejido nervioso, sano o casi normal. Existe, por consiguiente, en las vías nerviosas centrales interrumpidas, como en los nervios cortados: una *degeneración trófica* que recae en el segmento periférico o porción aislada del cilindro-eje; una *degeneración traumática* que se propaga sobre un trayecto a veces considerable en el cabo central, y, en fin, una porción indemne o normal del cabo central situada en la inmediación de la célula de origen.[32]

Toda esta investigación de Ramón y Cajal es muy interesante y fue la que le otorgó fama y reconocimiento científico mundial, incluido el premio Nobel. No obstante, los datos científicos de esa comunicación ya no son tan relevantes. No creo que ningún neurobiólogo actual acuda a ella para informarse antes de realizar una investigación. Sin embargo, este tipo de comunicación está repleta de riquezas y matices y, un siglo después, muchos la seguimos releyendo para conocer algo de la historia de la ciencia. Ahora ya no son imprescindibles sus datos científicos. Curiosamente, lo que ha resistido al paso del tiempo es lo que los científicos actuales consideran superfluo en el texto de la ponencia: la descripción de ambientes, situaciones, discusiones, impresiones y opiniones. No se trata de rebajar el rigor en lo científico. Lo que sostengo es que además del rigor, hay que introducir, cuando se pueda, el lenguaje literario.

> Aprovechando nuestra estancia en Amsterdam, tuvimos el gusto de visitar y de estudiar las instituciones docentes de las universidades holandesas relacionadas con la especialidad científica a que consagramos nuestros afanes. Pronto echamos de ver que si, bajo ciertos aspec-

tos, nos son superiores los laboratorios, museos y clínicas de los Países Bajos y tienen mucho bueno que imitar y que admirar, bajo otros respectos no han llegado aún al progreso y perfección suma con que se enorgullecen las grandes universidades inglesas o alemanas. Esta consideración, así como la relativa proximidad entre Amsterdam y Berlín, la graciosa invitación del ilustre Dr. Oskar Vogt, que dirige en la capital prusiana el laboratorio neurológico más importante del mundo [...] impulsáronnos a coronar nuestro viaje de instrucción con una visita al célebre Instituto neurobiológico de Berlín.[33]

¿Qué vio Cajal en ese instituto de Berlín? ¿Cómo se desarrollaban allí los protocolos de investigación? ¿Tenían noticia de los trabajos españoles? ¿Con qué aparatos contaban? ¿Cómo recibió el matrimonio Vogt a la delegación española? Todas las respuestas son interesantes y sugiero al lector que continúe la lectura de la magnífica comunicación de Cajal para aquel lejano congreso.

El discurso científico actual ha suprimido todo lo que no es un dato técnico y se ha convertido en inhumano. Queriendo ganar, ha perdido porque no llega ni a los especialistas. Sin embargo, el buen discurso debe estar influenciado, como la buena retórica, por el encanto que poseían los escritos de los primeros científicos. No olvidemos que los libros de Galileo o Darwin fueron de los más vendidos de su época y ninguno renunció al alto lenguaje científico. Por eso sus ideas permearon en todas las capas intelectuales. No estoy seguro de que suceda lo mismo con Stephen Hawking. No sobreviene una catástrofe a la ciencia porque en su discurso científico aparezcan elementos que recreen el ambiente, las ilusiones, las anécdotas y todo lo que la rodea.

Umberto Eco considera que todo conocimiento, incluido el científico, tiene que aprenderse también a través de historias, no exclusivamente con definiciones precisas.

Una extendida creencia sostiene que las cosas se conocen por su definición. En ciertos casos, es verdad, como ocurre con las fórmulas químicas, porque ciertamente saber que algo tiene NaCl ayuda, al que sabe algo de química, a entender que debe ser un compuesto de cloro y sodio, y probablemente —aunque la definición no lo diga explícitamente— a pensar que se trata de sal. Pero la definición química no nos dice todo lo que de la sal deberíamos saber (que sirve para conservar y dar sabor a la comida, que hace subir la presión, que se extrae del mar o de las salinas y que, en los tiempos antiguos, era mucho más cara y preciada que hoy). Para saber todo lo que sabemos de la sal o para saber lo que en el fondo necesitamos saber (dejando perderse quizá los demás detalles), lo aprendemos no tanto de escuchar definiciones, sino historias. Historias que, para los que de la sal quisiesen saberlo relativamente todo, se convierten en maravillosas novelas de aventuras, con las caravanas que circulan por la vía de la sal del desierto, entre el Imperio de Malí y el mar, o las aventuras de los médicos primitivos que, con agua y sal, lavaban las heridas. En otras palabras, nuestro saber (incluso el saber científico y no sólo el mítico) está tejido de historias.[34]

Laplace, a quien muchos consideran el Newton francés, al margen de sus fundamentales investigaciones sobre física y matemáticas, escribió un libro, *Exposición del sistema del mundo* (1796), en el que compilaba todo lo que la ciencia sabía hasta ese momento. Ese libro no sólo consolidó la ciencia en el siglo XIX, sino que propició muchas vocaciones científicas. El libro influyó, no tanto por lo que dice sino por cómo lo dice, difundiendo entre la población las ideas científicas. Obviamente, usó el lenguaje científico riguroso, pero también el literario. Veamos cómo comienza su libro y responda el lector si no le dan ganas de continuar leyendo:

> Si durante una noche clara y en un lugar donde se pueda ver todo el horizonte contemplamos el espectáculo de los cielos, lo veremos cambiar en cada momento. Las estrellas surgen o desaparecen. Algunas empiezan a mostrarse por el este, otras desaparecen por el oeste. Otras, como la estrella polar y la Osa Mayor, nunca tocan el horizonte de nuestra región...

También en nuestro ámbito hispano tenemos a Juan Luis Arsuaga. Si en páginas anteriores he criticado a Arsuaga por su celo en acatar la dictadura de la revista *Nature*, ahora debo elogiar su capacidad para «vender» al gran público su ciencia. Uno de sus libros, que Arsuaga escribió junto a Ignacio Martínez, *La especie elegida*, fue un éxito de ventas: número uno en la lista de los más vendidos durante varios meses, pero, sobre todo, ha introducido a muchos en una ciencia como la paleontología. El libro es riguroso. Es científico. Sin embargo, descubramos cómo Arsuaga y Martínez comienzan el primer capítulo:

> La pequeña Lucy caminaba penosamente por la sabana africana. Generaciones de esfuerzo continuado habían permitido que este tipo de locomoción llegara a sustituir la forma cuadrúpeda de marchar de sus antepasados. Cargada con un hijo en brazos, se sentía desfallecer mientras se acercaba al grupo de acacias espinosas que se divisaban al fondo, bajo el tórrido sol tropical. Con su pequeña estatura, apenas superior a un metro, y sus menos de treinta kilos de peso, sólo su astucia le había permitido esquivar a los depredadores. Carecía de instrumentos de piedra. Había pasado un millón de años desde que sus antepasados, los primeros homínidos, decidieron abandonar la protección del bosque y adentrarse en las sabanas que se extendían cada día más y más, a favor del gran cambio climático que se estaba produciendo. Sus parientes, los antepasados de chimpancés y gorilas, habían preferido la seguridad del bosque y allí permanecerían para siempre. Porque el destino pertenecía a los audaces, a quienes desafiaran los peligros de los medios abiertos. Algún día éstos evolucionarían, desarrollarían sus cerebros y sus inteligencias, fabricarían toda clase de instrumentos, descubrirían el fuego y ahuyentarían para siempre al león, al leopardo y a la hiena. Finalmente conquistarían el mundo. Todo eso si Lucy y su pequeña criatura sobrevivían y se unían al pequeño grupo de australopitecos que aguardaban en el bosquecillo, y que constituían el futuro de la humanidad. Lucy tenía literalmente nuestro futuro en sus piernas.

El relato es brillante. Todos los datos son científicos, incluido el nombre de la protagonista.[35] Pero están ensamblados de manera literaria y eso se nota. El lector se engancha y querrá averiguar qué le pasa a Lucy. Sabemos el desenlace: Lucy tuvo suerte. Pero como en las novelas policíacas queremos conocer la trama y, en esa trama, está la historia de nuestra especie. Podría ser como una novela histórica bien ambientada. Pero justo en este punto, los científicos españoles abandonan el estilo literario y piden excusas al lector por utilizarlo. ¿Por qué? Galileo no pidió excusas con su *Diálogo*. El libro de Arsuaga y Martínez es interesante, pero me temo que para gente que ya esté iniciada *a priori*. La literatura debe ser una herramienta, no una vergüenza.

Los paleontólogos, no obstante, son los científicos que más están recurriendo a la literatura. El propio Arsuaga se ha hecho novelista. Tal vez porque su ciencia no deja de ser la narración de una historia, la humana. Y no hay nada más literario que contar una historia, sobre todo si relata cómo un humano ha desvelado por qué pasan las cosas. En paleontología, Misia Landau ha llamado la atención sobre las relaciones entre los nombres propuestos a las teorías científicas sobre la evolución humana y la literatura mitológica o religiosa.[36] Resultan curiosas las resonancias bíblicas de muchas hipótesis científicas como la «hipótesis de la Eva negra» o la «hipótesis del Arca de Noé».

Otras veces los paleontólogos buscan deliberadamente llamar la atención de la sociedad utilizando recursos tales como denominar a una hipótesis científica con el nombre de una película famosa. Éste es el caso de la «hipótesis Out of Africa» (el original en inglés de *Memorias de África*, película muy aclamada, sin contenido científico, interpretada por Robert Redford y Meryl Streep). Otra hipótesis evolucionista tiene el curioso nombre de «East Side Story», emulando el título del famoso musical convertido en la película *West Side Story*. Nuestro Arsuaga también tiene su sitio con su «pelvis de Elvis», de la que ya he hablado.

Cuando los de letras divulgan la ciencia

Este dominio del lenguaje literario favorecerá que los científicos expresen ideas en los medios de comunicación que no necesariamente tienen que ver con la ciencia. Y, como sostenía en los primeros párrafos de este capítulo sobre las soluciones al declive, propiciará que puedan liderar el debate público sobre elementos que van más allá de la propia ciencia. Los científicos no pueden considerar que su única obligación es producir artículos en los laboratorios. Al comienzo de este libro he mencionado que una de las causas por las que había elegido ir a la LSE era porque me había enterado de que Bertrand Russell (1872-1970) había enseñado allí, lo cual me parecía una garantía, porque representa lo que yo creo que debe ser un intelectual de ciencias: estudió matemáticas, física y humanidades en Cambridge. Y, obviamente, no se matriculó en la época del Renacimiento.

Su contribución a las matemáticas del siglo XX es muy importante. Sin embargo, también sacó tiempo para abordar el método científico, la influencia de la ciencia en la sociedad o cómo mejorar la enseñanza. Pero no se quedó ahí: escribió maravillosos ensayos que iban desde «el elogio de la ociosidad» hasta su *¿Qué hace desgraciada a la gente?* Abordó temas que abarcaban desde la sexualidad y la familia a la relación entre la arquitectura y los problemas sociales. Desde el «miedo a la opinión pública» o la «envidia» hasta el socialismo, el comunismo o el fascismo. Y, no lo olvidemos, su estilo literario mereció el Nobel de Literatura. ¿Por qué ahora sólo hablan del socialismo o de la felicidad periodistas, politólogos, psicólogos o sociólogos? ¿Por qué no un matemático, un químico o un geólogo?

Desde mi punto de vista, otro de los grandes logros de Russell fue que consideró que con el pensamiento racional no sólo se puede llegar a la verdad —a eso ya habían llegado muchos antes que él—, sino que, sobre todo, con la razón se puede alcanzar la felicidad. Por ello, una de mis obras preferidas de Russell siempre ha sido *La conquista de la felicidad*,[37] un pequeño librito que, frente a los impresentables panfletos de autoayuda actuales, tiene al menos la garantía de que su autor era uno de los mayores pensadores del siglo XX.

La conquista de la felicidad fue, de hecho, un libro que leí en COU, con apenas diecisiete años, que me recomendó mi profesor de matemáticas. Además de explicar los tres grandes bloques del temario —álgebra, geometría y cálculo diferencial— todos los días mi profesor desgranaba algo del libro para demostrar que el pensamiento racional es muy útil en todas las facetas de la vida. El contenido del libro y su análisis también caía en el examen, así que en la misma hoja había ecuaciones y filosofía. Reconozco que era un auténtico lujo —al alcance de muy pocos en España— que un matemático explicara filosofía. También fue una suerte poder estudiar aquel bachillerato de los ochenta, cuando aún los pedagogos no habían inundado los institutos públicos y sus profesores gozaban de libertad de cátedra, de pensamiento y de actuación.

La comparativa con la situación actual de los profesores de secundaria también pone de manifiesto cierto declive de la ciencia. Con toda probabilidad, es casi seguro que en una época dominada por el declive de la ciencia como la actual, pocos profesores sugieran leer a Russell en estos momentos. Reproduciré, no obstante, unas líneas de ese libro, en concreto las ideas de Russell sobre con qué trabajo se consigue la felicidad. Los siguientes párrafos son importantes porque demuestran, en mi opinión, la gran trascendencia que tiene que los propios científicos escriban sobre cualquier aspecto de la sociedad.

> La satisfacción que produce el éxito de una gran empresa constructiva es una de las mayores que se pueden encontrar en la vida, aunque por desgracia sus formas más elevadas sólo están al alcance de personas con aptitudes excepcionales. [...] Los grandes artistas y los grandes hombres de ciencia hacen un trabajo que es un placer en sí mismo; mientras lo hacen, se ganan el respeto de las personas cuyo respeto vale la pena, lo cual les proporciona el tipo más grande de poder, el poder sobre los pensamientos y sentimientos de otros.[38]

No obstante, Russell matiza y explica que el arte no da la felicidad: «La capacidad de producir grandes obras de arte va unida con frecuencia, aunque no siempre, a una infelicidad temperamental tan grande que, de no ser por el placer que el artista obtiene de su obra, le empujaría al suicidio».[39] La conclusión de Russell es que el científico es el que más probabilidades tiene de ser feliz en su trabajo: «En cambio, los hombres de ciencia suelen tener un temperamento menos propenso a la desdicha que el de los artistas, y, por regla general, los grandes científicos son hombres felices que deben su felicidad principalmente al trabajo».[40]

Una de las curiosidades que resultan de releer a Russell es su opinión de que, a su juicio, sí existe una profesión que claramente jamás otorgará la felicidad, y esa dedicación es el periodismo:

> Una de las causas de la infelicidad entre los intelectuales de nuestra época es que muchos de ellos, sobre todo los que tienen talento literario, no encuentran ocasión de ejercer su talento de manera independiente y tienen que alquilarse a ricas empresas dirigidas por filisteos que insisten en hacerles producir cosas que ellos consideran tonterías perniciosas. Si hiciéramos una encuesta entre periodistas de Inglaterra y Estados Unidos, preguntándoles si creen en la política del periódico para el que trabajan, creo que comprobaríamos que sólo una minoría contesta que sí; el resto para ganarse la vida, prostituye su talento en trabajos que ellos mismos consideran dañinos. Este tipo de trabajo no puede proporcionar ninguna satisfacción auténtica; y para reconciliarse con lo que hace, el hombre tiene que volverse tan cínico que ya nada le produce una satisfacción sana.[41]

Es obvio que la lectura de estos párrafos en un alumno de bachillerato puede condicionar su elección entre ciencias o periodismo a favor de las primeras como, de hecho, sucedió en mi caso. El libro fue publicado en 1930 —muy reeditado en España en los ochenta— y, sinceramente, creo que las condiciones laborales del trabajo científico en estos momentos pueden propiciar también bastante infelicidad entre algunos científicos, sobre todo en los jóvenes y brillantes. Pero los científicos jamás sufrirán el cinismo corrosivo que afecta a los periodistas tanto en aquella época como, sobre todo, en la actual.

¿Qué sucede cuando los científicos dejan de escribir este tipo de textos filosófico-morales y se encierran en sus laboratorios? Pues que los de letras no sólo hablarán de filosofía o moral, sino incluso también de ciencia, con el peligro que ello implica. Este libro de Russell refleja, sin duda, otra prueba del declive de la ciencia, sobre todo si lo comparamos con su libro-sucesor —al menos en España—, el éxito de ventas de Eduardo Punset, *Viaje a la felicidad: las nuevas claves científicas*,[42] publicado en 2005.

Punset jamás ha ejercido la ciencia y ni siquiera la ha estudiado en la universidad (es licenciado en economía y en derecho). Tras su jubilación en ambas profesiones —fue también político—, observó que los científicos españoles no divulgaban la ciencia en los medios y, a través de sus contactos en TVE, se lanzó a dirigir el programa *Redes*. ¿Por qué eso no se le ocurrió a un catedrático de ciencias jubilado? ¿Por qué la televisión pública confió en un abogado-economista para su principal —y único— programa de ciencias naturales?

La lectura del libro de Punset refleja el grave daño que personas sin experiencia ni formación científica pueden hacer a la ciencia si opinan sobre ésta en los medios de comunicación. En primer lugar, porque ataca la racionalidad y el pensamiento racional de Occidente (rechaza, en este sentido, al mismísimo Platón) y defiende la emotividad como algo racional. Punset comete fallos científicos graves. Desde las primeras páginas del libro ya señala: «Los descendientes de aquellos moradores de Atapuerca de hace medio millón de años, a los que delataban como viejos sus ojos empequeñecidos y la nariz agrandada por el retraimiento de la epidermis al consumirse la vida a los treinta años, disponen ahora de otros cincuenta inéditos. Por primera vez en la historia de la evolución, los descendientes de aquellos moradores tienen futuro aquí y ahora».[43]

Un párrafo muy literario, pero errado científicamente. Primero porque Atapuerca reúne varios tipos de homínidos. La mayoría de las evidencias científicas obtenidas hasta el momento prueban que la especie humana que habitó allí hace medio millón de años —los neanderthales— se extinguió totalmente. Aquel hombre de Atapuerca de hace medio millón de años y el actual tienen un antepasado común, al igual que el hombre y el mono tuvieron un antepasado común. Pero el hombre actual no es descendiente ni del mono, ni del hombre de Atapuerca al que se refiere Punset. Desde el punto de vista científico la diferencia entre ambos conceptos es abismal.

No es objeto de este libro seguir enumerando todos los errores científicos de Punset. Que se equivoque o malinterprete los conceptos era de esperar, porque Punset no es científico. Sin embargo, lo realmente grave es que ni siquiera entiende el método científico (porque nunca ha tenido que diseñar un experimento en ciencias naturales), llegando a afirmar unas páginas más adelante: «En la actualidad, el consenso científico apunta en la dirección opuesta, refrendada por John Bonner, profesor emérito de ecología y biología evolutiva en la Universidad de Princeton».[44]

¿El consenso científico? Ya puestos, Punset podría haber aclarado si para lograr ese consenso hubo votación o sólo pacto de caballeros. ¡Cómo se nota que Punset es de ciencias sociales y, por tanto, idolatra a Kuhn! En ciencia, como he repetido decenas de veces en este libro, no existe ni el consenso ni la jerarquía. El consenso y la jerarquía en la época de Galileo era que la Tierra estaba en el centro del universo. Pero, porque hubiera consenso, no lo convertía en verdad científica. Todos los científicos de la Tierra podrán reunirse mañana y consensuar que está en el centro del sistema solar. Habrá consenso, pero no será la verdad. En ciencia sólo existe la verdad obtenida de experimentos empíricos reproducibles y, sobre todo, de resultados capaces de hacer predicciones ciertas.

Punset, además, tiene un inconveniente añadido que aviva el declive de la ciencia: la opinión pública lo toma como serio. O, al menos, más serio que Iker Jiménez o J. J. Benítez, ambos licenciados en ciencias de la información. La formación en ciencias naturales de los tres es similar. ¿Por qué Punset lo iba a hacer mejor? Pero parte de la sociedad pone una barrera a lo que puedan contarle Jiménez o Benítez. Esa barrera no existe con Punset, que puede deslizar más fácilmente pensamientos anticientíficos. El hecho de que incluya declaraciones de científicos no tiene que implicar que el contenido sea científico. Una verdad a medias o mal traducida es la peor de las mentiras.

¿Es consciente Punset de su daño a la ciencia? Posiblemente, no. Al contrario: creerá que está haciendo un trabajo loable. La osadía del ignorante siempre ha sido muy grande. No critico a Punset, aunque sí a la televisión pública por venderlo como alguien que sabe de ciencia. Pero sobre todo critico a los científicos españoles por no haber dado el paso de sustituirle. Los científicos actuales —sobre todo en España, pero también en el resto del mundo— están demasiado ensimismados, y eso puede perjudicar a la ciencia.

El científico también se ha hecho demasiado cómodo y, en mi opinión, la ciencia no debe ser una actividad cómoda. Debe ser beligerante y atractiva. El científico debe aspirar a liderar el debate de la comunicación de la ciencia, pero también el debate social e incluso lograr convertirse en icono mediático. Es curioso que el icono actual del cambio climático sea Al Gore —un político y abogado—, y no un premio Nobel de Química o Física. ¿Por qué ocurre eso?

El declive de la ciencia se percibe en que se echa en falta gente como Russell, un científico comprometido también con su mundo. Alguien que vivió una lucha intelectual intensa y nada cómoda. Fue expulsado de las universidades estadounidenses porque los rectores consideraron sus escritos «demasiado liberales, permisivos, tolerantes y un ataque a la moralidad establecida» y fue encarcelado en Gran Bretaña por su descarado activismo en contra de la guerra y el armamentismo. Fue alguien que ejerció su influencia en todos los ámbitos, sobre todo en los años treinta, cuarenta y cincuenta. Su defensa de que la racionalidad es el mejor camino para entender los problemas del mundo pudo estar también en la causa de por qué en los años cincuenta y sesenta la ciencia vivió su edad de oro. Él jamás se encerró en sus pizarras o laboratorios con sus teoremas. Los usó para explicarle al mundo cómo había que estudiarlo y vivirlo y, a mi juicio, esa forma de vida que eligió Bertrand Russell es la que deben emular, si no todos, sí muchos científicos, si quieren que la ciencia frene su declive actual en la sociedad. Sacar la publicación ciento uno no es más importante para la ciencia que ser diputado, columnista, tertuliano, ecologista o presentador del programa de ciencia en televisión.

12

¿Adónde nos lleva estrangular la razón?

El edificio se halla en una de las zonas más céntricas y exclusivas de Londres, en Carlton House Terrace, muy cerca de Piccadilly, del parque y palacio de Saint James, de Trafalgar Square y de la mismísima Downing Street, residencia del primer ministro británico. El exterior es elegante y copia el estilo de sus edificios vecinos, todos palacetes tipo victoriano. Un porche sostenido por dos grandes columnas da acceso al interior, que combina elementos antiguos —cuadros, libros, instrumentos— con una decoración moderna. El conjunto, a mi juicio, ofrece a la vez una imagen de sencillez y sofisticación.

No tiene el aspecto de una institución opulenta, pero sí acaudalada. Nada parece decadente; al contrario: sus paredes desprenden fuerza, vigor e incluso frescura. Después de haber pasado bastante tiempo reflexionando sobre el declive de la ciencia, no es lo que yo esperaba encontrar cuando acudí a la Royal Society, la institución científica más prestigiosa del mundo. El choque fue más brutal porque yo iba con la imagen de España, donde la sede de su equivalente, la Real Academia de Ciencias, es un edificio bastante abandonado, situado, además, en la madrileña calle Valverde, una de las zonas más degradadas de la capital española, donde se concentra, por ejemplo, un porcentaje importante de prostitución callejera y *sex shops*.

La Royal Society está, por el contrario, en uno de los barrios más glamourosos de Londres, lo que —aunque sólo sea metafóricamente— acrecienta más el abismo científico entre España y Gran Bretaña. El prestigio de la Royal Society no viene avalado sólo por su antigüedad —fue fundada en 1662, cuando la ciencia daba sus primeros pasos—, ni porque uno de sus presidentes haya sido el científico más importante de todos los tiempos, Isaac Newton, sino sobre todo porque desde su fundación creyó que la mejor iniciativa para que la ciencia floreciera era conjugar el rigor intelectual y metodológico con la vocación no sólo de informar de sus resultados a toda la humanidad, sino de cederlos a la humanidad misma.

Su conocidísimo e influyente lema, «Nullius in verba», algo así como «en palabras de nadie», hace referencia a la necesidad de obtener evidencias empíricas para que el conocimiento avance, denostando totalmente el «criterio de autoridad», que sostenían los escolásticos y gran parte de la academia de países latinos. Esa filosofía de la Royal Society de rechazar el «criterio de autoridad jerárquica (política, académica, religiosa o militar)» y sólo actuar en función de evidencias empíricas contrastadas es lo que ha promocionado científica y culturalmente a los países anglosajones frente a los latinos.

En las paredes cuelgan retratos de los que han sido sus presidentes. En un rápido vistazo localicé el de William Bragg, el de Ernest Rutherford, el de Dalton o el de Humphry Davy. «Casi todos los científicos que estudié en la secundaria están por aquí», pensé. Si hubiera que buscarle un sinónimo a ciencia o a progreso científico, ése sería la Royal Society y, en general, las sociedades científicas anglosajonas. El premio ha sido imponer su idioma como el lenguaje universal de la ciencia, pero hay que reconocerles que desde siempre han trabajado con mucho rigor. Y, en estos momentos, están a la vanguardia de la divulgación de la ciencia. Por ello, el dato profesional del que sin duda más orgulloso estaré siempre es que mi primera investigación[1] alcanzara la calidad suficiente como para ser publicada en una de las revistas de una de las ramificaciones actuales de la Royal Society: la Royal Society of Chemistry.[2]

Pero la Royal Society es todo menos un edificio. Es un foro activo de debate de ideas durante todo el año. De toma de posicionamiento de la comunidad científica sobre los problemas que afectan al mundo. En este sentido, destaca la campaña que promueven entre medios de comunicación y políticos para concienciarlos del verdadero peligro que supone el cambio climático. Para alguien que ame la ciencia, siempre será un verdadero privilegio asistir a uno de sus seminarios.

Muchas veces abordan asuntos muy asentados, pero otras los enfoques son muy osados, controvertidos y pluridisciplinares. Lo mejor es que son públicos, la mayoría gratuitos —como los principales museos británicos—, los ponentes suelen ser los mejores del mundo en su especialidad, te invitan a té (y hasta café) con pastas y, para asistir, normalmente exigen como único requisito registrarse con cierta antelación en su sitio web. Elegí un seminario controvertido del que quizá, además de analizar cómo funcionaba un debate en la Royal Society, podría llevarme algunas ideas para mi investigación sobre el declive de la ciencia. No buscaba más datos sobre el declive, pues, en mi opinión, ya tenía suficientes. Mi idea era encontrar un enfoque radicalmente nuevo que me inspirara o reafirmara diferentes interpretaciones. Me registré y asistí a «Social Intelligence: From Brain to Culture».[3]

La hipótesis que se debatió durante dos intensos días planteaba que la responsable de la evolución de la inteligencia había sido, no tanto una mutación genética (aunque algo pudo influir), sino la vida en grupo; es decir, la existencia de la sociedad. El tema se enfocó desde la zoología de primates, la ornitología, la oceanografía, la psicología, la antropología, la etnología o la paleontología, entre otras perspectivas. Los científicos expusieron cómo, por ejemplo, las aves y los mamíferos tienen la capacidad de aprender observando a otros. Incluso hasta los invertebrados tienen esa habilidad, según uno de los ponentes.

El profesor Andrew Whiten, de la Universidad de Saint Andrews, explicó cómo los orangutanes y los chimpancés se transfieren destrezas de unas generaciones a otras. En medio de proyecciones con orangutanes en la selva que te trasladaban al principio de los tiempos, el profesor Whiten iba ilustrando cómo esa capacidad de transmitir conocimientos derivaba en grupos de orangutanes con culturas cada vez más complejas. Para poder gestionar esa mayor complejidad cultural necesitaban una mayor capacidad en sus cerebros. Es decir, el vivir en grupo y aprender cada vez más destrezas podría ser un factor que estimulara una mayor capacidad en el cerebro. No todo tenía simplemente una explicación genética.

¿Se podían perder para siempre capacidades aprendidas —como la técnica para despiojarse—, si se separaba a los retoños, que aún no la habían adquirido, y se les introducía en grupos que no habían desarrollado esas habilidades?, preguntó uno de los asistentes. Otra pregunta fue aún más inquietante: ¿puede una especie involucionar? ¿Puede el hombre reconvertirse en simio sin inteligencia?

Lo audiovisual como peligro de salud pública

Obviamente, la pregunta no tiene fácil respuesta. Conocemos que ha habido regresiones culturales —por ejemplo, en Occidente desde la caída del Imperio romano hasta el Renacimiento—, pero eso no significó una pérdida de capacidad intelectual, sino de destrezas o niveles culturales adquiridos. Fue una época de oscurantismo e irracionalidad, consecuencias de la escasa cultura, pero excepto el hambre en las clases necesitadas, no existió ningún peligro de que el cerebro de los niños no pudiera desarrollarse correctamente. El único peligro que puede amenazar la evolución intelectual de la especie humana es que exista algo en el entorno que limite la capacidad biológica de desarrollar su cerebro. Y ese peligro, al margen de teorías pedagógicas más o menos disparatadas que siempre podrán ser abolidas, existe en estos momentos y tiene como base fundamental uno de los pilares de la cultura mediática: la televisión. El peligro, además, afecta de forma global a todos los países y todas las clases sociales. De forma que puede ser considerada una amenaza real para la especie.

En agosto de 1999, la Academia Americana de Pediatría publicó una guía recomendando que los niños menores de dos años jamás, bajo ninguna circunstancia, deberían estar expuestos a la televisión. Extendía esta prohibición a cualquier tipo de entretenimiento difundido por pantallas. Según la Academia de Pediatría, la televisión «puede afectar negativamente al desarrollo del cerebro»[4] y añadía que los niños de cualquier edad jamás deben tener una televisión en su habitación.

En 2004, un grupo de neurólogos, dirigidos por el doctor Christakis, descubrió que la exposición a cualquier tipo de imagen emitida por pantalla (televisión, videojuegos, ordenador) durante el período crítico de desarrollo sináptico en las neuronas va asociado, irremediablemente, con problemas posteriores de atención y concentración en la escuela.[5] Este período crítico comprende desde el nacimiento hasta los siete años. Cuando la especie humana nace, sus conexiones neuronales no están formadas, por lo que éstas se van ensamblando a medida que el niño crece. Una vez alcanzada cierta edad, si no se han conectado bien, ya no podrán hacerlo nunca.

Por ejemplo, todos los niños nacen con la predisposición a hablar, pero si no crecen en un entorno con lenguaje, las conexiones neuronales para el habla no se efectuarán y jamás poseerán el dominio de la lengua de cualquier otro niño que haya crecido en un entorno parlante. También sucede con la visión: si un niño crece en una habitación sin luz, nunca podrá ver. Esto implica que si la televisión o los videojuegos impiden la correcta y óptima conexión neuronal, estaríamos hablando de un verdadero problema de salud pública que derivaría en que los chavales de la época televisiva no podrían alcanzar los niveles de desarrollo cerebral de sus predecesores.

Mis profesores de ciencias de secundaria siempre solían recordarnos una frase: «La paciencia es la madre de la ciencia». El alarmante descenso del nivel de los conocimientos científicos de los chavales de Occidente está directamente relacionado con el hecho de que no son capaces de mantener la atención necesaria y, sobre todo, de sostenerla el tiempo preciso para aprender conceptos complejos y abstractos como los científicos. Pues bien, el grupo del doctor Christakis demostró que por cada hora diaria suplementaria de televisión que recibiera un niño, se incrementaban en un 9 por ciento las posibilidades de que el chaval desarrollara un trastorno neurológico denominado «desorden de déficit de atención e hiperactividad», más conocido por sus siglas en inglés, ADHD. Los estudios indican que cada año los afectados por este síndrome crecen exponencialmente en todo el mundo y se calcula que un 5 por ciento de los niños de Occidente lo sufren en estado grave.

Cualquier profesor de primaria o secundaria con varias décadas de experiencia docente confirmaría sin problema que la gran mayoría de los niños de los últimos años del siglo XX y de comienzos del XXI padecen este trastorno, cuyos síntomas son que el alumno es incapaz de permanecer tranquilo y reflexivo en su pupitre, condición, repito, imprescindible para poder aprender un lenguaje tan complejo como el científico. En otras palabras, el problema no sería pedagógico, sino neurológico. Un trastorno de salud causado por uno de los canales de la cultura mediática: la televisión.

Obviamente, tanto el poder político como el económico y, sobre todo, el mediático jamás reconocerán este hecho y prefieren culpabilizar a los profesores y los sistemas educativos. Eso resulta más fácil que prohibir la televisión, verdadero pilar de la cultura mediática. Pero el debate científico va por otros derroteros. En 2007, el psicólogo británico Aric Sigman publicó un libro en el que se condensa toda la investigación científica que relaciona lo audiovisual con lesiones biológicas, trabajos que ya estaban siendo muy citados en la bibliografía y congresos anglosajones.[6] Según esta novedosa vía de investigación, que relaciona la televisión con un déficit de conexión neuronal, el sistema educativo no puede hacer nada por que estos niños alcancen los niveles de concentración y abstracción de sus antepasados. Ver la televisión es al cerebro (y a un futuro como científico), lo que cortarle las piernas a un atleta. Podrá correr con prótesis, pero nunca podrá correr de verdad.

En el trabajo del profesor Christakis, los investigadores basaron su estudio en 1.278 niños de un año y 1.345 de tres años. La conclusión fue clara: a mayor exposición a la televisión a esas edades, más problemas tenían los niños para concentrar su atención cuando cumplieron los siete años. Este estudio, realizado con niños estadounidenses, fue confirmado por otro parecido y publicado un año más tarde (en 2005) por un equipo de científicos neozelandeses.[7] En esa investigación descubrieron que si los niños menores de tres años ven la televisión, cuando lleguen a la adolescencia, sufrirán una merma en su habilidad matemática y en su comprensión y reconocimiento de textos escritos.

Este estudio, elaborado por pediatras, formaba parte de un seguimiento continuado (durante veintiséis años) de 1.037 niños que habían nacido en Nueva Zelanda entre 1972-1973. Cada dos años, entre las edades de cinco y quince años, los propios médicos encuestaban a los niños sobre cuánta televisión veían. Los pediatras encontraron que sus observaciones a nivel neurológico se correspondían (como una mano a un guante) con los resultados académicos de los chavales: aquellos que más televisión habían visto en su infancia y adolescencia, obtuvieron menos calificaciones y nivel finalizado en sus estudios. La relación era tan clara que el director del equipo de investigación, el doctor Hancox, llegó a declarar: «A más televisión vista en la infancia, mayores posibilidades de dejar la escuela. Ver muy poca televisión es la mejor forma de llegar hasta la universidad y obtener un título».[8]

Sólo un 7 por ciento de los niños veían menos de una hora diaria de televisión, y ésos justamente fueron los que consiguieron mejores resultados académicos durante todas las etapas educativas. En este sentido, los investigadores sugieren que la recomendación de la Academia Americana de Pediatría de limitar «como máximo» a dos horas diarias de televisión en la adolescencia resulta demasiado flexible. La televisión debe estar absolutamente prohibida en la infancia (como lo están ya las drogas, el tabaco o el alcohol a esas edades) y a un consumo mínimo durante la adolescencia.

El doctor Hancox matizaba que esos resultados se referían a niños que crecieron en los setenta y los ochenta, años en los que sólo había dos canales de televisión en Nueva Zelanda. Sin embargo, se preguntaba alarmado, qué pasará con los niños de los noventa y del siglo XXI, que tienen acceso a más canales y, sobre todo, a juegos de ordenador cuyos efectos son aún peores.

Existe una leyenda urbana que sostiene que los videojuegos pueden ser educativos, pero no es cierta. Ni siquiera son estimulantes. Los neurólogos han comparado los flujos sanguíneos de niños a los que propusieron que jugaran con videoconsolas y los de otro grupo que debían completar sumas repetitivas de números de un dígito. Han encontrado que para calcular las sumas deben usar ambos lóbulos frontales del cerebro (el derecho y el izquierdo) casi en su totalidad. Sin embargo, para usar los videojuegos sólo basta con estimular una pequeña parte del cerebro asociada a la visión y el movimiento.[9]

Asimismo, los neurólogos también han descubierto que existen distintos tipos de atención y que éstos se relacionan con diferentes partes del cerebro. Por tanto, la televisión puede provocar distintos daños y variabilidades de déficit de atención. Uno de los deterioros más perceptibles en el cerebro de las jóvenes generaciones está relacionado con la capacidad de mantener la atención un tiempo prolongado. En los inicios del cine y la televisión, el ritmo de la narración era mucho más lento y no había tantas secuencias por minuto. Pero en la actualidad, entre el mando a distancia y la pérdida de atención de la población por una sobreexposición (en muchos casos, desde pequeños) a la televisión ha derivado en que tanto la televisión como el cine o los videojuegos tengan una sucesión de información emitida a velocidad de vértigo. Si no es así, los más jóvenes son incapaces de retener la atención.

No olvidemos que la producción audiovisual está basada en el viejo experimento de Pávlov: crea imágenes y sonidos que nos producen placer, y esperamos a tener más imágenes para experimentar más satisfacción. «Salivamos» pensando en lo que se promete a continuación. La televisión y los videojuegos tienen muy en cuenta ese principio de «dar regalos constantes». Algunas investigaciones en el ámbito de lo audiovisual han establecido que la atención no se mantiene mucho más de quince segundos.[10] Por tanto, hay que ofrecer estímulos constantes (visuales, sonoros o ambos). Esto se consigue gracias a la evolución tecnológica del sector que, en estos momentos, permite rápidos cambios de cámara, profundidad de enfoques (*zooms*) o la incorporación de repentinos sonidos estridentes en una misma secuencia, todo ello ensamblado para mantener la atención de forma constante. Un estudio sobre la serie infantil *Barrio Sésamo* sostiene que, durante los últimos veintiséis años, se ha duplicado el número de planos por minuto.[11]

Pérdida de la capacidad de abstracción

Si el enfoque anglosajón se identifica con que la televisión puede deteriorar el complejo sistema de conexiones neuronales del cerebro humano, pudiendo provocar (es sólo una hipótesis de trabajo) una involución hacia una especie inferior incapaz de concentrarse, el enfoque latino podría llegar al mismo resultado pero por otra vía: la de la pérdida de la capacidad de abstracción que provoca lo audiovisual.

Los profesores de matemáticas, física y química —precisamente, las materias con mayor descenso de vocaciones en todo el mundo— son muy conscientes de que existe esta pérdida de capacidad de abstracción. De merma en las facultades para comprender ideas complejas por parte de los chavales, algo que no sucedía con sus hermanos mayores. Incluso aquellos con un buen y prolongado nivel de atención, no entienden la ciencia o el pensamiento abstracto. Esto se ha demostrado en Alemania, donde existe una prueba «de nivel de abstracción» para ingresar en la universidad. Los profesores alemanes no dejan de denunciar que ya es imposible alcanzar los niveles de hace unas décadas. También en España podemos cuantificarlo, analizando las pruebas de acceso a la universidad de los últimos veinte años de materias que requieren esa capacidad como matemáticas, física o química. El último informe PISA, publicado en diciembre de 2007, sobre niveles educativos en los países de la OCDE destaca que en los últimos años los niños han perdido comprensión lectora.

Muchos profesores de ciencias puras culpabilizan a las nuevas corrientes pedagógicas dominantes en Occidente de esta merma de la capacidad de abstracción. No voy a desmentir esta hipótesis, porque es obvio que la pedagogía, como la mayoría de las ciencias sociales, es muy poco rigurosa y se rige más por cuestiones ideológicas que de ciencia pura. De hecho, se da la paradoja de que cuantos más pedagogos trabajan —o influyen— en un sistema educativo, más se resiente la asimilación de conocimientos por parte de los jóvenes. Por culpa de algunos movimientos de «renovación pedagógica», los libros de texto de las últimas cuatro décadas se han llenado cada año de más imágenes y menos texto: porque ahora nadie comprende un experimento, una teoría o un idioma si, simplemente, se describe con palabras el significado. «Ver es comprender», es el nuevo lema, despreciando el enunciado de Descartes que sugería que los sentidos —especialmente, la vista— engañan y que sólo se llega a la verdad desde el pensamiento racional y abstracto: «Pienso, luego existo», concluyó el filósofo francés.

Cualquiera que haya estudiado ciencias puras confirmará sin problema que si un niño aprende conocimientos esencialmente con imágenes, en el futuro no será capaz de desarrollar todas sus potencialidades de capacidad de abstracción necesarias para ser científico. Quizá podrá ser pedagogo o periodista, pero no físico. Porque lo que observamos con nuestros sentidos nos certifica, por ejemplo, que es el Sol el que se mueve alrededor de la Tierra, lo cual es una mentira. Es decir, la verdad pocas veces podrá hallarse a través de lo que observamos simplemente con nuestros sentidos. La historia de la ciencia nos demuestra que la vía para comprender la realidad proviene del pensamiento racional abstracto. No existe ningún conocimiento verdadero que proceda de la percepción de una imagen. Por eso un físico siempre podrá ser un buen periodista; pero lo contrario es imposible.

Al deterioro de la capacidad de abstracción de los chavales han contribuido los pedagogos modernos, junto a erróneas leyes educativas que, elaboradas en su mayor parte por intelectuales de letras, han reducido la presencia del lenguaje científico y matemático en la educación. Sin embargo, desde mi punto de vista, los verdaderos culpables son los medios de comunicación y, en especial, la televisión. Las fechas de generalización de la televisión coinciden, claramente, con la decadencia de la ciencia. Ya he descrito que una de las causas puede ser la mala imagen que ofrece del científico y la ponderación de las ideas irracionales.

Pero la televisión ha consolidado una peligrosísima tendencia en la nueva comunicación que es contraria al pensamiento racional: «Lo veo en la televisión, luego existe». No debe olvidarse que la imagen televisiva es aún más manipulable e incierta que la visual. Teniendo en cuenta que en los países desarrollados, y en casi todos los que están en vías de desarrollo, la televisión es un medio habitual en los hogares, podría establecerse la hipótesis de que, si fuera cierto este efecto, a comienzos del siglo XXI la mayoría de las generaciones habrían perdido capacidad e interés por la abstracción.

Esta hipótesis de la pérdida de capacidad de abstracción de aquellos que ven la televisión ha saltado al ruedo de su popularización tras la publicación del libro *Homo videns*, del ensayista italiano Giovanni Sartori,[12] profesor en las universidades de Florencia y Columbia y premio Príncipe de Asturias de Ciencias Sociales. De ahí que la considere la visión latina del problema. No obstante, es una hipótesis complementaria con la anglosajona, pues la capacidad de abstracción requiere gran concentración y un alto y prolongado nivel de atención.

Aunque el libro de Sartori ha tenido críticas, sobre todo del sector procedente de la comunicación audiovisual, ninguna, a mi juicio, desmonta su tesis principal. Es más, los datos empíricos que he señalado en el capítulo 1 como la drástica disminución de los estudiantes de ciencias abstractas (física, química y matemáticas) en Europa y Estados Unidos son una prueba que apoyaría las tesis de Sartori. También, a partir de los años ochenta, ha habido un abandono de los llamados estudios culturales duros, relacionados con la filosofía, la historia, la filología o la literatura en las nuevas generaciones de estudiantes. Paradójicamente, como también hemos visto, se ha incrementado la matrícula en carreras con contenido conceptual «blando», como periodismo y, sobre todo, comunicación audiovisual, estudios que apenas tienen asignaturas que requieran capacidad de abstracción o análisis de temas complejos.

Sartori señala que esta pérdida de capacidad de abstracción comienza a mitad del siglo XX con la televisión, pero que se acentúa a partir de la década de los ochenta con la cibernética y la aparición del ordenador y la tecnología multimedia. La televisión, dice Sartori, nos permite el engaño de ver cercano lo que en realidad está lejos; pero la cibernética permite crear realidades virtuales, con lo que los chavales llegan a tener más aprecio por la simulación que por buscar las respuestas al mundo real, que es lo que distingue a la ciencia y al pensamiento racional.

Existen hipótesis (que en estos momentos se están investigando) que establecen que, desde el punto de vista fisiológico, los niños que ven la televisión desde muy pequeños (desde antes de aprender a leer) acostumbran su ojo a una determinada velocidad de recepción y que, posteriormente, cuando comienzan a leer se aburren porque la velocidad y el enfoque del ojo son distintos para la lectura que para la visión de imágenes televisivas. El problema es que la ciencia no se aprende en los documentales, sino a través de libros y fórmulas, repitiendo ejercicios y experimentos.

Sartori propone el concepto de «videoniño». En su libro indica que las estadísticas demuestran que la televisión ha reemplazado la atención materna y se ha convertido en la nueva niñera y la profesora de enseñanza primaria. Ver la tele es más divertido, entretenido e interesante para un niño que asistir al colegio, por lo que si los niños entran en contracto con la televisión antes de la edad escolar puede devenir en una fobia al colegio, pero sobre todo pueden desarrollar una tendencia a responder a estímulos que tengan que ver con el espectáculo, el ruido estridente y lo sensacional. Los chavales que ven la televisión de pequeños están dominados por impulsos y su consigna es actuar antes de pensar, que es la premisa de todo mensaje audiovisual.

Sin embargo, aprender ciencia (o cualquier otro contenido complejo y abstracto) necesita, sobre todo, atención y concentración. La generación de la televisión renuncia a la búsqueda de las causas de las cosas, a la cadena lógica que determinan los acontecimientos, a la secuencia razonada y reflexiva que nos lleva de un hecho a otro. La generación de la televisión no quiere buscar causas, sólo desea —y lo sé por experiencia con mis alumnos de periodismo y comunicación audiovisual— presentar un telediario, transmitir un partido de fútbol o comentar un *reality show*, pero se niegan a aprender cuál es el fundamento científico de por qué una cámara graba y por qué la señal se transmite. Sólo veneran el espectáculo. Adoran lo fácil y divertido. Han renunciado desde pequeños a la capacidad de preguntarse por funciones que no ven con sus ojos. Repudian la capacidad de abstracción que supone, por ejemplo, el lenguaje matemático o químico. Y aborrecen —denigrándolos a la mínima oportunidad— a quienes tienen la facultad de comprender esos lenguajes o conceptos abstractos y complejos.

La abstracción y el desarrollo de la civilización

«¿Para qué sirve la capacidad de abstracción? Creo que es más importante la de atracción», me echaron en cara cuando, ingenuamente, sugerí que el nuevo plan de estudios de comunicación audiovisual de mi universidad debería contemplar materias como óptica o electromagnetismo, así como una buena base de física y matemáticas.

Los biólogos clasifican a la especie humana como *Homo sapiens*, perteneciente al orden de los primates.[13] ¿Qué los hace únicos? Pues desde el punto de vista físico e incluso genético, casi nada. Compartimos el 98 por ciento de nuestro genoma con el chimpancé. El *Homo sapiens* no es el animal que mejor ve (sus ojos sólo perciben una parte muy pequeña del espectro de luz), ni por supuesto el que posee un olfato más sofisticado: todo el que haya tenido un perro lo ha comprobado. Tampoco es el que mejor oye (los sistemas auditivos, por ejemplo, de los cetáceos son mucho más efectivos). Su órgano del tacto es muy limitado comparado con otros animales, y el sentido del gusto, que algunos humanos lo tienen bastante desarrollado, no sirve de mucho, ya que la mayoría de las sustancias de la naturaleza no pueden ser degustadas porque podemos morir en el intento. Tampoco el *Homo sapiens* es el que más corre y ni siquiera vuela por sí mismo, algo que pueden hacer unos animales mucho más primitivos como las aves.

Desde el punto de vista evolutivo, lo único físico que diferencia al *Homo sapiens* del resto de los animales es que tiene un cerebro mayor. Los científicos señalan que ese aumento de tamaño puede explicar la capacidad de abstracción. De hecho, el paso del *Australopithecus* al *Homo erectus* supuso un incremento de la capacidad craneana del 50 por ciento y necesitó de tres a cuatro millones de años en evolucionar. El paso de *Homo erectus* a *Homo sapiens* se produjo en sólo unos centenares de miles de años y ¡supuso un aumento de la capacidad craneana del 60 por ciento!

Si tenemos en cuenta que la postura bípeda favoreció un estrechamiento de la pelvis, este mayor desarrollo del cerebro trajo como consecuencia que las crías debían nacer casi en estado fetal (para poder salir por el conducto del parto). Algunas teorías sociológicas sugieren que este nacimiento de crías tan inmaduras propició la convivencia en sociedad y la división del trabajo, como única manera de poder cuidar durante tanto tiempo a las crías. No obstante, hay animales que también nacen en estado casi fetal (los canguros) y otros que tardan mucho tiempo en criar a sus vástagos (elefantes).

Para no alargarnos en las diferencias biológicas, podríamos concluir que el hombre sólo se diferencia del resto de los animales en que su cerebro tiene la capacidad de tener pensamientos abstractos y de escribirlos: es decir, transmitirlos y conservarlos mediante símbolos también abstractos. Esta «extraña» capacidad le ha permitido volar, correr más rápido que ningún animal, «ver» en zonas del espectro como los infrarrojos y los ultravioletas, nadar bajo las aguas, escuchar e interpretar los ultrasonidos. En una palabra: ha permitido que una especie que físicamente no destacaba por nada y que incluso tenía una «tara evolutiva» —sus crías nacen muy desvalidas—, se convierta en la hegemónica, lo cual tampoco hace mucho tiempo que sucede.

En realidad, durante cientos de miles de años el *Homo sapiens* fue dominado por el resto de los animales. Esto es importante tenerlo en cuenta porque durante los 200.000 años que ha vivido el *Homo sapiens* y, en concreto, durante los últimos 35.000 años en que ha sobrevivido el denominado *Homo sapiens sapiens*, la especie siempre ha sido vencida por otros animales.

El verdadero despegue del hombre frente a otros animales se produjo hace unos treinta y cinco siglos con el nacimiento de la escritura. Tuvo un avance importante hace veinticinco siglos con el nacimiento del pensamiento racional en la Grecia clásica y se consolidó hace cuatro siglos con el nacimiento de la ciencia moderna. Todo lo sublime en este tiempo, desde la poesía hasta la arquitectura, desde las matemáticas hasta la filosofía, la religión o la novela, ha tenido su base en la abstracción y en una de sus manifestaciones: el simbolismo. Incluso la pintura y la escultura pueden ser definidas como el camino de la abstracción (por ejemplo en el desarrollo de la teoría de la perspectiva) para «imitar» la realidad.

Aunque esta historia parezca muy conocida, creo que en la actualidad no se percibe que puede que estemos socavando los cimientos que han hecho posible al *Homo sapiens* de los últimos treinta y cinco siglos. Todo el mundo cree que, en general, el proceso normal de la civilización es avanzar en el conocimiento. Pero no tiene por qué ser así. Ya he comentado cómo desde la época romana hasta el Renacimiento hubo una involución cultural que duró más de 1.000 años.

Durante cientos de años, la superstición volvió a dominar sobre la razón en la explicación de la realidad. Y aunque para los antropólogos, superstición y razón sean distintas variantes de la capacidad de abstracción —se cree que los animales ni siquera son supersticiosos—, no hay duda de que la racionalidad es más difícil de cultivar —y da mayores resultados— que la superstición. La lógica y, en general, el pensamiento racional es uno de los mayores logros de la capacidad de abstracción.

Pero no sólo podemos perder destrezas sofisticadas como el pensamiento racional, y volver, por tanto, a la magia. Incluso, puede haber un retroceso en destrezas más simples como la tecnología, que en estos momentos está imbuida de las ciencias naturales. Durante cientos de años se perdieron, por ejemplo, las nociones técnicas para construir edificios como el Partenón o el Coliseo romano. No es de extrañar que en la Edad Media muchos consideraran a griegos y romanos como «superhombres» que jamás podrían ser superados.

Los antiguos poseían unas destrezas y conocimientos técnicos que la población medieval había perdido, y pensaron que esas carencias constituían una demostración de que eran intelectualmente inferiores. Afortunadamente, en el Renacimiento se volvió a los principios de la civilización como única forma de tomar impulso y superar a los clásicos. La estrategia consistió en estudiarlos a fondo e intentar imitarlos. Se demostró que el hombre medieval no tenía, en absoluto, menos capacidad intelectual que los griegos. Sólo era un problema de adquisición de conocimiento y, sobre todo, de copia de los métodos pedagógicos de la Grecia clásica. Tal vez en este siglo XXI habría que retomar nuevamente aquel camino.

Todavía a finales del XVIII, en 1781, cuando William y Caroline Herschel descubrieron el planeta Urano, el enfoque que le dio la sociedad, y los incipientes medios de comunicación, fue que Urano era el primer planeta descubierto que no habían conocido los antiguos. Se abría una esperanza para superarlos en el conocimiento del universo, pero el enfoque que le dieron los medios demuestra que aún estaba latente el sentimiento de inferioridad intelectual respecto a los clásicos.

No es objeto de este libro, pero, según muchos expertos, en estos momentos existe una crisis en disciplinas abstractas como la pintura, la arquitectura o la literatura, entre otras. He asistido a debates en los que se ha afirmado que los grandes genios del cine son, precisamente, los que no conocieron —porque no existía— la televisión en su infancia. Desde Griffith (1875-1948), Hitchcock (1899-1980), Billy Wilder (1906-2002) u Orson Welles (1915-1985), hasta los recientes como Scorsese (1942) o Spielberg (1947), que, probablemente, apenas vieron televisión antes de aprender a leer, aunque, obviamente, no son comparables con los primeros.

Resulta curiosa la paradoja de que muchos expertos en cine y en imagen piensen que esa generación de cineastas, que aprendieron a leer antes de ver la televisión, jamás será superada. No ver la televisión o el cine hasta los quince o dieciséis años no sólo puede producir mejores científicos, sino también, y esto es lo curioso, mejores cineastas. Pero ese debate, que tiene muchos ángulos, no podemos abordarlo aquí.

En la ciencia, que es lo que aquí nos ocupa, ya he mencionado que, a juicio de muchos científicos, desde 1953, con el descubrimiento de la estructura del ADN, no ha habido teorías importantes. Ya he comentado que una de las causas puede ser que como la ciencia natural es una verdad «absoluta», hay campos que se van cerrando y es difícil obtener nuevas teorías. Pero otro motivo podría ser que, a partir de 1953, las generaciones que se están dedicando a la ciencia —y a todo lo demás— somos generaciones criadas con la televisión.

El pensamiento racional es, por tanto, muy importante y de ahí deriva otra de las características que distinguen al *Homo sapiens*: que no es su capacidad de comunicarse con otros individuos de su especie, porque eso también lo hacen otros animales, sino la capacidad de «comunicarse consigo mismo» y, sobre todo, de intentar responderse a la sencilla pero maravillosa pregunta de por qué pasan las cosas. ¿Por qué el hielo se enfría en una taza de té? ¿Por qué un muro de ladrillos se rompe con el tiempo, sin que nadie intervenga, pero jamás una pila de ladrillos se juntan ellos mismos para formar un muro? En definitiva, sólo el hombre tiene la capacidad de poder obtener la segunda ley de la termodinámica y poder reproducirla a su antojo.

La cultura del espectáculo y la fama

He dejado para la última parte de este viaje a través de las causas que explican el declive de vocaciones la que quizá sea más importante, la que englobe todo y la que en este momento está estrangulando con más fuerza al futuro de la ciencia. Esa causa es la principal característica de la cultura mediática: la fama. Desde Londres a Melbourne, desde Nueva York a Bombay, desde Tokio a Buenos Aires, la popularidad, la fama, es lo que domina el mundo y el mercado. Y la popularidad no se adquiere en los laboratorios, en las bibliotecas o en los archivos; se consigue en televisión.

La industria cinematográfica de Hollywood fue la primera en darse cuenta del poder económico que supone construir la fama mediática de un personaje creando, artificialmente, lo que en aquella época se llamó una «celebridad», tal vez para diferenciarlo de célebre. Descubrieron que las películas se veían, no porque fueran buenas o malas, sino porque en ellas actuaba la celebridad. Construir la celebridad implicaba, entre otras acciones, filtrar detalles de la vida privada; detalles muchas veces inventados, cuyo objetivo era alimentar al público con lo que quería escuchar: experiencias que ellos jamás vivirían.

Se potenció el concepto de «glamour»: de fiestas en yates maravillosos, en palacios fascinantes, de amores turbulentos, de comportamiento extravagante. La celebridad sería el nuevo dios, el héroe al que todos querrían imitar. Los medios se consolidaron como el canal para transmitir cómo vivían los nuevos dioses. Para enganchar más a la audiencia, se determinó que en la nueva cultura mediática, la fama estaba al alcance de cualquiera. Y los medios enfatizaban cómo las celebridades habían llegado desde abajo. Sólo había que estar en el lugar oportuno, un plató de Hollywood, y en el momento adecuado: el siglo XX.

Con la generalización de la televisión en los años sesenta, la cultura de Hollywood se hizo global. La fascinación por la fama, por ser una celebridad y por vivir una vida de glamour, diseñada en los estudios de cine, adquirió connotaciones planetarias, siendo más intenso el efecto en todos los países con presencia importante de medios de comunicación vinculados a la economía de mercado. Los medios se percataron de que el público aspiraba a una existencia de lujo y glamour. Y, si no la vivía, al menos compraba los periódicos, revistas o programas de televisión con los que ilusionarse con que la vivía.

La industria mediática es tan importante —quizá la más poderosa en estos momentos— que cualquiera que entre en contacto con ella, sabe que se volverá inmensamente rico. El famoso convierte en oro todo lo que toca. De ahí que sea reclamo para vender todos los productos; el famoso se convierte en un motor de la economía, por lo que es bendecido por todo el sistema. El famoso gana millones de euros con su sola presencia, por ser famoso, sin tener que trabajar. Lo que vende es su propia persona y su existencia, apartada del duro trabajo y rodeada de glamour.

¿Quién reúne condiciones para ser famoso? ¿Un médico que, tras estudiar ocho o nueve años, se queda noches sin dormir en interminables guardias para salvar vidas? ¿Un científico que en su laboratorio roba horas a su descanso para buscar una vacuna que cure enfermedades o una solución para paliar el cambio climático? ¿El historiador que bucea en los archivos para desentrañar las claves que expliquen por qué vivimos en este tipo de civilización? ¿El bombero o el policía que arriesgan sus vidas por salvar a la gente? ¿El maestro que, pacientemente, enseña a leer a niños que prefieren jugar?

Todos ellos realizan trabajos no sólo muy útiles para la sociedad, sino que incluso son los responsables de que ésta avance. Pero ninguno de ellos saltará a la fama porque les falta el requisito único y principal: aparecer continuamente en los medios de comunicación. ¿Quién posee este requisito? Todos aquellos cuyo trabajo sea enfocado por los medios, con independencia de que esa ocupación en sí sea o no relevante para el avance de la sociedad. Lo primordial es que la linterna mediática esté continuamente sobre esos «trabajadores». ¿Y qué profesiones consiguen atraer a los medios? Sólo unas pocas: deportistas, actores, presentadores de televisión, directores de cine, periodistas, modelos, toreros, políticos, cantantes y concursantes de telerrealidad.

El sistema es ése, y un chaval avispado que quiera triunfar en la vida del siglo XXI sabe que ésas son las únicas profesiones, no ya que le otorgarán fama segura, pero sí las que al menos representan una pequeña vía para la fama. Nadie puede pretender ser famoso estudiando medicina o físicas. Si se tiene un cuerpo de modelo o aptitudes para el deporte o la interpretación, para la música o el toreo, se intentará por todos los medios ese camino. Los jóvenes sin esas aptitudes, y que sean despiertos, probarán estudiar periodismo o comunicación audiovisual, las dos únicas titulaciones universitarias en contacto directo con la fama.

Otros con menos interés en los estudios harán lo que sea por convertirse en concursante de telerrealidad. Esto no es reprochable, es el sistema que han creado sus padres y sus abuelos. Un chaval entre dieciséis y dieciocho años no puede ser culpado por aprovechar los caminos que ofrece el sistema en el que vive para lograr el triunfo. Es ley de vida: los jóvenes tienen derecho a triunfar y, en el siglo XXI, ese triunfo está vinculado a la cultura mediática, al igual que en otras épocas estuvo relacionado con la guerra o, muchísimo antes, con la caza.

El resto de las salidas para un chaval del silgo XXI consisten en esfuerzo, precariedad laboral y falta de reconocimiento social. El director general de la Confederación de la Industria Británica, Richard Lambert, alarmado ante la falta de vocaciones científicas, declaró a la BBC que el problema no es tanto de los jóvenes, sino de los profesores de secundaria: «Está claro —opinaba Lambert— que necesitamos más profesores especialistas que transmitan su entusiasmo por la ciencia y enciendan la imaginación de sus alumnos. Que puedan persuadirlos para que estudien ciencias en la universidad. [...] Necesitamos romper los estereotipos que rodean a la ciencia y rebautizarla como algo deseable y excitante, como una vía hacia una fantástica carrera de oportunidades. De no hacerlo, el riesgo que corremos es que el Reino Unido quede apeado como potencia mundial que lidera la ciencia, la ingeniería y la tecnología. Y no podemos permitir que eso suceda».[14]

Estoy de acuerdo con Lambert respecto a cambiar los estereotipos que rodean la ciencia, pero no con que responsabilice a los profesores de secundaria del declive de vocaciones. ¿Qué humilde profesor de instituto puede competir con la cultura mediática? Los propios medios serios enfocan el asunto desde una perspectiva contraria al esfuerzo y el estudio. No hace falta una gran investigación para demostrar esta hipótesis. El día que escribía este capítulo, domingo 27 de agosto de 2006, compré los dos periódicos españoles que llegaban al quiosco cercano de mi casa en Londres. El periódico de mayor tirada en España, *El País*, publicaba un reportaje, en la página 43, con el siguiente título: «Los mejores expedientes también son mileuristas». El subtítulo afirmaba: «Chicos que sacaron la mejor nota de selectividad en su promoción sobreviven gracias a becas y sueldos mínimos». El lector puede imaginarse el argumento.

El segundo diario en tirada, *El Mundo*, normalmente suele tener un enfoque diametralmente opuesto a *El País*. Menos en este asunto. Porque ese mismo día su revista reforzaba el mensaje del periódico de la competencia. Así, el *Magazine* (n.º 361) de *El Mundo* abría con un reportaje que, bajo el título: «Hija mía, no llegarás a nada en la vida», narraba la biografía de jóvenes triunfadores que, sin embargo, habían sido un desastre en la escuela. Entre otros, citaba al showman Pablo Carbonell, que, según se cuenta en el reportaje, repitió tres veces segundo de BUP; y el dúo musical Estopa, quienes también narraban cómo ahora son ídolos pese a habérseles atragantado los estudios. ¿Por qué Pablo Carbonell o Estopa son triunfadores y no el médico que ha sacado el número uno del MIR y quiere ser oncólogo? ¿Por qué los periodistas los consideran triunfadores? Porque Carbonell y Estopa son mediáticos. Y los periodistas —sobre todo si sólo han estudiado ciencias de la información— no ven mucho más allá de la cultura mediática.

Como señala Sartori, ahora la locuacidad, el histrionismo y la magia del hipnotismo colectivo son la llave del éxito. El valor principal en una cultura mediática como en la que vivimos no es ni la moralidad, ni la santidad, ni el altruismo, ni la humildad, ni la inteligencia, ni siquiera la capacidad artística. Lo fundamental es conseguir ser famoso, pues ahora es el equivalente a las «mieles de la gloria». Hace años, uno tenía que hacer algo por el bien público: ganar una guerra, algún descubrimiento, un invento o escribir algo importante. Pero nunca más —al menos mientras prevalezca la cultura mediática— se necesitará la excelencia, la inteligencia, la sabiduría o incluso el dinero. Es suficiente con tener una figura atractiva, con saber seducir, con crear impacto, con hacer ruido para llamar la atención mediática; en definitiva, con ser un exhibicionista en el escenario de los medios de comunicación.

La fama en la decadencia del conocimiento

En capítulos anteriores he considerado que, posiblemente, los jóvenes se decanten por periodismo o cine porque son estudios más fáciles y divertidos que los de física o matemáticas. Esto es obvio y se demuestra sólo con cursar ambas carreras o con comparar un manual universitario de física cuántica con otro de programación televisiva. No obstante, esto podría dar la impresión de que quien elige cine o periodismo no son buenos estudiantes en secundaria, y nada más lejos de la realidad.

En esta cultura mediática, el culto a la fama y a la búsqueda de los mínimos resquicios que puedan llevar a ella, desencadena que, por ejemplo, las notas para cursar periodismo o comunicación audiovisual sean de las más altas de España, mientras que la mayoría de las carreras se quedan sin alumnos. Así, en el curso 2006-2007 la media para entrar en la licenciatura mixta periodismo-comunicación audiovisual (lo que antes era ciencias de la información) en la univerdad donde yo trabajaba en el momento de escribir de este libro —la Carlos III de Madrid— fue de un 8,41 sobre 10. ¡Esto quiere decir que el alumno con la nota más baja de los que consiguieron plaza tenía de media de bachillerato y selectividad nada menos que un 8,41! Cientos de alumnos, por tanto, se quedaron sin posibilidad de conseguir plaza.

Los profesores del departamento no dábamos crédito a esa cifra cuando el director la mencionó en un consejo y, además, nos envió un correo de felicitación a todos los profesores. ¿Era mérito de los profesores o de la cultura mediática? Dejo al lector la respuesta. Unos días más tarde, los medios de comunicación se hacían eco de esa nota de corte, lo cual engrandecía más esos estudios. Muchos pensamos, no obstante, que ese 8,41 era una nota récord difícilmente superable.

Algunos no entendíamos que alumnos tan brillantes quisieran estudiar disciplinas tan ligeras y se sugirió un hecho coyuntural.

Calculamos mal. Al año siguiente, en el curso 2007-2008, la nota mínima para acceder a esos estudios subió a un 8,70. Es decir, los alumnos que nos llegaban nunca habían sacado otra nota en el bachillerato que no fuera un sobresaliente. Más tarde comprendimos: a nadie, ni siquiera a los estudiantes brillantes, se les puede reprochar que intenten la única vía hacia el éxito en la cultura mediática: la fama.

En España, el denominado «efecto Letizia», por el que una chica de clase media, buena estudiante, eligió la carrera de periodismo, se hizo famosa en la televisión presentando el informativo y, finalmente, llegó a casarse con el príncipe, ha actualizado el cuento de Cenicienta, en el que el nuevo zapato de cristal pasa por estudiar periodismo o comunicación audiovisual. La nota para entrar en las facultades se ha disparado tras el «efecto Letizia» en al menos punto y medio.

En un contexto de caída generalizada de estudiantes que acceden a la universidad, este aumento de la nota media constituye un indicativo claro de la fascinación de los jóvenes por los estudios de comunicación. En España, según las cifras del Ministerio de Educación, el número de universitarios ha bajado de 1.570.588 en el curso 1997-1998 a 1.381.749 en el 2007-2008. Es decir, en diez años ha descendido en casi 200.000 alumnos.

En el mismo tiempo, el número de profesores se ha incrementado en 23.174 docentes. Sobran profesores —sobre todo, de las áreas duras— y faltan alumnos. En periodismo y comunicación audiovisual, la situación es la contraria: sobran alumnos y faltan muchos profesores. Esto da lugar a otra perversión de la cultura mediática que al mismo tiempo revela otro síntoma del declive de la ciencia y de la propia universidad: en estos momentos es más fácil conseguir un puesto de profesor universitario si se estudia periodismo, cine o televisión, que si se cursa física, filosofía o derecho. En 2007, cuando terminaba de revisar este libro, podía afirmarse que una tesis sobre el guión prototipo de los programas de telebasura, o sobre la actriz Penélope Cruz, tendría muchísimo más rendimiento académico (en cuanto a posibilidad y rapidez de acceder a una plaza de funcionario en la universidad española) que una sobre el origen del universo, la síntesis de fármacos anticancerígenos, los efectos de la contaminación en el cambio climático, las nuevas formas de obtener energía o cómo es la estructura de la materia.

Las altas calificaciones para entrar en las carreras de comunicación y la escasez de alumnos en las otras han transformado a los profesores y expertos de periodismo y comunicación audiovisual de patitos feos en cisnes. De infiltrados en la academia, nos hemos convertido en sus salvadores. En mi universidad, por ejemplo, los estudios fuertes —en cuanto a prestigio, poder del profesorado en la institución y tradición fundadora— siempre han sido los de economía y derecho.

Pero esas variables —prestigio, tradición, etc.— no eran suficientes para luchar contra la cultura mediática de obtención de la fama. Por tanto, las facultades de Derecho y Economía se estaban quedando sin alumnos. El rector y fundador de la universidad, Gregorio Peces-Barba, consideró que los estudiantes que se perdían en periodismo o comunicación audiovisual, porque no alcanzaban la altísima nota de corte solicitada, podrían llenar las vacías aulas de derecho y economía. Con esta filosofía se crearon las titulaciones mixtas derecho-periodismo, economía-periodismo y administración y dirección de empresas-comunicación audiovisual.

El experimento dio resultado. Por ejemplo, en el curso 2006-2007, las plazas de derecho o economía no se cubrieron en junio. Sin embargo, derecho-periodismo alcanzó una nota de corte en junio de un 5,20 y economía-periodismo de un 5,40. Por supuesto, para estudiar sólo periodismo, la nota ascendía a un 7,49 y sólo comunicación audiovisual a un 7,16. La mixta de estas dos últimas ya he señalado que alcanzó un 8,40.

Así pues, se da la extraña paradoja que de en los estudios combinados la nota media para entrar siempre es inferior que para cursar periodismo o comunicación audiovisual como carrera única. La única excepción es, justamente, la que conjuga esas dos titulaciones. Académicamente, no deja de ser disparatado que se necesite una nota inferior (un 5,20) para cursar derecho-periodismo a la vez, o un 5,40 para económicas-periodismo que para estudiar sólo periodismo (un 7,49). El mediocre estudia dos carreras y el listo sólo una, es el mensaje que se extrae. El problema es que en la cultura mediática, la lógica académica o científica no existe, ni siquiera en los centros que deberían presumir de ella.

El alumno estudia las conjuntas derecho-periodismo o económicas-periodismo, porque reclama no saber de economía o de leyes, sino el hueco que periodismo le puede proporcionar para la fama. Pagará caro haber sido mal estudiante en la secundaria y no alcanzar la nota de corte. Ese precio consiste en que deberá cursar dos carreras en lugar de una, para vislumbrar la posibilidad de calzarse el «zapato de cristal» del «efecto Letizia».

El conocimiento se percibe en la universidad del siglo XXI como un castigo, tal y como yo he podido comprobar con mis alumnos de periodismo de las titulaciones mixtas. «Por dos décimas en selectividad, me he tenido que tragar un montón de asignaturas de derecho», me espetó una alumna de derecho-periodismo. El que ha destacado en bachillerato estudiará sólo periodismo o comunicación audiovisual, o ambas, si es especialmente brillante. Estas dos titulaciones, además, son muy parecidas —es habitual incluso el intercambio de profesores de una a otra—, por lo que los contenidos y programas se repiten con frecuencia. Al alumno brillante, la universidad le ofrece una sola titulación. Sin embargo, al muy brillante le obliga a que repita los programas en lugar de sugerirle cursar materias muy distintas para ampliar sus posibilidades. Es decir, le propone un programa de estudios más fácil.

Y al que no consigue la nota media, le insta a lo contrario: deberá cursar carreras más duras y alejadas de la comunicación como derecho o economía antes de llegar a la meta de periodismo o comunicación audiovisual. Todo esto constituye una prueba clara de que la cultura mediática supera incluso a los responsables universitarios, si bien refleja una realidad más triste todavía: las máximas instituciones de formación del pensamiento en Occidente —las universidades— están malgastando el talento de los mejores. Y esto sí es una evidencia del declive de la ciencia.

Epílogo

Aquí finaliza mi viaje de búsqueda de las causas de la crisis de vocaciones y del declive del interés por las ciencias. Muchos consideran que se trata del problema más grave que afecta al futuro de Occidente. No lo sé. Soy consciente de que algunos rechazarán totalmente lo que he escrito. Esto sólo pretende ser un punto de apoyo para, por lo menos, poder justificar que no tengo razón y que la causa no es la cultura mediática. Yo amo el periodismo. Me gano la vida enseñando periodismo. Pero también amo la ciencia y soy consciente de que la ciencia es el mayor logro del pensamiento humano. Si todos los sociólogos del mundo desaparecieran, apenas se notaría. Tal vez habría menos encuestas, pero ¿quién las necesita? Si la universidad no titulara a más pedagogos, tal vez los profesores con experiencia podrían ocupar su lugar y la educación mejoraría. Pero, por ejemplo, si desapareciern los químicos, no habría energía, ni medicamentos, ni materiales, ni alimentos. No es tan peligroso un descenso de alumnos en sociología como lo es en química o ingeniería.

El periodismo o el cine existían antes de que estos estudios fueran universitarios. Ahora que lo son, nada nos demuestra que las películas, los periódicos o los informativos actuales sean mejores que los que se difundían hace treinta años, cuando apenas había facultades de cultura mediática. Ha avanzado la tecnología, pero eso es mérito exclusivo de ingenieros y científicos, no de periodistas o cineastas titulados en comunicación que sólo son responsables de los contenidos. Que no haya vocaciones en ciencias o ingenierías y, sin embargo, haya tantas para estudiar cine o televisión, es muy preocupante para el futuro de nuestra civilización. Que el talento se desperdicie escribiendo un guión para un *reality show* en lugar de investigar un nuevo fármaco o buscar los orígenes del universo es una tragedia cultural.

Existe una máxima del periodismo anglosajón: «Los hechos son sagrados, las interpretaciones son libres». Los hechos —el descenso de vocaciones en ciencias naturales y el aumento en los estudios de ciencias de la información— son reales y la tendencia es general —con algunos matices— en todo el Occidente democrático. La interpretación que he expuesto en estas páginas no es ciencia. Esto es un libro de ensayo, por tanto una argumentación de los datos que, necesariamente, refleja mi subjetividad. Esta interpretación es libre y sujeta a que pueda ser refutada parcial o totalmente. Pero no puede refutarse aquello que ni siquiera se ha dicho.

He intentado, eso sí, ser lo más honesto posible. De hecho, muchas veces —a lo mejor, demasiadas— critico a mi propio gremio. Puedo asegurar al lector que no he escrito lo que me conviene para un ascenso académico o lo que en ámbitos universitarios actuales se considera como «políticamente correcto». Participar de esas prácticas hubiese sido colaborar con el declive de la ciencia. Si Galileo hubiese sido políticamente correcto, aún permaneceríamos en las tinieblas medievales. Dentro de mis enormes limitaciones, mi único interés ha sido la búsqueda minuciosa y libre de las causas reales del declive y si éste está relacionado con aquello en lo que soy medianamente «experto» —y que enseño en la universidad—: la cultura mediática.

Y el resultado es que esta cultura mediática, tal y como está concebida en la actualidad, es incompatible con la captación de los mejores cerebros para la ciencia. Creo que en estos momentos la cultura mediática (que es un apéndice de la literaria) es mucho más poderosa que la científica y que, poco a poco, la va estrangulando. Depende ahora de los científicos y profesores de ciencias zafarse de su estrangulador o, por el contrario, permanecer en sus laboratorios y aulas, tranquilamente narcotizados, hasta terminar asfixiados. Algunos, de hecho, ya están inconscientes. Por ello, en algunas partes he sido tan vehemente y en otras tan repetitivo:

para sacudir algunas conciencias dormidas. Este libro pretende insuflar a los científicos el aire necesario para, primero, identificar y, después, apartar todas las «manos» que han ido apareciendo en estas páginas y que están presionando simultáneamente la garganta de la ciencia y del pensamiento racional.

Notas

1. *Preparando el viaje*

1. Las entrevistas que les hice a ambos están recogidas también en mi libro *La ciencia a través del periodismo* (2003a). Este libro es un recopilatorio de los artículos que publiqué en mi etapa como periodista científico del diario *El Mundo*.

2. Las responsabilidades de la corona y la Iglesia son difíciles de dirimir en este asunto. Debe recordarse que entre las primeras medidas que contempló la Inquisición española fue el cierre de las academias. Una de las que padecieron esa medida fue la Academia Segreta, organizada por Girolamo Ruscelli en Nápoles en 1542 y considerada la primera sociedad científica en la historia de la ciencia. Fue clausurada en 1547 a instancias del virrey de Nápoles Pedro de Toledo, quien introdujo la Inquisición española en territorio italiano. Sin embargo, debe matizarse que el Santo Oficio fue creado por la corona española, no por la Iglesia.

3. J.M. Sánchez Ron (1999), p. 44.

4. U. Eco (2002), p. 13.

5. U. Eco (2002), p. 13.

6. U. Eco (2002), p. 13.

7. Catón, en Plinio, *Historia natural* 29.14.

8. Una primerísima versión de lo que sucedía en España fue expuesta en el Instituto de Bioorgánica de la Universidad de La Laguna, dentro del ciclo «La ciencia en el siglo XXI» (enero de 2005) y, anteriormente, en un seminario de la Fecyt sobre la crisis de vocaciones científicas en España (noviembre de 2004). Ambas fueron el germen para solicitar la estancia en Gran Bretaña al Ministerio de Educación.

9. En 2006, el Imperial College se separó de la Universidad de Londres alegando, entre otros motivos, que una universidad donde sólo se im-

partía ciencias naturales, como era su caso, es más prestigiosa que una en la que la ciencia se use para avalar disciplinas poco académicas como, a su juicio, estaba pasando con la Universidad de Londres, que había acogido en su seno estudios artísticos o sociales.

10. Royal Society (1985).

11. T. Theocharis y M. Psimopoulos (1987), pp. 595-598.

12. J. Habermas (1989). La primera edición es de 1962.

13. La aplicación de este concepto de esfera pública a la ciencia y tecnología puede verse en M.W. Bauer y G. Gaskell, eds. (2002). Véase también M.W. Bauer (2002), pp. 144-161.

14. Se presentaron en sesión pública el 31 de mayo de 2006.

15. Las expuse el 17 de mayo de 2006 dentro del seminario de verano.

2. *¿Por qué hay un declive de la ciencia?*

1. EU 38.1 y 63.1 respectivamente.

2. M.ª P. Diezhandino (2007).

3. M.ª P. Diezhandino (2007), p. 204.

4. L. Sanz Menéndez (2005), pp. 181-218.

5. Apareció en toda la prensa local canaria publicada el 11 de abril de 2004.

6. www.quimica.ull.es/event/PAT/PATFACQUIMm.pdf, consultada por última vez en abril de 2007.

7. Estudio dirigido por Jesús Zamora Bonilla. Los datos no estaban aún publicados en el momento de editar este libro, aunque pude tener acceso a ellos.

8. Datos procedentes del Ministerio de Educación y Ciencia.

9. Los datos se han obtenido del Ministerio de Educación y Ciencia y del Instituto Nacional de Estadística

10. Datos del sitio web del MEC. Estadísticas de profesores numerarios por área de conocimiento en enero de 2003. Consultado por última vez en noviembre de 2007 y no existían datos actualizados.

11. Statistics of Education, 1966. Consultado en la revista *Las Ciencias. Revista de la Asociación Española para el Progreso de las Ciencias* (1969), vol. 34, p. 72.

12. «Schools "Letting Down UK Science"», BBC, 13 de agosto de 2006.

13. R. Samuelson (2005), 10 de agosto.

14. R. Dossani (2002).

15. C. Vela (2007), 10 de diciembre, p. 40.

16. R. Freeman (2005), working paper 11.457 inscrito como parte del NBER Science and Engineering Workforce Project.

17. John F. Kennedy (1961), discurso de investidura.

18. T. Wilkie (1991).

19. N. Chomsky (1993).

20. C. P. Snow (1959), pp. 27-28. La cita está extraída de una edición de 1977 publicada por Alianza.

21. Existen muchas fechas para establecer el final del período de la guerra fría. Una de ellas es la caída del muro de Berlín (1989) o la desintegración de la Unión Soviética (1991). Pero una de las fechas que pueden servir a nuestro propósito es la firma del primer tratado entre Estados Unidos y la Unión Soviética de reducción de armamento en 1987.

22. M. Bauer, J. Durant, A. Ragnarsdottir y A. Rudolfdottir (1995).

23. M.W. Bauer, K. Petkova, P. Boyadjieva y G. Gornev (2006), pp. 99-131.

24. J. Gregory (1998).

25. Declaraciones de Gerry Davis citadas en J. Gregory y S. Miller (1998), p. 44.

26. M.W. Bauer y J. Gregory, en Bauer y Bucchi, eds. (2007), pp. 32-51.

27. C. Elías (2000).

28. A. Davis, citado en Bauer y Gregory (2007), p. 40.

29. House of Lords Select Committee on Science and Technology (2000), *Science and Society*, 3.rd Report of Session 1999-2000, HM Stationery Office, Londres, p. 60.

30. A. Davis (2000), p. 40.

3. *Un sistema económico que estrangula la ciencia*

1. R. Freeman, E. Weinstein, E. Marincola, J. Rosenbaum y F. Solomon (2001), pp. 2.293-2.294.

2. R. Freeman *et al.* (2001), p. 2.293.

3. A. Preston, citado en Freeman *et al.* (2001).

4. P. Baroja (1976), tomo V, p. 1.109.

5. S. Hawking (2002), p. 158.

6. Puede consultarse una recopilación de la obra científica de Cabrera en F. González de Posada (1995).

7. K. Makino, en Bauer y Bucchi, eds. (2007), pp. 259-262.

8. Estos datos se mencionaron en la Reunión Mundial de Conocimiento Público de la Ciencia que en 2006 tuvo lugar en Seúl (Corea del Sur).

9. National Research Council (1998), *Trends in the Early Careers of Life Scientists*, National Academic Press, Washington, D. C.

10. J. Horgan (1998). Traducción del original inglés publicado en 1996.

11. Este reconocimiento es casi exclusivamente español. Por ejemplo, John Gribbin no menciona a Cajal en su magnífica *Historia de la ciencia, 1543-2001* (Crítica, 2003). La NASA también lo olvidó en un primer momento en su misión Neurolab (1998), aunque, ante las críticas españolas, enmendó su olvido.

4. *El cine y la televisión en el derrumbe de lo científico*

1. R. D. y M. W. Apple (1993), pp. 750-751.

2. A. Elena (2002), p. 8.

3. J. M. Serrano Cueto (2003), p.10.

4. D. Robinson (1976), p. 734.

5. A. Elena (2002), p. 8.

6. G. Basalla (1976), en Holton y Blanpied, eds., *Science and Its Publics: The Changing Relationships*, Dordrecht, Reidel, p. 267.

7. G.-M. Coissac (1925).

8. T. H. Maugh II (1978), p. 37.

9. S. Sontag (1977), pp. 263-278.

10. S. Weart (1988), p. 37.

11. *El Mundo*, 12 de enero de 2007, p. 61. La noticia provenía de la Agencia Europa Press.

12. N. Keyfitz (1978), p. 4.341.

13. B. Bova (1978), pp. 5-10.

14. T. Honderich (1995), p. 661.

15. Citada en Quinn (1995), p. 261.

16. Ésta es una expresión que se suele utilizar cuando un periódico no ha conseguido una exclusiva, pero al día siguiente, dada la trascendencia de la información, debe llevarla en portada.

17. La diferencia de edad era sólo de cinco años. Madame Curie nació en 1867 y Langevin en 1872.

18. V. Kepley Jr. (1980), pp. 19-26.

19. R. A. Jones (1998), pp.135-147.

20. En 1999, el Consejo Educativo del estado de Kansas aprobó prohibir la enseñanza en las escuelas de la teoría de Darwin y también se hizo una película con el mismo título —*La herencia del viento*— aunque para la televisión. El protagonista fue Jack Lemmon, que recibiría por esta interpretación el Globo de Oro.

21. S. Marx (1996), pp. 179-190.

22. Aunque no es objeto de este libro profundizar sobre este asunto, sí creo conveniente citar alguna bibliografía muy interesante sobre las relaciones entre cine y ciencia y, en concreto, sobre esta película. M. J. Yavenditti, (1978); «Atomic scientist and Hollywood: *The Begining or the End*», *Film and History*, vol. 8, n.º 4 (pp. 73-88). También en el libro recopilatorio *Nuclear War Films* (1978), Jack Shaheen, ed., Southern Illinois University Press. Otro libro: *Expository Science. Form and Functions of Popularization* (1985), Terry Shinn y Richard Whitley, eds., Dordrecht/Boston, Reidel.

23. D. A. Kirby (2003), pp. 231-268.

24. El impacto tuvo lugar el 4 de julio de 2005, fecha conmemorativa de la independencia norteamericana. No es de extrañar que los cálculos se realizaran para que impactara ese día, obteniendo la misión mayor rédito mediático. Una circunstancia similar se dio cuando en 2001 la NASA programó la nave NEAR para que impactara en el asteroide Eros (el dios griego del amor) el día de San Valentín.

25. J. Gregory y S. Miller (1998), p. 85.

26. S. J. Gould (1993), pp. 51-56.

27. R. Dawkins (1998), pp. 28-35.

28. Emitido el domingo 21 de enero de 2007 en Telecinco, dentro de la cuarta temporada. El capítulo se titulaba «El enano oscuro del corazón».

29. *El País*, *El Mundo* y *ABC* publicaron esta información en la sección de «Comunicación» el martes 20 de febrero de 2007. La noticia había sido distribuida por agencia y también apareció en casi todos los diarios regionales.

30. Eurobarómetro 2001 sobre ciencia y tecnología publicado por la Comisión Europea.

31. J. Langer (2000).

32. E. Diamond (1975).

33. Citado por Langer.

34. C. Moreno (2004), pp. 159-170.

35. C. Moreno (2004), p. 165.

36. Para ampliar este asunto es recomendable el libro *El documental científico*, de Bienvenido León, Paidós, Barcelona.

37. P. Katy, Ch. Harvey (2000).

38. M. C. Nisbet, D. A. Scheufele, J. Shanaham, P. Moy, D. Brossard y B.V. Lewenstein (2002), pp. 584-608.
39. M. C. Nisbet *et al.* (2002), p. 603.
40. J. Franklin (1998), pp. 53-63, especialmente p. 63.

5. *Filosofía posmoderna, universidad y poder a favor de la irracionalidad*

1. Debe matizarse que en los países latinos también pueden ser evaluados durante toda la vida, pero la gran diferencia con los anglosajones es la voluntariedad. Es decir, por ejemplo, en España coexisten catedráticos con cinco períodos de evaluación positiva de su investigación y otros con ninguno. Pero la remuneración de ambos no varía sustancialmente, y sobre todo la legislación prohíbe rescindir el contrato a un científico funcionario aunque no investigue nunca.
2. S. Dunwoody (1986), p. 7.
3. T. S. Kuhn (1962), edición de 1971, p. 253.
4. T. S. Kuhn (1971), p. 254.
5. J. Gribbin (2003), p. 500.
6. F. Colombo (1997), p. 97.
7. C. Elías (2000).
8. N. Wade (1977), pp. 143-145.
9. T. Theocharis y M. Psimopoulos (1987), pp. 595-598.
10. K. Popper (1972), pp. 33-37.
11. T. Theocharis y M. Psimopoulos (1987), p. 595.
12. I. Lakatos (1968), p. 397.
13. P. Feyerabend (1975), p. 28.
14. J. Ratzinger (1989). Edición electrónica consultada por última vez en abril de 2006.
15. P. Feyerabend, citado por Ratzinger (1989).
16. J. Ratzinger (1989).
17. W. J. Board (1979), p. 534-537.
18. P. Feyerabend (1975).
19. C. Elías (2004).
20. Estaba como experto científico en la productora valenciana Granota Roja.
21. M. Á. Sabadell, citado en Elías (2004), p. 53.
22. *El País Semanal*, 30 de diciembre de 2007, p. 18.
23. R. Berganza Conde y J. Ruiz San Román, eds. (2005).

24. T. Theocharis y M. Psimopoulos (1987), p. 597.

25. Los resultados fueron publicados desde el diario británico *Daily Mail* (27 de marzo de 2007) hasta el gratuito español *Qué!* (27 de marzo de 2007).

26. *The Guardian*, 21 de febrero de 2006, p. 11: «Academics Fight Rise of Creationism at Universities».

27. En química la licenciatura no estaban aún dividida en créditos.

28. *Boletín Oficial del Estado*, 17 de octubre de 2003.

29. Jane Gregory es autora, junto a Steve Miller, de un libro muy interesante: *Science in Public. Comunication, Culture and Credibility* (1998).

30. Este dato me lo confirmaron otros profesores. No obstante, no he podido localizar la fuente. En cualquier caso, al parecer no los rechazan porque estén poco formados, sino porque la formación les hace ser demasiado cínicos y escépticos respecto a los medios. Y, por ello, los empresarios no los quieren.

31. El informe fue publicado por toda la prensa británica con distintos análisis durante junio de 2006.

32. H. Davies (2006).

33. En España, algunas empresas como PRISA o periódicos como *El Mundo*, *ABC*, *Correo*, etc., también tienen másters desde los que reclutan a sus futuros periodistas. Pero lo normal en España para ser periodista es ser licenciado en ciencias de la información. Sin embargo, en cine no es tan imprescindible la carrera de comunicación audiovisual. En esta área el mercado es más libre, porque los contratos son por obra y porque el aval no es un título sino la obra artística que se presente.

34. El tema de investigación, aunque parezca extraño, es real.

6. *Las dos culturas: ¿hegemonía literaria frente a decadencia científica?*

1. J. Horgan (1987), p. 54.

2. No es una invención mía. Existe una teoría conspiratoria de la que cada cierto tiempo hablan los medios de comunicación que sugiere que las familias que gobiernan el mundo son reptiles extraterrestres disfrazados de humanos.

3. La primera edición en español se publicó en 1965 bajo el título *El conflicto de las dos culturas*, en la editorial mexicana Proezas del Pensamiento. La que pude consultar en español para este libro se titula *Las dos culturas y un segundo enfoque*, editada en 1977 por Alianza.

4. C. P. Snow (1977), p. 25.
5. C. P. Snow (1977), p. 25.
6. C. P. Snow (1977), p. 22.
7. C. P. Snow (1977), p. 22.
8. C. P. Snow (1977), p. 22.
9. C. P. Snow (1977), p. 32.
10. C. P. Snow (1977), p. 21.
11. C. P. Snow (1977), p. 21.
12. La cita está recogida de R. Kimball (1994).
13. C. P. Snow (1977), pp. 24-25.
14. P. Atkins (2003), pp. 129-130.
15. J. Horgan (1998), p. 18.
16. R. González Amado (1996).
17. C. Elías (2003a).
18. Esta definición de ironía se basa en la definición propuesta por Northrop Frye en su obra clásica de teoría literaria *Anatomy of Criticism*, Princeton University Press, Nueva Jersey.
19. J. Horgan (1998), p. 18.
20. Propuesta del MEC trasladada a las comunidades autónomas en marzo de 2007.
21. Estudié en el Instituto Público Mencey Acaymo de Güímar (Tenerife).
22. Conclusiones del Congreso de la Real Sociedad Matemática Española celebrado en Puerto de la Cruz (Tenerife) en enero de 2002.
23. J. Sampedro (2002).
24. S. Cortiña (2006).
25. G. Morata (2002), p. 8, en Sampedro (2002).
26. *El Mundo*, 23 de junio de 2006, p. 3.
27. *El Mundo*, 23 de agosto de 2006, p. 26.
28. J. Mosterín (2002), p. 45.
29. J. Gribbin (2003), p. 302.
30. J. Gribbin (2003), p. 218.
31. J. Mosterín (2002), p. 49.
32. J. Mosterín (2002), p. 45.
33. T. F. Glick (1986), p. 46.
34. T. F. Glick (1986), p. 46.
35. P. A. Carter (1977).
36. P. Morris Dixon (1982), citado por Glick (1986).
37. K. Popper (1959), p. 308. La edición original alemana es de 1934.

38. M.W. Thistle (1958), pp. 951-955.

39. R. Barthes (1970), p. 19.

40. A. Sokal y J. Bricmont (1999), p. 21.

41. Las revistas anglosajonas de gran prestigio en ciencias sociales solicitan desde hace unos años las bases de datos completas para dar el visto bueno a una publicación. Pero esto no ocurre en España, donde, además, muchos profesores de ciencias sociales (sobre todo del área de comunicación) jamás han publicado en revistas anglosajonas. En España, economía y psicología son las dos áreas de ciencias sociales que más publican en revistas anglosajonas.

42. En enero de 2003, esta noticia falsa se publicó en la mayoría de los medios de comunicación del mundo, incluidos los serios.

43. *El País*, 25 de febrero de 2000, p. 44.

44. *Financial Times*, 19 de enero de 2006, p. 15.

45. B. Rodríguez Salinas (2003), pp. 147-160.

46. B. Rodríguez Salinas (2003), p. 159. Las mayúsculas son del original.

47. B. Rodríguez Salinas (2003), p. 149.

48. B. Rodríguez Salinas (2003), p. 159.

49. B. Rodríguez Salinas (2003), p. 159.

50. El título original, *Impostures scientifiques. Les malentendus de l'affaire Sokal*, coordinado por Baudouin Jurdant, fue publicado en 1998. Existe una versión en español, publicada por Cátedra en 2003.

51. F. Colombo (1997).

52. F. Colombo (1998), pp. 105-106.

53. Tucídides 2.27.1, mientras que Heródoto 6.91.1 habla de un motivo religioso, citado en Fox (2007), p. 219.

54. R. L. Fox (2007), pp. 219-220.

55. R. Dawkins (2000), p. 129.

56. J. Ortega y Gasset (1966). Artículo publicado en *La Revista de Occidente* en 1929.

7. *De lo científico en el arte*

1. R. Bayer (1961). Existen numerosas reimpresiones en español de la edición traducida por el Fondo de Cultura Económica.

2. V. Kandinsky (1997). Primera edición, 1912.

3. T. W. Adorno (1945), pp. 208-217.

4. T. W. Adorno y M. Horkheimer (1972), pp. 275-282.

5. J.W. Carey (1989).

6. E. Panofsky (1995).

7. R. Williams (1985).

8. El título exacto de este cuadro es *An Experiment on a Bird in the Air Pump* (183 × 244 cm).

9. *Civilisation, a Personal View by Lord Clark* (1969) es una serie documental de trece capítulos sobre los momentos cumbre de la civilización occidental, emitida por la BBC en 1969. La frase que se cita aquí pertenece al capítulo 10: «The Smile of Reason». Esta serie significó un verdadero hito en la historia mundial del documental en televisión porque fue la primera en color. La forma como se rodó y su gran calidad pertenecen a la historia de la comunicación audiovisual y es ampliamente estudiada en algunas facultades de Ciencias de la Información. Una ampliación interesante puede encontrarse en Cain (1992). Su calidad técnica —muchos de sus planos son insuperables— y su rigor académico son antológicos. Clark, el presentador y guionista de la serie, había estudiado historia del arte en Oxford y había viajado por toda Europa antes de que a los treinta y un años fuera nombrado director de la National Gallery. Sin embargo, las numerosas reposiciones de la serie, y sobre todo su distribución mundial en los años setenta y ochenta, propiciaron que se instalara en la opinión pública mundial su «visión personal» de superioridad de la cultura occidental que se destila en la serie, lo cual ha sido objeto de muchas críticas. En mi opinión, la serie tampoco recoge el gran papel de la ciencia en la civilización occidental, al otorgarle un papel desproporcionado al arte.

10. J. Egerton (1990).

11. La bomba para extraer aire fue inventada en 1650 por Otto von Guericke, en Alemania. En Gran Bretaña fue introducida unos años más tarde por el físico y químico irlandés Robert Boyle.

12. *The Alchimist, In Search of a Philosopher's Stone, Discovers Phosphorus, and Prays for the Successful Conclusion of His Operation, as was the Custom of the Ancient Chemical Astrologers.*

13. G. Cantor (1987), en Benjamin, Cantor y Christie (1987), pp. 124-146.

14. Documental realizado por la productora Mediapro.

15. T. Glick (1986), p. 248.

16. Citado por Barzun (1964), p. 228.

17. «Dalí: el equilibrio de la contradicción», *Destino*, n.° 2.193 (17-23 de octubre de 1979), p. 7.

18. J. Échenoz (1996), pp. 53-54.

19. A. Bergeron (2003), pp. 142-143.

20. A. Bergeron (2003), p. 143.

21. C. Zschirnt (2004).

22. Existe en español una edición muy recomendable de esta obra de Galileo, comentada por Antonio Beltrán Marí y editada por Alianza (Madrid, 1994). Otro libro: *Galileo: la nueva física*, de José M. Vaquero (Nivola Ediciones) nos introduce de forma muy amena en la vida de este científico.

23. La teoría heliocéntrica fue enunciada desde 1543 por Copérnico, que falleció antes de ver publicada su obra. Fue Galileo quien le dio un verdadero impulso al demostrar con más datos empíricos que en realidad la Tierra no era el núcleo estático del firmamento. Fue cruelmente torturado y condenado a muerte. Finalmente se tuvo que retractar de sus teorías para evitar la muerte. La leyenda le atribuye la frase «Y sin embargo, se mueve», que murmuró muy bajo tras decirle al tribunal inquisidor lo que quería oír: la Tierra es el centro estático del universo.

24. Escrito originalmente en italiano.

25. La obra más famosa de Darwin puede encontrarse en español en varias ediciones. Sobre el propio Darwin, entre otros muchos, existe un libro bastante divulgativo *Darwin: de la creación a la evolución*, de Francisco Pelayo (Nivola Ediciones).

26. T. F. Glick (1982).

8. *Cultura periodística y colapso de la divulgación científica*

1. R. Park (1955), en Hughes, *et al.*, eds., *Society: Collected Papers of Robert Park*, vol. III, Free Press, Nueva York. Un análisis en español sobre este autor se encuentra en Berganza (2000).

2. W. Lippmann (1922).

3. B. C. Cohen (1963).

4. M. E. McCombs y D. Shaw (1972), pp. 176-187.

5. M. McCombs y D. Evatt (1995), pp. 7-32.

6. E. Goffman (1974).

7. Declaraciones recogidas por Sharon M. Friedman en el capítulo «The Journalist's World», en Friedman, Dunwoody y Roger (1986).

8. L. Bonelli y H. Fayat (2006), pp. 22-23.

9. C. Elías (2002a), pp. 389-403.

10. Es el caso de Alberto Aguirre de Cárcer, que de redactor de ciencia en *ABC* ascendió a subdirector. Pero Aguirre de Cárcer procede de

ciencias de la información y, además de la ciencia, se había dedicado a otras especialidades periodísticas.

11. S. Dunwoody (1986a).

12. G. Martínez de Espronceda (2002), p. 91.

13. L. Mallada (1890). Existen varias ediciones en Alianza (1969 y 1994). La cita es de la edición Fundación Banco Exterior (1990), p. 61.

14. Azorín (1948), p. 255.

15. P. Baroja (1978), p. 818.

16. Encuesta publicada en el libro *La especialización en el periodismo*, de Pedro Orive y Concha Fagoaga (1974, pp. 102-103) y citada en Montserrat Quesada (1998), p. 32.

17. J. Fernández del Moral y F. Esteve (1993).

18. M. Quesada (1998), p. 41.

19. J. Fernández del Moral y F. Esteve (1993), p. 114.

20. M. Calvo Hernando (1997), p. 210.

21. D. Nelkin (1987). Edición española, *La ciencia en el escaparate* (1990), Fundesco, Madrid.

22. S. Degarmo (1981).

23. D. Nelkin (1990), p. 102.

24. S. Cortiñas (2006), p. 321.

25. El primer sociólogo estadounidense que estudió este asunto fue Lee Z. Johnson, en su artículo «Status and Attitudes of Science Writers», *Journalism Quaterly*, n.º 34 (primavera de 1957), pp. 247-251. También se aborda este problema en el libro de Hillier Krieghbaum *Science and the Mass Media*, cap. 6 (1967).

26. D. Nelkin (1990), p. 103.

27. M. W. Bauer (1998), pp. 75-92.

28. J. C. Burnham (1988), pp. 3-4.

29. J. C. Burnham (1988), pp. 181-187.

30. J. Franklin (1997). Publicado en español en *Quark, Ciencia, Medicina, Cultura y Comunicación*, n.º 11 (mayo-junio de 1998), pp. 53-63, y actualizado en Bauer y Bucchi, eds. (2007), pp. 142-156.

31. J. Franklin (1998), pp. 53-63.

9. *Las revistas de impacto y la ciencia mediática*

1. C. Elías (2002b), pp. 123-196.

2. Lo único que aparecía, sobre todo en el suplemento «Salud» de *El Mundo*, eran informaciones referidas a resultados que se han leído en una

tesis doctoral —todas se refieren a tesis doctorales leídas en la Facultad de Farmacia de la Universidad Complutense—; sin embargo, no podemos presuponer que estos resultados los publicarán en una revista española, sino más bien al contrario.

3. V. De Semir, C. Ribas y G. Revuelta (1998), pp. 294-295.

4. Se han eliminado porque el interés de la investigación residía en estudiar el impacto de las revistas especializadas en la prensa generalista. Las noticias publicadas correspondientes al CSIC se insertan a través del gabinete de prensa de este organismo, que tiene aún mayor influencia mediática que las revistas especializadas.

5. En el momento de redactar este libro, las publicaciones satélite de *Nature* eran *Nature Genetics*, *Nature Medicine*, *Nature Biotechnology*, *Nature Neuroscience*, *Nature Cell Biology* y *Nature Structural Biology*.

6. Entrevista de Gemma Revuelta a Lawrence Altman, *Quark, Ciencia, Medicina, Comunicación y Cultura*, n.º 9 (octubre-diciembre de 1997), pp. 75-77.

7. Datos referidos al SCI de 2004.

8. Últimos datos publicados cuando se escribía este capítulo.

9. *El País*, 28 de enero de 2004, p. 34, firmado por Mario Díaz, Benigno Asensio, Andrés Barbosa, Francisco Bernis, Eulalia Moreno, Francisco J. Purroy, Juan J. Sanz y José L. Tellería.

10. VV. AA. (2005), publicado por el portal de la Comunidad de Madrid, http//www.madrimasd.org, consultado en septiembre de 2007.

11. A. Giddens (2004).

12. R. Carr (1966). La cita está sacada de la versión en español publicada en 2005, p. 725.

13. P. D. Phillips, E. Kanter, B. Bednarczyk y P. Tastad (1991), pp. 1.180-1.183.

14. D. L. Shaw y P. Van Nevel (1967), p. 548.

15. M. T. O'Kefee (1970), pp. 95-100.

16. En esta clasificación, la primera universidad del mundo es Harvard. La mejor europea es Cambridge y la primera española es la Autónoma de Madrid, que aparece en el número 150 del mundo y la 60 de Europa.

17. P. Dolara *et al.* (1996), p. 29.

18. *El Mundo*, 12 de marzo de 2003, p. 34.

19. Publicado y difundido por la Agencia EFE. Clave del banco de datos: ela/jm/euo (R. Unido-Ciencia, 13 de febrero de 2003, hora: 09.47, categoría: sociedad.

20. O. Güntürkün (2003), p. 711.

21. R. Smith (2006).

22. G. Davey Smith, S. Frankel y J. Yarnel (1997), pp. 1.641-1.644.

23. R. Smith (2006), p. 181.

24. Se publicó en *Sala de Prensa*, vol. 2, n.° 61, y en *Palabra Clave. Revista de la Facultad de Comunicación de la Universidad de La Sabana* (Colombia), vol. 9, pp. 53-63.

25. C. Elías (2003b), pp. 125-138.

26. «Profesor critica se use título de periodismo para avalar telebasura», Agencia EFE, 1 de marzo de 2004.

27. Ángel Fernández, «Telebasura y periodismo: una relación muy peligrosa», *El Mundo*, 8 de marzo de 2004, p. 53.

28. *El País*, 7 de marzo de 2004, p. 60.

29. C. Mateos (2004), pp. 72-75. Esta reseña también fue publicada en la revista electrónica *Latina de Comunicación Social*.

30. S. Fernández Parrat (2004).

31. *Carta de Ajuste*, año VII, n.° 66 (marzo de 2004).

32. I. G. Iglesias (2004), pp. 105-107.

33. «Telebasura: ¿Hemos llegado al límite?», *GQ*, n.° 92 (septiembre de 2004), pp. 138-141.

34. Publicado en el blog el 21 de noviembre de 2005, consultado por última vez en junio de 2007.

35. La tertulia era en Punto Radio, en el programa *Campoy en su punto*, que presentaba Concha García Campoy. Los temas de los que hablaba eran el cambio climático, la gripe aviar, las células madre, etc. Ni siquiera hablaba de periodismo, sólo de ciencia.

36. *Magazine* de *El Mundo*, 11 de marzo de 2007, p. 15.

37. *El Periódico de Catalunya*, contraportada, 4 de abril de 2007.

38. J. Cruz, «Telebasura y amor», *El País*, 6 de abril de 2007, p. 67.

39. *El Mundo*, 24 de junio de 2006, p. 3.

40. Apareció en los medios el 8 de marzo de 2003.

41. V. Pelechano (2000).

42. G. Buela-Casal (2003), pp. 23-35.

10. *Cultura mediática frente a avance científico: la revista* Nature

1. En 2005 (datos publicados en 2006) se produjo un vuelco en el índice de impacto, y *Science*, con un 30,93, superó ligeramente a *Nature*, que obtuvo un 29,27.

2. Uno de los números de *Nature* que aborda este problema es el del 1 de marzo de 2001. En él se publica un trabajo de los investigadores Ana Rive-

ro y Arcadi Navarro, de la Universidad de Edimburgo, en el que se demuestra por primera vez que sólo un 5 por ciento de los profesores titulares españoles tiene su plaza en una universidad distinta de aquella en la que empezó su carrera, frente al 50 por ciento de franceses, el 83 por ciento de británicos y el 93 por ciento de estadounidenses. Rivero y Navarro buscaron un indicador objetivo para medir el grado de endogamia. Escogieron al azar 160 investigadores de España, Francia, Reino Unido y Estados Unidos (40 por país) y compararon la dirección que figuraba en su primera publicación con la de la universidad en que ahora ocupan una plaza fija. Los puestos son: profesor titular en España, *maître de conference* en Francia, *lecturer* en el Reino Unido y *assistant professor* en Estados Unidos.Los autores emplearon una base de datos que existe desde 1984; de modo que, para asegurarse de que efectivamente cogían el primer trabajo de cada autor, sólo seleccionaron los de quienes publicaron desde 1984. Para evitar sesgos de universidades jóvenes, donde el personal por necesidad es externo, sólo aceptaron centros de más de cincuenta años de existencia. «Los resultados son consistentes con la acusación de que las plazas en las universidades españolas se asignan casi exclusivamente a individuos que empezaron su carrera científica en la misma institución», escriben los autores en *Nature*, que analizaron también otros indicadores de la calidad de la ciencia, con resultados siempre negativos para España. Por ejemplo, el tiempo transcurrido desde la primera publicación de cada autor hasta ahora es más largo en España (12,5 años frente a 8,75 en Francia, 10,25 en Estados Unidos, y 10,18 en el Reino Unido). Esto «llevaría a la conclusión de que la comunidad científica española está envejeciendo peligrosamente», indican Rivero y Navarro.

3. Entrevista de Octavi López a Ian Wilmut, publicada en la revista *Quark, Ciencia, Medicina, Comunicación y Cultura*, n.° 14 (enero-marzo de 1999, pp. 79-81.

4. *Quark*, n.° 14, p. 80.

5. Entrevista realizada a Philip Campbell por el responsable del suplemento «Salud» de *El Mundo*, José Luis de la Serna. Publicada en el suplemento «Salud», *El Mundo*, 7 de mayo de 1998, pp. 7-8.

6. R. Smith (2006), pp. 111-118.

7. R. Horton (2002), pp. 2.775-2.778.

8. Con el título «Elvis, la pelvis», Arsuaga se refiere a este asunto a partir de la página 97 en su libro *El collar del neardenthal*, Temas de Hoy, Madrid (1999).

9. Esta guía se publicó como suplemento y se distribuyó en España junto al ejemplar de *Nature* de 9 de diciembre de 1999. Esta información también puede obtenerse en el sitio web de la revista.

10. R. Smith (2006), p. 84.
11. *Guía Nature* (1999), p. 9.
12. *Guía Nature* (1999), p. 9.

11. *Lenguajes científico y literario encerrados en el armario*

1. Resoluciones de la UNESCO. VI Programa Marco de la UE. Informe sobre periodismo sanitario de la Organización Mundial de la Salud (2002). Programa de Difusión Científica del Ministerio de Ciencia y Tecnología (1998-2004).
2. J. Ortega y Gasset (1966).
3. J. Ortega y Gasset (1966), p. 218.
4. B. Gutiérrez Rodilla (1998), p. 92.
5. J. Ortega y Gasset (1966), p. 219.
6. R. Wellek y A. Warren (1985), pp-27-28.
7. J. C. Burnham (1988), p. 196.
8. J. C. Burnham (1988), p. 7.
9. G. Hardy (1999). Primera edición de 1940.
10. El documental se emitió el domingo 11 de noviembre de 2005 por La 2 de TVE con el título *Pasión por Einstein, España 1923*. Tuvo cierto éxito y fue repuesto unas semanas más tarde (2 de enero de 2006). También fue exhibido durante unos meses en la Residencia de Estudiantes con motivo de una exposición conmemorativa el año de Einstein.
11. *La Publicitat*, 4 de marzo de 1923, p. 3.
12. *El Liberal*, 8 de marzo de 1923, p. 3.
13. *El Liberal*, 8 de marzo de 1923, p. 3.
14. *El Debate*, 4 de marzo de 1923, p. 3.
15. *El Debate*, 6 de marzo de 1923, p. 4.
16. *ABC*, 4 de marzo de 1923, p. 3.
17. *ABC*, 4 de marzo de 1923, p. 2.
18. *ABC*, 6 de marzo de 1923, p. 2.
19. T. Glick (1986), p. 219.
20. *El Noticiero Universal*, 28 de febrero de 1923.
21. «Einstein en España», *Diario de Barcelona*, 10 de marzo de 1923.
22. *Diario de Barcelona*, 10 de marzo de 1923, p. 4.
23. *ABC*, 7 de marzo de 1923, p. 2.
24. *ABC*, 2 de marzo de 1923, p. 2.

25. *ABC*, 2 de marzo de 1923, p. 2.
26. A. J. Friedman y C. C. Donley (1985).
27. J. Echegaray (1917), pp. 401-406.
28. J. M. Sánchez Ron (2007), pp. 150-151.
29. B. Gutiérrez (1998), p. 326.
30. S. Ramón y Cajal (1907), p. 108.
31. S. Ramón y Cajal (1907), Apéndice 3, pp. 103-111. Sólo existe un ejemplar y está en la Residencia de Estudiantes.
32. S. Ramón y Cajal (1907), p. 108.
33. S. Ramón y Cajal (1907), pp. 110-111.
34. «Éste es el ángulo recto. Aprender a través de historias», *El Mundo*, 6 de mayo de 2005, p. 59.
35. Lucy fue el nombre que su descubridor, Donald Johanson, le puso en 1974 a un esqueleto muy bien conservado perteneciente a una hembra de homínido que vivió en lo que hoy es Etiopía hace 3,2 millones de años. Los estudios paleontológicos que recogen Arsuaga y Martínez en su libro señalan que Lucy era realmente pequeña. Su medio ya no eran las selvas cerradas y húmedas, sino espacios más bien abiertos y secos que, a la vez que aumentaban el riesgo de que fuera víctima de los depredadores, proporcionaban nuevos recursos vegetales. Lucy no era capaz de hablar como nosotros. Su cerebro no era sustancialmente mayor que el de un chimpancé y no disponía de instrumentos de piedra, pero ya era bípeda. También es cierto que en esa zona y esa época hubo un cambio climático que produjo la reducción del bosque tropical.
36. M. Landau (1991).
37. B. Russell (1930), Espasa Calpe, edición de 1981, Madrid.
38. B. Russell (1930), p. 198.
39. B. Russell (1930), p. 199.
40. B. Russell (1930), p. 199.
41. B. Russell (1930), pp. 199-200.
42. E. Punset (2005), edición de bolsillo de 2007.
43. E. Punset (2007), p. 27.
44. E. Punset (2007), p. 37.

12. *¿Adónde nos lleva estrangular la razón?*

1. P. Núñez, C. Elías, J. Fuentes, X. Solans, A. Tressaud, M.ª C. Marco de Lucas y F. Rodríguez (1997), pp. 4.335-4.340.

2. La Royal Society of Chemistry es considerada como la organización más importante de la química mundial. Con 43.000 miembros, es el resultado de la fusión, entre otros, de la Chemical Society, fundada en 1841, y del Royal Institute of Chemistry, fundado en 1877. Los orígenes de ambos están en la Royal Society.

3. «Social Intelligence: From Brain to Culture», celebrado en la Royal Society el 22 y 23 de mayo de 2006.

4. American Academy of Pediatrics Committee on Public Education (1991), pp. 341-343.

5. D. A. Christakis, F. Zimmerman, D. I. Di Giusseppe y C. A. McCarty (2004), pp. 708-713.

6. A. Sigman (2007b).

7. R. J. Hancox, B. J. Milne y R. Poulton (2005), pp. 614-618.

8. Press release de la Universidad de Otago (Nueva Zelanda).

9. R. Kawashima *et al.* (2001), citado en Sigman (2007), pp. 12-17.

10. M. Rothschild, E. Thorson, B. Reeves, J. Hirsch y R. Goldstein (1986), pp. 182-220.

11. A. Sigman (2007a), pp. 12-17.

12. G. Sartori (2002).

13. Biológicamente, la especie humana tiene la siguiente clasificación: pertenece al filum *Cordados*, pues poseen una espina dorsal; el subfilum *Vertebrados*, con el cuerpo segmentado; la superclase *Tetrápodos*, con cuatro extremidades; la clase *Mamíferos*, en los que las crías se alimentan mediante glándulas productoras de leche; al orden *Primates*, pues sus descendientes son arborícolas, con dedos y uñas planas; la familia *Homínidos*, con los ojos situados en la parte frontal de la cabeza, locomoción erguida y bípeda; el género *Homo*, con cerebro grande y capacidad de lenguaje, y, finalmente, en la especie *Homo sapiens*, con mentón prominente, frente alta y escaso pelo corporal.

14. «Schools "Letting Down UK Science"», BBC, 13 de agosto de 2006.

Bibliografía

Adorno, T. W. (1945), «A Social Critique of Radio Music», Kenyon Review, vol. 7, n.º 2, pp. 208-217.

Adorno, T. W., y M. Horkheimer (1972), *The Cultural Industry as Mass Deception. Dialectic of Enlightement*, Seabury Penn, Nueva York, pp. 275-282.

American Academy of Pediatrics Committee on Public Education (1991), «Media Education», *Pediatrics*, vol. 104, pp. 341-343.

Apple, R. D., y M. W. Apple (1993), «Screening Science», *Isis*, vol. 84, n.º 4, pp. 750-751.

Arsuaga, J. L., y I. Martínez (1998), *La especie elegida*, Temas de Hoy, Madrid.

Atkins, P. (2003), *El dedo de Galileo. Las diez grandes ideas de la ciencia*, Espasa, Madrid.

Azorín (1948), *Madrid*, en *Obras completas*, tomo IV, p. 255.

Baroja, P. (1976), «La edad trascendental», *Obras completas* en edición de Biblioteca Nueva, tomo V, p. 1.109.

— (1978), *Obras completas*, tomo VII, Biblioteca Nueva, p. 818.

Basalla, G. (1976), «Pop Science: The Depiction of Science in Popular Culture», en Gerald Holton y William A. Blanpied, eds., *Science and Its Publics: The Changing Relationships*, Dordrecht, Reidel, p. 267.

Bauer, M.W (1998), «La longue durée of popular sicence, 1880-present», en Deveze-Berthet D., eds., *La promotion de la culture scientifique et technique: ses acteurs et leurs logiques*, pp. 75-92.

— (2002), «Arenas, Platforms, and the Biotechnology Movement», *Science Communication*, vol. 24, pp. 144-161.

— (2003), «The Vicissitudes of "Public Understanding of Science": From "Literacy" to "Science in Society"», en VV. AA., Science Meets Society, Fundación Calouste Glubenkian, Lisboa.

Bauer, M. W., y M. Bucchi, eds. (2007), *Journalism, Science and Society. Science Communication between News and Public Relations*, Routledge, Nueva York.

Bauer, M.W., J. Durant, A. Ragnarsdottir y A. Rudolfdottir (1995), «Science and Technology in the British Press 1946-1990», *London Science Museum Technical Reports 1-4*.

Bauer, M.W., y G. Gaskell, eds., (2002), *Biotechnology: The Making of a Global Controversy*, Cambridge University Press, Cambridge.

Bauer, M.W., y J. Gregory (2007), «From Journalism to Corporate Communication in Post-War Britain», en M.W. Bauer y M. Bucchi, eds., *Journalism, Science and Society. Science Communication between News and Public Relations*, Routledge, Nueva York, pp. 32-51.

Bauer, M.W, K. Petkova, P. Boyadjieva y G. Gornev (2006), «Long-Term Trends in the Public Representation of Science Across the "Iron Curtain": 1946-1995», *Social Studies of Sciences*, vol. 36/1, pp. 99-131.

Bayer, R. (1961, primera edición), *Historia de l'Esthetique*, Armand Colin, París. Existen numerosas reimpresiones en español de la edición traducida por el Fondo de Cultura Económica.

Bergeron, A. (2003), «¿Expandir el círculo de la ciencia?», en B. Jourdant, coord., *Imposturas científicas*, Cátedra, Valencia.

Bonelli, L., y H. Fayat (2006), «El cambiante papel del intelectual francés», *Le Monde Diplomatique* (edición española), ejemplar de mayo, pp. 22-23.

Bova, B. (1978), «Trust the Force», *Analog ScienceFiction/Science Facts*, vol. 98, junio, pp. 5-10.

Buela-Casal, G. (2003), «Evaluación de la calidad de los artículos y de las revistas científicas: propuesta del factor de impacto ponderado y de un índice de calidad», *Psicothema*, vol. 15, n.º 1, pp. 23-35.

Burhnam, J.C. (1988), *How Superstition won and Science Lost: Popularizing Science and Health un the United States*, Rutgers University Press.

Calvo Hernando, M. (1997), *Manual de periodismo científico*, Colección Comunicación, Bosch.

Cantor, G. (1987), «Weighting Light: The Role of Metaphor in 18th Century Optical Discourse», en A.E. Benjamin, G. Cantor y J.R.R. Christie (1987), *The Figural and the Literal: Problems of Language in the History of Science and Philosophy, 1630-1800*, Manchester University Press, Manchester, pp. 124-146.

Carey, J.W. (1989), *Communication As Culture: Essays on Media and Society*, Uniwinhyman, Londres.

Carr, R. (1966), *Spain: A History*, Oxford University Press.

Carter, Paul A. (1977), *Another Part of the Twenties*, Columbia University Press, Nueva York.

Chomsky, N. (1993), *Rethinking Camelot. JFK, the Vietnam War, and U.S. Political Culture*, South End Press, M.A. Boston.

Christakis, D.A., F. Zimmerman, D.L. Di Giusseppe y C.A. McCarty (2004), «Early Television Exposure and Subsecuent Attentional Problems in Children», *Pediatrics*, vol. 113, pp. 708-713.

Cohen, B.C. (1963), *The Press and Foreign Policy*, Princeton University Press, Princeton.

Coissac, G-M. (1925), *Histoire du cinématographe des origines à nos jours*, Éditions du Cinémascope/Librairie Gauthier-Villars, París.

Colombo, F. (1997), *Últimas noticias sobre periodismo*, Anagrama, Barcelona.

Cortiñas, S. (2006), *Les estratègies redaccionals de la periodística de Javier Sampedro*, tesis doctoral (inédita), Universidad Pompeu Fabra, Barcelona.

Davey Smith, G., S. Frankel y J. Yarnel (1997), «Sex and Death: Are they Related? Findings from the Caerphilly Cohort Study», *British Medical Journal*, vol. 315, pp. 1.641-1.644.

Davies, H. (2006), «Why Investment Banks Appeal to Top Graduates», *The Independent*, 13 de julio.

Davis, A. (2000), *Public Relations, Political Communication, and National News Production in Britain 1979-1999*, tesis doctoral, Goldsmith College, Londres.

Dawkins R. (1998), «Science, Delusion and the Appetitive for Wonder», *Skeptical Inquirer*, vol. 22, pp. 28-35.

— (2000), *Destejiendo el arco iris. Ciencia, ilusión y el deseo de asombro*, Tusquets colección Metatemas, 61, Barcelona.

De Semir, V., C. Ribas y G. Revuelta (1998), «Press Releases of Science Journal Articles and Subsecuent Newspaper Stories on the Same Topic», JAMA, vol. 280, pp. 294-295.

Degarmo, S. (1981), «An Editor Takes a Survey: Are Scientist Better Writerrs than Non Scientist?», *Nasw Newsletter*.

Diamond, E. (1975), *The Tin Kazoo: Televisión, Politics, and the News*, MIT Press, Cambridge (Massachusetts).

Diezhandino, M.P. (2007), *Periodismo y poder. Políticos, periodistas y ciudadanos voluntariamente desinformados*, Pearson Educación, Madrid.

Dolara, P., *et al.* (1996), «Analgesisc Effects of Myrrh», *Nature*, vol. 397, pp. 29-29.

Dossani, R. (2002), «Chinese and Indian Engineers and their Networks in Silicon Valley», (APARC), Standford University, working paper.

Dunwoody, S. (1986a), «Tracking Newspaper Science Stories from Sources to Publication», en S. Friedman, S. Dunwoody y C. Roger, eds., *Scien-*

tist and Journalists. Reporting Science as News, American Association for the Advancement of Science, Nueva York.

— (1986b), «The Scientist as Source», en S. Friedman, S. Dunwoody y C. Roger, eds., *Scientists and Journalists: Reporting Science as News*, American Association for the Advancement of Science.

Echegaray, J. (1917), *Recuerdos*, tomo I, Ruiz Hernandos Editores, Madrid.

Eco, U. (2002), «El mago y el científico», *El País*, 15 de diciembre de 2002, p. 13.

— (2005), «Éste es el ángulo recto. Aprender a través de historias», *El Mundo*, 6 de mayo de 2005, p. 59.

Elena, A. (2002), *Ciencia, cine e historia*, Alianza, Madrid.

Elías, C. (2000), *Flujos de información entre científicos y prensa*, tesis doctoral, Universidad de La Laguna, Servicio de Publicaciones La Laguna.

— (2002a), «Periodistas especializados en ciencia: formación, reconocimiento e influencia», *Revista Mediatika*, vol. 8, pp. 389-403.

— (2002b), «Las revistas de impacto en el periodismo científico y en la ciencia actual», *Revista Española de Investigaciones Sociológicas (REIS)*, vol. 98, pp. 123-196.

— (2003a), *La ciencia a través del periodismo*, Nivola Ediciones, Madrid.

— (2003b), «Análisis de la figura del experto-florero y del invitado-profesional en la televisión basura emitida en España», *Estudios sobre el mensaje periodístico*, vol. 9, pp. 125-138.

— (2004), *Telebasura y periodismo*, Libertarias/Prodhufi, Madrid.

Fernández del Moral, J., y F. Esteve (1993), *Fundamentos de la información periodística especializada*, Editorial Síntesis, Madrid.

Feyerabend, P. (1975), *Against Methods. Outline of an Anarchistic Theory of Knowledge*, New Left Books, Londres.

Fox, R. L. (2007), *El mundo clásico. La epopeya de Grecia y Roma*, Crítica, Barcelona.

Franklin, J. (1997), «The End of Science Writing», The Alfred and Julia Hill Lecture, Universidad de Tennessee. Publicado en español en *Quark, Ciencia, Medicina, Cultura y Comunicación*, n.º 11 (mayo-junio de 1998), pp. 53-63.

Freeman, R. (2005), «Does Globalization of Scientific/Engineering Workforce Threaten U.S Economic Leadership?», working paper 11.457 inscrito como parte del NBER Science and Engineering Workforce Project.

Freeman, R., E. Weinstein, E. Marincola, J. Rosenbaum y F. Solomon (2001), «Competition and Careers in Biosciences», *Science.*, vol. 294, n.º 5.550, pp. 2.293-2.294.

Friedman A.J., y C.C. Donley (1985), *Einstein as Myth and Muse*, Cambridge University Press, Cambridge.

Giddens, A. (2004), *Sociología*, Alianza, Madrid.

Glick, T. F. (1982), *Darwin, en España*, Península, Barcelona.

— (1986), *Einstein y los españoles. Ciencia y sociedad en la España de entreguerras*, Alianza Universidad, Madrid.

Goffman, E. (1974), *Frame Analysis*, Northeastern University Press, Boston.

González Amado, R. (1996), *Física para juristas, economistas y demás gente curiosa*, Crítica, Barcelona.

González de Posada, F. (1995), *Blas Cabrera ante Einstein y la relatividad*, Amigos de la Cultura Científica, Departamento de Publicaciones de la Escuela Superior de Arquitectura de la Universidad Politécnica de Madrid, Madrid.

Gould, S. J. (1993), «Dinomania», *New York Times Review of Books*, 12 de agosto, pp. 51-56.

Gregory, J. (1998), *Fred Hoyle and the Popularisation of Cosmology*, tesis doctoral, Universidad de Londres.

Gregory, J., y S. Miller (1998), *Science in Public: Communication, Culture and Credibility*, Plenum Trade, Nueva York.

Gribbin, J. (2003), *Historia de la ciencia: 1543-2001*, Crítica, Barcelona, p. 500.

Güntürkün, O. (2003), «Human Behaviour: Adult Persistence of Head-Turning Asymmetry», *Nature*, vol. 421, pp. 711-711.

Gutiérrez Rodilla, B. (1998), *La ciencia comienza en la palabra. Análisis e historia del lenguaje científico*, Península, Barcelona.

Habermas, J. (1989), *The Transformation of the Public Sphere, Policy Press,* Cambridge. Primera edición de 1962.

Hancox, R.J., B.J. Milne y R. Poulton (2005), «Association of Television Viewing During Childhood With Poor Educational Achievement», *Archives of Pediatric and Adolescent Medicine*, vol. 159, pp. 614-618.

Hardy, G. (1999), *Apología de un matemático*, Nivola Ediciones, Madrid. Primera edición de 1962.

Hawking, S. (2002), *El universo en una cáscara de nuez*, Crítica, Barcelona, p. 158.

Honderich, T. (1995), *The Oxford Companion to Philosophy*, Oxford University Press, Oxford, Nueva York, p. 661.

Horgan, J. (1998), *El fin de la ciencia. Los límites del conocimiento en el declive de la era científica*, Paidós, Barcelona. Traducción del original inglés publicado en 1996.

Horton, R. (2002), «The Hidden Research Papers», *Journal of American Medical Association*, vol. 287, pp. 2.775-2.778.

Jones, R. A. (1998), «The Scientist as Artist: A Study of *The Man in the White Suit*, and Some Related British Film Comedies of the Postwar Period (1945-1970)», *Public Understanding of Science*, vol. 7, pp. 135-147.

Jourdan, B. (2003), *Imposturas científicas*, Cátedra, Valencia.

Egerton, J. (1990), *Joseph Wright of Derby*. Catálogo para la exposición de la *Tate Gallery*, Tate Gallery, Londres.

Kandinsky, V. (1997), *De lo espiritual en el arte*, Paidós, Barcelona. Primera edición de 1912.

Kat, P., y C. Harvey (2000), *Pridge. The Lions of Moremi*, Southern-Stuik Publishers, Ciudad del Cabo.

Kawashima, R., *et al.* (2001), informe para *World Neurology*, vol. 16, citado en A. Sigman (2007), «Visual Voodoo: The Biological Impact of Watching TV», *Biologist*, vol. 54, pp 12-17.

Kepley, V. Jr. (1980), «The Scientist as Magician: Dovzhenko's Michurin and the Lysenko Cult», *Journal of Popular Film and Television*, vol. 8, n.º 2, pp. 19-26.

Keyfitz, N. (1978), «Science: The Bad Image», *Science*, vol. 486, 5 de mayo, p. 4.341.

Kimball, R. (1994), «The Two Cultures Today», *New Criterion*, vol. 2, n.º 6.

Kirby, D. A. (2003), «Science Consultans, Fictional Films, and Scientific Practice», *Social Studies of Science*, vols. 33/32, pp. 231-268.

Kuhn, T. S. (1962), *La estructura de las revoluciones científicas*, FCE, México. Edición de 1971.

Lakatos, I. (1968), *The Problem of Inductive Logic*, I. Lakatos, Eds., North Holland, Amsterdam, p. 397.

Landau, M. (1991), *Narrative of Human Evolution*, Yale University Press, New Haven.

Langer, J. (2000), *La televisión sensacionalista. El periodismo popular y las «otras noticias»*, Paidós, Barcelona.

Lippmann, W. (1922), *Public Opinion*, Harcourt Brace, Nueva York.

Mallada, L. (1890), *Los males de la patria y la futura revolución española*. Existen varias ediciones en Alianza (1969 y 1994). También en la Fundación Banco Exterior (1990).

Martínez de Espronceda, G. (2002), «Ciencia para todos los públicos», *Muy Interesante, Especial Historia de la ciencia española*.

Marx, S. (1996), «The Bomb Movie», *Michigan Quarterly Review*, vol. 35, pp. 179-190.

Maugh II, T. H. (1978), «The Media: The Image of the Scientist is Bad», *Science*, vol. 200, 7 de abril, p. 37.

McCombs, M. E., y D. Shaw (1972), «The Agenda-Setting Function of the Mass Media», *Public Opinion Quarterly*, vol. 36, pp. 176-187.

McCombs, M., y D. Evatt (1995), «Los temas y los aspectos. Explorando una nueva dimensión de la *agenda setting*», *Comunicación y Sociedad*, vol. 8, n.° 1. pp. 7-32.

Moreno, C. (2004), «Medios de comunicación en información científica», *Revista Sistema*, vols. 179-180, pp. 159-170.

Morris Dixon, P. (1982), *Popular Criticism of Relativity Around 1920*, tesis doctoral (Harvard College), citada por Thomas Glick (1986).

Mosterín, J. (2002), «El espejo roto del conocimiento y el ideal de una visión coherente del mundo», en M. Á. Quintanilla y L. Vega, eds., *La ciencia ante el público*, Universidad de Salamanca, Salamanca.

Nelkin, D. (1987), *Selling Sciences. How the Press Covers Science and Technology*, Freeman, Nueva York. Edición española: *La ciencia en el escaparate*, Fundesco 1990, Madrid.

Nisbet, M. C., D. A. Scheufele, J. Shanaham, P. Moy, D. Brossard y B. V. Lewenstein (2002), «Knowledge, Reservations or Promise? A Media Effects Model for Public Perceptions of Science and Technology», *Communication Research*, vol. 29, n.° 5, pp. 584-608.

Núñez, P., C. Elías, J. Fuentes, X. Solans, A. Tressaud, M. C. Marco de Lucas y F. Rodríguez (1997), «Synthesis, Structure and Polarized Optical Spectroscopy of Two New Fluormanganese (III) Complexes», *Journal of The Royal Society of Chemistry (Dalton Transactions)*, vol. 22, pp. 4.335-4.340.

O'Kefee, M. T. (1970), «The Mass Media as Sources of Medical Information for Doctors», *Journalism Quarterly*, vol. 47, pp. 95-100.

Ortega y Gasset, J. (1966), *Obras completas de José Ortega y Gasset*, tomo IV, Ediciones Castilla (sexta edición), Madrid. Artículo publicado en *Revista de Occidente* en 1929.

Panofsky, E. (1995), *El significado de las artes visuales*, Alianza, Madrid.

Park, R. (1955), «News and the Power of the Press», en E. C. Hughes *et al.*, eds., *Society: Collected Papers of Robert Park*, vol. III, Free Press, Nueva York.

Pelechano, V. (2000), *Psicología sistemática de la personalidad*, Ariel, Barcelona.

Phillips, P. D., E. Kanter, B. Bednarczyk y P. Tastad (1991), «Importance of the Lay Press in the Transmission of Medical Knowledge to the Scientific Community», *The New England Journal of Medicine*, vol. 325, 17 de octubre, pp. 1.180-1.183.

Popper, K. (1959), *Lógica de la investigación científica*, p. 308. La edición original alemana es de 1934.

— (1972), *Conjectures and Refutations: The Growth of Scientific Knowledge*. Routledge, Londres, pp. 33-37.

Preston, A. (2000), «Do Differences in Rates of Skill Depreciation Across Scientific Fields Impact Labor Market Outcomes?», Haverford College, citado en Freeman *et al.* (2001).

Punset, E. (2005), *El viaje a la felicidad: las nuevas claves científicas*, Destino, Barcelona. Edición de 2007.

Quesada, M. (1998), *Periodismo especializado*, Ediciones Internacionales Universitarias, Madrid.

Ramón y Cajal, S. (1907), «Memoria del Congreso Internacional de Neuro-psichiatría, Psicología y Asistencia a Alienados, celebrado en Amsterdam en septiembre de 1907», en *Memoria de Investigación de la Junta de Ampliación de Estudios*, Apéndice 3, pp. 103-111.

Ratzinger, J. (1989), «Perspectivas y tareas del catolicismo en la actualidad y de cara al futuro», reproducido en *Altar Mayor: Revista de la Hermandad del Valle de los Caídos*, n.° 104 (enero de 2006).

Robinson, D. (1976), «Scientist in the Silver Screen», *New Scientist*, vol. 72, n.° 1.032, 23-30 de diciembre, p. 734.

Rodríguez Salinas, B. (2003), «Sobre los big bangs y el principio y final de los tiempos del universo», *Revista de la Real Academia de Ciencias Exactas, Físicas y Naturales*, vol. 97, n.° 1, pp. 147-160.

Rothschild, M., E. Thorson, B. Reeves, J. Hirsch y R. Goldstein (1986), «EEG Activity and the Processing of Television Commercials», *Communication Research*, vol. 13, n.° 2, pp. 182-220.

Russell, B. (1930), *La conquista de la felicidad*, Espasa Calpe, Madrid. Edición de 1981.

Sampedro, J. (2002), *Deconstruyendo a Darwin. Los enigmas de la evolución a la luz de la nueva genética*, Crítica-Drakontos, Barcelona.

Samuelson, R. (2005), «It's Not a Science Gap (Yet)», *The Washington Post*, 10 de agosto de 2005.

Sánchez Ron, J. M. (1999), *Cincel, martillo y piedra*, Taurus, Madrid.

— (2007), *El poder de la ciencia*, Crítica, Barcelona.

Sanz Menéndez, L. (2005), «Universidad e investigación: la financiación competitiva de los proyectos de I + D con especial referencia a las ciencias sociales y económicas», *Revista Española de Investigaciones Sociológicas*, n.° 109, pp. 181-218.

Sartori, G. (2002), *Homo videns. La sociedad teledirigida*, Taurus, Madrid.

Serrano Cueto, J. M. (2003), *De lo fantástico a lo real: diccionario de la ciencia en el cine*, Nivola Ediciones, Madrid, p.10.

Shaw, D. L., y P. Van Nevel (1967), «The Informative Value of Medical Science News», *Journalism Quarterly*, vol. 44, p. 548.

Sigman A. (2007a), «Visual Voodoo: The Biological Impact of Watching TV», *Biologist*, vol. 54, pp. 12-17.

— (2007b), *Remotely Controlled. How Television is Damaging our Lives*, Random House, Londres.

Smith, R. (2006), *The Trouble with Medical Journals*, The Royal Society of Medicine Press, Londres.

Snow, C. P. (1959), *Las dos culturas*. La cita está sacada de una edición de 1977 publicada por Alianza en español.

Sokal, A., y J. Bricmont (1999), *Imposturas intelectuales*, Paidós, Barcelona.

Sontag, S. (1977), «The Imagination of Disaster», *A Wake in the Dark: An Anthology of American Film Criticism, 1915 to the Present* (Denby D. Ed.), Vintage Press, Nueva York, pp. 263-278.

Theocharis T., y M. Psimopoulos (1987), «Where Science Has Gone Wrong», *Nature*, vol. 329, pp. 595-598.

Thistle, M. W. (1958), «Popularizing Science», *Science*, 27, pp. 951-955.

Vela, C. (2007), «El "made in Germany" peligra por falta de ingenieros informáticos», *Expansión*, 10 de diciembre.

Wade, N. (1977), *Science*, 197, pp. 143-145.

Weart, S. (1988), «The Physicist as Mad Scientist», *Physic Today*, junio, p. 37.

Wellek, R., y A. Warren (1985), *Teoría literaria*, Gredos, Madrid (versión española de *Theory of Literature* (1962), Harcourt Brace Jovanovich, Nueva York.

Williams, R. (1985) *Keywords. A Vocabulary of Culture and Society*, Oxford University Press, Nueva York/Oxford.

Wilkie, T. (1991), *British Science and Politics since 1945*, Blackwell, Oxford.

Zschirnt, C. (2004), *Libros. Todo lo que hay que leer*, Aguilar, Madrid.